6판

21세기

식생활관리

6판

21세기
식생활관리

최혜미 · 박영숙 · 이주희 지음

BALANCED NUTRITION

MEAL MANAGEMENT

TIME & ENERGY

FOOD ECONOMICS

PREFERENCE

교문사

머리말

어느 시대를 불문하고 인간은 많은 시간을 식생활에 할애해 왔다. 현대 산업사회에 들어서면서 섭취하는 음식의 종류도 다양해지고 음식 먹는 장소도 변하였으나, 음식을 섭취하는 일은 변함없이 계속되고 있다. 식사는 신체 성장과 건강을 위해서뿐만 아니라 사회적·심리적 복지 면에서도 매우 중요한 역할을 한다. 이것이 식생활관리가 필요하며 식생활관리자가 현명해야 하는 이유이다.

세계가 하나의 큰 마을로 인식되는 요즈음, 우리 고유의 식생활 문화를 발달시키면서 외국 음식을 자연스럽게 받아들여 응용하고 있다. 이에 따라 전통적인 식생활관리자였던 주부의 역할도 바뀌고 있다. 새로운 종류의 식품이 개발되고 농업기술, 조리기술이 발달하면서 식생활관리 방법이 간편해졌음에도 불구하고, 전보다 식생활관리에 훨씬 많은 지식과 기술이 필요하게 되었다. 다른 한편으로는 외식이 빈번해지고, 여러 만성질환이 식생활과 밀접한 관련이 있다는 사실이 동물실험이나 역학 조사 등을 통해서 증명되면서 이제 식생활은 경제적 면에서나 건강 관리 차원에서 어느 때보다도 우리 생활에 중요한 위치를 차지하게 되었다.

이에 20년 이상 식품영양 연구와 더불어 식생활관리를 강의해 오면서, 문헌에서 부족하게 여겼던 점과 최적의 건강 상태를 유지하기 위한 식생활 연구 결과를 모아 이 책을 집필하게 되었다. 때마침 1998년도 국민건강·영양조사 결과가 발표되고, 한국인 영양 권장량(7차 개정, 2000)이 개정되는 등 우리나라 사람들의 식생활에 대한 최근 자료들이 출간되어, 이를 바탕으로 책을 구성하였다. 아무쪼록 식품영양학을 공부하는 여러 학생들에게, 식생활관리의 최전선에 있는 영양사들에게, 그리고 우리나라 각 가정의 식생활관리자들에게 조금이나마 도움이 되었으면 하는 바람이다.

끝으로 이 책이 나오기까지 자료 정리와 교정을 정성껏 맡아 준 서울대학교 영양학 연구실의 대학원생 여러분에게 감사의 뜻을 전하며, 멋진 컬러판으로 책이 나올 수 있도록 배려해 준 교문사에 감사드린다.

2001년 8월

저자

개정판을 내면서

21세기에 들어서면서 경제 환경의 많은 변화로 식생활도 많이 변하게 되었다. 세계화와 부합하여 좋은 변화도 많이 일어났지만 식생활에서의 변화는 결코 바람직하지 못하였다. 이로 인하여 더욱 효율적인 식생활의 관리가 필요하게 되었으며 그간 발표된 새로운 사회 자료를 반영하고자 이번에 개정판을 내게 되었다.

이번 개정판에서는 한국인 영양권장량의 개념이 영양섭취기준(dietary reference intakes, DRIs)으로 새로워졌고 2001년 국민건강·영양조사결과 보고서, 식품수급표와 도시가계연보 등 최근 자료를 토대로 영양면, 경제면 등 많은 부분을 보강하였다.

끝으로 이 개정판을 내는데 많은 시간을 들여 자료 정리와 편집을 도와준 서울대학교 식품영양학과 권상희 박사와 대학원생인 김윤정, 김혜미 학생에게 고마운 마음을 전하고 싶다.

2006년 1월

최혜미

6판을 내면서

2020년에 한국인을 위한 영양소 섭취기준(Dietary Reference Intakes for Koreans, KDRI)이 개정 발표되었고, 2016년에 발표되었던 국민 공통 식생활 지침을 개정하여 '한국인을 위한 식생활 지침'이 2021년 4월에 발표되었다. 이에 따라 이 책에서도 최근 자료를 반영할 필요가 있으며, 각 가정의 식생활을 더욱 효율적으로 관리하는 데 도움이 되기를 바라는 마음을 실어 6판을 내게 되었다.

2022년 2월

최혜미

차례

3

4

MEAL MANAGEMENT GOALS

PART 1

식생활관리의 목표

CHAPTER 1

식생활관리의 개념

식생활, 즉 먹는 일은 인간의 생존에 필수적인 요소이다. 사회변화에 맞추어 식생활이 빨리 변할 수 있는 사회가 발달된 사회라 할 수 있는데, 우리나라는 산업의 급속한 발전에 비해 식생활의 발전은 그의 1/10에도 미치지 못할 정도로 느리다 하겠다.

우리나라 경제활동률은 남성은 78.6%, 여성은 57.9%로 여성의 경제활동률은 남성의 73.7%를 차지하고 있다(2015년 통계청 자료). 여성의 경제활동인구 중 74.5%가 기혼여성이며, 직업별로 보면 전문기술·행정관리직(24.2%)과 사무 관련직(19.8%)이 50년 전 첫 조사가 이루어진 1963년에 비해 상당히 늘고 있는 추세이다.

외국과 비교하면 2015년 여성의 경제활동 참가율은 우리나라 57.9%, 일본 66.7%, 미국 66.9%, 캐나다 74.2%로 나타나고 있다. OECD 국가 중 우리나라 경제활동 참가율은 스웨덴, 미국, 영국, 독일, 프랑스, 캐나다, 뉴질랜드, 호주, 일본보다 낮아 중하위권에 속하나 이탈리아, 터키, 멕시코보다는 높은 편이다. 이를 성별로 비교해 보면 남성은 중간 정도이나 여성은 낮은 편이다.

여성의 사회 진출이 이처럼 확대되고 있는 이유는 산업의 여성화에 있다. 기술혁신으로 산업구조가 반도체산업으로 바뀌면서, 가볍고, 얇고, 짧고, 작은 기계들로 산업환경이 변화하였으며, 이에 따라 여성들의 부드럽고 섬세한 기술을 요하는 자리가 많아졌다. 일본여성이 관리직에 오른 비율도 6.7%이며 많은 여성들이 시간제로 일을 하면서 가사도 돌볼 수 있게 되었고 과거에는 무상으로 행했던 가사가 생산적인 노동으로 바뀌고 있다.

가정생활면에서는 직장여성의 증가로 주부가 가사를 돌보는 시간이 줄어들어, 우리나라 통계청의 「도시가계연보」에 의하면 1980년 평균 식품비의 3.7%를 외식에 소비했으며, 1990년 20.4%, 2000년 39.4%, 2016년에는 52.4%를 외식에 소비했다. 반면, 식품비의 지출은 1980년에 소비 지출의 42.9%를 차지하였으나, 1985년에는 37.5%, 1990년에 32.2%,

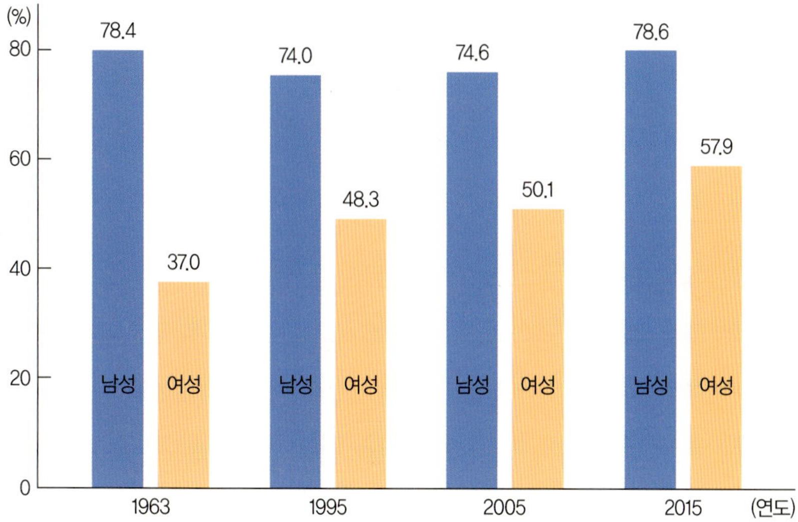

그림 1-1 여성의 경제활동 참가율
자료: 통계청(kostat.go.kr).

2000년에 27.4%, 2016년에는 25.8%로 크게 감소하였다. 미국에서는 1973~74년 평균 식품비의 25%를 외식에 소비했으며, 1995년에 38.3%를, 2004년에 46%를 외식에 소비했다. 이는 하루에 필요한 열량의 32%에 해당된다.

National Network for Family Resiliency
www.nnfr.org

미국 식품의약국
www.fda.org

가족의 식사란 즉석에서 이루어지는 것은 아니다. 돈과 시간과 개인의 노력이 있어야 하며 이것은 사람의 에너지, 혹은 기계적인 에너지를 요구한다. 뿐만 아니라 식사계획을 세우고, 식품 구매를 하고, 식사를 준비하고 제공하는 개개인의 기술과 능력이 필수적이다. 식품과 관련된 모든 임무는 사고력, 판단력, 계획력, 주의력 등을 필요로 하는 목적의식이 아주 뚜렷한 것이므로 간단한 임무가 아니며, 한 조사에 따르면 57%의 소비자들이 식품 가격에 관해 관심이 많을 정도로 사회적 변화에 따라 순발력을 가지고 대처해야 한다.

식생활관리(meal management)란 식사와 관련된, 모든 의사결정과 손과 발이 가는 모든 일들을 말한다. 식사에 대한 책임을 지고 일하는 사람을 식생활관리자(meal manager)라고 하며, 일반적으로 식생활관리자는 주부이지만 식생활관리자는 여성일 수도 있고 남성일 수도 있으며 한 집단 내에서도 여러 사람인 경우도 있을 수 있다.

여성가족부
www.mogef.go.kr

식생활관리자들은 수많은 결정을 내린다. 다음과 같은 중요한 결정들을 예로 들 수 있다.

- 얼마나 많은 비용을 쓸 것인가
- 무엇을 대접할 것인가
- 어디서 장을 볼 것인가
- 얼마나 사야 할 것인가
- 완제품(ready-made)을 살 것인가, 재료를 사서 처음부터 만들 것인가
- 썩어서 버리지 않게 하기 위하여 어떻게 저장할 것인가
- 부엌에서 얼마나 시간을 보낼 것인가
- 어떻게 요리할 것인가

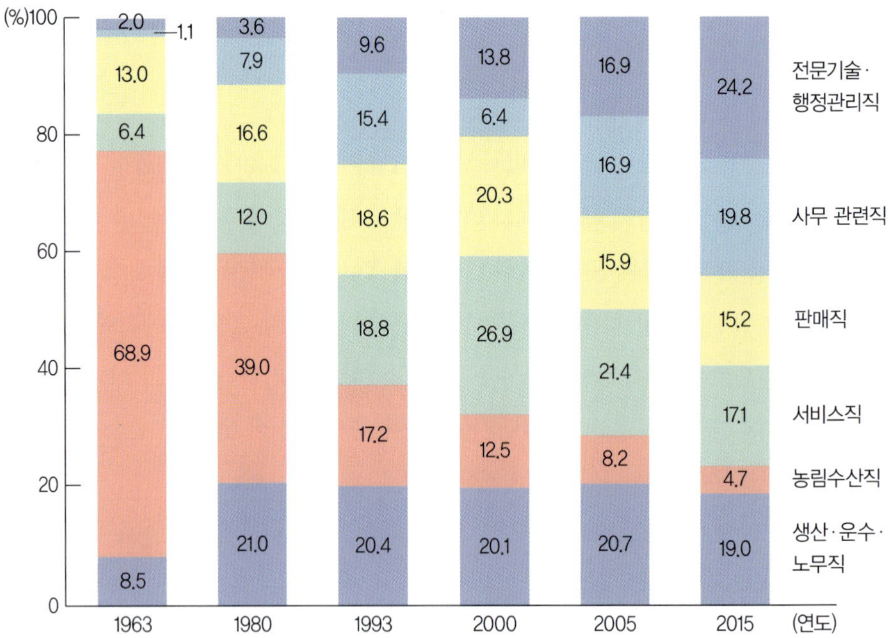

그림 1-2 여성 취업자의 직업별 분포
자료: 통계청, 경제활동인구조사.

• 어떻게 에너지 — 사람의 힘, 전기, 가스 — 를 절약할 것인가
• 어떻게 식사를 대접할 것인가
• 언제 식사를 제공할 것인가

식생활관리자들은 이러한 수많은 결정들을 시장에서나 주방에서 내리게 된다. 이러한 결정들은 다른 사람들을 위한 결정이 될 수도 있고 자신을 위한 결정일 수도 있으며 때에 따라 바뀌게 된다. 어떤 결정들은 곰곰이 생각해서 이루어지기도 하고 어떤 결정들은 경험에 의해 일상적으로 이루어지기도 한다.

알아두기

식생활관리자는

1. 식사를 대접하는 주체인 동시에
2. 식사를 계획하는 영양사(dietitian)이며
3. 식품 구매자
4. 식생활비를 조정하는 재정관
5. 실천하는 경영자
6. 때로는 영양을 지도하는 교육자
7. 주방에서는 조리사, 감독자, 관리인이고
8. 식탁을 꾸미는 예술가이기도 하다.

1. 의사결정

한 가지 이상이 있을 때 우리는 선택을 해야 하는데, 식품의 종류가 다양하므로 식생활에서는 선택이라는 의사결정을 많이 한다.

의사결정의 단계는 다음과 같이 이루어진다.

1. 선택해야 할 상황임을 인식한다.
2. 여러 가지 선택방법을 발견한다.

3. 여러 가지 다른 선택들의 장점들을 저울질해 본다.
4. 이들 중에 하나를 고른다.

선택은 단지 가격에만 의존할 수도 있고, 조리시간이 얼마나 걸리나를 생각해서 선택할 수도 있고, 아니면 적응도에 따라서 선택할 수도 있다. 이러한 모든 선택은 어떤 테두리에서 이득이나 목적을 달성하기 위해서이거나 만족을 위해서 정해지는 것이다.

식생활관리자의 목적이 돈을 최대한으로 잘 이용하는 것이라면 일년 내내 감자만 살 것이고, 또한 시간을 줄이기 위한 것이라면 깡통식품이나 완제품 또는 인스턴트식품을 살 것이다. 또한, 식생활관리자의 목적이 식품을 즐기는 데 있다면 여러 종류의 식품을 골고루 살 것이다.

모든 식생활관리자의 많은 결정들은 목표를 달성하기 위해 합리적인 방법으로 내려져야 한다. 기호면을 고려하여 좋아하는 식품을 구입하는 것도 합리적인 결정이 될 수 있으며 재료를 구입하여 만드는 대신에 완제품을 사는 것은 음식을 조리할 시간이 제한된 식생활관리자일 경우에는 합리적이라고 볼 수 있다.

합리적인 결정은 깊이 생각하여 알고 있는 지식을 충분히 이용한 것이다. 그러나 식생활관리자는 비합리적인 결정을 내리기도 한다. 이러한 결정들은 사람의 감정, 믿음, 지난 경험에의 반응, 다른 사람이 우리를 어떻게 생각하고 기대하고 있는가라는 생각, 자부심, 감상, 개인적인 기분 등에 의해 영향을 받는다. 특별한 기회나 손님을 대접하는 경우에는 비합리적인 결정을 내릴 때가 많고, 시간, 노력, 경비의 막대한 지출을 요구하게 되나, 이러한 희생은 개인적인 만족감 — 요리를 잘 한다든지, 우아한 여주인이라든지, 음식에 대한 지식이 풍부하다든지 하는 손님들의 찬사들 — 으로 충분히 보상받을 수 있다.

사람은 여러 가지 소망을 가지고 있으며, 소망이 만족된 후에도 계속 추구한다. 그러나 모든 소망을 다 충족시킬 수는 없으며 그중의 어떤 것을 위해 노력해야 할 것인지를 결정해야 한다. 우리는 목표를 달성하기 위하여 한정된 수단과 자원 내에서 노력하며 우리의 소망과 자원은 의사를 결정하는 데 지표가 된다. 다시 말하면, 의사결정은 우리가 원하는 것이 무엇이며 무엇을 얻어야 할지를 조정하는 것이다.

2. 식생활관리자의 자원

식생활관리자의 자원은 인적 자원과 물적 자원이 있으나, 많은 가정에서는 물적 자원으로 인적 자원을 대신할 수 있기 때문에 물적 자원이 더 중요하다고 할 수 있다. 물적 자원에는 돈과 가정에서 기른 식품 등이 있다. 화폐자원(돈)으로는 식품을 구입하는 데 사용하며, 부엌의 설비 및 가구 등을 구입하기도 한다. 부엌설비의 비용으로는 레인지, 냉장고, 냉동고, 식기 세척기 등과 같이 큰 기구와 토스터, 전기프라이팬, 믹서, 커피포트, 전기밥솥 등의 소기구를 구입하며, 조리용 냄비, 칼과 조리용 도구 등 그 외 부엌에서 사용되는 물건을 구입하는 데 사용된다.

화폐는 또한 식당을 꾸미거나 그릇과 수저 등을 사는 데 사용되며, 가정부를 고용할 때도 사용되고, 편이식품(convenience food)을 사는 곳과 외식을 하는 데도 사용된다. 마지막으로 화폐는 식사관리에 여러 방법(식품운반, 식품저장, 식품의 조리, 세척하기 위해 물을 데우는 것)으로 필요한 전기, 가스, 휘발유 등의 상용에너지를 이용하는 데 쓰인다. 가족들의 가치와 목표가 각 가정마다 다르기 때문에 물적 자원의 소비형태도 다르다.

인적 자원은 시간, 에너지, 지식, 기술과 능력 등이다. 가족의 식사를 제공하기 위하여 식사를 계획하고, 식품을 구입하며, 식품을 저장·조리하고 음식을 제공하는 데, 식사 후 정리하고 식당과 그 설비를 관리하는 데 시간을 써야 한다. 시간이 얼마나 있고 그 시간을 어떻게 사용할 것인가에 따라 어떤 종류의 음식을 먹으며, 어떤 방법으로 식사가 이루어지게 될지를 일부분 정할 수 있다.

시간 이외에도 한 사람 또는 둘 이상의 사람들이 식사를 준비하고 제공하기 위하여 손발을 움직여야 하므로 에너지를 소모한다.

각 가정에서 추구하는 식사의 목적에 따라 시간과 에너지의 투자가 달라지며

알아두기

에너지 사용

- 시장 보기
- 식품 저장
- 조리
- 상차림
- 시중들기
- 설거지
- 부엌과 기구 돌보기
- 식당의 설비관리

가족의 식사양상이 아주 다르게 나타날 것이다.

심한 예로는 만일 식사시간의 목적이 단순히 신체에 에너지를 공급하는 것이라면 어떤 음식이든 상관없고 어떤 방법이라도 무방하다. 불 위에 있던 음식이 바로 접시에 담아지고, 식탁에 앉아 먹은 후 싱크대에 갖다 놓으면 그만인 것이다. 그러나 식사시간의 목적이 가족들이 손님이 있든 없든 화목하고 편안한 분위기에서 서로 대화를 나누면서 즐거운 한때를 갖는 것이라면 식사는 세심하게 준비되고, 처음부터 끝까지 정성 들여 마련되어야 할 것이다.

식생활관리자의 가장 중요한 자원은 지식과 기술, 능력이다. 이러한 자원들은 식생활관리자가 얼마나 많은 돈과 시간과 에너지를 식사활동에 사용하는지와 직접 관련이 있다.

1. 지식, 능력, 기술이 많을수록 같은 목적을 달성하기 위하여 돈과 시간과 에너지를 적게 쓴다.
2. 시장에서 장보는 방법을 잘 알수록 경비를 줄일 수 있다.
3. 돈을 적게 사용할수록 시간과 에너지는 더 필요하게 된다.
4. 돈이 많을수록 조리된 완제품이나 가공식품을 많이 구입함으로써 시간과 에너지를 절약할 수 있다.
5. 또한 모든 일들을 정리하는 방법을 잘 알고 조리방법, 식사제공의 방법을 많이 알수록 시간과 돈과 에너지의 소비를 마음대로 조절할 수 있다.

가족들의 목표와 가치는 돈, 시간, 에너지, 지식, 능력, 기술 등을 어떻게 쓰느냐에 영향을 미친다. 주어진 자원 내에서 비슷한 가정끼리라도 아주 다르게 쓸 수도 있다. 예를 들어 A라는 가정은 B라는 가정보다 많은 경비를 식생활에 소비한다.

A 가정 : 값이 비싼 식품을 먹기를 좋아하고 잘 꾸며진 식당에서 즐기기 때문이다.

B 가정 : 식품보다 서적, 여행, 정원 꾸미기, 집치장 등에 많은 경비를 쓰는 것을 즐기고 음식에는 별로 신경을 쓰지 는다.

식사는 음식의 만족감을 주는 이외에도 좋은 음식을 음미하는 기분, 다른 사람들과 같이 식사하는 인간관계 등을 만족시켜 준다. 식사가 단순히 생리적인 필요성을 만족시키는 데 그치지 않을 때 가족들은 다른 만족을 위하여 자원을 제공한다.

3. 식사의 목표

목표는 우리가 원하는 것이며, 항상 우리 주위에 있으나 매우 의미가 큰 것이다. 반면에 특정한 목표를 선택하기 위한 가치는 뚜렷하게 나타나지 않는다. 실제로 가치를 인식하지 못하고 생활하는 경우도 많다. 가치가 목표를 결정한다는 것을 염두에 두고 가족식사의 목표를 알아보기로 하자. 식사와 관련된 일반적 목적은 최소한 네 가지가 있다.

첫째 목표는 우수하고 균형있는 영양(balanced nutrition)을 공급하는 것이다. 한 가정의 식사 구성이 훌륭하다고 해서 각 가족의 구성원이 모두 좋은 식사를 하는 것은 아니다. 식생활습관도 많이 달라지고 있으나 개개인의 식품선택이 영양지식과 부합되지 않는 경우가 많고 개인의 경험이나 기호, 사회적·정서적인 만족감, 순응도, 가치나 목표 등이 영양적으로 적합하지 않은 식사를 택하는 경우

그림 **1-3** 식생활관리자가 고려할 사항

도 있다. 특히, 자라나는 어린아이(영아, 유아기)와 초등학교 어린이에게는 좋은 영양의 중요성이 더욱 강조되지 않을 수 없다.

둘째 목표는 식사에 너무 많은 경비를 쓰지 않도록 식품비의 지출을 계획하여야 한다. 이 목표는 모든 식생활관리자에게 당면한 과제인 것이다. 식생활관리자가 작은 핵가족의 식사를 맡든지 캠프·요양원·교도소·병동환자·학교식당·간이식당·레스토랑 등의 식사를 맡든지 상관없이 해당되는 문제이다. 영양학적으로 좋은 식사를 위해서는 소득 수준과 별개로 최소한 필요로 하는 비용이 있을 것이다. 가족의 식사에 써야할 비용은 가족구성원, 가족의 나이, 살고 있는 지역에 따라 달라진다. 우리나라의 2016년 물가를 기준으로 하여 전 도시 근로자 가구의 가족구성에 따른 월평균 식생활비(도시가계연보, 통계청) 지출계획을 보면, 2인 가족이 509,400원, 3인 695,400원, 4인 809,600원, 5인 이상 가족이 850,000원으로 나타났다. 가족 구성원 수가 증가할수록 1인당 식생활비 지출이 감소하는 양상을 보였다.

우리나라 도시가계연보 조사에 의하면 식생활비의 구성비는 1980~1990년에는 대체로 32~42%에 머물렀으나 1992년 이후 30% 이하로 떨어지기 시작하여 계속 약 27%를 유지하고 있다. 1981년이 미국 노동통계국(Bureau of Labor Statistics) 자료에 의하면 식품비로 나간 비율이 전체 수입의 16.2%, 1971~74년보다 오히려 높은 비율을 차지했는데, 그 이유는 인플레이션으로 인한 식품과 유류 가격 인상으로 식품 구매 방법을 바꾸어야만 했기 때문이다. 1995년에는 15.4%로 별변화가 없었고 2003년에는 13.1%였다.

셋째 목표는 가족들이 먹고 싶어하는 음식을 준비하는 것이다. 이 목표는 왜 우리가 영양적으로 충분한 식사를 하기 위하여 구입하는 것보다는 더 많은 돈을 소비하는지, 왜 어떤 사람은 과식을 하는지, 또 어떤 사람은 왜 영양적으로 좋은 식사를 하지 않는지, 어떤 가정에서는 다른 가정보다 시간과 에너지를 식사에 더 많이 쓰는지를 설명해줄 수 있다. 모든 사람들은 식품에 대한 기호를 가지고 있으며 이러한 기호는 민족적 배경, 가족의 식습관, 살고 있는 지역, 사회경제적 배경, 교육, 종교, 경험 등에 의해 얻어지는 것이다.

식사는 음식 자체를 즐기는 만족감을 주며 우리들은 좋아하는 음식을 먹으며 우리가 늘 먹는 음식을 좋아한다. 그러나 이러한 식품에 대한 기호도 변하게 된다. 21세기는 우리가 좋든 싫든 간에 음식이 많이 변할 것이 분명하다. 종교적인 개념과 관련된 믿음과 행동을 제외하고는 새롭고 다른 식품에 대한 저항력은 경제적이라거나 노동을 절약한다는 이점이 있기 전에는 그리 강하지 못하다.

식생활관리자의 마지막 목표는 식사에 대한 책임을 식생활관리자의 계획된 시간과 에너지 사용에 맞추는 것이다. 시간은 식사를 계획하고 식사에 관한 모든 손발이 닿는 일을 조작하는 데 사용된다. 장보기, 식사준비, 식사 후 정리 등에 시간과 에너지를 필요로 한다. 편이식품, 조리하기 쉽게 만들어 놓은 식품, 음식으로 만들어진 식품이 잘 받아들여지는 이유도 시간을 절약하려는 데 높은 가치를 두고 있으며 지루한 조리과정을 피하려는 데 있다는 증거이다.

현재의 식생활관리자는 식사준비를 시간에 맞추고 있고, 시간이 없을 때는

30분짜리 식사도 준비하고 시간이 있을 때는 반나절 식사준비를 할 때도 있다. 시간과 에너지는 돈과 같이 계획을 세워 써야 한다. 가정마다 돈을 서로 다르게 쓰듯이 시간과 에너지의 사용에서도 가정마다 차이가 있다.

4. 식생활의 가치

사람들은 그 시대 혹은 개인의 가치관에 따라 모든 일에 순위를 부여하거나 좋고 싫음, 바람직하고 그릇됨을 결정한다. 이러한 개인 또는 사회의 가치관은 환경의 변화를 반영하기 때문에 시대, 지역 등에 따라 달라지며, 어떤 것이 절대적으로 중요하거나 그렇지 않다는 것을 판단하는 것은 아니다. 예를 들어, 1970년대에는 경제적인 성장이 사회적 최고 덕목으로 강조되었기 때문에 인권 문제는 상대적으로 주목을 받지 못했으나, 경제적 성장과 인권 문제 모두 어떤 것이 더 중요하고 덜 중요하다고 할 수 없다.

가치와 그들의 상대적 중요성은 필요와 목적, 행동방식에 따라 이루어진다. 역사를 통하여 사람은 많은 다른 것들을 평가해 왔다. 그 문화권에서의 성공, 평등권, 평화, 종교의 자유, 친구의 우애, 자부심, 위력, 지위, 아름다움, 만족감, 건강, 여유시간, 자기 일을 할 수 있는 자유 등 무한정이다. 우리는 가치에 대한 상징을 가지고 있다. 예를 들면 긴 머리, 사랑의 상징, 자동차, 집, 이웃, 먹는 음식 종류, 음악, 입는 옷, 소장하고 있는 예술품 등등 무한정이다.

우리가 원하는 것은 우리 가치의 상징이다. 가치를 더 찾고 이해할수록 우리의 필요와 행동을 더 잘 이해하게 된다. 그러나 우리의 가치는 자주 서로 충돌을 일으킬 때가 많다. 예를 들면, 원하는 체중을 유지하려는 것과 열량이 많은 치즈케이크를 후식으로 먹고 싶은 소망은 양립될 수 있는 것이 아니므로 우리는 건강과 즐거움이란 가치 사이에서 괴로워한다. 마찬가지로 우리의 목표도 가끔 모순될 때가 있다. 우리가 잡지나 선전을 믿는다면 우리는 부유한 생활과 식사를 하고 있는 시대에 살고 있다고 하겠으나, 그런 일은 가끔 있을 뿐 우리의 식사에 주어진 시간과 에너지 공급은 이러한 목표와 일치되지 않는다.

가족의 식사가 가족이나 식생활관리자의 가치관에 영향을 미치는 방법을 예측하는 것은 어렵지 않다. 식사의 자원 배치가 문제이며 목표는 다른 문제다. 우리가 건강에 가치를 두는 경우엔 식사의 목표로 우수한 영양섭취가 중요시된다. 생활에 필요한 물품이 많을 경우 식품 구매에 돈을 적게 배당하며 우리가 먹는 음식의 종류에 영향을 미친다. 음식을 먹는 즐거움, 특히 값비싼 음식을 즐기려면 돈과 시간과 에너지가 다 식사를 위하여 먼저 배당되어야 한다. 식사준비나 식사시간이 적게 할당되었을 때는 식사 자체는 상대적으로 만족도가 낮으나 그 대신 남는 시간을 이용하여 다른 활동을 할 수 있다. 요즈음과 같은 조리된 식품이 많은 시대에서는 식생활관리자가 가정에서 정성껏 식사준비를 하려고 노력할 경우 '좋은 어머니' 라는 인상을 받게 된다.

CHAPTER 2

식생활관리의 목표: 영양면

식생활관리의 네 가지 목표는 이미 언급한 바 있다. 첫번째 목표는 우수한 영양에 있으며, 이 밖에 다른 목표나 식사가 주는 다른 만족은 이 목표에 부수적이어야 한다. 올바른 식품을 충분히 섭취함으로써 얻어지는 건강, 어린이들의 정상적 성장에 대한 희망, 과학에 대한 관심 등이 이 목표의 기초를 이루는 가치들이라고 할 수 있다. 이러한 가치들이 다른 가치들과 엇갈릴 때 주변에 좋은 식품이 많이 있음에도 불구하고 올바른 식사를 하지 못하는 경우도 있다.

우리나라 국민의 영양실태는 식품의 공급량과 섭취량에 따라 평가할 수 있다. 공급량에 따른 영양상태 평가는 폐기량을 고려하지 않아 섭취량의 방법보다 높게 나온다.

공급량에 따른 영양상태 평가

한국농촌경제연구원에서 매년 발행하는 식품수급표를 근거로 연도별 영양 공급량을 우리나라 국민 1인 1일당 양으로 〈표 2-1〉에 제시하였으며, 각 영양소별 주요 변화를 살펴보고자 한다.

에너지

에너지 공급량은 꾸준한 증가세를 보였다. 경제 위기 상태였던 1998년에 2,819kcal로 일시적인 감소를 보였으나 다시 증가하여 2,900kcal 내외의 공급수준을 유지하고 있다(그림 2-1).

- 식물성 식품으로부터 공급되는 에너지 비율이 1980년에는 90.9%, 1990년에는 86.1%로 조사되었으며 현재까지 80% 내외로 유지되고 있다. 반대로 동물성 식품의 에너지 공급률은 1982년 처음으로 10%를 넘어섰으며, 2015년 18.9%에 이르렀다(표 2-2).
- 전분질 식품으로부터의 에너지 공급은 점차 감소하는 추세에 있어

표 **2-1** 1인 1일당 영양 공급량(1975~2015년)

연도별	에너지 (kcal)	단백질 (g)	지방질 (g)	칼슘 (mg)	철 (mg)	비타민A (IU)	비타민B_1 (mg)	비타민 B_2(mg)	나이아신 (mg)	비타민 C(mg)
1975	2,390	71.1	27.4	495	15.5	2,779	1.50	0.82	23.5	74
1977	2,427	73.9	29.2	474	15.0	1,546	1.48	0.84	21.6	73
1979	2,599	76.2	37.5	511	13.0	2,968	1.96	1.05	24.1	122
1981	2,531	76.9	39.2	609	14.3	3,185	1.53	1.20	20.0	119
1983	2,622	86.6	47.1	427	27.5	3,156	1.68	1.21	18.5	112
1985	2,687	86.6	51.8	413	30.5	3,046	1.70	1.16	18.0	96
1987	2,810	88.4	58.2	461	26.5	3,528	1.76	1.35	19.5	106
1989	2,825	88.9	61.6	478	26.7	4,467	1.88	1.44	19.9	124
1991	2,876	88.6	71.7	516	24.4	4,965	1.81	1.37	18.4	131
1993	2,872	91.7	74.1	601	25.1	5,750	1.90	1.49	19.1	160
2003	2,919	97.6	83.1	655.5	16.2	1,310	1.87	1.60	20.5	155
2005	2,983	98.1	88.9	645.9	17.5	1,243	1.91	1.56	20.8	124
2007	2,967	99.7	88.9	704.1	18.2	1,301	1.93	1.59	21.1	124
2009	2,909	95.1	89.7	630.3	17.0	1,210	1.82	1.53	20.3	124
2011	3,067	97.3	96.0	727.4	21.7	1,130	2.40	1.49	20.6	123
2013	2,982	99.2	89.8	698.9	21.7	1,223	2.44	1.56	21.2	122
2015	2,999	102.3	97.3	713.7	22.1	1,215	2.45	1.60	21.8	119

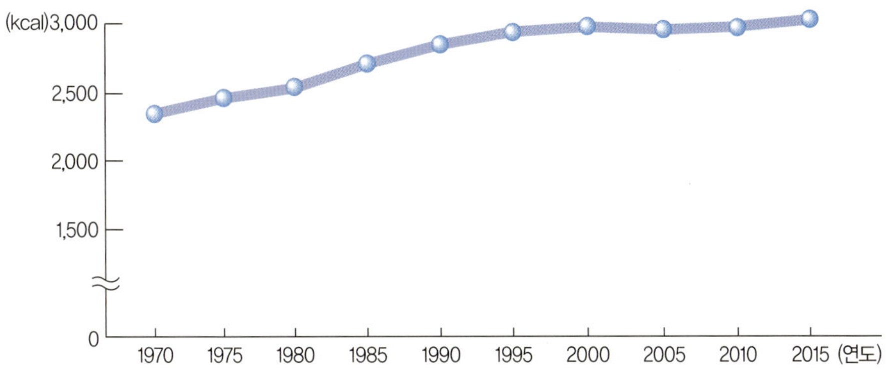

그림 **2-1** 국민 1인당 1일 에너지 공급량 변화 추이

표 **2-2** 연도별 공급 에너지의 식품별 구성비(%)

식품 \ 연도	1965	1975	1985	1995	2005	2010	2015
동물성 식품	4.6	7.4	11.3	14.8	15.3	16.2	18.9
식물성 식품	95.3	92.6	88.7	85.2	84.7	83.8	81.1
전분질 식품	91.9	84.6	72.3	61.0	55.6	51.3	48.8

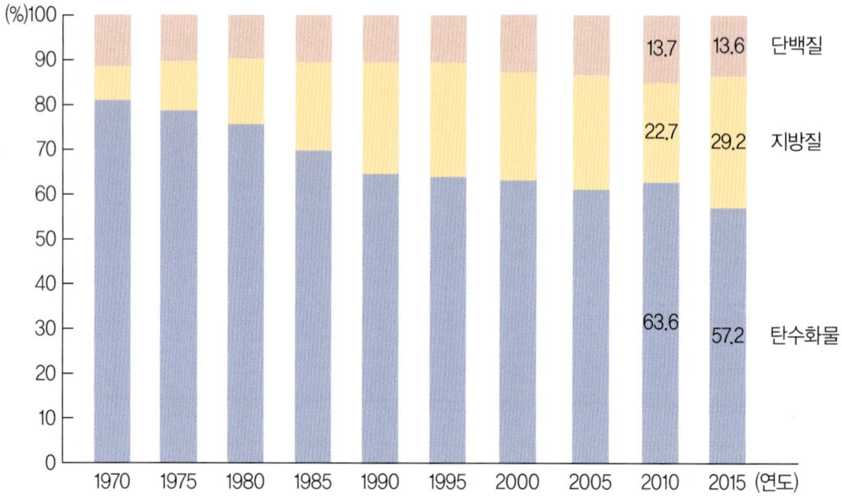

그림 **2-2** 연도별 공급 에너지의 영양소별 구성비

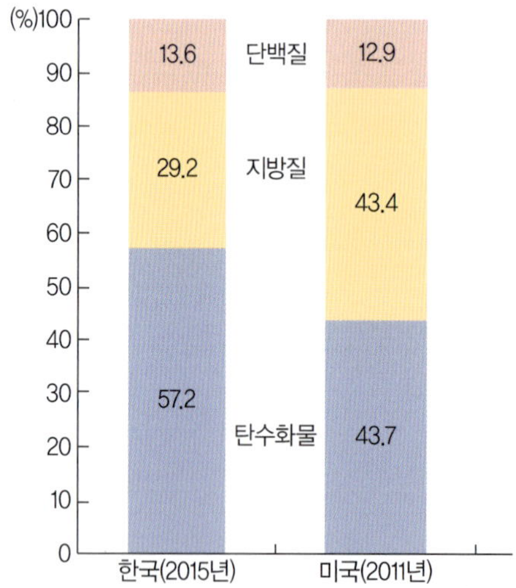

그림 **2-3** 총공급 에너지의 영양소별 구성비

(1965년, 91.9% → 1995년, 61.0%) 2015년에 조사된 수준은 48.8%에 이른다.

- 총에너지 공급량의 영양소별 구성비를 보면 점차 탄수화물로부터의 공급량이 줄고, 지방으로부터의 공급량이 증가되었다. 미국의 경우 지방의 비율이 매우 높아 2011년 조사치를 기준으로 했을 때 지방이 43.4%, 탄수화물이 43.7%였으며 단백질이 12.9%였다(그림 2-3).

단백질

우리나라 단백질 공급량은 꾸준히 증가하여 2015년 102.3g으로 조사되었다(그림 2-4). 그중 동물성 단백질의 공급량도 계속 증가하는 추세에 있어 2015년에는 전체 단백질 공급량의 53.8%에 해당된다. 여기에 단백질의 질이 비교적 우수한 공급원인 두류로부터 공급되는 단백질을 합하면 전체 단백질 공급량의 58.5%를 양질의 단백질로 공급받는 것으로 조사되었다(그림 2-5).

지방

지방 공급량은 매년 계속해서 증가되어 1970년에 19.7g이었던 것이 1980년에

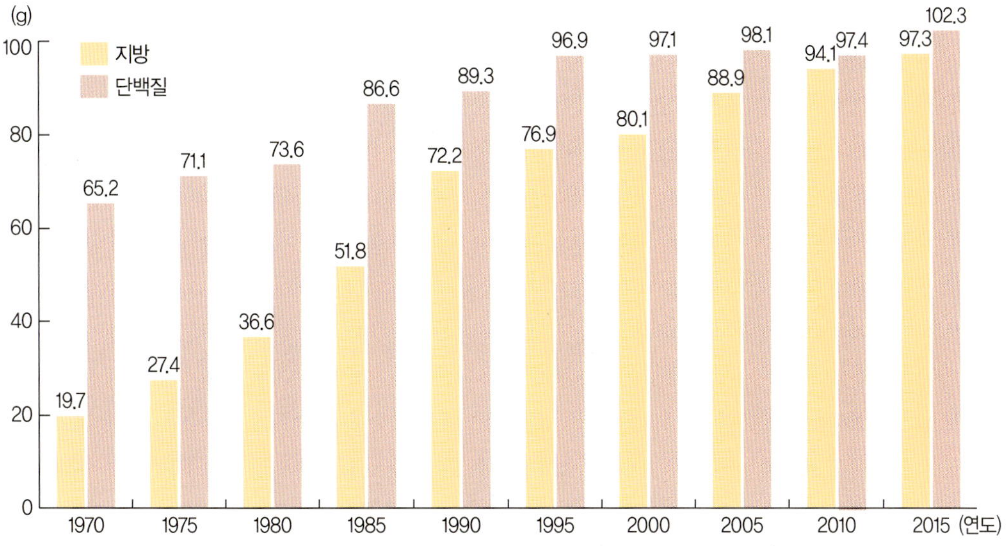

그림 2-4 연도별 국민 1인 1일당 지방 · 단백질 공급량 추이

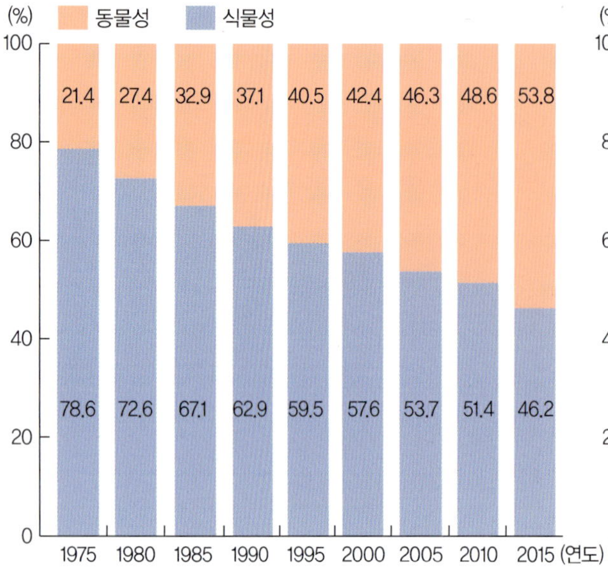

그림 2-5 급원별 단백질 공급비율

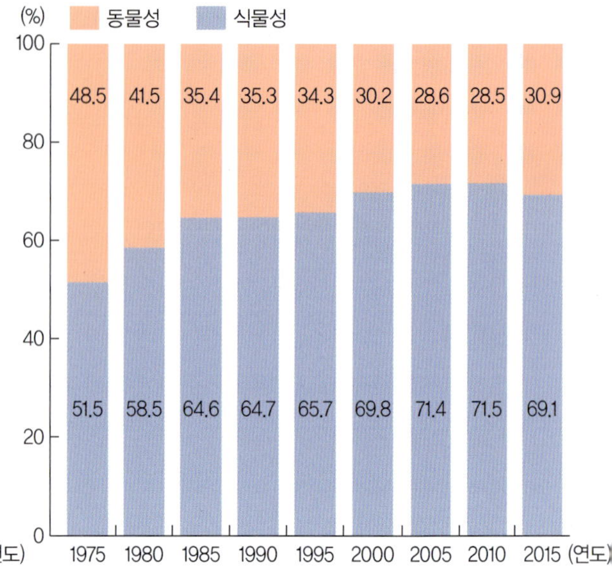

그림 2-6 급원별 지방 공급비율

36.6g으로 증가되었고 1990년에 72.2g으로 다시 2배가 증가하였으며, 2005년에는 88.9g이며 2015년엔 97.3g으로 증가하였다(그림 2-4).

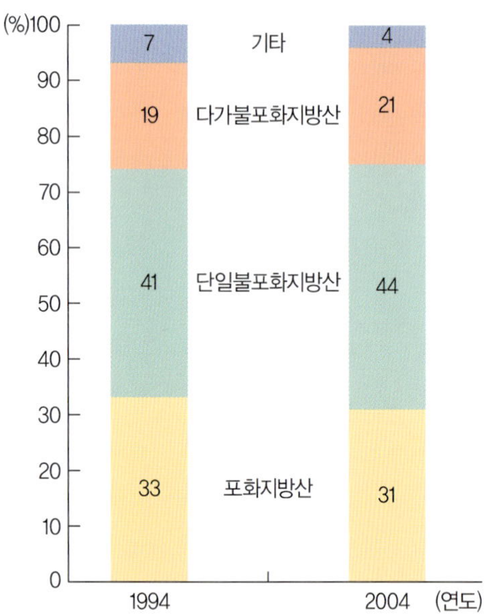

그림 2-7 미국의 지방 공급량 중 지방산별 구성비

지방 공급량 증가에 크게 기여한 것은 식물성 지방으로, 1975년에는 식물성, 동물성 지방이 14.1g, 13.3g으로 비슷하였으나 1985년에는 총지방 공급량의 64.6%가 식물성 지방이었으며 1995년에는 65.7%, 2015년에는 69.1%가 식물성 지방 형태로 공급되었다(그림 2-6). 한편 미국의 1인 1일당 지방 공급량은 2011년에 159.9g으로 조사되었으며 이 중 식물성 급원이 약 47%로 과거에 비해 크게 증가한 편이지만 여전히 동물성 급원이 더 많다.

우리나라는 지방산 공급에 대한 자료가 없지만 미국의 경우 포화지방산 공급수준은 과거에 비해 줄어들고 불포화지방산의 공급이 증가한 것을 볼 수 있다(그림 2-7).

칼슘

1970년 390mg이었던 칼슘 공급량은 1992년까지 꾸준히 증가하여 606mg에 이르렀으나 일시적으로 1984년 421mg으로 감소하였다. 이후 다시 계속적으로 상승하여 2015년 칼슘 공급량은 714mg으로 조사되었다(그림 2-8). 그 급원을 보면 미국의 경우 75%가 우유 및 유제품으로부터 공급되지만 우리나라는 26%만이 우유류에서 공급되고 19%가 채소류로 공급되고 있어 큰 차이를 보이고 있었다. 육류(2%)·어패류(27%)에서 공급되는 칼슘 공급량도 29%로 채소류와 비교할 만한 수준이었다(그림 2-9).

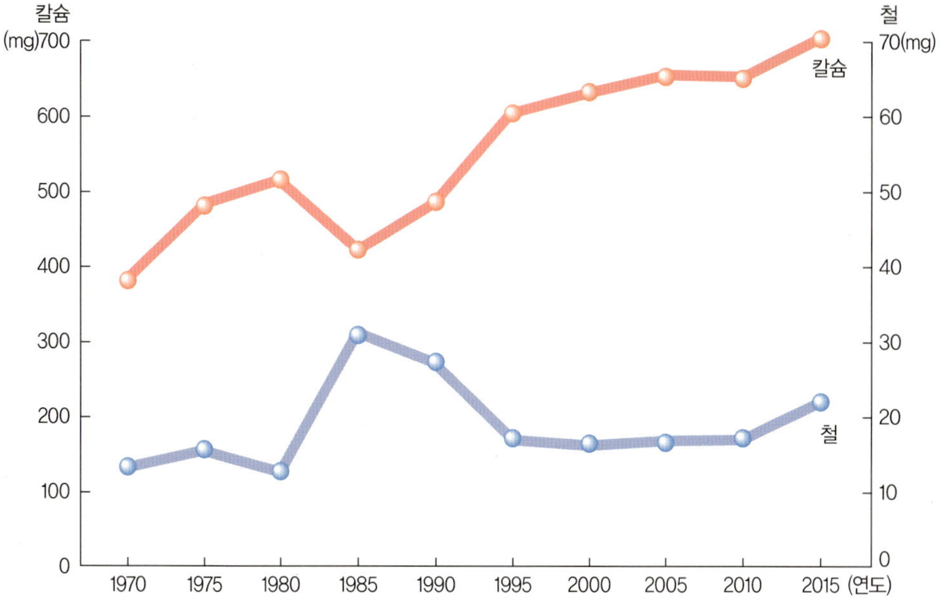

그림 2-8 국민 1인 1일당 칼슘과 철의 공급량

철분

철분의 공급량은 1982년까지는 10mg대에서 증감을 거듭하다가 1983년부터 27.5mg으로 급격히 증가되었다. 이후 철분의 공급량은 1995년부터 다시 낮아졌는데 이는 실제 식품의 공급수준에 큰 변화가 있었다기보다 식품분석표 상에서

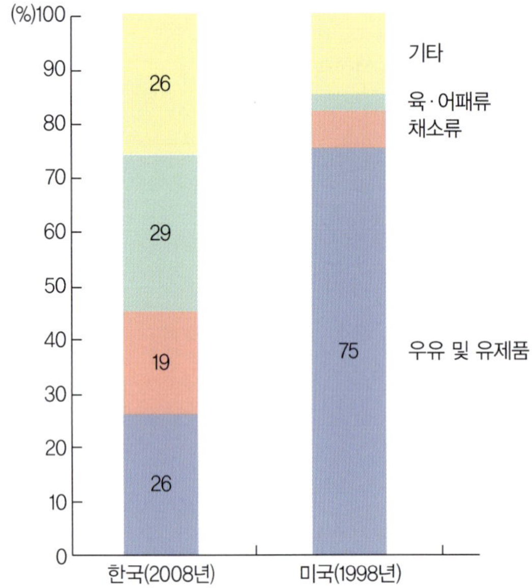

그림 2-9 급원별 칼슘 공급 구성비

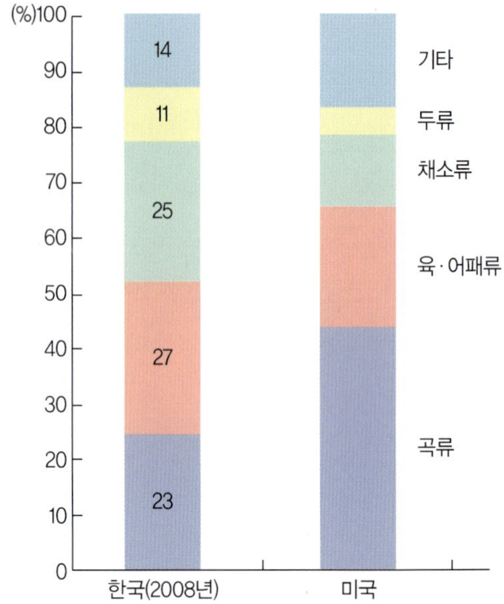

그림 2-10 급원별 철분 공급 구성비

쌀로부터 공급되는 철분의 함량이 감소했기 때문이다. 2015년 22.1mg의 철분이 공급된 것으로 조사되었는데 이는 정상 성인의 권장수준을 초과하는 양이다(그림 2-8).

알려진 바와 같이 철분은 공급형태에 따라 흡수율의 큰 차이를 보이는데, 흡수율이 높은 육류와 어패류는 낮고 대부분은 식물성 식품으로부터 공급되고 있었다. 과거에 비해 곡류로부터 공급되는 철분량의 비율이 줄어든 것은 식생활 변화를 반영한 것이기도 하나 쌀의 철분 함량을 조정한 것에 의해 크게 영향을 받았을 것으로 보인다(그림 2-10).

비타민 A

비타민 A의 공급량은 연도별로 변동이 크기는 하나, 전체적으로 증가 추세에 있다. 1970년에 2,354IU이던 것이 그 후 점차 증가되어 1980년부터 3,000IU 이상으로 증가되었으며, 1989년부터는 4,000IU를 넘어섰다. 1995년부터는 비타민 A의 단위를 RE로 표시하여 발표되고 있는데, 2000년에는 1,353RE, 2015년에는

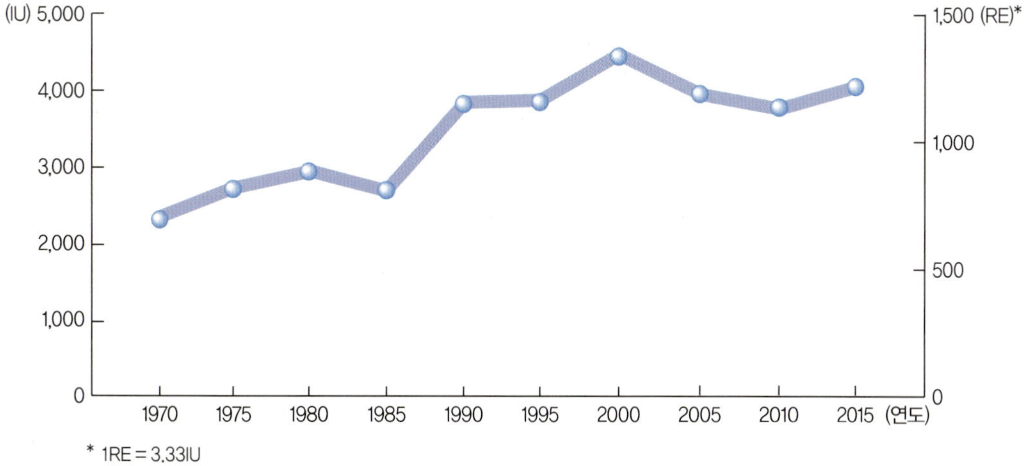

그림 **2-11** 국민 1인 1일당 비타민 A 공급량

1,215RE가 공급되었으며 이는 1970년에 공급된 2,354IU의 약 2배에 해당하는 양이다(그림 2-11). 그 급원을 보면, 우리나라의 경우 채소류에서 공급되는 비율이 대부분을 차지하였으며, 그 다음으로 육류·어패류로 공급되며 다른 식품으로부터의 공급량은 매우 적은 편이다. 그러나 미국의 경우 육류와 어패류, 우유류, 유지류에 의해서도 상당량을 공급받고 있는 것을 볼 수 있다(그림 2-12).

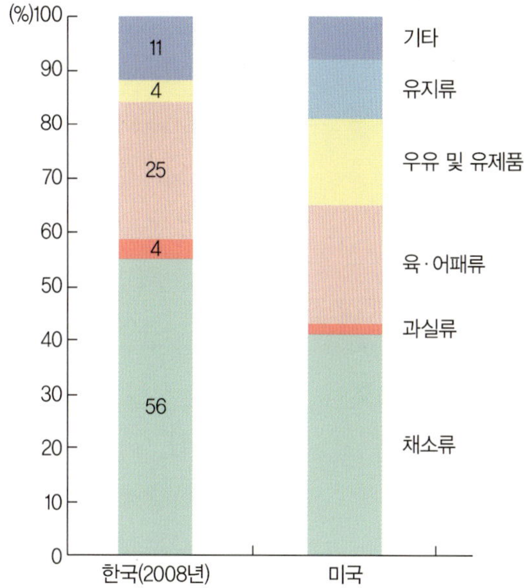

그림 **2-12** 급원별 비타민 A 공급 구성비의 연도별, 국가별 비교

비타민 B_1

비타민 B_1(티아민)의 공급량은 1978년에서 1980년 사이에 공급량이 가장 높았으며 전반적으로는 꾸준히 증가하는 추세에 있다. 1970년에 1.49mg이던 것이 그 후 점차 증가되어 1980년에 1.92mg, 1990년에 1.86mg 수준에 이르렀고, 2000년과 2015년에는 각각 1.93mg, 2.45mg이 공급되었다(그림 2-13).

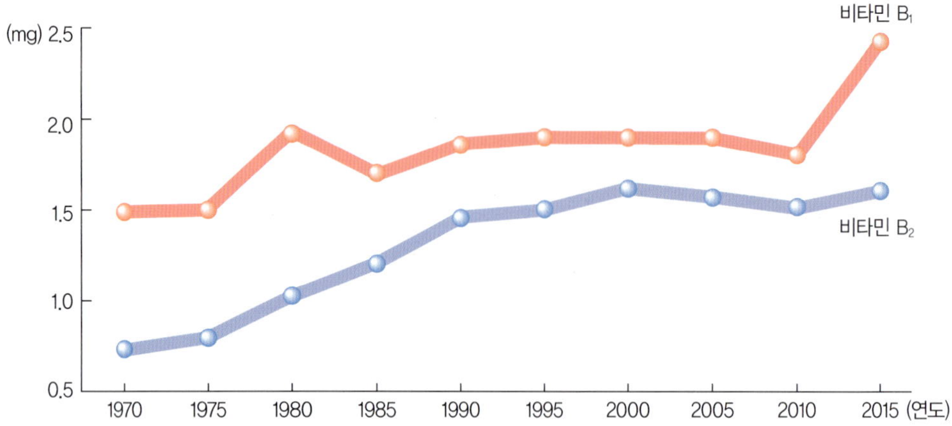

그림 2-13 국민 1인 1일당 비타민 B_1과 B_2의 공급량

비타민 B_2

비타민 B_2(리보플라빈)는 비타민 A와 함께 우리 국민에게 가장 부족한 비타민으로 인식되어 왔다. 1970년의 공급량은 0.73mg이었으나 매년 증가하여 1980년에 1.03mg, 1990년에는 1.45mg에 달하였고, 2015년에는 1.60mg으로 크게 증가한 편이나 에너지 공급 수준이 2,999kcal이며 리보플라빈 요구 수준이 1,000kcal 당 0.6mg인 점을 고려하면 다소 공급수준이 부족한 상황이다(그림 2-13). 이는 국민 1인당 1일 유제품 공급량이 아직까지 1회 분량에 미치지 못하는 63.6g 수준인 것과 관련성이 있을 것으로 보인다.

나이아신

나이아신의 공급량은 1970년에 21.6mg이던 것이 매년 순조롭게 증가되어 1980년에는 23.4mg이 공급되었으며, 그 후 다시 감소하여 18~22mg 사이를 유지하여 2000년에는 20.8mg, 2015년에는 21.8mg 수준으로 조사되었다.

비타민 C

비타민 C의 공급량은 1970년에 79mg이던 것이 계속적으로 증가하여 1980년에 125mg, 1990년에 124mg 수준에 이르렀고 2000년에는 163mg, 2015년에는

119mg으로 급격히 줄고 있다(그림 2-14).

우리나라에서는 채소류로부터 공급되는 비타민 C의 양이 과일에 비해 월등히 많은 양의 비타민 C를 공급하고 있지만 미국에서는 과실류로부터 얻는 비타민 C의 양이 42%로 채소류보다 많다(그림 2-15).

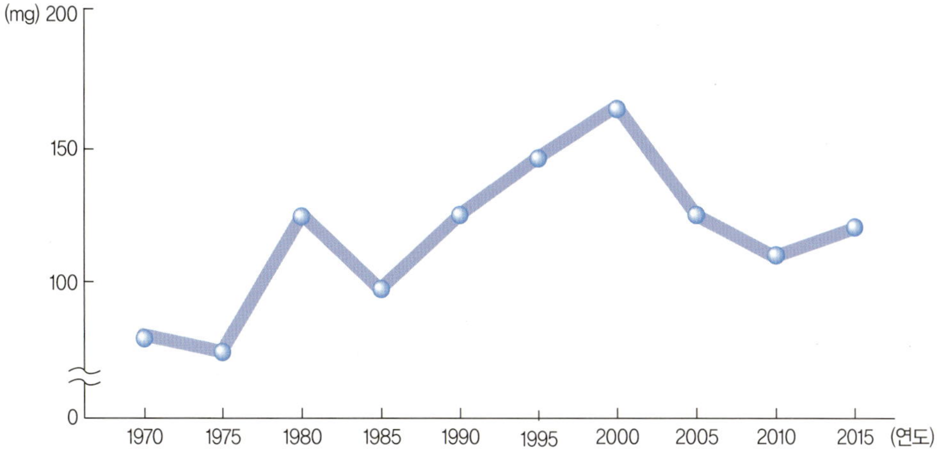

그림 2-14 국민 1인당 1일 비타민 C 공급량

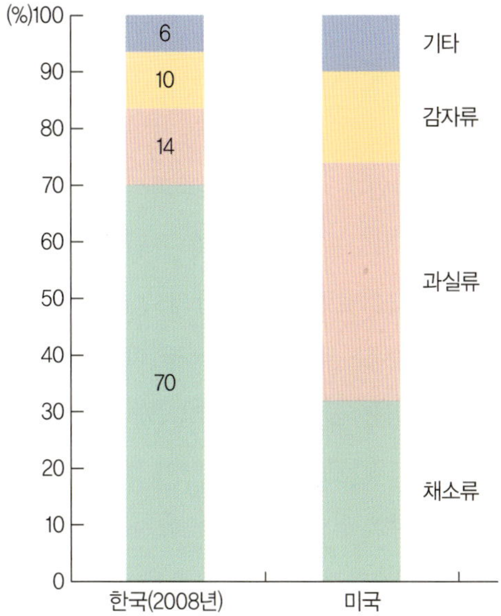

그림 2-15 급원별 비타민 C 공급 구성비

영양공급 상태의 국제 비교

식품의 공급

조 식품 공급량을 2015와 2013년도를 기준으로 한 1인 1년당 식품 공급량의 국가 비교를 〈표 2-4〉에 나타내었다. 우리나라의 1인 1년당 식품 공급량은 미국 등 서구 국가들과 비교했을 때 곡류, 채소류, 어패류의 공급 수준은 높은 편인 반면, 서류, 설탕류, 과실류, 육류, 달걀류, 우유류, 유지류의 공급 수준은 낮은 편이었다. 이는 일본과의 비교에서는 유사하였다. 과거에는 두류의 공급 수준이 높은 편에 속하였으나 공급량이 줄어들면서 두드러진 차이가 보이지 않았다.

2015년도 우리나라의 1인 1년당 곡물 공급량은 133.1kg으로서, 과거에 비해 감소한 편이나 국가간의 비교에서는 여전히 높은 수준을 보이고 있다. 우리나라보다 곡류의 공급 수준이 높은 나라로는 이탈리아, 북한, 멕시코, 중국, 파키스탄 등을 들 수 있다. 채소류의 1인당 연간 공급량은 137.5kg으로, 다른 나라에 비해 높은 수준이며, 독일, 프랑스, 네덜란드 등과 비교했을 때도 상당히 높은 수준이다. 반면, 과실류 섭취 수준은 식생활이 비교적 유사한 일본, 북한과는 견줄만한 수준이었으나, 대부분 국가와 비교했을 때 낮은 수준이었다.

동물성 식품 공급량 중 육류 섭취 수준은 일본, 중국 등 가까운 이웃 나라와 비교했을 때도 비슷한 수준이었으며, 유럽 및 남북 아메리카에 위치한 국가들과 비교했을 때 월등히 낮았다. 하지만 인도, 파키스탄, 필리핀 등에 비해서는 높은 편이었다. 달걀류의 섭취수준은 미국이나 유럽 국가들과도 비교할 만한 수준이었으나 일본, 중국보다는 낮았다. 우유류의 섭취 수준은 필리핀, 중국, 북한보다는 높지만 일본에 비해서도 낮고 그 외 서구 여러 국가와 비교했을 때 월등히 낮은 수준이다. 동물성 식품 공급량 중 유일하게 월등한 공급 수준을 보이는 항목은 어패류로, 섬나라인 일본보다도 공급량이 많으며 다른 기타 국가들과 비교했을 때 월등하게 많은 양이 공급되고 있다. 유지류의 공급 수준은 북한, 중국 등보다는 높고 전반적으로 중간 정도 수준에 속한다.

표 2-3 각 나라별 주요식품 자급률

국명	연도	곡류	서류	두류	채소류	과실류	육류	달걀류	우유류	어패류	유지류
한국	2015	24.0	93.6	10.8	87.7	78.8	76.3	99.7	56.6	57.9	1.7
일본	2013	24.5	75.2	5.2	86.7	43.5	52.3	100.5	76.5	53.7	64.9
미국	2013	126.5	101.5	162.2	95.6	75.6	115.4	106.5	103.8	70.2	94.5
영국	2013	87.7	76.1	75.8	41.4	4.9	69.3	88.2	82.0	54.7	54.0
캐나다	2013	203.6	163.6	273.9	58.0	18.5	135.2	95.4	93.8	96.1	196.5
덴마크	2013	116.9	125.0	97.1	48.4	9.4	309.1	82.8	213.9	279.6	75.9
프랑스	2013	193.0	140.4	91.2	84.1	59.8	97.8	101.2	135.9	30.5	85.3
독일	2013	116.7	138.1	45.2	43.9	27.4	114.2	71.9	130.8	24.4	87.9
이탈리아	2013	68.3	46.0	68.6	160.6	113.2	79.3	90.5	69.3	19.4	29.4
스페인	2013	75.3	62.6	75.8	218.5	174.4	125.4	109.9	71.4	60.5	111.6
스웨덴	2013	112.2	81.1	58.8	41.1	4.1	62.9	96.3	86.8	51.6	44.2
스위스	2013	45.0	77.6	40.2	47.4	40.9	80.1	55.1	101.9	1.9	50.0

표 2-4 1인 1년당 식품 공급량

국명	연도	곡류	서류	설탕류	두류	채소류	과실류	육류	달갈류	어패류	우유류	유지류
한국	2015	133.1	12.1	22.4	12.7	137.5	50.0	52.9	11.0	60.0	63.6	20.1
북한	2013	148.2	63.1	4.0	14.2	124.8	57.3	13.9	4.7	9.5	3.7	6.9
일본	2013	113.5	30.7	27.0	12.0	101.2	52.9	49.3	19.0	48.5	71.9	16.4
중국	2013	150.0	67.5	7.3	12.4	347.8	94.2	61.7	18.6	34.7	33.2	9.5
미국	2013	105.5	56.2	63.9	14.6	113.9	104.4	115.0	14.6	21.5	254.8	35.4
캐나다	2013	119.4	73.4	48.2	24.5	108.4	135.8	90.9	12.8	22.6	187.6	43.4
영국	2013	105.5	56.2	63.9	14.6	113.9	104.4	115.0	14.6	21.5	254.8	35.4
프랑스	2013	127.4	54.0	39.1	9.1	97.5	114.2	86.9	13.1	33.6	241.3	34.3
독일	2013	111.0	61.3	48.5	11.3	93.1	88.3	85.8	12.0	12.4	258.8	36.9
이탈리아	2013	158.0	38.3	32.1	17.2	128.8	139.8	84.0	13.5	25.2	246.7	39.1
네덜란드	2013	88.7	92.0	44.5	12.0	86.1	175.9	89.4	13.9	22.3	341.6	19.7
호주	2013	87.6	56.6	46.0	15.3	102.9	88.3	116.1	8.4	25.9	234.3	30.7
뉴질랜드	2013	88.7	92.0	44.5	12.0	86.1	175.9	90.5	13.9	22.3	341.6	19.7
멕시코	2013	159.5	16.4	48.5	15.7	55.8	107.3	62.1	18.3	10.6	111.7	14.2
브라질	2013	116.1	55.8	42.7	34.3	51.5	93.1	97.5	9.1	11.0	149.3	21.2

영양 수준

소득 수준의 향상과 더불어 우리나라 국민 1인 1일당 공급에너지는 꾸준히 증가하여 왔다(1970년 2,370kcal, 2015년 2,999kcal). 북한의 2013년 1인 1일당 에너지 공급량은 2,321kcal로 3,000kcal 이상을 공급한다고 보고했던 80년대 후반에 비해 오히려 감소하였다(표 2-5).

미국, 캐나다 등 북아메리카 국가와 유럽의 여러 나라의 국민 1인 1일당 공급에너지는 우리나라보다 10~20% 가량 높았으며, 이는 육류와 우유류 등 축산물과 유지류 공급량이 많기 때문인 것으로 보인다. 북한, 멕시코, 필리핀 등 우리나라보다 국민 총 소득이 낮은 국가들은 2,500kcal 가량 공급하고 있으며 비교적

표 2-5 국가간 1인 1일당 영양공급량 비교

국명	연도	에너지(kcal)	전분식품(%)	단백질(g)	동물성 단백질 비율(%)	지방질(g)
한국	2015	2,999	48.8	102.3	53.8	97.3
북한	2013	2,321	66.2	54.7	17.9	36.4
일본	2013	2,551	45.3	87.9	53.5	84.7
중국	2013	3,127	50.5	94.6	39.3	95.3
미국	2013	3,358	27.8	107.0	65.0	159.9
캐나다	2013	3,387	33.8	101.7	53.4	146.0
영국	2013	3,081	35.8	98.4	58.3	133.8
프랑스	2013	3,156	34.0	105.4	63.0	156.5
독일	2013	3,118	31.8	98.3	62.2	140.2
이탈리아	2013	3,398	37.2	105.2	54.2	154.1
인도	2013	3,144	40.0	105.4	60.2	122.8
멕시코	2013	2,586	60.2	59.0	20.0	51.4
브라질	2013	3,157	39.3	91.8	56.0	117.2
필리핀	2013	2,736	57.2	58.2	40.8	50.7

1) 한국, 일본, 대만은 순식품공급량 기준이며, 기타국은 조식품공급량 기준임.
2) 단백질 및 동물성 비율, 지방질 및 유지류 비율은 한국만 2015년, 기타국은 2013년 자료임.

전분질 식품에 대한 의존도가 높은 것으로 보고되었다.

우리나라는 2015년 총 에너지 공급량 2,999kcal 중 48.2%를 전분질 식품으로부터 얻고 있으며, 90%에 가까운 비율을 전분질 식품에 의존했던 1960년대에 비하면 크게 감소한 수준이라고 할 수 있으나 국가간 비교를 통해 살펴보았을 때는 높은 편에 해당이 된다. 이는 쌀 등의 곡류 식품을 주식으로 이용하면서 이외의 식품군을 곁들여 한 끼를 구성하는 우리나라 식생활 형태가 영향을 미친 것으로 보인다.

우리나라의 설탕류나 동물성 식품, 유지류로부터의 에너지 공급 비율은 꾸준히 증가하는 편이나 이 역시 유럽 국가나 미국, 캐나다에 비교하면 낮은 수준이다. 브라질, 아르헨티나, 칠레 등의 남아메리카 국가들과 비교할 때도 비슷한 수준이다. 설탕류나 동물성 식품, 유지류의 증가는 식사의 서구화 경향을 나타내는 것으로, 의료 전문가들은 비만, 당뇨병, 혈관 및 심장질환, 유방암, 대장암 등 서구식 질환 유병률의 증가를 우려하고 있다.

우리나라 국민 1인 1일당 단백질 공급량은 매년 꾸준히 증가하여 2015년 102.3g으로 조사되었으며 동물성 단백질의 공급비율도 53.8%로 육류 및 달걀류, 우유류 공급 수준의 비약적인 증가를 반영하였다. 단백질 공급량과 동물성 단백질 비율 모두 유럽과 아메리카 대륙 국가들과 비교했을 때 10% 가량 적은 편이나 3대 에너지 영양소 중에 가장 차이가 적은 영양소라고 할 수 있다. 큰 차이가 나지 않은 이유는 두류의 섭취 수준이 상대적으로 높은 편이기 때문인 것으로 보인다. 북한의 단백질 공급량은 우리의 50% 가량으로 2013년 54.7g으로 조사되었으며 우리나라 60년대 말 수준과 유사했다. 동물성 식품으로부터 얻는 단백질 비율도 17.9%로, 단백질 섭취의 질을 고려했을 때 심각한 영양 불량이 예상된다.

우리나라 국민 1인 1일당 지방질 공급량은 2015년 97.3g으로 1964년에 15g이 공급된 것과 비교하면 무려 6배 가까이 증가한 셈이다. 우리나라 지방질 공급 수준은 일본과는 유사하나 북아메리카와 유럽 대륙의 국가들과 비교했을 때는 많이 낮은 수준이었다. 북한은 멕시코, 필리핀보다도 낮은 36.4g에 머물렀으며 연도별 변화추세를 살펴봤을 때도 오히려 소폭이지만 감소세를 보였다.

섭취량에 따른 영양상태 평가

우리나라 보건복지부의 국민영양조사는 1969년 이래 매년 실시하여 우리나라 국민의 식품섭취량 및 영양섭취량의 실태를 조사하였으며 1998년부터는 국민건강·영양조사로 확대되면서 3년마다 실시되고 있다. 새로운 국민건강·영양조사에서는 영양섭취 상태를 조사하는 방법으로 기존에 이용되어 왔던 가구별 칭량법 대신 개인별 24시간 회상법이 이용되었으며, 농촌진흥청 부설 농촌생활 연구소에서 발간된 식품 성분표의 내용을 근거로 영양소 섭취량을 계산하고, 한국인의 1일 영양권장량(1995)과 2005년부터 한국인 영양섭취기준이 사용되어 연령 및 성별에 따라 영양소 섭취 실태를 평가하였다.

에너지

에너지 섭취량은 국민영양조사가 시작된 1969~1983년까지 평균 2,000kcal 수준이었으나 이후로 낮아져 1990년에는 1,868kcal로 보고되었다(표 2-6). 이는 실제 우리나라 국민의 섭취 수준이 감소한 것에 기인하기 보다는 가구별 조사의 특성과 외식이 반영되지 않은 것에 따른 것으로 파악되어 조사 방법의 개선이 제기되어왔다. 1998년 조사부터는 개인별 조사를 위한 24시간 회상법으로 조사 방법이 변경되었으며, 1998년 조사에서는 에너지 섭취량이 1,985kcal, 2005년 조사에서는 2,016kcal, 2014년은 2,063kcal로 나타났다. 곡류로부터 섭취하는 에너지의 비율은 1970년대까지 80%대에 이르렀으나 점차 감소하여 1995년에는 61.2%를 기록하였으며, 1998년 조사에서는 58.5%, 2005년 조사에서는 57.9%, 2014년에는 56.8%로 감소되었다.

영양소별 에너지 섭취 비율에서도 탄수화물로부터 섭취되는 에너지 비율이 연차적으로 낮아져 곡류로부터 섭취되는 에너지 비율이 감소한 것과 관련이 있음을 시사하였다(그림 2-16). 반면, 단백질, 지방으로부터 섭취량은 섭취하는 절대량도 증가하였으며 상대적인 비율 또한 증가하였다. 단백질:지방:탄수화물의 비율은 1969년에는 12.5:7.2:80.3으로 조사된 반면, 1995년에는 16.1:19.1:64.8이었

표 **2-6** 1인 1일 평균 영양소 섭취량의 변화 추이(전국)

영양소 \ 연도(년)	'75	'76	'77	'78	'79	'80	'81	'82	'83	'84	'85	'86	'87	'88	'89	'90	'91	'92	'93	'94	'95	'98	'01	'05	'10	'14
에너지(kcal)	1,992	1,926	2,134	1,833	2,098	2,052	2,052	1,991	2,012	1,901	1,936	1,930	1,819	1,935	1,871	1,868	1,930	1,875	1,848	1,770	1,839	1,985	1,976	2,016	2,068	2,063
단백질(g)	63.6	60.4	71.0	59.5	69.6	67.2	69.9	67.4	69.6	69.3	74.5	74.2	79.2	91.6	83.6	78.9	73.0	74.2	72.6	71.9	73.3	74.2	71.6	75.8	74.6	72.3
지방(g)	19.0	20.0	28.0	22.6	26.2	21.8	20.3	21.1	23.5	24.0	29.5	28.1	29.7	30.0	27.9	28.9	35.6	34.5	36.9	35.9	38.5	41.5	41.6	46.0	46.4	49.7
탄수화물(g)	399	380	397	346	395	396	394	381	380	351	342	343	308	330	323	316	325	313	301	286	295	325	315.0	306.5	321	307
칼슘(mg)	407	402	487	412	699	598	559	466	506	481	569	593	464	495	498	517	518	538	523	556	531	511	497	553.1	525	490
철분(mg)	12.4	12.0	14.0	10.3	12.4	13.5	15.8	13.3	15.1	13.9	15.6	17.0	22.8	22.2	22.2	22.7	23.0	22.9	22.4	22.0	21.9	12.5	12.2	13.6	14.5	16.9
비타민 A(IU)	1,362	1,293	1,428	1,064	1,324	1,688	1,804	1,676	2,052	1,681	1,846	2,226	1,204	1,337	1,657	1,662	550	535	440	411	443	625	624	782.1	795	762
티아민(mg)	1.21	1.20	1.40	1.20	1.31	1.13	1.78	1.00	1.14	1.17	1.34	1.24	1.03	1.19	1.15	1.15	1.27	1.22	1.37	1.12	1.16	1.35	1.27	1.30	1.40	2.01
리보플라빈(mg)	0.77	0.80	0.90	0.80	0.93	1.08	1.24	0.86	1.00	1.04	1.21	1.19	1.11	1.20	1.18	1.27	1.24	1.22	1.11	1.19	1.20	1.09	1.13	1.20	1.30	1.4
나이아신(mg)	15.34	16.0	19.0	16.1	21.3	19.1	20.1	20.7	23.7	22.7	25.7	27.2	17.7	20.9	19.5	21.6	17.5	17.4	16.5	16.6	16.7	15.7	16.9	17.1	17.1	16.4
비타민 C(mg)	78.9	75.0	91.0	68.3	98.19	87.9	67.2	76.0	69.5	58.6	64.7	84.3	51.2	76.2	65.8	81.2	92.2	102.5	92.6	93.5	98.3	123.1	132.6	98.2	104.7	95.2
동물성 단백질비(%)[1]	20.6	20.2	24.4	28.7	31.9	28.7	32.2	32.6	33.5	37.8	41.7	41.2	45.3	49.3	45.5	39.8	42.7	46.6	46.4	47.7	47.3	48.0	47.9	42.4		
곡류에너지비(%)[2]	82.5	82.3	77.7	78.0	77.4	77.4	75.5	77.9	75.0	72.9	61.9	69.5	67.3	67.1	66.5	65.8	65.8	66.2	63.8	61.3	61.2	58.5	56.0	57.9		

1) 동물성 단백질(%) = 동물성 단백질/총단백질×100

2) 곡류 에너지비(%) = 곡류 에너지/총에너지×100

- 1991년부터 비타민 A의 단위는 RE
- 1969~95년까지는 가구별 칭량법, 98년도부터는 개인별 24시간 회상법에 의해 실시된 결과임.
- 1998년도에는 식품성분표 제5개정판(농촌진흥청 농촌생활연구소, 1996)을 이용함에 따라 쌀의 철 함량이 3.7mg/100g에서 0.5mg/100g으로 하향조정된 수치를 적용하여 환산하였음.
- 2001년에는 식품성분표 제6개정판(농촌진흥청, 농촌생활연구소, 2001) 자료를 적용하였음.

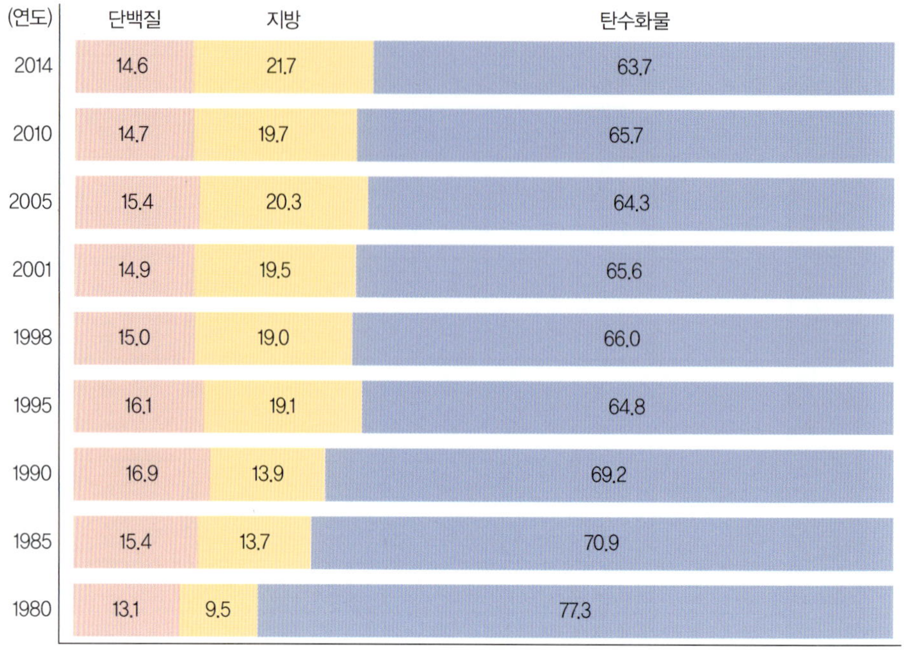

그림 **2-16** 섭취 에너지의 영양소 구성비의 추이(전국)

으며, 2005년 조사에서는 15.4 : 20.3 : 64.3이며, 2014년에는 14.6 : 21.7 : 63.7로 조사되었다. 단백질 및 지방의 섭취 수준이 증가한 것은 동물성 식품의 소비가 증가한 것을 반영한 결과라고 보인다.

에너지의 권장섭취량 대비 섭취 비율은 1980년 93.5%에서 1995년 88.6%에 이르기까지 연차적인 감소 경향을 보여 왔으나 기존에 사용되었던 가구별 칭량법이 개인의 차이와 외식으로 섭취한 내용을 반영하지 못했던 한계점이 있었던 것을 고려할 때 실제 우리나라 국민의 에너지 섭취량이 적었기 때문에 권장량 수준에 미치지 못했던 것으로 평가하기엔 무리가 있다(표 2-7). 조사 방법을 변경한 1998년 조사 결과로는 94.5%, 2005년에는 98.4%, 2014년에는 99.8%로 계산되었으며, 전 국민의 30%가 권장량 대비 75~100% 수준의 에너지를 섭취한 것으로 조사되었다. 에너지 섭취 수준은 도시지역이 읍면지역보다 상대적으로 높아서, 대도시 100.7%, 중소도시 99.3%, 읍면지역 98.1% 수준인 것으로 나타났다(표 2-8).

표 2-7 영양소별 권장섭취량에 대한 섭취비율의 연차적 추이(전국) (단위: %)

영양소 \ 연도(년)	'80	'85	'90	'95	'01	'05	'10	'14
에너지	93.5	91.1	90.0	88.6	94.8	98.4	99.8	99.8
단백질	94.6	110.4	127.8	116.7	127.0	169.0	160.6	154.7
칼슘	81.9	93.0	82.0	75.4	71.0	76.3	73.3	68.3
철분	96.4	112.0	173.3	159.5	95.2	126.3	142.8	171.7
비타민 A	90.2	81.2	76.5	67.2	95.4	121.9	122.4	118.7
티아민	128.4	122.9	109.9	108.8	119.8	122.3	127.6	183.4
리보플라빈	89.3	93.8	101.4	96.0	91.0	95.8	101.0	107.7
나이아신	131.7	182.1	156.2	119.8	119.4	121.5	118.4	113.9
비타민 C	176.9	125.0	154.9	185.4	197.0	106.6	112.6	105.6

주) 1. 1980년 영양권장량에 대한 평균 영양소 섭취비율 계산은 1980년 제3개정판 "한국인 영양 권장량"에 의한다.
2. 1985년 영양권장량에 대한 평균 영양소 섭취비율 계산은 1985년 제4개정판 "한국인 영양 권장량"에 의한다.
3. 1990년 영양권장량에 대한 평균 영양소 섭취비율 계산은 1989년 제5개정판 "한국인 영양 권장량"에 의한다.
4. 1995년, 2001, 2005년 영양권장량에 대한 평균 영양소 섭취비율은 1995년 제6차개정 "한국인 영양 권장량"에 의한다.
5. 2010~2014년 권장섭취량에 대한 평균 영양소 섭취비율은 2010년 제8차개정 "한국인 영양섭취기준"에 의한다.

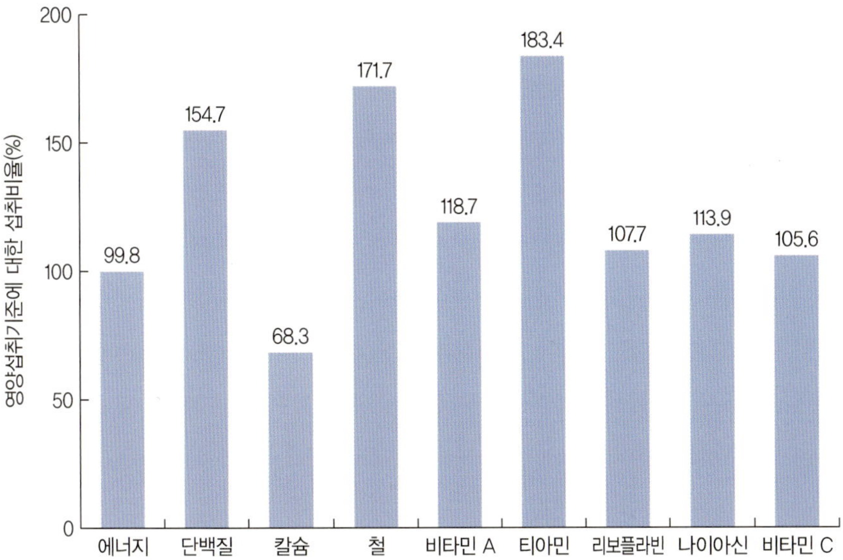

그림 2-17 영양소별 권장섭취량에 대한 평균 섭취비율
자료: 국민건강영양조사 제6기(2014) 영양조사Ⅰ.

표 2-8 영양소별 권장섭취량에 대한 평균 섭취비율(지역별, 2014년) (단위: %)

영양소 \ 지역	전국	대도시	중소도시	읍면지역
에너지	99.8	100.7	99.3	98.1
단백질	154.7	157.2	154.0	149.6
칼슘	68.3	69.9	67.3	66.6
철	171.7	168.0	165.3	202.8
칼륨	87.1	89.6	85.6	83.8
나트륨	267.3	271.2	261.9	263.9
비타민 A	118.7	122.2	114.1	119.6
티아민	183.4	184.9	183.6	178.0
리보플라빈	107.7	109.3	107.2	104.4
나이아신	113.9	117.5	112.3	107.5
비타민 C	105.6	106.9	107.3	98.1

자료: 보건복지부, 국민건강영양조사.

단백질

국민 1인 1일당 단백질 섭취량은 국민영양조사가 시작된 1969년부터 1984년까지 다소의 증감은 보였으나 60g대를 유지하였다. 이후, 1985년 74.5g으로 조사된 이래, 1995년 73.3g, 1998년 74.2g, 2005년 75.8g, 2014년 72.3g으로, 조사 방법과 무관하게 꾸준히 70g 이상으로 보고 되고 있다. 동물성 단백질 섭취 수준도 높아져, 1969년에는 11.6%이었던 것이 1995년에는 47.3%로 조사될 정도로 높아졌으며 1998년과 2009년도 조사에서는 각각 48.0, 47.8%에 도달하여 단백질 섭취의 질이 높아졌음을 시사하였다. 단백질의 권장섭취량 대비 섭취 비율은 90%를 항상 넘어섰으며, 1984년도 조사에서부터는 100% 이상이었다. 2014년도 조사 결과로는 154.7%로 기록되었으며, 대도시가 157.2%, 중소도시는 154.0%, 읍면지역은 149.6%로, 도시 지역의 단백질 섭취 수준이 다소 높은 것을 볼 수 있다. 권장섭취량의 75% 미만을 섭취하는 대상자의 비율도 나이에 따라 차이를 보였는데 65세 이상이 가장 높게 나타나 32.6%가 단백질 섭취 수준이 권장섭취량의 75% 미만

표 2-9 영양소별 권장섭취량에 대한 평균 섭취비율(연령층별, 2014년) (단위: %)

영양소 \ 연령(세)	전국	1~2	3~6	7~12	13~19	20~29	30~49	50~64	65≤
에너지	99.8	103.2	98.8	113.6	99.6	93.8	101.2	104.0	93.3
단백질	154.7	232.2	226.8	224.5	167.8	149.8	153.3	151.0	110.4
칼슘	68.8	75.2	68.8	67.1	57.0	66.5	73.0	75.6	56.8
철	171.7	118.0	130.7	144.0	118.3	138.6	155.0	248.8	189.4
칼륨	87.1	88.4	82.6	79.2	77.3	79.2	93.3	97.9	75.5
나트륨	267.3	158.8	197.2	232.2	251.1	281.8	296.6	297.2	257.0
비타민 A	118.7	135.2	164.9	143.5	98.3	100.7	119.2	133.9	101.0
티아민	183.4	193.1	247.6	225.2	185.0	179.2	186.7	183.4	144.0
리보플라빈	107.7	131.6	143.5	147.7	103.0	108.0	112.4	103.4	73.8
나이아신	113.9	114.6	135.5	134.1	111.0	116.0	119.5	112.4	81.6
비타민 C	105.6	170.6	213.3	113.8	70.1	70.4	105.6	131.9	97.5

자료: 보건복지부, 국민건강영양조사.

표 2-10 영양소별 권장섭취량 75% 미만을 섭취한 대상자 비율(연령층별, 2014년) (단위: %)

영양소 \ 연령(세)	전국	1~2	3~6	7~12	13~19	20~29	30~49	50~64	65≤
에너지	28.6	28.6	22.2	14.5	31.5	35.6	28.1	24.3	35.2
단백질	15.8	6.9	0.7	1.5	14.1	18.1	13.2	14.3	32.6
지방	29.9	39.7	13.2	13.9	14	14.2	23.1	42.1	67
칼슘	71.4	60.1	66.1	73.4	81.6	75.4	65.9	67.6	80.8
철	16.8	32.3	13	15	39.1	27.8	17.2	3.7	9.6
비타민 A	44.0	32.4	22.9	33.3	58.4	50.4	39.3	40.6	58.3
티아민	9.2	10.5	2.2	2.7	9.4	11.9	7.7	6.7	18.2
리보플라빈	41.4	30.2	16.3	15.2	40.4	39.4	37.7	44.5	68.8
나이아신	30.7	37.7	9.5	20.6	34.8	30.5	25.3	28.4	55.9
비타민 C	56.8	38.7	30.7	51.8	69.7	72.5	55.4	47	57

인 것으로 드러났다(표 2-10).

지방

우리나라 국민 1인 1일당 지방 섭취량은 1969년 16.9g이었으나 꾸준히 증가하여 1995년에는 38.5g, 2005년에 46.0g, 2014년은 49.7g으로 조사되었다. 단백질, 지방, 탄수화물의 에너지 구성비를 살펴보았을 때도 지방은 단백질에 비해서 비약적인 증가를 보여, 1969년에 에너지의 7.2% 수준이었던 것이 2005년 20.3%, 2014년 21.7%로 조사되었다. 이는 한국인에게 권장하는 지방의 섭취 비율이 에너지의 20% 수준이라는 점에서는 기준량에 비슷하다고 볼 수 있으나 3세 이상의 국민들을 연령별로 나누어 섭취 비율을 계산하면 14~30% 수준을 보여, 연령별로 지방 섭취 관련 문제가 다르게 발생할 수 있다는 점을 고려해야 할 것이다(표 2-9). 동물성 지방의 섭취량은 2001년도 조사 결과를 기준으로 총 41.6g의 지방 섭취량 중 20.1g(48.3%)을 차지하였다.

탄수화물

탄수화물은 대표적으로 섭취수준이 감소한 영양소에 해당된다. 1969년 423g이었던 탄수화물 섭취량은 1995년 295g까지 꾸준히 감소하였으나 개인별 조사 방법을 이용한 1998년, 2001년, 2005년, 2014년에 각각 325g, 315g, 301g, 306g으로 조사되어 에너지와 마찬가지로 그간 과소평가되어 온 것이 아니냐는 분석을 낳고 있다. 하지만, 조사 방법과 관계없이 곡류로부터의 에너지 섭취량 감소 및 동물성 식품 섭취의 증가 등 여러 가지 요인에 의해 탄수화물 섭취의 절대량이 줄어들었다는 점이 설명되고 있으며, 비만 인구가 증가하면서 탄수화물이 독성이 없는 에너지원으로 인식되었던 과거와 달리 저 탄수화물식이 인기를 얻고 있으므로 앞으로의 섭취량이 어떻게 변화할 것인지 관심 있게 지켜볼 필요가 있겠다.

칼슘

국민 1인 1일당 칼슘 섭취량은 몇 해 예외가 있지만 대체로 400~500mg 사이의 분포를 보였다. 칼슘의 섭취 수준은 1990년 517mg을 시작으로 1994년 556mg, 1995년 531mg 등 90년대 초에 증가된 것으로 보고가 되었으나 오히려 개인별 조사로 방법이 변경된 1998년에는 511mg, 2001년에는 497mg, 2005년에 553mg, 2014년엔 490mg으로 감소하였다. 2014년 칼슘의 영양권장량에 대한 평균 섭취 비율은 71.4%로 75% 미만이었으며 영양소 섭취량 분석이 가능하면서 영양권장량이 설정되어 있는 10개 영양소 중에서 가장 낮게 조사되었다. 칼슘 섭취 수준은 지역별로 큰 차이를 보이지는 않았는데 읍면지역에서는 도시지역에 비해 우유의 섭취 수준이 낮은 반면, 배추김치, 무청 등 식물성 식품의 섭취량이 많았던 것으로 조사되었다. 하지만 식물성 식품으로부터의 칼슘 섭취는 체내에서의 이용률 저하를 가져올 수 있으므로 칼슘과 관계된 건강 상태가 도시지역과 읍면지역이 동일하다고 보기에는 어려움이 있다.

철분

철분의 섭취량은 조사 결과상 1980년대 후반부터 1995년(21.9mg)까지 20mg 이상으로 보고되는 등 권장섭취량을 넘어서는 수준이었으나 1998년에는 12.5mg, 2001년에는 12.2mg, 2005년 13.6mg, 2014년 16.9mg으로 큰 폭으로 감소하였다. 이는 우리나라 국민의 철분 섭취량이 감소한 것을 의미하기보다는 섭취량 분석에 사용한 식품성분표가 달라졌기 때문이다. 이전의 식품성분표에는 쌀의 철분 함량이 3.7mg/100g이었으나 1996년 조정된 제5개정판에서는 0.5mg/100g으로 발표되었다. 쌀이 기준 분량당 철분을 많이 함유하고 있는 식품은 아니지만, 우리나라 국민의 쌀 섭취 수준이 워낙 높기 때문에 철분 섭취 수준에 크게 영향을 미쳤던 것으로 보인다. 식품성분표의 조정으로 쌀에 함유된 철분 수준이 교정되었음에도 불구하고 여전히 철분 섭취량에 기여가 큰 식품으로 쌀, 무청, 배추김치, 쇠고기, 달걀 등이 꼽히고 있다. 권장섭취량 대비 철분의 섭취 수준은 171.7%로 나타났으며 우리나라 국민 중 약 16.8%의 철분 섭취수준이 권장섭취량의 75%에 미치지 못하는 것으로 조사되었다. 이는 권장 섭취 수준이 비교적 높은 여성과 3~12세, 50~64세 연령대에 더욱 심각한 것으로 드러났다.

비타민 A

1990년까지 비타민 A의 섭취수준은 IU(International unit)로 표시되었으나 이후 RE(㎍ retinol equivalent)로 바뀌어 표시되고 있다. 비타민 A의 섭취수준은 891IU(1973년)부터 2,226IU(1986년)까지 일정한 경향 없이 큰 변동을 보였으나 1991년(550RE)부터 1995년(443RE)까지는 에너지 섭취량 감소와 마찬가지로 꾸준한 감소를 보였다. 개인별 조사가 시행된 1998년 조사에서는 625RE로 조사되어 큰 증가를 보였고, 2005년 782RE, 2014년 762RE를 섭취한 것으로 조사되어 증가세를 보였으나 75% 미만을 섭취한 비율도 44%, 거의 반에 달해 여전히 고른 섭취가 이루어지지 않고 있다. 영양권장량 대비 섭취 수준을 기준으로 남성(104.6%)보다는 여성(87.1%)에서의 비타민 A 섭취 수준이 더 열악하며, 도시지역(대도시 122.2%, 중소도시 114.1%)보다 읍면지역(119.6%)의 섭취 수준이 낮게 보고되었다.

티아민

티아민의 섭취량은 몇 해의 예외를 제외하면 큰 변동 없이 1.00~1.37mg 수준을 유지하였으며, 조사 방법에 따라서도 큰 차이가 없었던 것으로 보인다. 최근 발표(2014)된 우리나라 국민 1인 1일당 티아민 섭취량은 2.01mg, 권장섭취량 대비 섭취수준은 183.4%로 비교적 양호한 섭취 상태를 보이고 있다. 티아민의 섭취량에 주로 기여한 식품은 백미, 돼지고기, 귤, 라면 등으로, 지역 간의 차이는 별로 없었으나 도시지역에서는 백미와 돼지고기의 기여도가 거의 유사한 반면 읍면지역에서는 백미의 기여도가 절대적으로 높아 육류 소비 수준의 차이가 티아민 영양 상태의 지역적인 차이를 가져온 것으로 보인다.

리보플라빈

리보플라빈의 섭취량은 국민영양조사가 실시된 1.28mg으로 조사된 1969년 이후, 1970년대에는 1mg 이하의 섭취수준을 보였으나 이후 꾸준히 증가하여 1995년 조사에서는 1.20mg으로 보고되었으며, 개인별 조사에서 오히려 약간 감소하여

1998년에는 1.09mg, 2001년에는 1.13mg, 2005년과 2014년 1.2mg과 1.4mg 수준으로 조사되었다. 우리나라 국민들은 평균적으로 권장섭취량의 107.7% 수준의 리보플라빈을 섭취하고 있었으며 영양권장량의 75% 미만으로 섭취하는 군도 41.4%에 이르러 칼슘, 철분, 비타민 A와 함께 영양 결핍 위험도가 높은 영양소로 간주되었다. 연령별 섭취 수준을 관찰한 결과 우유의 섭취 빈도가 비교적 높은 10대 이하의 연령층보다 50대 이상의 연령층에서 75% 미만의 섭취량을 보이는 군의 비율이 높게 나타났으며, 65세 이상의 대상자 가운데서는 무려 68.8%가 권장섭취량의 75% 미만을 섭취하고 있다고 조사되었다. 65세 이상의 대상자의 경우에는 리보플라빈뿐만 아니라 칼슘(71.4%), 비타민 A(44.0%)의 경우에도 권장섭취량의 75% 미만으로 섭취하고 있는 대상자가 많아 유제품 등 관련 식품의 권장을 위한 집중적인 노력이 요구된다고 하겠다. 리보플라빈의 영양 상태는 지역적으로도 차이를 보여, 읍면지역의 경우에는 권장섭취량의 75% 미만을 섭취하고 있는 군이 높은 것으로 드러났다. 이는 읍면지역의 인구 분포상 도시지역보다 대상자의 평균 연령이 높으며, 리보플라빈의 주요 공급원인 우유의 섭취 수준이 낮기 때문인 것으로 보인다.

나이아신

나이아신의 섭취량은 1970년대 약 15mg 가량이었으나 1980년대에는 20mg을 넘어서는 수준이었다. 이후 다시 감소하기 시작해 1995년에는 16.7mg으로 조사되었으며, 개인별 조사가 시행된 1998년과 2001년, 2005년, 2014년에는 우리나라 국민 1인 1일당 각각 15.7mg과 16.9mg, 17.1mg, 16.4mg 씩을 섭취한 것으로 보고되었다. 권장섭취량 대비 섭취 수준을 살펴보면 약 120% 수준이었으며, 이 역시 읍면지역의 섭취 수준이 낮은 것으로 보고되었다.

비타민 C

비타민 C 섭취 수준은 일정한 경향 없이 오르고 내리는 변동을 보였으나 꾸준하게 권장섭취량 이상을 섭취해 온 것으로 보이며, 최근 자료인 2001년, 2005년,

2014년도 섭취량은 각각 132.6mg, 98.2mg, 95.2mg으로 조금 낮아졌다. 이는 국민영양조사와 국민건강영양조사를 통틀어 가장 높은 수준이다. 2015년에 발표된 한국인 권장섭취량에 의하면 남녀 성인의 비타민 C 권장섭취량이 100mg, 상한섭취량이 2,000mg으로 설정되어 있다. 이를 기준으로 2014년 조사결과를 보면 전체 조사 대상자의 비타민 C 섭취 수준은 권장섭취량의 105.6%에 달하였고 그럼에도 불구하고 75% 미만으로 섭취하는 비율 또한 56.8%에 이르고 있다. 가장 취약한 연령층은 19~29세로 72.5%였으며 12~18세 연령층에서도 69.7%의 대상자가 75% 미만을 섭취하는 것으로 조사되었다.

국민건강영양조사가 실시된 2005년 이후부터는 수시조사로 변경되었다. 2014년에 조사한 결과를 보면 곡류는 섭취가 감소하였고 음료류, 주류, 우유류, 종실류, 육류 등은 섭취가 증가하였으며 당류도 증가하였다.

권장섭취량으로 보았을 때, 단백질 154.7%, 철 171.7%, 비타민 A 118.7%, 티아민 183.4%, 비타민 C 105.6%, 리보플라빈 107.7%로 적당한 수준이고, 에너지

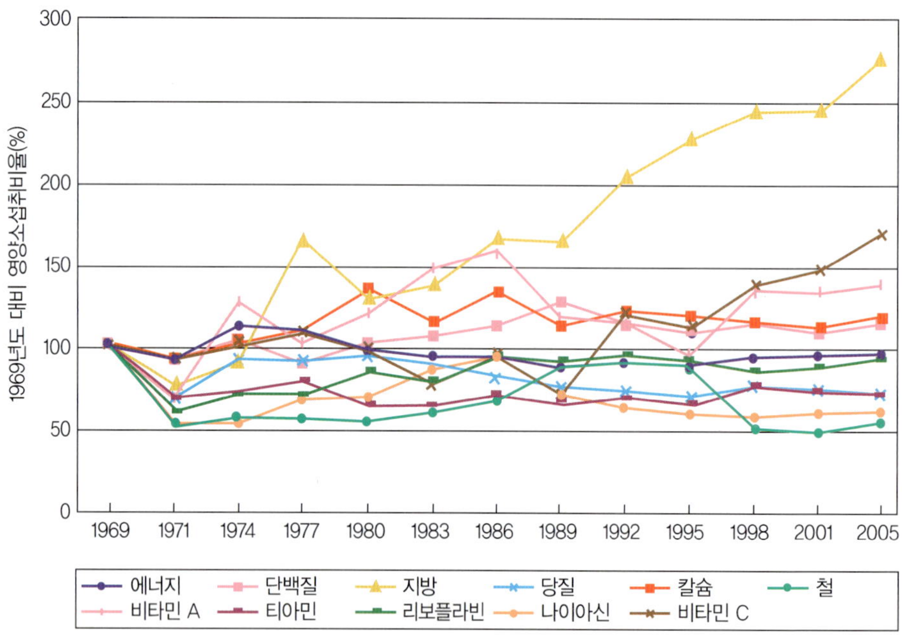

그림 **2-18** 영양소별 섭취량의 변화 추이(전국)

99.8%, 칼륨 87.1%로 약간 낮은 편이나, 칼슘은 68.3%로 아직도 많이 낮은 편이다. 반면, 나트륨은 267.3%로 특히 남성들이 과잉 섭취하는 것으로 나타났다.

에너지섭취가 부족한 대상자는 전체의 28.6%로 걱정되는 수준이다. 수입이 증가함에 따라 과실류와 우유류 섭취가 증가하였다. 식물성 및 동물성 식품 섭취량의 비율은 20%를 유지하고 있다.

미국의 영양상태 평가

미국에서는 1960년대 말부터 국민영양 실태 조사가 10개 주에서 시작되었고, 현재는 미국 전역에 걸쳐 건강영양조사(NHANES)라는 이름으로 미국인의 건강과 영양 상태에 관한 조사가 시행되고 있으며 이 조사를 주관하는 기관은 미국의 국립보건통계본부와 질병관리본부이다.

NHANES 2007~2008년 조사에서 식사섭취 실태는 면접을 통한 24시간 회상법을 이용하여 미국인들의 식품, 음료 섭취 실태를 조사하였으며, 남성은 2,504kcal/일, 여성은 1,771kcal/일의 에너지를 섭취하는 것으로 조사되었다(그림

건강영양조사 (National Health and NutritionExamination Survey; NHANES)

국립보건통계본부 (National Center for Health Statistics; NCHS)

질병관리본부 (Centers for Disease Control and Prevention; CDC)

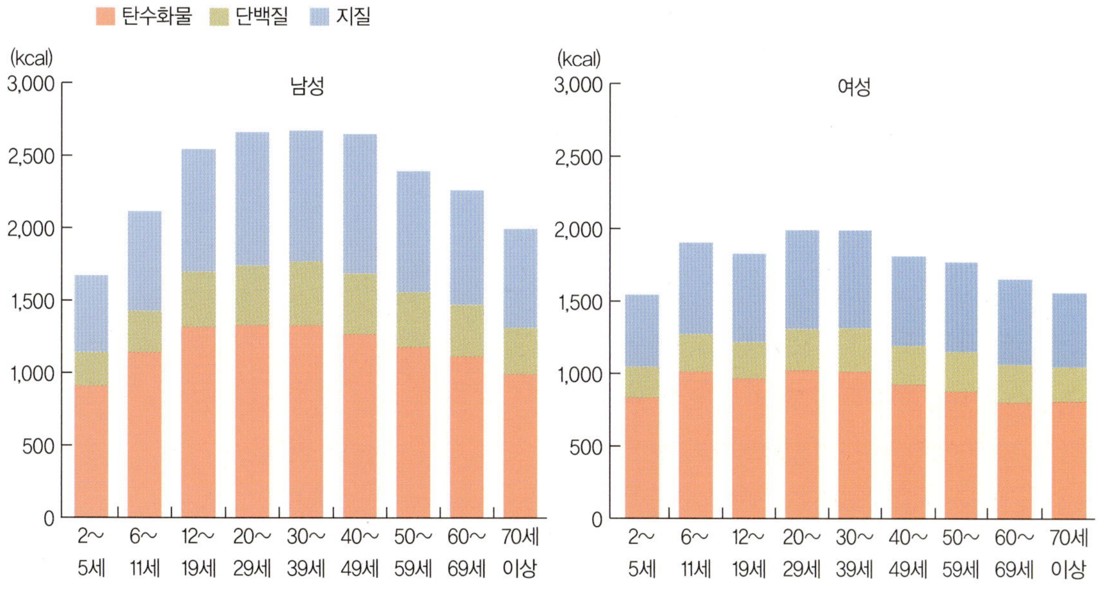

그림 **2-19** 미국인의 총에너지 섭취량 및 주요 급원(NHANES 2007~2008년)

2-19). 이 중, 약 33.5%의 에너지를 지질에서 섭취했으며, 포화지방산 섭취량은 에너지의 약 11% 가량으로 권장치인 10% 미만보다 약간 상회하는 수준이었다. 또한 미국의 평균 소디움의 섭취량은 3,466mg(2005~2006년 조사)으로, 권장 수준인 2,300mg 미만(어린이, 51세 이상 성인, 고혈압과 당뇨병, 신장질환자 등은 1,500mg 이하)보다 많이 섭취하는 것으로 나타났으며 전반적으로 에너지, 총지방, 포화지방, 염분 등을 과잉 섭취하는 것으로 조사되었다.

2007~2008년 조사 결과 미국 성인의 33.8%(남성 32.2%, 여성 35.5%)는 체질량지수 30 이상인 비만으로 나타났다. 비만의 경우 당뇨병, 심혈관계질환, 고혈압, 암 등의 위험 요인이므로 에너지와 지방 섭취 조절, 활동량 증가 등을 통한 체중조절이 강조되고 있다.

CHAPTER 3

식생활관리의 목표: 경제면

대부분의 가정에서는 식품비에 맞게 식사를 계획하는 것이 식생활관리의 목표 중 제일 먼저 생각해야 할 일이다. 주부들은 가족을 위하여 식품비에 얼마나 많은 돈을 소비하는가에 대해 관심을 가지고 있다. 다른 가정에 비해 자신이 지나치게 많은 지출을 하는지, 또는 적게 지출을 하는지를 알고 싶어 하는데, 이러한 것들은 표준을 알고자 하기 때문이다.

소득수준의 향상으로 소비지출 중 식료품비가 차지하는 비중인 엥겔지수는 1980년의 42.9%에서 2000년에는 27.4%로 20년간 크게 감소하였고 2016년에는 25.8%로 2000년 이후로 조금 감소한 셈이다. 식료품비 중에서 차지하는 식품종류별 구성비를 비교해 보면 1970~2016년까지 40년간 주식과 부식은 감소한 반면, 기호식품과 외식은 증가하여 그간 식생활 패턴이 어떻게 변화했나를 알 수 있는데, 특히 1987~1989년의 노사협의에 의한 근로자 임금수준이 급상승함에 따라 외식비 지출이 빠른 속도로 증가했음을 알 수 있다(그림 3-1).

또한, 2016년에는 주식의 비중이 7.6%로 기호식품이 2배, 부식이 3배, 외식이 8배로 식료품비 중 주식에 대한 지출이 가장 적어졌다.

도시가계의 식생활비의 구성비를 보면 주식인 곡류의 구입비율이 1977년 이후 감소하는 현상을 보여 식품비 전체의 8% 내외를 차지하고 있고 육류의 비율은 최근 약간 감소추세이다(표 3-1). 실제로는 곡류의 소비가 줄고 육류의 소비가 늘어났다. 육류의 비율은 식품비 지출의 8~13%를 차지하고 있으며 채소 및 과일은 10~18%, 조미료는 약 4~5% 정도이다.

미국에서는 수입의 약 13%를 식품비로 사용하고 있으나 가정에 따라 차이가 심하다. 2003년에 노동부의 노동통계국 조사에 의하면 소득이 제일 낮은 가정에서는 수입의 35%를 식품비로 지출한 반면, 소득이 제일 높은 가정에서는 수입의 5%를 식품비로 지출했다. 대부분의 가정에서는 11% 이상을 식품비로 지출하고 있으며 식품비의 40% 이상을

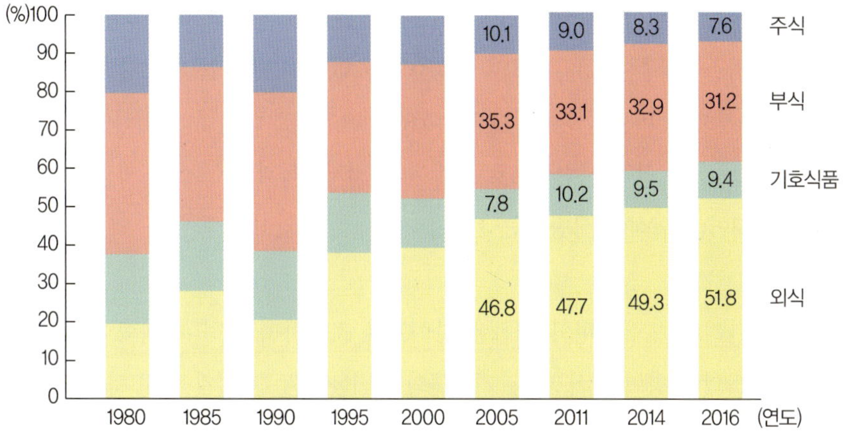

그림 **3-1** 식품비 구성의 연차적 추이(전가구)

표 **3-1** 월평균 총 소비지출 중 식료품 구성비(전가구) (단위: 천 원)

연도	소비지출	식료품	엥겔지수 (%)	곡류	육류	외식
				(식료품비에 대한 비율; %)		
1980	180.5	77.5	42.9	27.3(35.2)	7.8(10.1)	2.9(3.7)
1985	317.0	118.9	37.5	33.4(28.1)	14.9(12.5)	8.9(7.5)
1990	685.7	220.8	32.2	44.9(20.3)	26.2(11.9)	44.8(20.3)
1995	1,265.9	363.1	29.0	46.7(12.9)	42.2(11.6)	115.7(31.9)
2000	1,632.3	447.0	27.4	56.7(12.7)	45.0(10.1)	176.0(39.4)
2006	2,183.0	586.4	26.9	54.7(9.3)	47.0(8.0)	263.6(45.0)
2011	2,311.8	603.3	26.1	54.3(9.0)	54.3(7.5)	287.8(49.7)
2016	2,284.0	589.2	25.8	44.9(7.6)	52.4(8.9)	308.5(52.4)

외식에 소비했고, 수입이 증가할수록 외식으로 소비하는 비율이 높아져서 수입이 아주 높은 가정에서는 식품비의 56%를 외식으로 소비했다. 이 조사에서는 1년에 식품비로 지출된 비용이 제일 가난한 가족이 제일 부자인 가족에 비해 집에서 소비한 식품비는 66%와 44%나 수입의 비율로 보면 각각 23%와 2.2%로 평균 6%가 된다. 그러나 외식의 소비비율은 부자가 총수입의 3%, 가난한 자가 12%로 평

균 4.6% 정도를 외식으로 소비한 셈이다. 2007년의 소비지출 조사에서는 수입의 12.4%(최저소득계층 15.2%, 최고소득계층 11.3%)로 큰 변화는 없으나 식품비 중 외식이 차지하는 비율이 평균 43.5%(40.8%, 48.7%)로 대부분의 식사를 밖에서 해결한다는 것은 심각한 현상으로 생각된다. 최저소득과 최고소득 계층 간의 수입은 4.3배이나 외식에 사용하는 비용은 7.8배로 수입이 높을수록 외식을 많이 한다.

식생활관리자는 식품비의 예산을 줄이거나 조절하려고 하나, 과학이나 기술, 식품회사들의 독창력은 식생활관리자들의 이러한 임무를 쉽지 않게 하는 요인이 되고 있으며, 충분한 영양 공급이라는 목적, 식품기호의 막대한 힘, 대부분 식생활관리자가 직업인으로서 식사 준비 시간이 한정되어 있다는 점 등도 식생활관리자의 선택을 어렵게 하고 있다. 좋은 영양을 위한 목표는 변동될 수 없지만 모든 다른 목표는 자원과 관련지어 식품소비에 따라 좋은 영양을 얻기 위한 방법을 모색해야 한다. 여기에서는 가족들의 식품 필요량에 영향을 주는 요인, 가족에 필요한 식품 구매에 영향을 주는 요인, 식품계획, 식품비 예산 세우기, 식품비 예산에 따르기 등이 논의된다.

가족의 식품 필요량을 설정하는 요인

많은 가정에서는 그들이 식품비로 얼마나 많이 소비하는가에 대하여 관심을 가지고 있다. 어떤 가정은 다른 가정에 비해 많이 쓰는지, 아니면 적게 쓰는지를 알고 싶어 하며 어떤 표준이 있는지를 알고자 한다. 실제로 표준이 있기는 하나 비용에 관한 것이 아니라 영양소나 식품의 필요량에 관한 것이다. 가족의 구성과 가족의 건강상태가 식품의 필요량을 정확히 결정해 준다. 식품의 필요량이 우선적 기준이 되고, 그 다음에 경우에 따라 개개인의 기호가 작용하여 넓은 범위의 가격 내에서 식품을 선택하게 된다.

앞에서 언급한 바와 같이 개개인의 나이, 성별, 신체의 크기, 활동량에 따라서 영양소의 권장량이 다르다. 또한, 임신부와 수유부들은 영양소의 권장량이 증가해야 한다. 어떤 사람의 경우는 다른 사람보다 식품의 필요량이 많기 때문에 비용이 더 많이 들 것이다. 예를 들면, 같은 나이일 경우 남성은 여자보다 식품비가 많이 들며, 임신부나 수유부일 경우에는 그렇지 않은 경우보다 더 많이 들고, 12세 이후의 남자아이들은 여자아이들보다, 3살 난 아이보다 6살 난 아이의 식품비가 더 많이 든다.

가족의 식품필요량은 가족구성원의 식품필요량의 합계이다. 가족의 구성이 비슷한 가정은 식품에 소비하는 비용이 다를지라도 영양필요량은 같을 것이다. 가족구성원이 다르면 영양필요량이 달라지고 총 식품필요량도 달라진다. 아이들의 나이가 많을수록 식품비 지출이 많아지며 한부모 가정에서는 수입이 적기 때문에 소비지출에 대한 식품비 비율이 많다. 그러므로 가족구성의 크기는 식품필요량을 결정하는 요소이며 식품비 예산을 세우는 요인이 될 것임에 틀림없다. 일반적으로 가족 수가 많으면 가족 수가 적은 가족보다 총 식품비가 다소 많이 필요하지만 1인당 식생활비는 적어진다(표 3-2).

식품필요량의 질적인 차이도 식품비에 영향을 준다. 가족 중에 한두 사람이 일상식품에 알레르기(allergy)를 가지고 있거나, 당뇨병이나 기타 다른 식이 문제를 가진 사람이 있는 가정은 이런 문제가 없는 가정보다 식품비가 많이 든다. 우유·밀가루·옥수수·달걀 등의 일상식품에 알레르기가 있는 경우는 특수하게 가공 처리된 식품을 구입해야 하므로 식품비가 더 든다. 또한, 당뇨병이나 체중조절을 위한 특별한 식품들은 값이 비싸다. 식품비

표 3-2 월평균 가구원수별 식품비 지출(2016년)

가구원 수	소비지출 (천 원)	식료품비 (천 원)	식료품비 비율(%)	식료품비 중 외식비(%)	1인당 식품비 지출(천 원)
2인	1,786.9	509.4	28.5	43.3	254.7
3인	2,565.5	695.3	27.1	49.7	231.8
4인	3,149.4	809.7	25.7	50.2	202.4
5인 이상	3,366.6	850.2	25.3	48.5	170.0

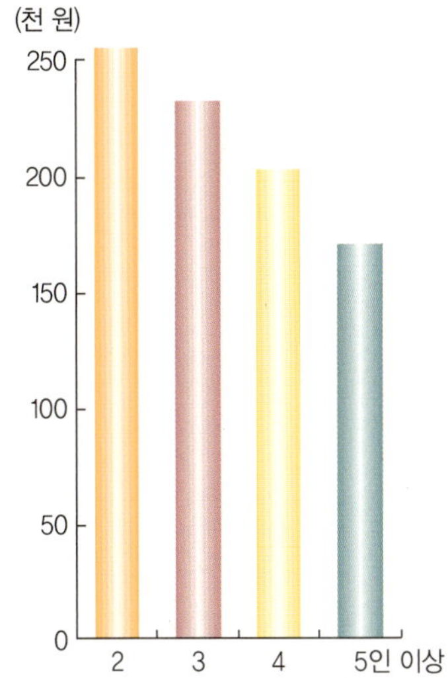

그림 3-2 1인당 식료품비 지출

예산의 중요한 결정요인은 구입해야 할 식품의 양과 종류이다.

식료품비로 지출되는 비용은 소비지출의 25~28%로 가족 수에 관계없이 비슷한 비율이다. 수입이 5배 이상으로 올라가도 집에서 사용하는 식품비는 3배 정도의 증가에 그친다. 수입이 증가함에 따라 쇠고기, 돼지고기, 양고기, 어패류, 제과류와 과일이 증가되고 채소류·곡류·달걀·감자는 감소되었다. 외식에 소비한 비용은 25~53% 정도였으며, 저소득계층에서는 25~30%, 중간 소득층은 40%, 고소득층은 50% 가량이었다. 집에서 사용한 식품비도 거의 비슷하였으나 육류·생선·가금류의 비용이 증가하였으며 채소와 과일의 비용은 감소하였다.

2016년도에 평균 식품비의 지출내용을 보면(표 3-1) 곡류 및 곡류제품은 식품비의 7.6%를 차지하고 부식은 30.1%, 기호식품 및 기타는 9.9%로 1980년대에 비하여 식생활 패턴의 변화로 인하여 곡류는 감소하고 부식과 기호식품은 증가하였다.

가족에 필요한 식품 구입에 영향을 주는 요인

이론상으로는 가족구성원이 비슷한 가족들은 그들의 식품필요량이 같기 때문에 식품비가 같으리라고 생각되나 실제로는 그렇지 않다. 한 사람의 식생활관리자가 식료품점에서 사온 봉지에는 쇠고기 안심과 신선한 양상추 등이 들어 있을 것이며, 또 다른 식생활관리자의 봉지에는 닭고기와 양배추 등이 들어 있을 것이다. 영양상으로는 두 봉지가 다 비슷하나 가격면에서는 아주 다르다. 가족의 식품필요량을 만족시키기 위하여 무엇을 구입했는가 하는 것이 식품비로 얼마나 소비할 것인가를 결정해 준다. 식품비의 결정은 다음 사항에 의해 일부 또는 전부가 영향을 받는다. 가족의 수입은 너무나 뚜렷한 것이고 시장에 대한 식생활관리자의 지식, 시장 보는 기술, 시장보기와 식사준비의 시간적인 여유, 자원에 맞추어 식품을 선택하는 지식, 살고 있는 지역, 마지막으로 가족의 목표와 가치가 그것이다.

수입은 얼마만큼의 돈을 식품구입에 소비할 것인가를 결정하는 중요한 요인이

표 3-3 전도시 전가구의 소비지출 계층별 가구당 월평균 소비지출(2015년)

수입	소비지출(원)	식료품비	식료품비 비율(%)	식료품비에 대한 비율	
				육어개(%)	외식(%)
100만 원 미만	757,863	276,560	36.5	22.3	25.2
100~200만 원 미만	1,541,146	498,522	32.3	17.6	42.6
200~300만 원 미만	2,470,682	711,796	28.8	15.3	49.3
300~400만 원 미만	3,429,107	879,951	25.7	14.8	50.8
400만 원 이상	5,274,779	1,065,009	20.2	14.1	53.9
평균	2,563,092	683,936	26.7	15.7	48.2

다. 예외가 있으나 일반적으로는 수입이 증가함에 따라 가족의 식품비는 증가하고 1인당 소비되는 식품비도 증가한다. 〈표 3-3〉은 2015년 우리나라 소비지출 계층별 가구당 월평균 소비지출을 나타내고 있다.

수입이 제일 낮은 수준의 식료품비와 수입이 제일 높은 수준의 식료품비와는 약 4배의 차이를 보이지만, 식료품비 지출의 비율은 수입이 제일 낮은 가구와 수입이 제일 높은 가구의 차이는 2배 이하로 나타나고 있다. 또한, 육류의 소비는 수입에 대해 큰 차이를 보이지 않으므로 수입이 낮은 가정에서도 가족의 영양을 중요시함을 알 수 있다. 반면, 외식비는 다소 차이를 보여 2배 이상인 것으로 나타나고 있다.

미국 노동통계국의 조사에 의하면 수입이 제일 낮은 가정에서 1주 식품비의 2배가 수입이 제일 높은 가정에서의 비용이다. 햄버거고기 대신에 스테이크를 살 수 있는 것도 수입 때문이다. 수입이 증가함에 따라 육류와 생선류, 가금류, 제빵·제과류, 과일과 야채류, 우유와 유제품, 편이식품의 사용이 많아지고 밀가루와 곡류, 달걀, 설탕과 당류 등의 사용이 적어졌다. 또한, 평균보다 수입이 많은 가정에서는 냉동요리, 냉동 과일과 야채, 냉동 케이크와 파이, 귀한 과일과 채소, 특수한 치즈 등을 구입하고 있었다.

식품 구매에서도 이미 언급한 바 있지만 시장에는 여러 종류의 식품이 있으며 영양적으로 좋은 식사를 여러 가격 범위 내에서 구입할 수가 있다. 식생활관리자의 매우 중요한 기술의 하나는 재정능력에 알맞은 식품을 선택하는 능력이다. 시간과 사람의 에너지 비용도 고려해야만 한다. 시장에 대한 지식과 물건 사는 기술과 능력은 소비계획에 일치하는 의사결정을 내리는 데 필수적이다.

20세기 농업과 공업의 발달은 식품구입을 다양하고도 복잡하게 만들었다. 빵과 우유 같은 주요 상품도 더 이상 쉽게 구입할 수 없게 되었다. 이 두 가지 상품의 종류도 다양해졌으며 가격도 여러 층이 있어서 확고한 생각 없이 구입해서는 안 되게 되었다. 1965년 미국 조사에 의하면 저소득층이 고소득층보다 지출한 식품비에 비해 영양적인 이득을 더 많이 얻고 있는 것으로 나타났다. 그 이유는 탈지분유, 곡류와 같이 대량으로 사용하고 있는 싼 식품 중에는 가격에 비해 영양소의 함량이 높은 것들이 있기 때문이다. 2007년 조사를 살펴보면 수입이 높은 가정일수록 육류뿐만 아니라 생선의 소비가 늘고 있으며 우유류, 채소, 과일류를 많이 섭취하는 것으로 나타나 건강에 관심이 큼을 알 수 있다.

시간과 에너지를 절약하는 데도 돈이 필요하다. 식생활관리자의 일과가 바빠서 시장보기와 식사준비에 시간을 덜 소비하고자 할 때는 편이식품 구입에 더 많은 비용을 들이고 외식을 많이 한다. 주부들이 직장을 갖게 된 사실은 편이식품의 이용과 지불능력이 생긴 것이다. 예를 들면, 닭을 사서 튀기느냐 튀겨 놓은 닭을 살 것이냐 하는 결정은 식사준비에 드는 시간과 에너지에 따라 결정된다. 가족의 식품기호는 식생활관리자를 좌절시킬 뿐 아니라 식품비에도 영향을 준다.

만일, 가족구성원들이 아침식사로 베이컨과 달걀을 좋아하고 시리얼(cereal)을 싫어하고, 저녁식사로는 스테이크, 로스트, 신선한 과일을 좋아하고 햄버거나 미트볼, 스파게티, 삶은 콩, 깡통과일 등을 싫어한다면 식품기호는 식품비에 큰 영향을 미치게 된다.

식품의 가격은 지역에 따라 다르므로 거주지도 식품비에 영향을 준다. 미국 서부에 사는 4인 가족의 경우(학동기 이전 아동 2명 포함) 북동부의 가족에 비해 식품비를 8% 절약할 수 있고 같은 지역 안에서도 차이가 있었다. 인종별로 살펴보면 아시아계가 수입과 소비지출도 제일 높은 편이고 식품비 지출(가정식, 육류,

과일, 채소, 외식)이 다른 인종(백인, 흑인)보다 많은 것으로 조사되었다.

마지막으로 비슷한 가족들 사이에도 미래의 목표와 가치가 아주 다를 경우 식품비의 소비 형태에도 영향을 미친다. 집을 소유하거나 좋은 동네에 큰 새 집을 사거나 산장이나 별장이 있거나 그 외 부유한 사회에서 원하는 여러 가지 물건들을 살 경우 식품비에는 할당이 덜 갈 것이다. 교육·외국여행 등의 문화경험, 예술품의 소장, 정원에 대한 취미, 값비싼 자동차 등의 소유에 가치를 두는 가정은 비슷한 자원을 가진 다른 가족보다 식품비를 덜 쓰게 된다. 반면, 좋은 음식과 술을 즐기는 가족들은 그들의 식품을 사는 데 쉽게 많은 돈을 소비할 수 있다. 이렇게 식품에 소비하는 돈은 다른 가족들이 다른 방법으로 얻는 기쁨과 만족을 그들에게 주는 것이다.

요약해서 말하면 식품가게에 있는 식품의 종류가 매우 다르기 때문에 주부는 넓은 범위 안의 가격면에서 식품의 필요량을 구입할 수가 있다. 식생활관리자가 식단을 계획하고 시장보기를 계획하며 시장을 볼 때 식생활관리자의 선택에 영향을 미치는 요소가 많기 때문에 비슷한 가정에서라도 구입하는 식품은 다양하게 된다. 소비계층에 알맞은 식품을 구입하기 위한 식품구입계획이 필요하다.

식품계획

식품계획(food plans)은 새로운 영양지식의 발달, 식품소비실천의 변천, 경제상태의 발전에 따라 수정되어 왔다. 이 계획은 교사, 농촌지도원(extension worker), 사회사업단체, 기타 가족에 관한 일을 하는 사람들이 사용하고 있다.

식생활관리자의 매우 중요한 기술의 하나는 재정능력에 맞는 식품을 선택하는 능력이다. 지금까지 우리나라 식생활계획을 살펴보았을 때 식생활비가 제한될수록 열량을 충족시키기 위하여 전분식품을 위주로 식품계획을 세워왔으며 단백질 및 다른 영양소의 과부족은 고려하지 않은 불합리한 식사계획을 해온 것 같다.

그러나 소득에 따른 식사계획을 컴퓨터를 이용하여 총 열량 중 탄수화물:단백질:지방의 섭취비율을 65:15:20으로 하고 다른 영양소 권장량을 만족시키도록 하면서 최저식품비 및 식품량을 산출하면 합리적인 식사계획이 가능하다.

선형계획법(linear programming)에 의한 컴퓨터 프로그램의 기본 데이터로는 ① 식품분석표에 제시된 식품류 중에서 일상생활에서 섭취빈도가 높은 167종의 식품을 선정하여 5가지 기초식품군으로 나누고 각 식품군을 고기 및 생선류, 두류 및 그 제품, 우유 및 유제품, 뼈째 먹는 생선, 담색채소류, 녹색채소류, 과일, 곡류 및 그 제품, 서류, 유지류, 종실류로 세분하였다. ② 가격은 서울시내의 소매가격을 기준으로 1998년 2월, 1998년 3·4월까지 조사하여 이를 4분기로 나누어 각 분기의 평균가를 계산하였고 식품폐기율을 고려하여 100g당의 가격으로 산출하였다.

각 가족구성 모형의 설계는 인구주택총조사(통계청, 1997), 도시가계연보(통계청, 1997)를 기준으로 설정하였고, ③ 각 가구모형별로 구성인원의 연령별·성별에 따라 한국인 영양섭취기준(2015)의 권장섭취량을 기초로 열량, 단백질, 칼슘, 철분, 비타민 A, 티아민, 리보플라빈, 비타민 C, 비타민 D, 나이아신의 필요량을 계산하여, 〈표 3-4〉에 나타내었다. 각 집단마다 환산치를 계산하여 성인남자의 필요량에 곱하였으며 3세 아동에 한해 한국인 식습관을 고려하여 우유 2컵으로 계산하여 포함시켰다.

가족들에 필요한 열량과 영양소의 한국인 영양섭취기준을 만족시키도록 식품군별 구성량, 식품구입비 등의 자료를 입력한 후 선형계획법 프로그램을 수행시켜 하루에 필요한 총식품량 및 식품의 종류를 산출하고, 산출된 식품량을 바탕으로 한국인의 식습관에 맞는 식단을 작성한다. 〈표 3-5〉는 이와 같은 방법으로 수행된 가구별 식품필요량의 예이다.

식단은 소비수준에 따라 저가격계획, 적정가격계획, 여유가격계획으로 나누어 구성할 수 있다. 최저식품비를 바탕으로 한 식품계획을 저가격계획이라 했을 때 저가격계획에 사용된 식품들은 각 식품군 내에서 가격이 가장 싼 제품들을 선택하고 동물성 단백질 식품의 경우 육류보다는 생선류에 주로 많은 비용을 사용한다. 식품비가 많아짐에 따라 곡류, 감자류, 유지류에 사용되는 비용은 줄어들고 육어류, 우유 및 유제품 구입에 이용되는 비용은 증가하도록 계획된다. 다시 말해

표 **3-4** 가족 구성 모형별 한국인 영양섭취기준량(2020년)

가구 모형 / 영양소	단신남자 (23세)	단신여자 (20세)	2인가족 계	3인가족		4인가족			5인가족			
				3세아동	계	11세(여)	14세(남)	계	14세(여)	17세(남)	64세(여)	계
에너지	2600	2000	4600	1400	6000	1800	2500	8900	2000	2700	1700	11000
단백질	65	55	120	20	140	40	55	215	50	65	50	285
비타민 A	800	650	1450	300	1750	550	750	2750	650	850	600	3550
비타민 D	10	10	20	5	25	5	10	35	10	10	10	50
비타민 E	12	12	24	6	30	9	11	44	11	12	12	59
비타민 C	100	100	200	45	245	70	90	360	90	100	100	490
비타민 B_1	1.2	1.1	2.3	0.5	2.8	0.9	1.1	4.3	1.1	1.3	1.1	5.8
비타민 B_2	1.5	1.2	2.7	0.6	3.3	1.0	1.5	5.2	1.2	1.7	1.2	6.8
나이아신	16	14	30	7	37	12	15	57	15	17	14	76
비타민 B_6	1.5	1.4	2.9	0.7	3.6	1.1	1.5	5.5	1.4	1.5	1.4	7.2
엽산	400	400	800	180	980	300	360	1460	360	400	400	1960
칼슘	800	700	1500	600	2100	800	1000	3300	900	900	800	4100
인	700	700	1400	550	1950	1200	1200	3800	1200	1200	700	4500
철분	10	14	24	7	31	10	14	48	16	14	8	62
아연	10	8	18	4	22	8	8	34	8	10	8	44

1) 2인 가족의 합계: 성인여자, 성인남자
2) 3인 가족의 합계: 성인여자, 성인남자, 3세
3) 4인 가족의 합계: 성인여자, 성인남자, 11세(여), 14세(남)
4) 5인 가족의 합계: 성인여자, 성인남자, 14세(여), 17세(남), 64세(여)
주) 1. 2~5인 가족의 가장 및 주부의 열량과 영양소는 단신남자 및 여자와 동일
2. 에너지는 필요추정량, 비타민 D, E는 충분섭취량이며 그 외에는 권장섭취량
참고: 2020 한국인영양섭취기준.

서 적정가격계획은 저가격계획보다 25%, 여유가격계획은 저가격계획보다 50% 더 비용을 쓸 수 있도록 한다.

이와 같은 방법으로 1998년 식품가격에 준하여 구한 식품구입계획별 구입 가능한 식품군의 지출 비율은 〈표 3-6〉과 같았다. 최근도 이와 비슷하여 식품비가 높아짐에 따라 난류와 두류의 상대적 구입비율은 낮아지고 육어류의 구입비율

미국농업부
www.usda.gov

표 3-5 가구모형별 식품필요량 (단위: g)

식품군	가구모형	단신남자	단신여자	2인가족	3인가족	4인가족	5인가족
단백질 식품	고기 · 생선	80	70.4	150.4	190.4	310.4	380
	난류	50	45	95	120	195	240
	콩 · 콩제품	30	24.9	54.9	69.9	114.9	140.1
칼슘 식품	우유	200	200	400	800	930	1130
	뼈째 먹는 생선	10	10	20	30	50	60
비타민 및 무기질	녹황색채소	100	80	180	230	365	445
	담색채소	200	160	360	456	730	896
	과일	200	160	360	456	730	896
당질 식품	곡류	350	280	630	801.5	127.4	1564.5
	서류	150	120	270	340.5	544.5	675
유지류	유지	60	49.8	109.8	139.8	220.2	265.2
	깨소금	3	2.5	5.5	7.0	11	13.3

자료: 최혜미 외(1991), 대한가정학회지.

표 3-6 각 식품구입계획에서 구입 가능한 식품군의 지출비율(%)

식품구입계획 식품군	저가격계획	적정가격계획	여유가격계획
곡류 및 감자류	33.5	23.1	18.7
육어류 · 두류 · 난류	27.5	25.6	38.4
우유류	12.4	10.5	15.7
채소 및 과일류	34.9	45.3	38.7
유지류 · 조미료류	6.8	5.7	3.5

자료: 1998년 3월 가격
이경신·최성원·최혜미(1998), 대한지역사회 영양학회지 3(3):480-495.

은 높아지도록 구성되었다. 또한, 여유가격 계획에서는 각 식품군 내에서 질적인 면뿐만 아니라 선택된 식품의 종류가 더욱 다양해져, 식사계획이 훨씬 쉬워지고 먹는 즐거움을 제공하는 식사를 준비할 수 있을 것이다.

알아두기

각 식품계획에서의 가격 비교

1. 절약가격계획은 저가격계획을 기준으로 한다.
2. 적정가격계획은 저가격계획보다 약 25% 많다.
3. 여유가격계획은 저가격계획보다 약 50% 많다.
4. 절약계획은 저가격계획보다 25~33% 싸다.

식단 작성 시는 매끼니가 영양적으로 균형 있게 모든 식품군을 골고루 포함할 수 있도록 하였으며 한국영양권장량을 기준으로 한 식품군별 구성량의 예에 따라 각 식품군별 1일 섭취량을 설정하였다. 또한, 산출된 식품량 및 식품의 종류가 한국인의 식습관에 맞추어진 것이므로 세끼 모두 밥을 위주로 하였고 매끼 국, 찌개, 수프 또는 동치미 같은 국물 있는 음식을 넣었으며 찌개 및 일품요리를 제외하고는 밥·국·김치·반찬 2가지를 기본으로 하였다.

식품계획은 식품필요량을 구입하는 지표로서 네 가지 계획이 있다. 즉, 여유가격계획(liberal cost plan), 적정가격계획(moderate cost plan), 저가격계획(low cost plan), 절약계획(thrifty plan) 등이다. 저가격과 적정가격계획들은 대부분의 사람들의 식사를 만족시켜 주며, 여유가격계획은 육류·과일·채소가 다른 계획들보다 다양하고 풍부한 것이며 절약계획은 영양필요량을 공급해 준다. 식품계획은 집에서 식사를 하든 식사를 가지고 나가든 간에 모든 식사에 충분한 식품을 제공해 준다. 식품계획의 비용이 여유가격에서 절약가격으로 감소됨에 따라 우유, 치즈, 아이스크림, 육류, 가금류와 어류, 난류, 감귤류와 토마토, 기타 과일과 야채류, 설탕과 당류의 양이 감소되고 있다. 동시에, 말린 콩류, 완두와 견과류, 밀가루, 곡류와 제빵류, 감자류 등의 양은 증가하고 있다. 가장 현저한 차이는 육류의 양이다. 수입이 허락하는 한 식품비의 약 1/3을 육류에 소비한다. 양적인 차이에 부가해서 식품계획에는 질적인 차이가 있다. 즉, 구입한 육류의 종류와 부위, 과일과 야채의 선택, 구입한 편이식품의 종류와 양, 구입한 식품의 질과 다양성 등에 차이가 있다.

식품비 예산 세우기

식품비 예산을 세우는 것은 비교적 간단하다. 즉, 필요식품을 결정하고 어떻게 구입할 것인가를 결정하면 된다. 그러나 실제로 이러한 결정은 쉬운 것은 아니다. 식품계획에 따라 식품필요량을 구입하는 것은 여유가격계획을 제외하고는 선택된 계획에 따라 식품선택을 다소 제한해야 하는 것을 뜻한다. 식품계획이 보수적일수록 식품선택은 제한되며 일단 형성된 식품기호와 식습관은 쉽게 빨리 변경되지 않는다. 더욱이 계획이 보수적일수록 식생활관리자가 식사 계획, 장보기, 식사준비에 더 많은 시간과 노력을 소비해야 하며 더 많은 지식, 기술, 능력이 요구된다.

이 문제에 대한 3가지 접근방법은 다음과 같다. 즉, 하나는 식품필요량에서 시작하여 객관적으로 이것을 구입하기 위하여 얼마를 소비할 것인가를 결정하는 것이고 다른 하나는 식품계획에 발표된 가격 중에서 하나를 선택하는 것이며 나머지 하나는 현재 사용하고 있는 소비형태를 객관적으로 변경시키는 것이다.

첫 번째 접근방법을 사용하기 위하여서는 저가격계획에 따라 가족의 식품필요량을 먼저 결정한 다음에 가족의 기호를 고려하여 가격을 계산해야 한다. 이 가격에서부터 다른 식품계획의 가격도 계산이 된다. 마지막으로 모든 계산된 가격으로부터 수입에 알맞은 한 가지 계획을 선택한다. 가족의 수입과 가족의 수에 따라 식품계획의 선택모델이 제시될 수 있다.

두 번째 접근방법은 식품필요량을 결정하는 과정을 생략하는 대신 식품계획의 1인당 발표된 가격으로부터 모든 계획에 따른 가족을 위한 예산이 나오게 된다. 이것으로부터 수입에 알맞은 소비계획을 선택할 필요가 있다. 수입의 어떤 주어진 비율이 식품비로 지출되어야 한다는 것은 가능하지 않지만 아이가 없는 가정이 아이가 있는 가정보다 식품비 지출비율이 넉넉할 것이다. 재정적으로 비슷한 가정에서 식품을 위한 소비계획에 아주 다른 결정을 내릴 수도 있다. 예를 들면 한 가정에서는 집을 두 채 갖기를 원하고, 또 다른 가정에서는 오븐에 항상 커다란 로스트가 들어 있기를 원한다.

세 번째 접근법은 현재 실행하고 있는 소비를 조사하여 얼마나 소비하고 있으며 무엇을 구입했는가를 분석하는 방법이다. 이것을 하기 위해서는 먼저 2주일이나 그 이상 동안 시장에서 구입한 모든 식품과(탄산음료, 아이스크림, 캔디 등을 포함함) 비식품 품목을 자세히 기록하고 이것들을 식품군으로 분류하고 기타 품목, 비식품 품목 등으로 구분한다. 세밀한 분석을 위하여 모든 품목을 자세히 기록해야 한다. 예를 들면, 깡통 스파게티와 미트볼, 냉동 프렌치프라이, 냉동 치즈케이크, 깡통완두콩 등으로 기록한다. 이러한 것은 편이식품을 구매하는 범위를 정하는 데 도움이 된다. 비식품 품목들의 기록은 전에는 백화점이나 잡화상에서 구입하던 품목들이 슈퍼마켓에서 구입되고 있다는 것을 알 수 있다. 비용분석은 소비를 절감하기 위한 의도인 것이다.

다음은 구입의 필요성이 맞는 품목이나 같은 품목을 다른 방법으로 구입하거나 달리 선택할 수 있는 품목들이 있는지를 알아보기 위해 각 품목별로 식품군을 조사해야 한다. 다른 식품계획에서 제시된 양과 구입한 식품의 양을 비교함으로써 실제보다 많은 것이 구입되고 낭비되었는지를 알 수 있게 된다. 현재의 소비실천을 완전히 분석한 결과로써 새로운 식품예산에 세워질 수 있다. 그러나 가족구성원의 모두가 이러한 변화를 바람직한 것으로 생각하지 않거나 이러한 변화에 따른 시간과 노력을 기꺼이 쓰고자 하는 의사가 없을 때에는 새로운 예산은 실패하고 만다.

식품비 조절

일단 건전한 예산이 세워지면 모든 가족 구성원들은 주어진 한계 내에서 생활할 책임을 분배해야 한다. 즉, 대부분의 음식을 집에서 조리해야 하므로 식사 준비와 식사시간에 돕는 일들을 해야 한다. 주부가 식사를 계획하고 장을 보고 식사를 준비하게 되므로 주된 책임을 맡게 된다. 이러한 책임을 수행하는 주부의 기술이 식품비 예산의 성공 여부를 결정해 주며 예산이 적을수록 주부는 많은 시간과 노력을 기울여야 한다. 이러한 모든 책임이 중요하기는 하나 제일 중요한 것은 식품 구매이다. 식사가 즐겁고 음식의 맛이 좋아야 하나 이러한 목표는 예산에 따라 어떤 식품을 구입할 것이냐에 의해 이루어질 수 있는 것이다.

첫째, 구매를 하는 데 있어서 식생활관리자는 부분적으로 조리된 식품과 완제품(ready-to-eat food)에 얼마나 많이 소비할 수 있는지를 알아야 한다. 왜냐하면, 이런 식품에 너무 많이 소비하면 조심스럽게 계획된 예산을 망쳐버리기 때문이다.

둘째, 과일과 채소, 육류를 얼마나 살 수 있는지 알아야 한다.

셋째, 같은 식품군 중에서 자신의 예산에 맞는 것이 어떤 것인지를 선택할 수 있어야 한다. 낮은 식품비 예산으로 살아가기 위하여는 과일과 채소, 육류에 소비할 수 있는 총비용을 항상 머릿속에 생각하고 있어야 한다. 일인분의 가격은 적당한 선택을 할 수 있는 가장 좋은 지표이기 때문에 주부는 시장단위의 일인분을 알아야 한다.

넷째, 여유가격을 제외한 모든 예산은 잡비항목의 비용에 주의해야 한다.

마지막으로 주부는 경제적인 예산을 위하여 어떻게 식품을 사야 하며 특매를 어떻게 인식하는지를 알아야 한다.

식사계획에서 식사는 식사를 하는 사람들을 즐겁게 해야 한다. 예산이 많을수록 쉽게 이룰 수 있다. 왜냐하면, 가족의 각 구성원이 맛있는 갈비찜을 먹는다면 그 외 다른 음식에는 별로 신경을 쓰지 않아도 되기 때문이다. 예산이 적을수록 주부는 식단 계획의 기술과 과학에 의존하게 된다. 주부는 여러 가지 맛과 향기를 배합하여 사용해야 하며 질감의 대조, 식품의 모양이나 맛을 좋게 하기 위하여 여러 가지 방법을 사용해야 한다. 요리를 잘하는 것이 항상 바람직하다는 것은 말할 필요도 없겠으나 예산이 제한된 경우는 더욱더 중요하다고 하겠다.

CHAPTER 4

식생활관리의 목표: 기호면

식생활의 목표는 음식을 받아들여 먹고 즐기는 것이다. 이 중에서 식생활관리자 — 주부든 영양사든 식당종업원이든 — 의 측면에서는 음식을 받아들이는 것이 가장 어려운 목표이다. 왜냐하면, 동일한 식사라도 모든 사람들이 받아들여 똑같이 즐기지는 않기 때문이다. 식사로부터 얻는 즐거움은 공복감을 만족시켜 주는 것 이외에 다양하여 시각적·미각적·감각적·사회적·심리적인 즐거움 등 여러 가지이다.

따라서, 식단 작성 시에 영양면과 함께 고려하여야 할 사항이 기호도이다. 아무리 영양이 풍부한 음식이라도 맛이 없으면 가치가 떨어지게 된다. 식품을 섭취하는 궁극적인 목표는 영양에 있으나 먹고 싶다는 동기를 유발시키는 것은 기호에 있는 것이다. 음식을 보고 먹고 싶다고 느끼는 것은 영양이 풍부해서가 아니라 내가 좋아하기 때문에, 맛이 있기 때문에, 맛있게 보이기 때문에, 또 좋은 냄새가 나기 때문이다. 따라서, 식생활관리자는 조리할 때 그 대상이 좋아하고 맛있게 먹을 수 있는 음식을 만들려고 노력하게 된다.

이 장에서는 여러 가지 식품의 기호도와 기호에 영향을 주는 요소들을 알아본 후에 실제 식단 작성을 하는 데 필요한 몇 가지 지침을 알아보자.

식품의 기호도

오늘날과 같이 생활의 여러 면에서 느끼는 정신적인 긴장을 해소시키는 방법으로 식사의 중요성을 잘 이해하여 즐거운 마음으로 식사를 할 수 있도록 해야 한다. 식품의 기호는 나이와 성별에 따라 차이가 있으며, 또한 식습관에 따라서도 달라진다. 그러므로 기호조사를 통해 좋아하는 식품, 좋아하는 음식, 좋아하는 조리법 등을 알아 두면 식단 작성시 좋은 참고가 된다.

식품의 기호도 조사

식품이나 음식에 대한 기호도 조사는 체계적으로 이루어져 있지 않다. 경제 발전과 함께 좋아하는 음식이 뚜렷해져서 1976년의 자녀와 부모의 식품기호도 조사에 의하면 부모군과 자녀군 사이에 뚜렷한 차이를 보이는 것뿐만 아니라, 남녀 차이도 나타났다(표 4-1). 싫어하는 음식은 일반적으로 비슷한 편이었으며 시대적 차이도 볼 수 있었다.

한편, 1976년의 또 다른 보고에 의하면 광주시의 취학 전 아동들은 자극성 없는 부드러운 음식을 좋아하고, 비위 상하는 냄새(쇠간), 매운 맛(양파 등), 물컹거리는 질감의 버섯, 토란, 가지, 고사리 등을 싫어하였다. 식품군 별로 보면 과일류가 가장 반응이 좋았고, 버섯류를 가장 싫어했다(표 4-2).

2005년 4~7세 유아 92명의 식품군별 기호도 조사에 의하면(표 4-3) 과일류를

표 4-1 부모와 자녀의 식품기호도 및 순위

구분	좋아하는 음식	싫어하는 음식
남자 아동군	우유, 달걀프라이, 쇠고기, 만두, 토마토, 시금치, 완숙달걀	돼지비계, 진밥, 된밥, 쇠간
여자 아동군	쇠고기, 달걀프라이, 토마토, 우유, 오이, 만두	돼지비계, 진밥, 쇠간, 마늘
아버지군	쇠고기, 배추, 상추, 생선구이, 우유, 마늘	진밥, 된밥, 돼지비계, 라면, 수제비, 보리밥
어머니군	배추, 쇠고기, 만두, 시금치, 토마토, 상추, 오이	생선조림, 진밥, 된밥, 돼지비계

자료: 김기남·모수미(1976), 한국영양학회지9(1):25.

표 4-2 취학 전 아동의 식품기호도

구분	좋아하는 음식	싫어하는 음식
식품	복숭아, 사과, 딸기, 김, 달걀, 토마토, 고구마, 귤, 오렌지, 쇠고기	양파, 쇠간, 고춧잎, 도라지, 토란, 깻잎, 가지, 양배추, 미나리, 고사리
특성	자극성 없는 부드러운 음식, 과일류	비위 상하는 냄새, 매운맛, 물컹거리는 질감, 버섯류

자료: 임현숙(1976), 한국영양학회지9(1):60.

표 4-3 보육시설 유아들의 식품기호도

구분	좋아하는 음식	싫어하는 음식
곡류, 감자류, 콩류	쌀밥, 두부, 김밥, 감자튀김	보리밥, 콩밥, 팥, 콩자반
면류	자장면	짬뽕
빵류	피자, 식빵	애플파이
채소류	콩나물, 오이, 배추	토란, 브로콜리, 쑥갓, 고추, 피망
과일류	딸기(남아), 오렌지(여아)	키위
육류 및 육가공품, 난류	닭백숙, 양념통닭, 닭고기, 달걀, 갈비구이	동물의 간, 내장
생선류, 어패류	새우튀김	조기, 갈치, 고등어, 게
해조류	김	미역, 다시마, 파래
우유, 유제품 및 음료류	요구르트(액상, 호상), 과일주스, 식혜	코코아

자료: 신은경·이연경(2005). 한국식문화학회지 20(1).

가장 좋아했으며, 채소류를 가장 싫어했다. 과일류 중에서는 딸기를 가장 좋아했으며 채소류 중에서는 토란, 브로콜리, 쑥갓, 고추, 피망 등 향이 강한 채소를 가장 싫어했다. 조리법에 의한 음식의 기호도는 튀김류를 가장 좋아하며, 숙채류 및 생채류를 가장 싫어했다.

초등학생 938명의 음식 기호도를 조사한 결과(그림 4-1) 과일과 음료를 제일 좋아하였으며, 조리 방법에 따라서는 튀김류, 일품요리, 국수, 전, 찌개를 선호하였고, 싫어하는 음식으로는 장아찌, 나물류, 볶음류, 조림류 등이었다(표 4-4).

경기도 초등학교 5학년 1,276명의 급식메뉴 기호도를 살펴보면(표 4-5) 조리법별 기호도는 간식의 선호도가 가장 높고, 무침이 낮게 나타났다. 재료별 기호도는 육류가 높고, 어패류와 채소류는 낮은 기호도를 보였다. 주식류는 흰쌀밥을 좋아했고, 쌀+두류(예: 팥밥)는 싫어했다. 김치류는 배추김치를 가장 좋아하고, 갓김치, 나박김치, 파김치를 싫어했다. 간식은 유제품, 음료를 좋아했고 떡류는 상대적으로 싫어하는 것으로 나타났다.

2002년 초등학교 6학년 236명을 대상으로 조사한 음식 기호도 조사에서 남녀

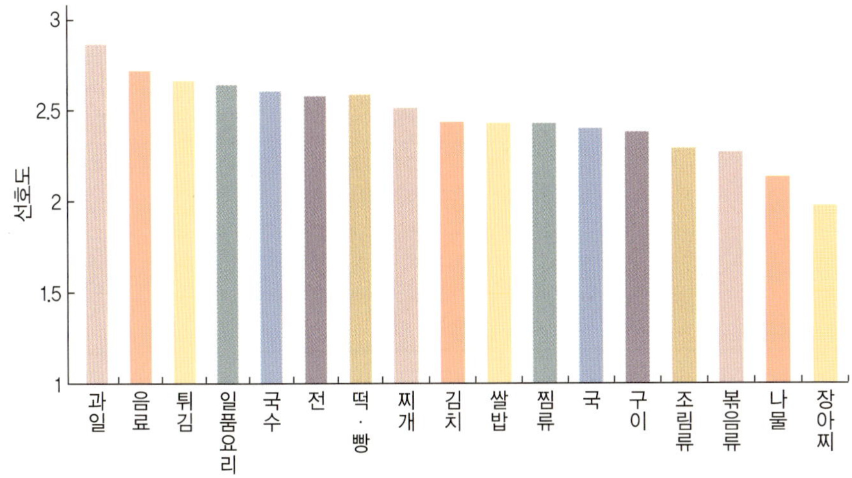

그림 4-1 초등학생의 음식 기호도

자료: 구난숙·박종임(1998). 대한지역사회영양학회지 3(3): 440.

표 4-4 초등학생의 음식기호도

구분	좋아하는 음식	싫어하는 음식
일품요리	김밥, 볶음밥, 비빔밥, 자장면	삼계탕, 해물덮밥, 유부초밥
국수	자장면, 스파게티, 우동, 냉면	짬뽕, 잔치국수, 콩국수
국	미역국, 쇠고기국, 콩나물국, 크림수프	동태국, 시금치된장국, 토란국
찜	돼지갈비찜, 쇠갈비찜, 달걀찜, 닭찜	아구찜, 깻잎찜, 미더덕찜
구이	햄구이, 갈비구이, 김구이, 갈치구이	병어포구이, 청어구이, 가자미구이
튀김	핫도그, 탕수육, 만두튀김, 고구마튀김	오징어튀김, 야채튀김, 생선튀김
볶음	잡채, 닭고기볶음, 오징어볶음, 멸치볶음	마파두부, 마늘쫑볶음, 호박볶음
찌개	참치찌개, 김치찌개, 오징어찌개, 돼지고기찌개	된장찌개, 청국장찌개, 동태찌개
조림	돼지장조림, 메추리알조림, 쇠고기조림, 달걀조림	가자미조림, 우엉조림, 연근조림
전	달걀전, 소시지전, 달걀김말이, 빈대떡	파전, 호박전, 부추전
채소	과일 샐러드, 야채 샐러드, 참치 샐러드, 콩나물무침	도라지나물, 취나물, 쑥갓나물
김치	배추김치, 깍두기, 열무김치, 총각김치	백김치, 오이소박이, 오이지
떡 · 빵	꿀떡, 햄버거, 샌드위치, 피자	보리빵, 찹쌀떡, 팥빵
음료	사이다, 코코아 우유, 오렌지 주스, 콜라	요거트, 우유, 수정과
과일	오렌지, 포도, 딸기, 수박	토마토, 멜론, 감

표 4-5 초등학교 급식 기호도

구분		음식명
조리법별		간식>튀김>찜>국류>볶음>김치>부침>주식>조림>구이>무침
재료별		• 주식: 흰쌀밥>면류>일품요리>죽류>쌀+곡류>쌀+채소>쌀+두류 • 김치: 보통김치>김치볶음>특별김치(파김치, 갓김치, 나박김치 등) • 간식: 유제품류>음료류>과일류>빵류>채소류>떡류 • 국/찌개: 육,난류>수프류>채소류>어패류 • 조림, 찜, 볶음, 구이, 무침: 육류>어패류>채소류 • 부침, 튀김: 육,난류>채소류>어패류
주식류		흰쌀밥을 가장 선호 • 쌀+채소: 옥수수밥>영양밥>밤밥>고구마밥>감자밥>채소밥 • 쌀+곡류: 현미밥>보리밥>찰밥>잡곡밥>흑미밥>기장밥>차조밥>차수수밥>율무밥>쑥쌀밥 • 쌀+두류: 검정콩밥>완두콩밥>녹두밥>강낭콩밥>팥밥 • 일품요리: 볶음밥>비빔밥>김밥>쇠고기덮밥>카레라이스>자장밥>오징어덮밥>해시라이스>잡채밥>콩나물밥 • 면류: 스파게티>자장면>국수>쫄면 • 죽류: 닭죽>팥죽
김치류		배추김치>깍두기>총각김치>열무김치 특별김치: 오이김치>단무지무침>나박김치, 갓김치>파김치 김치볶음: 돼지고기김치볶음>참치김치볶음
간식	과일류	딸기>귤>오렌지>사과, 메론>바나나>복숭아>수박>포도>참외>키위>배>자두>파인애플>거봉>방울토마토>단감>토마토>홍시>곶감
	유제품	아이스크림>야쿠르트>요플레
	음료류	오렌지 주스>식혜
	곡류군	옥수수>고구마>밤
	빵류	핫도그>피자>도넛>샌드위치>햄버거>케이크>곰보빵
	떡류	인절미>송편>찹쌀말이떡>절편

자료: 김현주(2005), 연세대학교 석사 학위논문.

모두 과일류>육류>난류>곡류>해조류>채소류>유지류>두류>어패류 순으로 나타났다. 남아들은 여아들에 비하여 육류를 여아들은 남아들에 비해 과일을 선호하였으며, 남녀 모두 과일류를 가장 선호하고 채소류를 가장 싫어하는 것으로 나타났다.

표 4-6 중학생 급식 기호도

<table>
<tr><th colspan="2">구분</th><th>좋아하는 음식</th><th>싫어하는 음식</th></tr>
<tr><td colspan="2">음식종류별</td><td>과일류>빵류>일품음식류</td><td>무침류</td></tr>
<tr><td rowspan="2">성별</td><td>남학생</td><td>• 찌개류, 탕류, 볶음류, 찜류, 음료를 선호함.
자장밥, 만둣국, 쇠고기두붓국, 쇠고기미역국, 갈비탕, 곰탕, 육개장, 닭볶음, 돼지불고기, 쇠불고기, 돼지갈비찜, 돼지고기전, 햄 · 소시지전, 우유, 요구르트</td><td></td></tr>
<tr><td>여학생</td><td>• 간식 및 후식류를 선호함.
김밥, 떡볶이, 콩나물국, 오징어링튀김, 오이무침, 콩나물무침, 김치전, 과일샐러드, 옥수수샐러드, 귤</td><td></td></tr>
<tr><td rowspan="2">주식류</td><td>밥류</td><td>쌀밥, 검정쌀밥, 차수수밥</td><td>검정콩밥</td></tr>
<tr><td>일품음식</td><td>김밥, 김치볶음밥, 비빔밥, 자장밥, 오므라이스</td><td>콩나물밥</td></tr>
<tr><td colspan="2">빵류</td><td>단팥빵, 샐러드빵, 햄버거, 피자, 소보로빵, 샌드위치</td><td></td></tr>
<tr><td colspan="2">면류</td><td>만둣국, 자장면, 라면, 비빔쫄면</td><td></td></tr>
<tr><td colspan="2">죽류</td><td>닭죽</td><td></td></tr>
<tr><td colspan="2">떡류</td><td>떡볶이</td><td></td></tr>
<tr><td colspan="2">국류</td><td>어묵국, 콩나물국, 오징어무국</td><td>토란국, 버섯국, 들깨무채국</td></tr>
<tr><td colspan="2">찌개류</td><td>김치찌개</td><td>콩비지찌개, 호박찌개, 청국장찌개</td></tr>
<tr><td colspan="2">탕류</td><td>갈비탕, 육개장, 삼계탕</td><td></td></tr>
<tr><td colspan="2">볶음 및 조림류</td><td>소시지볶음, 돼지불고기, 쇠불고기</td><td>가지볶음, 연근조림, 우엉조림</td></tr>
<tr><td colspan="2">튀김류</td><td>탕수육, 양념통닭, 돈가스</td><td></td></tr>
<tr><td colspan="2">무침류</td><td>콩나물무침, 오징어젓무침, 꼬막무침</td><td>근대무침, 쑥갓나물, 해파리냉채</td></tr>
<tr><td colspan="2">찜류</td><td>돼지갈비찜, LA갈비찜, 달걀찜</td><td></td></tr>
<tr><td colspan="2">전류</td><td>햄 · 소시지전, 김치전, 달걀말이</td><td></td></tr>
<tr><td colspan="2">쌈 · 샐러드</td><td>과일샐러드, 옥수수샐러드, 참치샐러드</td><td></td></tr>
<tr><td colspan="2">음료류</td><td>요구르트, 요플레, 우유</td><td></td></tr>
<tr><td colspan="2">과일류</td><td>딸기, 오렌지, 바나나, 복숭아</td><td></td></tr>
</table>

자료: 김경애 · 김수자 · 정난희 · 전은례(2003). 한국조리과학회지19(2).

광주·전남지역 693명의 중학생의 음식 기호도 조사에서(표 4-6) 주식류는 김밥, 김치볶음밥, 비빔밥, 자장밥, 오므라이스 등의 일품 음식류를 좋아하였다. 면류는 만둣국, 자장면, 라면을 좋아하고, 국류, 찌개류 및 탕류는 김치찌개, 갈비탕을 좋아하였다. 튀김과 찜류는 탕수육, 양념통닭, 돈가스, 만두튀김, 소시지볶음, 돼지갈비찜, 돼지불고기, 쇠불고기, 새우튀김, 오징어링튀김, LA갈비찜 등을, 간식 및 후식류는 단팥빵, 피자, 샐러드빵, 햄버거, 소보로빵, 샌드위치, 떡볶이, 과일샐러드, 요구르트, 요플레, 딸기를 비롯한 모든 과일류를 좋아하였다. 무침류는 기호도가 낮았는데 그중에서 근대무침, 쑥갓나물, 해파리냉채를 싫어했다.

한편, 1984년 전국 남녀 대학생 2,425명을 대상으로 음식에 대한 기호를 조사한 연구에서 주식에 대한 기호도는 남녀 모두 밥을 가장 좋아하였으며 그 외 빵과 국수는 여자가 더 좋아했다. 부식 종류로는 남녀 모두 찌개류를 가장 좋아했으며, 여자는 남자에 비해 국을 별로 좋아하지 않았다. 싫어하는 종류로는 장아찌류와 무침류였다. 찌개류에서는 남녀 모두 김치찌개를 가장 좋아하였으며 된장찌개는 특히 남자가, 오징어찌개는 여자가 더 좋아했고 돼지비지찌개는 다 싫어했다.

과일 중에서는 사과, 복숭아, 배를 좋아했고 크림빵, 팥빵, 송편, 인절미를 좋아했으며 남녀 모두 우유에 대한 기호도가 높았다. 커피, 인삼차의 기호도 높았다(표 4-7).

2005년 서울 경기지역의 남녀 대학생들 336명을 대상으로 조사한 편의식품별 기호도를 살펴보면(표 4-8) 남학생은 치킨, 아이스크림, 라면, 피자, 햄버거 순으로 좋아하고, 여학생은 치킨, 피자, 아이스크림, 라면, 햄버거 순으로 좋아하였다. 성별에 따른 자주 먹는 편의식은 남학생은 김밥, 라면, 치킨, 떡볶이, 피자, 탕수육, 햄버거, 만두, 자장면, 잡채, 도넛, 떡 순으로 자주 이용하였고 여학생은 김밥, 떡볶이, 치킨, 피자, 라면, 햄버거, 잡채, 떡, 도넛, 만두, 탕수육, 자장면 순으로 자주 먹는다고 하였으며, 여학생이 떡류에 대한 높은 기호도를 보였다.

1988년 599명의 남녀 일반인을 대상으로 실시한 기호 조사에서 남녀 모두 딸기, 귤, 김밥, 불고기, 김구이 등을 좋아했고, 싫어한다고 답한 음식들은 대부분

표 4-7 대학생의 식품기호도

<table>
<tr><th>구분</th><th>남학생</th><th>여학생</th></tr>
<tr><td rowspan="2">주식류</td><td>밥을 가장 선호</td><td>밥을 가장 선호, 빵, 국수</td></tr>
<tr><td colspan="2">흰밥>팥밥>콩밥, 샐러드빵, 야채빵, 냉면, 비빔국수 선호
보리밥, 라면, 콩국수 기피</td></tr>
<tr><td rowspan="2">부식류</td><td colspan="2">찌개류 가장 선호</td></tr>
<tr><td colspan="2">김치찌개>된장찌개(남)/오징어찌개(여), 국(남)>볶음 >김치>구이
국(고깃국, 미역국), 전(고기전, 생선전), 구이(쇠고기, 꽁치, 조기), 조림(오징어, 꽁치, 어묵), 김치(배추김치, 총각김치), 나물(무생채, 오이, 시금치), 장아찌(무말랭이) 선호
장아찌, 무침 기피
동태국, 양배추김치, 간전, 간볶음, 갈치조림, 무나물 기피</td></tr>
<tr><td>간식류</td><td colspan="2">과일(사과, 복숭아, 배), 크림빵, 팥빵, 송편, 인절미 선호
우유, 커피, 인삼차</td></tr>
<tr><td rowspan="2">일품요리</td><td>볶음밥을 가장 선호</td><td>만둣국을 가장 선호</td></tr>
<tr><td colspan="2">싫어하는 것 없이 모두 선호하는 편</td></tr>
</table>

자료: 정영진(1984), 한국영양학회지17(1):10.

표 4-8 대학생들이 한 끼 식사로 주로 이용하는 편의식

순위	남학생	여학생
1	김밥	김밥
2	라면	떡볶이
3	치킨	치킨
4	떡볶이	피자
5	피자	라면
6	탕수육	햄버거
7	햄버거	잡채
8	만두	떡
9	자장면	도넛
10	잡채	만두
11	도넛	탕수육
12	떡	자장면

자료: 임영숙·박혜련·한귀정(2005), 대한영양사협회 학술지 11(1).

표 4-9 연령별 음식 선호도 및 맛 특성

구분	좋아하는 음식	싫어하는 음식	특성
일반인	딸기, 귤, 김밥, 불고기, 김구이	마늘장아찌, 새우젓무침, 족편	
초 · 중 · 고등학생	샌드위치, 햄버거, 아이스크림, 초콜릿, 햄, 소시지		• 유치원생, 초등학생: 외관 중시, 신맛, 단맛 선호 • 중 · 고등학생: 맛 중시
30대 이상 성인	고기전골, 고추볶음, 취나물, 도라지생채, 고들빼기김치		• 냄새 중시 • 매운맛, 짠맛 선호

먹어 보지 않은 음식인 것으로 나타났다. 초·중·고등학생은 샌드위치, 햄버거, 아이스크림 등을 좋아하는 것으로 조사되어 패스트푸드를 선호하는 것으로 나타났다. 30세 이상 성인들은 고기전골, 고추볶음, 취나물, 도라지 생채 등을 좋아했다(표 4-9). 미취학 아동 및 초등학생은 음식을 선택하는 데 외관을 중시하고, 중·고·대학생은 맛을, 30세 이상은 냄새를 중요시하는 것으로 나타났다. 신맛과 단맛은 초등학생들이, 매운맛과 짠맛은 30세 이상에서 선호하였다.

아인스타인(Einstein)과 혼스타인(Hornstein)은 미국 전역의 5만 명의 대학생을 대상으로 식품기호도를 조사하였다. 이들이 좋아하는 식품으로는 아이스크림, 비프스테이크, 로스트비프(roast beef), 애플파이, 닭튀김 등이었고, 가장 싫어하는 식품으로는 닭간 지짐(sautéed chicken liver), 무, 볶은 가지, 양배추, 당근-건포도 샐러드(carrot-raisin salad), 콩 수프(bean soup) 등이었다. 이들은 일반적으로 후식류를 좋아한다고 하였으며 야채는 싫어하는 것으로 나타났다. 또한, 남학생들은 '모르겠다'는 반응이 많은 반면, 여학생들은 저칼로리 식품인 샐러드류와 야채를 좋아하는 경향을 나타냈다. 지역적인 차이도 있어 남부지방은 그리츠(grits, 거친 쌀가루), 검은눈 콩(blacked-eyed peas), 리마콩(lima beans), 냉홍차 등을 좋아하는 것으로 나타났고, 서부지방은 칠리와 양고기 스튜를 좋아했고, 북동부 대학생들은 조개 차우더(clam chowder)를 좋아하는 것으로 조사되었다(표 4-10). 또한, 각 식품별 선호도는 콤비네이션(combination), 즉 함께 제공

표 4-10 미국 대학생의 식품기호도

기호	음식명
좋아하는 음식	아이스크림, 소프트롤, 비프 스테이크, 핫 비스킷, 우유, 오렌지 주스, 구운 칠면조, 로스트 비프(roast beef), 애플파이, 닭튀김, 딸기 케이크
싫어하는 음식	닭간지짐(sauteed chicken liver), 무, 볶은 가지, 양배추, 비츠피클(pickled beets), 구운 호박(baked squash), 토마토 스튜(stewed tomatoes), 당근-건포도 샐러드(carrot-raisin salad), 자두찜(stewed prunes), 콩수프(bean soup), 간지짐(sauteed liver)
성별적 차이	• 남: '모르겠다'는 반응이 다수 • 여: 저칼로리 식품(샐러드류, 야채) 선호 경향
지역적 차이	• 남부지방: 그리츠(grits, 거친 쌀가루), 검은눈 콩(black-eyeed peas), 리마콩(lima beans), 냉홍차 선호 • 서부지방: 칠리, 양고기 스튜 선호 • 북동부 지방: 조개 차우더(clam chowder) 선호
육류 선호도	쇠고기>돼지고기>닭고기>송아지고기>생선>양고기>간
식품별 선호도	함께 제공되어 먹게 되는 식품에 의해 변화(콤비네이션의 중요성)

자료: Einstein, M.A. and Hornstein, I.(1970), Food Preference of college students of Nutritional Implication, J. Food Sci 35:429.

되어 먹게 되는 식품에 의해 변화하였다. 이것으로 콤비네이션에 의한 효과가 식단계획에 중요함을 알 수 있다.

각 식품별 기호도는 조리방법에 따라 변화하여 일반적으로 단순하게 조리된 음식을 좋아하였다. 예를 들면, 그릴 스테이크(grilled steak)를 스위스 스테이크(Swiss steak)보다 좋아하였으며 치즈소스 얹은 브로콜리보다는 버터 바른 브로콜리를 더 좋아하는 것으로 나타났다. 쇼어(Schorr) 등은 182명 학생을 대상으로 식품과 음료에 대한 기호도를 조사하였다. 좋아하는 식품으로는 탄산음료, 우유, 스테이크, 햄버거, 피자, 닭, 프렌치프라이 등의 순이었고 간은 가장 인기 없는 품목으로 나타났다. 워커(Walker) 등에 의하면 어린이들은 과일을 야채보다 더 좋아하며 신선한 과일과 야채의 조직을 조리되거나 가공된 형태보다 더 좋아한다고 한다.

미국 2~3세 70명의 어린이가 4세, 8세 시기에 식품 선호도가 어떻게 변하는지

표 4-11 미국 어린이의 식품기호도

구분	내용
좋아하는 식품	탄산소다, 팝콘, 소프트롤, 크래커, 사과, 감자튀김, 초콜릿칩 쿠키, 갈은 쇠고기, 치킨, 비스킷, 피자(치즈&육류), 백설탕, 케첩, 도넛, 초콜릿쿠키, 치즈, 흰빵, 머핀, 팬케이크, 단맛의 시리얼, 햄버거
싫어하는 식품	양파, 버섯, 호박, 토마토, 고추, 아스파라거스, 깍지콩, 리마콩(lima beans), 컬리플라워, 양배추, 시금치, 포크앤빈(pork and beans), 완두콩, 샐러리, 조리한 배추, 버터밀크, 소금에 절인 양배추(sauerkraut), 브로콜리, 피칸, 오이, 이탈리안 샐러드 드레싱, 닭고기 파이(chicken potpie)
음식 수	• 좋아하는 음식 수: 118(2~3세) → 124(4세) → 125(8세) • 싫어하는 음식 수: 23(2~3세) → 24(4세) → 33(8세)

자료: Jean D. Skinner, Betty Ruth Carruth, Wendy Bounds and Paula J. Ziegler(2002), Children's food preferences: A longitudinal analysis, J Am Diet Assoc 102(11).

알아보기 위한 종단연구(longitudinal study) 결과를 살펴보면(표 4-11), 196개의 식품 중 좋아하는 음식과 싫어하는 음식 수가 증가하였으며, 좋아하는 식품은 단맛 또는 짠맛이 강한 가공식품, 패스트푸드이며, 싫어하는 식품은 채소가 많았다.

식품기호도에 영향을 주는 요인

Teen-age Food Habits. JADA 61: 415(1972).

Fruit and Vegetable Acceptance by Students. JADA 61: 268(1973).

Heredity and Experience: Their Relation Importance in the Development of Taste Preference in Man. J Comp Physiol Psychol 89: 279(1975).

그린(Greene) 등은 9세부터 15세 사이의 쌍생아 311쌍의 기호에 대한 유전의 영향에 대해 연구하였다. 이 연구에 의하면 유전성은 작은 것으로 나타났고 어렸을 때의 식품섭취경험이 장차의 기호결정에 중요한 역할을 하는 것으로 결론지었다.

미국 남부지방의 흑인계 미국인과 인디안계 미국인의 식품기호도에 영향을 주는 요인에 대한 연구에서 흑인계 미국인은 첫째로 중요한 결정요인이 질감(texture)이었고, 향미(flavor)가 두 번째로 중요하였으나, 서부 인디안계 미국인은 자극성(pungency)과 색이 비슷하게 중요한 것으로 나타났다.

일부 과일과 야채에 대해 어린이들이 싫어하는 것은 선입관에 의한 것으로 베이비 푸드(baby food)를 싫어했거나 조직, 색, 모양, 향기 중 싫어하는 요소가 있는 경우이다. 대부분 야채는 싫어하는 것으로 여러 차례 보고되었는데, 이것은 물렁거리거나 끈적거리고 미끈거리기 때문에(비츠, 무, 가지 등), 또는 씨가 있어서(토마토, 호박) 등의 다양한 이유로 나타났다. 반면에 신선한 야채의 아삭아삭한 조직은 인기 있는 식품과 관련 있는 것으로 나타났다.

청소년의 경우, 부모의 직업수준과 엄마의 교육수준이 높아감에 따라 식이가 다양하고 복잡하게 되는 경향을 보였다. 또한, 사회적인 참여가 많을수록 복잡하게 되었으나 나이, 성별, 가족크기 또는 지식전달 매체의 수에는 관련이 없다고 보고되었다. 따라서, 식품에 대한 기호는 식습관에 의한 영향이 커서 아이들이 싫어하는 음식은 부모들이 싫어하는 음식과 비슷하였고, 대부분 싫어하는 식품은 가정에서 먹어 보지 않은 낯선 식품으로 나타났다. 또한, 아버지의 식습관이 자녀에게 미치는 영향에 관한 연구에서 대부분의 어머니는 아버지가 싫어하는 식품은 조리에 적게 이용하였기 때문에 자녀들도 싫어하는 것으로 나타났다.

식품기호에 대한 지역적인 차이는 사회가 발전되고 교통수송이 빨라져 지역적인 거리감이 좁혀짐에 따라 점차 감소되는 경향이 있다. 미국의 경우에도 제2차 세계 대전 이래 식품소비 기호는 어느 정도 지역적으로 균일화되었다.

또한, 최근의 식품기호는 다양한 요인에 의해 변화되고 있다. 이러한 요인으로는 몸에 좋아서, 가격이 저렴해서, 비만식품이 아니어서, 또는 쉽게 조리할 수 있어서 등을 들 수 있겠다.

한국인의 입맛은 1979년 패스트푸드의 등장과 1985년 이후의 외식 붐과 더불어 1995년 농산물 개방으로 인하여 많은 변화를 가져왔다. 한국 미디어 리서치에서 최근 조사한 한국인 입맛의 순서를 알아보면 다음과 같다.

알아두기

한국인 입맛의 순서

1. 갈비: 20, 30대 선호
2. 삼겹살: 남자 선호
3. 생선회: 40, 50대 선호
4. 불고기: 여자 선호
5. 된장찌개: 50대 이상 선호
6. 자장면: 남자 선호
7. 김치찌개: 남녀 공통 선호
8. 냉면: 40, 50대 선호
9. 해물탕, 피자

남자, 여자들의 선호하는 음식들이 달랐으며 20, 30대와 40, 50대들의 선호도도 뚜렷이 다르게 나타났다. 또한, 한국인의 입맛은 음식의 조직이 선호도의 중요한 요인으로, 대부분이 부드러운 것보다는 씹히는 것을 좋아한다고 응답하였다. 그러나 2000년 12월에 아시아인들의 식생활에 관한 연구 결과에서 한국인의 입맛이 가장 보수적으로 나타났다(시사저널 582호, 2000년 12월호).

식품의 향미

향미란 '입으로 들어오는 물질에 의해 미각과 후각을 자극하고 입안에 주는 고통, 촉감, 온도감수기에 자극을 주어 일어나는 감각'으로 정의한다. 이것으로 향미란 우리가 생각하는 맛의 개념보다 더 크다는 것을 알 수 있다. 우리가 '이 맛은 매우 좋다'고 할 때 '이것은 맛도 좋고 냄새도 좋다'는 것을 의미한다. 즉, 어떤 음식의 맛이 좋다 또는 나쁘다고 하거나, 어떤 식품이나 음식의 맛을 좋아한다 또는 싫어한다고 말할 때 우리는 향미로써 판단하게 된다. 향미의 인식은 개개인에 따라 다르며 동일인도 시간에 따라 그 강도가 매우 다르게 느껴진다. 이러한 향미의 인식은 식습관이라든지 풍습, 편견, 생리적 상태 등에 의해 변경된다.

오프(Ohoff)는 다음과 같이 향미를 분류하였다. 과일 향미, 채소 향미, 향료 향미, 음료 향미, 육류 향미, 지방 향미, 조리 향미 그리고 악취 등이다.

향기

냄새(odor)와 방향(aroma)은 향미의 중요한 요소이다. 사람은 적어도 일만여 개의 냄새를 구분할 수 있으며, 우리의 냄새에 대한 기억은 거의 잊혀지지 않는다. 약간 둔한 맛감각과 비교하여 냄새감각은 매우 예민한 편이다. 맛은 식품의 전체 향미에 매우 중요하며 방향으로 한 식품을 다른 식품과 구분하여 비슷한 식품이라도 다른 맛이 나게 된다.

후각기관은 비강의 윗부분에 위치하여 비강의 후각감수기(olfactory receptor)에는 식품의 휘발성 물질만이 닿을 수 있다. 식품에는 휘발성 물질이 다양하며 유기화합물인 이들 휘발성 물질은 극소량씩 섞여 있다.

후각의 예민도는 설탕과 알코올, 암페타민 등 후각을 크게 자극하는 물질의 냄새를 맡거나 노쇠해 감에 따라 둔화된다. 또한, 식후에도 둔화되며 주석산, 탄닌산, 아세트산, 쓴 약제, 적포도주 등에 의해서도 둔해진다.

식사 중에는 먹기 전에 그릇에 담겨 있을 때 냄새를 맡게 되어 알게 되고 음식을 씹거나 삼킬 때 입이나 목이 움직여 공기를 이동시켜 냄새성분이 비강을 통해 후각기관으로 전달되어 냄새를 느낀다. 또한, 냄새는 호흡을 통해서도 감지할 수 있다. 감기에 걸렸을 경우와 같이 코의 통로가 막히면 냄새를 맡을 수 없게 된다. 식품의 냄새는 매우 중요하여 구운 쇠고기나 갓 구운 빵 등 우리가 좋아하는 음식을 먹을 때 오는 즐거움은 냄새를 맡음으로써 생기게 된다.

후각기관은 계속되는 반복적인 자극에 적응되면서 감각능력을 상실하게 되며 이것을 냄새피로(smell fatigue)라고 한다. 예를 들면, 제과점에서 풍기는 맛있는 냄새나 생선가게의 불쾌한 냄새도 어느 정도 시간이 지나 익숙해지면 느낌이 감소하게 되는 것이다. 또, 같은 냄새라도 다른 냄새와 함께 있는 것보다 단독으로 있을 경우 적응이 더 빠르다. 또한, 냄새의 종류에 따라 적응상태가 다르다. 이러한 적응시간은 냄새의 강도와 농도에 따라 다르며 강한 냄새일수록 적응 속도가 느리다. 그리고 강한 냄새는 약한 냄새를 느끼지 못하게 한다. 그리하여 한 냄새가 오랫동안 퍼져 있을수록 냄새가 더욱 강하게 자극되어야 맡을 수 있다.

이러한 적응현상은 왜 같은 접시의 음식이라도 먹을 때마다 같은 맛으로 느낄 수 없으며 나중에 먹는 것이 처음 입에 넣은 것보다 맛이 없는가하는 것을 설명해 준다. 또한, 우리가 좋아하는 음식을 먹을 때는 빨리 먹게 되며, 싫어하는 음식을 먹을 때는 천천히 먹게 되는 이유도 설명해 준다. 즉, 좋아하는 음식은 냄새에 완전히 적응되기 전에 음식의 향미를 즐기기 위해 무의식적으로 서둘러 먹으며 싫어하는 음식은 피로에 의해 감각이 둔화되도록 무의식적으로 천천히 먹는다. 후각기관은 자극이 없어지거나 바뀌면 더 빨리 회복되므로 식사는 여러 가지 음식으로 구성하여 먹는 것이 좋다. 한 가지 음식으로 된 식사에 열중하지 못하는 현상은 그 냄새에 빨리 적응되기 때문인 것으로 설명된다. 따라서, 비슷한 향미의 식품, 향료, 양념, 조미료를 한 식사에 반복해서 사용하는 것은 바람직하지 않은데, 이는 반복으로 인해 어떤 특정한 냄새에 빨리 적응되기 때문이다.

향료의 냄새에 의한 피로는 다른 냄새에 의한 피로보다 늦으므로 오랫동안 사용되어 왔다. 그러므로 향료를 적절히 사용하여 향료의 유일한 냄새를 오랫동안 즐길 수 있는 것이다. 그러나 냄새가 강한 향료나 양념, 조미료는 약한 냄새를 맡지 못하게 방해한다. 그러므로 음식의 다른 재료나 식사의 다른 음식의 맛을 내야 할 경우에는 소량 사용해야 한다.

후각기관을 자극하는 냄새입자들은 고온에서 더 휘발성이 강하므로 냄새는 식품의 온도에 따라 달라진다. 너무 뜨거운 음식은 맛도 느낄 수 없고 냄새도 맡을 수 없다. 그러므로 음식의 최상의 향기를 느끼는 데에는 음식의 온도가 가장 중요하다. 아이스크림 같은 매우 찬 음식은 입에서 녹으면 향미가 좋아지며, 복숭아·배·멜론 등의 미묘한 맛을 갖는 과일은 냉각하지 않거나 약간 냉각했을 때 더 좋은 향미를 갖는다. 그러므로 식사의 첫 코스는 달지 않아야 하며 포도주는 음식의 즐거움을 더해 주고 과일과 야채는 육류와 함께 먹어야 한다는 것을 알 수 있다.

맛

맛은 미뢰(taste buds)를 자극함으로써 알 수 있다. 미뢰는 혀에 있는 미세한 분자로서 연구개(soft palate)와 인두(pharynx), 그리고 후두(larynx)에도 분포되어 있다. 맛은 일반적으로 단맛, 신맛, 짠맛, 그리고 쓴맛의 4가지 기본 맛으로 구성되어 있다. 일반적으로 맛은 각각 혀의 어떤 특정부위에서 감지되며 혀의 끝은 단맛에 가장 민감하고 혀의 양옆에 신맛과 짠맛에 민감하여, 혀의 안쪽은 쓴맛에 민감하다.

짠맛은 몇몇 무기염에 의해 일어나며 식품의 짠맛을 내기 위해서는 소금이나 염화칼륨을 첨가하면 된다. 신맛은 수소이온에 의해 영향을 받아 무기산은 같은 농도일 경우 비슷한 신맛을 낸다. 그러나 아세트산, 주석산(tartaric acid), 구연산(citric acid), 능금산(malic acid) 등의 일부 유기산은 그들의 수소이온 농도보다 더 신맛을 낸다. 식품에 있어서 신맛은 주로 과일에 많으며 음식에 신맛을 내기 위하여 식초, 술, 레몬주스 등을 첨가한다. 설탕, 사카린, 둘신, 글리세린 등의 복합유기화합물에서 단맛을 느낄 수 있다. 쓴맛은 주로 알칼로이드와 일부 배당체(glucosides), 무기염 등에 의해 일어나며 식품과 음료의 탄닌은 쓴맛과 함께 수렴성(astringency)을 준다. 사카린은 시험자의 90%에게서 쓴맛을 주는 것으로 밝혀졌다. 쓴맛은 커피, 홍차, 붉은 포도주, 그 외 음료에서 독특한 맛을 느끼게 해 준다.

사람의 맛을 느끼는 예민도는 쓴맛, 신맛, 짠맛, 단맛의 순서이며 맛의 예민도는 증가할 수도 있고 감소될 수도 있다. 사람은 맛을 감추기 위해서 향미를 이용한다. 예를 들면, 짠맛은 오렌지, 계피, 사르사파릴라(sarsparilla)의 시럽에 의해 감추어지며 코코아와 래스베리(raspberry)는 쓴맛을 감춘다. 미뢰는 용액 중의 물질에 의해 자극 받기 때문에 식품의 조직은 맛에 영향을 미친다. 그러므로 용액이나 액체상태의 식품의 맛은 씹어야 하는 식품의 맛보다 더 쉽게 느껴진다. 또, 잘 씹지 않은 식품의 맛은 느껴지지 않는다. 온도도 음식의 맛에 영향을 준다. 온도에 의한 영향을 측정할 수 있는 범위는 17~42°C로서 온도가 17°C에서 체온인 37°C에 가까워지면 단맛에 대한 예민도는 증가하나 그 후에는 감소한다. 짠맛과 쓴맛에 대한 예민도는 17~42°C 범위 밖에서는 감소한다. 대부분 신맛의 예민도는 온도에 좌우되지 않으나 단맛에 대한 반응과 비슷하였다. 이러한 사실을 고려하면, 냉커피가 뜨거운 커피보다 더 쓰고, 뜨거운 국이 차가운 국보다 덜 짜다. 이렇게 온도가 식품의 맛에 영향을 주므로 뜨거운 음식은 뜨겁게, 찬 음식은 차갑게 대접하여야 음식의 제 맛을 느낄 수 있다.

미각기관은 어느 정도 오래 자극하면 피로해지면서 무감각하게 된다. 이러한 피로의 정도와 기관은 자극의 강도에 비례한다. 자극이 약할수록 적응이나 피로가 빨리 온다. 맛의 지속성은 쓴맛>신맛>짠맛>단맛의 순서이고 짠맛은 신맛보다 빨리 적응된다. 단것을 먹은 후에 사과를 먹으면 평소보다 더욱 시게 느껴지는 것처럼 한 종류의 맛에 대해 적응하면 다른 맛이 더욱 강화되어 느껴진다.

맛의 상호작용을 살펴보면 짠맛은 쓴맛과 신맛을 감소시키고 신맛은 짠맛과 쓴맛을 감소시키며 짠맛과 신맛은 단맛을 증가시킨다. 이러한 점을 실제 조리에 이용하여 딸기의 단맛을 증가시키기 위해 썼을 때 소량의 소금을 첨가하고, 햄의 짠맛을 감소시키기 위해 파인애플이나 꿀 등을 사용하며, 커피의 쓴맛을 감소시키려고 설탕을, 자몽(grapefruit)의 신맛을 감소시키기 위해 설탕 또는 소금을 사용한다.

따라서, 식품의 독특한 맛은 여러 가지 맛을 내는 물질의 농도와 물질의 상호작용에 의한 것이다. 또한, 모든 사람이 똑같이 맛을 느끼지는 않으며 각기 좋아하는 맛도 다르다. 따라서, 모든 식품은 기본적인 맛을 가지고 있으며 적절히 배합함으로써 즐거운 식생활을 계획할 수 있다.

입에서의 느낌

식품의 입에서의 느낌은 향미의 셋째 요소로 사람들이 어떤 식품을 즐기는가 즐기지 않는가에 중요한 영향을 미친다. 이러한 입안에서의 느낌은 혀, 잇몸, 연구개 그리고 경구개 등에서 느끼며 식품이나 음료의 조직(texture)을 판단하는 데 중요하다.

식품은 보통 아삭하다(crisp), 연하다(tender), 단단하다(tough), 질기다(stringy), 말랑거리며 부풀어 있다(fluffy), 미끈거리다(oily), 끈적거리다(sticky), 부드럽다(velvety), 설컹거리다(gritty) 등으로 조직을 표현한다.

식품은 종류에 따라 질감이 달라야 한다. 즉, 고기는 연하고 신선해야 하며, 빵은 부드럽고 촉촉해야 하고 크래커는 바삭거리고 말라 있어야 하며, 달걀찜은 덩어리 없이 부드러워야 하고 케이크는 부드러워야 한다. 또한, 서로 다른 질감의 식품으로 배합된 것을 사람들은 좋아한다. 즉, 바삭바삭한 크래커와 수프, 바삭바삭한 비스킷과 부드러운 아이스크림, 연하게 구운 감자와 스테이크, 단단한 마늘빵과 스파게티 등이다.

식품을 조리할 때 원하는 바람직한 질감을 나타내기 위해 특정한 재료를 넣기도 한다. 부드러운 스프에 바싹구운 식빵 조각을 넣는 게 하나의 예이다.

일반적으로 조리가 잘못되어 설컹거리는 조직, 질긴 조직, 단단한 조직, 으깨진 조직, 덩어리진 조직, 건조한 조직 등은 싫어하며 부드러운 조직, 아삭아삭한 조직, 연한 조직, 가벼운 조직, 촉촉한 조직, 한 겹씩 벗겨지는 조직, 부푼 조직 등을 좋아한다.

어떤 식품의 조직을 조절한다는 것은 식품의 조리나 노화시에 일어나는 변화를 조절한다는 것을 의미한다. 즉, 조리가 덜 된 식품이나 너무 많이 조리된 식품은 바람직한 조직의 식품이 아니다. 또한, 식품에 노화가 일어나면 건조하거나 단단해지거나, 질겨지거나 또는 축축해진다. 그러므로 조직의 변화를 방지하기 위하여 식품포장을 잘해야 한다. 또, 식단을 작성할 때 식생활관리자는 좋아하는 조직으로 하게 된다.

시각과 청각의 효과

색은 식품의 중요 요소로서 어떤 음식을 대할 때 감각에 의해 처음으로 알게 되는 것으로 보통보다 너무 색이 짙거나 옅으면 식욕을 감퇴시킨다. 맛이 같은 식품도 색이 짙거나 옅은 정도에 따라 맛이 더하거나 덜하다고 느껴지게 된다.

맛에 대한 청각의 효과도 중요하여 어떤 식품에 관계 있는 소리에 의해 맛을 느끼게 된다. 즉, 오이, 당근, 무 등의 아삭아삭하게 씹히는 소리, 불고기의 지글거리는 소리, 된장찌개의 보글보글 끓는 소리 등이다.

향미의 강화

음식을 조리할 때에는 향미를 증가시키기 위해 항상 여러 가지 조미료를 조금씩 넣는다. 즉, 향신료(herb), 양념, 양파, 초콜릿, 바닐라향 등 여러 물질로 식품의 맛을 증가시킨다.

점차 음식의 조리가 공장으로 기업화되면서 향미증진제(flavor enhancer)와 향미강화제(flavor potentiator)를 사용하여 식품의 향미를 증진시키기 위한 지식이 발달하게 되었다. 이러한 향미증진제나 향미강화제는 단독으로 효과를 내지는 않으나 다른 물질의 효과를 과장하게 하는 화합물이다.

보통 많이 사용되는 MSG(monsodium glutamate)는 향미를 증진시키는 물질로서 구강신경의 끝에 작용하여 맛을 증가시킨다고 한다. 또한, 상업적으로 많이 쓰이고 있는 향미강화제로는 5′-nucleotides(disodium inosinate와 disodium guanylate), dioctyl sodium sulfosuccinate(DSS; maltol)로서, 식품의 MSG의 효과를 증대시켜 주고 그 필요량도 절약시켜 준다. 이 화합물들은 단독, 혹은 혼합 사용되어 식품에 중요한 역할을 한다. 즉, 가공된 과일과 채소를 신선하게 보존시키고 과일의 향기를 증진시키고 통조림 고기, 수프 등의 고유한 향미를 증가시킨다. 그러나 음식마다 사용하면 맛이 다 같아져서 효과가 없어지고, 과량으로 사용할 경우 예민한 사람이나 어린이에게는 문제가 있을 수 있으므로 될 수 있으면 사용을 자제하고, 소량 사용하는 것이 바람직하다.

식습관

즐거운 식생활을 계획하는 데에는 대상의 식습관을 알아 두는 것이 매우 중요하다. 왜냐하면, 평소에 알고 맛있게 느꼈던 음식을 좋아하기 때문이다.

각 개인의 식품과 식사에 관한 지식은 문화·가족의 배경, 생활경험, 교육수준 등 여러 가지에 의해 형성되며, 각 식품의 조리방법이나 식사 횟수, 그리고 식사 예의 등도 문화에 의해서도 형성된다. 또한 인종의 기원이나 종교, 주거지, 사회·경제적인 상태 등에 의해 식습관도 달라진다. 이러한 식습관은 사회가 팽창되면서 많이 변화하였고 평준화되었다. 점차 새로운 식품이 외국에서 소개되면서 식품에 대한 관심도 높아졌고, 또한 외식의 기회가 늘어나게 되면서 다양한 조리법이 개발되었다.

식단 작성의 요령

식품과 시각

시각적으로 즐거운 식사를 만들려면 알고 있는 좋아하는 음식을 보기 좋게 놓아야 하며 새로운 식품은 좋아하는 식품이나 음식과 함께 조금씩 소개하도록 한다. 또한, 잘 알고 있는 방법으로 조리해야 하며 같은 식사의 음식은 각기 다른 방법으로 조리하도록 한다. 그리고 음식의 모양이 나타나도록 조리하여 무엇을 먹고 있는지 알도록 한다. 식품이 다른 종류이면 모양도 다르게 하여 써는 모양이나 크기도 다르게 한다. 또, 여러 가지 색을 사용한다. 사람은 보통 자신의 옷이나 주변환경, 그리고 식품에 있는 색을 좋아한다. 일반적으로 노란색, 오렌지색, 주홍색, 밝은 초록색, 갈색 등은 식욕을 돋우며 자주, 붉은 자주, 연두색, 올리브색, 겨자색, 회색 등은 식욕을 감퇴시킨다. 또 색에 의해 식품의 질을 판별하기도 하여 덜 익은 토마토의 녹색은 먹고 싶은 마음이 들지 않게 한다. 보통 사람들은 식사에 여러 가지 색이 혼합된 것은 좋아하나 인공 착색된 식품은 좋아하지 않는다. 그러므로 인공색소는 식품의 자연적인 색이 증가되는 경우에만 사용하여야 한다.

음식을 담는 그릇도 신중히 선택하여야 한다. 그릇의 색에 의해 식품의 맛과 특징이 살아나기도 하고 감소되기도 하기 때문이다.

식품과 감각

식사의 즐거움을 최대로 느끼기 위해서는 식사시간이 충분하여야 하며 식품의 온도, 맛, 입안의 느낌, 향미 등이 고려되어야 한다. 되도록 여러 가지 맛을 소개하고 분별있게 사용하도록 한다. 또한, 다양한 조직의 식품을 사용하도록 하며 대비되는 조직을 함께 제공하는 것이 좋다. 또, 더운 요리와 찬 요리를 함께 먹도록 서로 반대되는 온도로 제공되는 음식이 좋다. 보통 더운 음식은 뜨겁게, 찬 음식은 차갑게 제공하여야 음식의 맛이 가장 잘 느껴지게 된다. 또한, 후각기관이 피로하지 않도록 한 끼 식사에 여러 가지 향미를 제공하여야 한다. 후각기관은 하나의 냄새에 빨리 적응하기 때문에 한두 가지 음식으로 구성된 식사는 쉽게 싫증이 나게 된다.

식단을 작성할 때 제일 널리 알려진 원칙으로는 순한 맛을 먼저 소개하고 강한 맛을 후에 소개하라는 것이다. 순한 맛으로는 쌀, 감자, 빵 등의 곡류, 닭고기나 쇠고기 등의 육류, 완두콩, 옥수수, 호박, 오이 등의 채소류, 배, 바나나 등의 과일류가 있으며 강한 맛으로는 마늘, 양파, 여러 향신료, 소시지, 생선 등의 식품이 있다. 또한, 맛의 상호관계를 잘 파악하여 싫어하는 맛은 없애고 좋아하는 맛을 내기 위하여 향료와 재료를 배합하도록 한다.

식단 계획

식단을 계획할 때의 유의사항은 아래와 같다.

- 사람들은 좋아하는 것을 먹는다. 그러므로 그들이 알고 있는 식품이나 음식을 식단에 넣어 그들이 아는 방법으로 조리하도록 한다.
- 서로 다른 색의 식품을 사용한다. 또, 인공색소는 식품의 천연색을 강조할 때에만 사용하도록 한다.
- 한 끼 식단에서 여러 가지 식품을 혼합한 음식은 제한하도록 한다. 이러한 음식은 재료가 항상 중복되어 비슷해지기 때문이다.
- 식품의 종류에 따라 모양, 크기, 양을 서로 다르게 한다.
- 여러 다른 조직의 식품을 식단에 계획하여 식사할 때 입안에서의 느낌이 다양하도록 한다.
- 여러 가지 맛을 소개하도록 한다.
- 식품의 선택이나 조리 방법이 중복되지 않도록 한다.

CHAPTER 5

식생활관리의 목표 : 시간·노력면

식생활관리자의 의사결정에 중심이 되는 것은 시간과 노력의 사용이다. 가사와 식품에 관련된 활동을 위해 주부가 소비하는 시간을 조사해 보면 예상대로 직장이 없는 주부는 직장이 있는 주부보다 가사에 더 많은 시간을 소비하였다.

우리나라에서 주부의 가사 노동 시간 중 식사와 관련된 조사로 2009년 통계청 발표에는 미취업 가정주부는 평균 1.53시간으로 평일 1.54시간, 토요일 1.54시간, 일요일 1.36시간을 소비하는 것으로 나타났다. 반면 취업 가정주부의 식사와 관련된 소비시간은 평균 1.10시간으로 평일 1.06시간, 토요일 1.17시간, 일요일 1.27시간으로 조사되었다.

주부가 가사노동에 얼마나 많은 시간을 소비했는가는 시대에 따라 다르게 나타난다. 이 중 식사와 관련된 활동시간을 보면 〈표 5-1〉과 같다.

1960년대에는 집에 같이 거주하는 가정부가 있었고 1970년대에 들어서면서 그들의 도움을 받을 수 없게 되어 주부들의 가사노동 시간도 늘게 되었다. 90년대에는 경제적 풍요로움으로 편이식품 구입과 외식이 늘어나므로 실제 시간은 줄게 되었다.

표 5-1 식사와 관련된 활동시간(1일)

연도	소요시간
1968	2.31
1977	4.12
1980	4.42(4.7/5.1)*
1985	3.48
1988	4.12
1990	3.45(2.9/2.9)*
1991	3.06
1994	3.36

자료: 대한가정학회지 36(4), 1998.
* 임정빈·임혜경(1992), 1980년과 1990년의 비교조사(평일/휴일), 대한가정학회지 30(4).

표 5-2 여성의 가사노동 시간(한국) (단위: 시간 : 분)

가사노동[1]	요일	소요시간	가사노동	요일	소요시간	가사노동	요일	소요시간
취업 주부[2]	평일	3 : 05	전업 주부[3]	평일	6 : 34	평일[4]	음식준비	1 : 31
	토	3 : 51		토	5 : 59			
	일	4 : 08		일	5 : 20		장보기, 쇼핑	0 : 14
	평균	3 : 20		평균	6 : 18			

가사노동 분류 \ 국가	한국	미국	독일
가정관리	2 : 50	2 : 20	3 : 12
쇼핑 및 서비스	0 : 23	0 : 57	0 : 56
합 계	3 : 13	3 : 17	4 : 08

1) 평일 가정관리와 가족보살피기 포함.
2) 취업주부는 20세 이상 기혼 여자 중 취업한 주부임.
3) 전업주부는 20세 이상 기혼 여자 중 취업하지 않은 주부임.
4) 20세 이상 여성 평일 가사 노동시간
자료: 통계청, 생활시간조사(2009).

2009년도 여성의 가사노동시간은 1999년보다는 전반적으로 줄어들고 있는 추세이고, 가사노동을 돕는 성인 남자의 비율과 평균시간은 전체적으로 증가하는 추세를 보였다. 비맞벌이 가구의 주부는 가사노동시간이 6시간 18분으로 맞벌이 가구 3시간 20분보다 2시간 58분을 더 많이 사용하고 있었다(표 5-2).

전업주부 가사노동 시간은 평일 6시간 34분을 사용하였고, 취업주부는 3시간 5분을 사용하였다. 그러나 취업주부의 가사노동 시간은 주말인 토요일(3시간 51분)과 일요일(4시간 08분)에 오히려 증가하는 반면, 전업주부의 가사노동 시간은 주말에 감소하였다. 20세 이상 성인 여성의 가사노동 종류별 시간을 살펴보면 평일에 음식준비를 위해 1시간 31분, 장보기, 쇼핑을 위해 14분을 사용하였다.

한국, 미국, 독일 여성의 가사노동 시간을 비교해 보면 독일 여성이 가사노동에 가장 많은 시간(4시간 8분)을 소비하며 한국은 3시간 13분으로 미국 여성보다 약간 낮은 시간을 소비하였다.

1976년 미국에서 조사한 연구에 의하면 집에만 있는 주부는 일주일에 가사 노동에 42.6시간을 소비하는 반면, 직장이 있는 주부는 20.1시간을 소비했다. 지난 몇십 년의 과학과 기술도 주부의 노동부담량을 변경시키지는 못했다. 실제로 예전보다 아이들로부터의 도움도 적어졌고 가정부의 수도 적어졌기 때문에 주부들의 가사일 부담은 더 많아졌다. 한 연구에 따르면 주부는 총 가사에 드는 시간의 1/3~1/2을 식품에 관계된 활동에 소비하고 있다. 이것은 다른 어떤 가사에 소비하는 것보다 더 많은 시간이다. 남편들이 가사를 도와 주더라도 식사에 관련된 활동에는 하루 평균 6~12분뿐이었다.

미국에서 1,000명의 주부를 대상으로 실시된 조사는 식품에 관계된 활동의 시간사용을 보여 주었다(표 5-3). 총 21.9시간 중 17.9시간이 식품준비, 그릇 닦기, 정돈하기에 소비되었다. 또 다른 연구는 전형적인 주부가 가사에 소비한 99.6시간을 평가했는데, 23.8시간이 식사에 관계된 활동에 소비되었다. 즉, 1.2시간은 영양사로서, 3.3시간은 식품 구매자로서, 13.1시간은 요리사로서, 6.2시간은 그릇닦이로서 역할을 했다. 이러한 일에 할당된 돈의 가치로 계산하면 영양사, 식품 구매자, 요리사, 그릇닦이 등으로서의 역할에 해당되므로 직장 없는 주부가 식사에 관련된 일에 소비하는 전체시간을 돈으로 계산하면 상당한 금액이 될 것이다.

표 5-3 식사와 관련된 일에 사용되는 시간(1주일)

평균 소비시간	중앙값(시간)
식품과 관련된 장 보기	1.7
구입한 식품 집어 넣기	0.5
빵굽기	1.8
조리하기	9.0
상보기	0.9
설거지와 정돈하기	7.1
식사계획	0.9
총계	21.9
1일 평균	3.1

20세기 초까지는 부유한 사람은 하인을 고용함으로써 시간을 샀다. 그러나 1980년대의 부유한 주부는 시간을 얻는 다른 방법을 찾지 않으면 안 되었다. 편이식품(convenience foods), 패스트푸드(fast foods), 외식은 시간을 절약하지만 돈이 많이 든다. 돈이 항상 이용할 수 있는 것은 아니기 때문에 시간사용을 조절하는 다른 방법을 탐구하는 것이 필요하다. 나이 들고 건강하지 못한 사람들을 제외하고 노력의 자원은 시간보다 덜 걱정되는 문제이다. 우리는 그 둘을 하나로 말하는 습관을 가지고 있으며 시간절약은 곧 노력절약을 의미하고 반대로 시간소비노동은 노력을 소비한다고 말할 수 있다. 식사준비에 사용되는 시간은 가족의 크기, 식사의 수준, 식품기호, 부엌과 기구의 효율성, 식생활관리자의 지식·기술·능력, 식품을 위한 예산 등과 같은 인자에 의해 결정된다.

식생활관리에 사용되는 시간과 에너지

다음은 우리가 식생활관리에 시간을 사용하는 방법을 나타낸 것이다. 모든 식생활관리자가 이러한 모든 방법으로 시간을 사용하는 것은 아니며 또는 어떤 특정한 식생활관리자가 매주 이러한 모든 방법으로 시간을 사용하는 것도 아니다.

1. 식사를 위한 메뉴 작성: 이것은 책이나 잡지를 통해 아이디어를 찾는 시간을 포함한다. 시장보기 전부터 시작하여 시장을 본 후에도 계속될 수 있으며 시장 보는 중에도 일어날 수 있다.
2. 시장보기 계획: 이것은 정보, 특별요리, 경품권, 아이디어를 위해 가게 광고를 보는 데 소비하는 시간을 포함한다.
3. 시장보기
4. 식품에 대한 관리와 저장
5. 식사 준비: 실제 조리하는 것을 말하며 조리법을 찾는 데 소비된 시간도 포함한다.
6. 상차리기: 이것은 보통 식사준비 기간 동안 한다.

7. 식사 시중들기

8. 식사 후 뒤처리

9. 부엌과 그 설비에 대한 관리

10. 식당과 그 설비에 대한 관리

이들은 필요한 활동을 일목요연하게 나타낸 것이며 시간사용을 조절할 수 있는 기회도 제공한다. 매일 약간의 활동으로부터 절약된 몇 분이 모이면 총 여러 시간이 될 것이다.

식생활관리자는 식사를 위한 시간사용을 제한하는 문제에서 복잡하다. 그 문제에 대한 가장 좋은 접근방법은 얼마나 많은 시간이 사용되고 있으며 그 시간이 어떻게 사용되는가를 발견하는 것이다. 사람들은 너무 많은 시간이 시장보기나 메뉴 결정, 조리에 소비된다는 것을 발견할 것이다. 시간의 과도한 사용이 인식될 때 시간사용에 대한 대안을 찾거나 시간을 절약하는 방법을 찾는 것이 가능하다.

시간사용의 대안

시간사용의 대안으로는 돈, 지식·기술·능력, 그리고 시간 그 자체 등이 있다. 즉, 식생활관리자의 모든 자원은 시간사용을 위한 대안이 되며 이들을 이용할 수 있는 정도는 식생활관리자의 자원 공급에 의존한다.

돈

돈을 이용하면 다양한 방법으로 쉽게 시간을 살 수 있다. 불행하게도 많은 사람들에게 돈은 중요한 제한 요인이 되므로 시간을 절약하기 위해 돈에 크게 의존할 수는 없을 것이다.

여기에 시간을 살 수 있는 방법을 열거해 보면 다음과 같다.

첫째로 매우 명백한 방법은 미리 만들어진 식품과 음식의 구매이다. 즉, 통닭구이, 빵종류, 라면, 인스턴트 국 종류, 통조림된 반찬 등의 구매를 말한다. 미국에서의 조사에 의하면 참가자의 58%가 편이식품은 시간절약 면에서 가장 중요하다고 말했으며 오직 24%만이 노동절약 면의 중요성을 들었다. 직장 없는 주부의 55%에 대조적으로 직장 있는 주부의 65%는 시간절약이 가장 중요하다고 말했다. 시간절약 산물들은 시장에 출시된 후 우리가 적당하다고 생각하는 것들만 남고 그 외는 사라진다. 우리는 그것들을 위해 돈을 쓰며 그렇지 않으면 우리가 조리하는 데 소비하는 시간을 산다. 그러나 모든 식생활관리자가 편이식품을 널리 사용할 수 있는 것은 아니다. 즉, 돈이 없다거나 가정에서 이런 식품을 사용하는 것을 좋아하지 않으면 사용하지 않는다. 돈과 시간의 공급이 제한될 때에는 편이식품의 비용과 시간절약가치를 고려하여 소비된 돈에 대해 최대로 시간을 절약하는 편이식품을 사게 된다.

둘째로 돈을 이용해 부엌을 일하기에 더 효율적인 장소로 만듦으로써 시간을 살 수 있다. 값비싼 투자는 부엌 전체를 최신형으로 다시 만들 수도 있다. 그러나 작은 투자로도 부엌의 효능을 약간씩 개선할 수 있다. 그릇세척기(dish-washer), 가스 오븐(gas oven), 전자 레인지(microwave oven), 전기 믹서(electric mixer), 예약 전기 밥솥, 압력솥(pressure cooker), 블렌더(blender) 같은 새롭고 더 좋은 장비는 시간을 절약할 수 있다.

그러나 매우 비슷해 보이는 부엌에서도 각각 조리하고 작업하는 방법이 다르기 때문에 모든 장비들이 모든 사람에게 동등하게 가치 있는 것은 아니다. 구매자는 장비나 소도구가 자신을 위해 어떤 일을 할 수 있을까를 면밀히 조사하여 발견하기 전까지는 어떤 것도 구입해서는 안 된다. 좋은 계량기구, 끝이 날카로운 절단칼, 도마, 부엌가위, 집게 및 식품을 젓는 데 효과적인 소기구 등 식품준비를 위한 좋은 도구들은 시간을 절약해 준다. 은박지, 비닐봉지, 특수세제와 광택기구 등도 모두 시간을 절약해 준다. 저장기구의 편이성 향상, 조리기물(cookware), 부엌의 소도구와 가구 등은 부엌일을 쉽게 할 수 있도록 하며 시간을 절약하게 한다. 이동식 찬장(portable storage cabinet), 이동식 선반(portable storage shelf), 자주 사용하는 기구를 손이 닿는 위치에 놓아둘 수 있는 나무 못꽂이(peg board)

등이 이러한 범위에 속하는 것들이다. 식탁을 위한 설비 중 다림질 안 하는 식탁보와 접시깔개(mats), 종이냅킨(napkin), 스테인리스제 수저류(stainless steel flatware), 깨질 염려 없이 손쉽게 다룰 수 있는 플라스틱 식기류와 플라스틱제 음료 식기류(plastic beverage-ware) 등은 돈을 소비하여 시간을 사는 모든 방법이다.

마지막으로 사람을 고용하여 조리를 시키고 식사시중을 들게 하고 설거지와 부엌, 식당을 청소하게 함으로써 돈은 시간을 산다. 돈이 시간을 절약하게 하는 방법에는 여러 가지가 있다. 식생활관리자는 자신의 시간과 노력관리를 돕기 위해 돈을 소비하여 이러한 것을 어느 정도 널리 이용할 수 있는가는 돈의 공급에 의존한다. 식생활관리자는 식사를 위한 돈의 사용을 제한하기로 결정했을 때 동시에 시간사용을 제한하도록 결정할 수는 없다. 왜냐하면, 돈의 사용이 제한되는 경우 그것을 보상하기 위하여 시간을 소비해야만 하기 때문이다.

지식 · 기술 및 능력

지식, 기술, 능력은 식생활관리자가 식사에 대한 의무를 수행함에 있어서 시간사용을 조절하는 데 매우 중요한 것들이다. 언제, 어디서, 어떻게 시장을 보고, 슈퍼마켓의 진열장 안에 진열한 수많은 상품 가운데에서 무엇을 어떻게 선택하며, 비용은 얼마나 되고 어떻게 조리할 것이며, 무엇이 빨리 조리되고 무엇이 늦게 조리되며 작업을 효과적으로 하고 작업과정을 줄일 수 있는 부엌의 배치는 어떠하며, 식사준비의 계획을 어떻게 짜고, 어떻게 하면 만족스러운 식사를 계획할 수 있는가 하는 것들에 대한 지식이 여기에 포함된다. 많은 것들이 경험을 통해 얻어지며, 또한 많은 것들이 노력을 통해 획득할 수 있다. 즉 책, 잡지, 라디오, 텔레비전을 이용하거나 친구, 친척, 이웃의 도움으로 얻을 수 있다.

시간

마지막으로 시간은, 시간을 절약하거나 시간 사용을 조절하기 위해 투자될 수 있다. 건설적으로 시간을 사용하기 위해서는 현재의 시간 사용을 연구하고 분석해 보아야 하는데, 이러한 연구는 시간 사용의 누출을 지적해 준다. 효율적으로 부엌을 배치하는 데에 소비된 시간은 바람직하게 사용된 시간이다. 부엌은 가장 효과적인 배치가 될 때까지 여러 번 재정비되어야 한다. 가능한 한 많은 식품을 만들기 위해서 부엌에서 일하는 시간을 최대한으로 이용하는 것이 바람직하다. 부엌에서 일하는 시간은 주의를 집중하고 바쁘게 보내야 하는데, 조리 중 기다려야 하는 시간도 자주 있다. 이러한 시간은 낭비되는 것이므로 이를 이용하여 다른 준비를 하도록 해야 한다.

마지막으로 식단을 작성하는 데 소비된 시간은 식생활관리자의 시간을 절약시켜 준다. 효과적으로 시장을 볼 수 있게 하며 바쁜 경우 30분만에도 식사 준비를 끝낼 수 있게 한다.

모든 식생활관리자가 식사에 대한 시간 사용을 줄일 수는 없으며 또 줄이기를 모두 원하는 것도 아닐 것이다.

알아두기

시간 절약을 방해하는 요인

1. 가족의 식품기호도: 젊은 층은 인스턴트 식품이나 편이식품에 적응하나 나이든 세대는 집에서 만든 음식을 선호한다.
2. 지식과 기술의 부족: 초보자는 지식과 기술의 부족으로 시간절약이 어렵다. 의식적인 노력으로 시간투자를 줄인다.
3. 돈의 부족이 가장 큰 방해물이다: 편이식품을 구매할 수 있는 능력과 부엌을 개선하는 것은 시간 사용을 조절할 수 있다.
4. 요리를 좋아하는 주부는 시간을 꼭 절약하려 하지는 않을 것이다.

식사준비의 계획

식사를 위한 정돈을 하고 모든 음식이 완성되어 요구된 순간에 제공되도록 하기 위하여 계속적으로 동시에 많은 일들을 하는 것이 식사 준비이다. 이것은 쉬운 일이 아니며 일의 순서가 문제가 된다. 식사 준비를 시간에 맞추는 것은 일을 계통적으로 배열하는 것을 의미하며 각각의 일을 하기 위한 시간을 할당하는 것을 의미한다. 이 배열은 행동하기 전에 결정되어야 한다. 경험 있는 식생활관리자는 식사 준비와 병행하여 일의 배열을 한다. 그들이 일하는 습관을 확립했기 때문에 그것이 가능하다. 초보적인 식생활관리자는 시행착오에 의해 지식과 기술을 획득할 것이다. 주어진 식사 준비를 위해 필수적인 일들을 예견하고 짜 맞추는 방법을 배움으로써 지식과 기술을 더 빨리 획득하게 되어 어떻게 배열하며 언제 식사를 만들지를 알게 된다.

알아두기

시간에 맞도록 식사준비를 하는 기술을 발달시켜야 하는 이유

1. 요구되거나 지시된 시간에 모든 일을 완성시키기 위해서이며
2. 훌륭한 질의 음식을 먹기 위해
3. 식사준비에 소비된 총시간은 순서적으로 일을 수행할 때 적어지기 때문이며
4. 식사준비는 기대되고 계획된 지식과 함께 모든 일을 병행할 때 덜 실패하기 때문이다.

시간계획표의 특징

1. 순서 있는 일로부터 결과된 계획표는 메뉴와 다르며 약간의 일은 조리와 함께 시작하고 다른 일들은 상차림과 함께 시작한다. 30분짜리 정찬을 위한 것과 같은 메뉴는 음식이 상차려지기 바로 20분 전에 집중적으로 조리된다. 오랫동안 조리해야 하는 음식을 포함하는 식단일 경우 식생활관리자는 조리 중에 부엌을 떠났다가 나중에 다시 시작할 수 있다. 모든 식사를 위해 쓸 수 있는 한 가지 계획은 없으며 모든 계획은 메뉴에 맞추어서 정해진다. 그러므로 식생활관리자는 시간사용의 제한에 맞추어서 메뉴를 작성해야 한다.
2. 동일한 메뉴일지라도 사람마다의 계획은 다음과 같은 요인들에 의해 달라진다.
   - 부엌에서 숙련된 정도의 차이
   - 부엌의 효율성과 조직성
   - 식사가 준비되어야 할 가족의 크기

• 조리하는 사람의 인격, 개성, 습관

3. 시간계획은 약간의 일정한 항목을 갖게 된다. 레인지에서 요리해야 하는 음식에 따른 특이한 시간, 상차림, 김치 썰기, 담기 등은 어떤 사람들에게나 일정하게 필요한 일이므로 크게 변동될 수가 없다.
4. 계획은 기차시간처럼 주어진 순간에 어디에 있는지 알 수 있도록 충분히 상세해야 하며 또한 특이하게 한다.

식사준비의 계획

식사준비를 계획하기 위한 필수조건은 다음과 같다.

- 요리법에 대한 지식과 조리하는데 요구되는 시간에 대한 지식
- 메뉴를 준비하는 것과 식사준비를 완성하는 데 필요한 다른 일들을 하기 위해 요구된 시간을 평가하는 능력
- 단계적인 문제를 풀기 위한 연필과 종이
- 시간측정을 위한 시계

계획표를 준비하는 단계

1. 종이 왼쪽 편에 메뉴들의 항목을 차례로 쓸 것. 상차림에 대한 것도 쓸 것. 만일 익숙지 않다면 일을 세분화해서 장보기, 양념 및 재료준비, 조리, 상차림 등으로 나누어 쓸 것
2. 〈표 5-4〉와 같이 4개의 수직선 줄에 각 항목의 필요 시간을 기록할 것
   • 요리준비　　• 실제요리시간　　• 제공준비
3. 모든 항목을 〈표 5-5〉에서처럼 시간이 많이 요구되는 순서로 정리할 것
4. 마지막 단계는 일을 순서화 하기. 식사를 하기로 정해진 시간부터 시작해서 뒤로부터 시간을 잴 것

예를 들면, 식사를 7시에 하기로 되어 있고 스테이크를 굽는 데 25분이 요구된

그림 **5-1** 시간을 절약할 수 있는 편리한 조리기구

표 **5-4** 계획표를 준비하는 단계 I

메뉴항목	요리 준비	실제 조리시간	제공 준비	총시간
스테이크나 햄버거	5	15[1)]	5[2)]	25
으깬 감자	5	5		10
완두 콩	5	10		15
야채 샐러드	—	—	5[3)]	5
빵과 버터	—	—	[4)]	—
우유	—	—	[4)]	—
아이스크림	—	—	[5)]	—
과자	—	—	[4)]	—
커피	—	5	[5)]	5
상차리기	—	—	10	10

1) 두께 2.5cm
2) 감자와 콩을 놓은 시간을 포함.
3) 야채와 드레싱(dressing)이 준비되어 있다고 가정
4) 상차리기에 포함.
5) 식사와 식사 사이에 제공됨. 커피는 인스턴트 사용

표 **5-5** 계획표를 준비하는 단계 II

일	소비되는 총시간	일	소비되는 총시간
고기	25	상차리기	10
완두콩	15	야채 샐러드	5
감자	10	커피	5

표 5-6 시간계획표의 예

시간	일
5 : 45	은박지로 팬을 싸서, 그 위에 고기를 놓는다. 완두콩을 냄비에 놓는다. 샐러드를 준비한다. 인스턴트 감자를 레인지 위에 얹는다. 정찬접시를 레인지에 얹어 따뜻하게 한다. 아이스크림 그릇을 꺼내어 냉장고 옆의 조리대에 놓는다. 과자를 접시에 담는다. 컵과 소스 그릇을 레인지 옆의 조리대에 놓는다. 상을 차리고 빵과 버터를 놓고 물을 붓고 우유를 붓는다. 완두콩과 감자를 위한 우유와 버터를 레인지에서 덥힌다.
6 : 10	준비된 고기를 익히고 완두콩과 감자에는 물을 붓는다.
6 : 15	완두콩이 익도록 놓아둔다.
6 : 20	고기를 뒤집어 익힌다. 감자를 준비한다.
6 : 25	완두콩의 물을 빼고 양념을 한다. 고기를 불에서 내린다.
6 : 30	만들어진 음식을 따뜻한 정찬접시에 얹어 샐러드와 함께 식탁으로 가져간다.
6 : 45	인스턴트 커피를 위해 물을 끓이며 식탁을 치우고 아이스크림을 내간다. 커피를 타서 식탁으로 내간다.

다면 5시 45분에 시작해야 한다. 이런 방법으로 계산하여 다른 모든 항목들을 레인지나 오븐에 익도록 넣어 두는 시간과 꺼내는 시간을 정해야 한다. 식품은 방금 조리되었을 때와 적당한 온도로 제공될 때 가장 좋다. 〈표 5-6〉은 계획표의 예들을 보여 주고 있다.

이상과 같은 것이 식사준비계획의 전형적인 예이며 그 각각의 시간의 분배는 대부분 경험을 통해서 알게 된다. 그러므로 조리하는 방법을 아는 사람에게는 처음 얼마동안만 상세한 계획이 필수적이고 그 다음부터는 마지막 계획표만 있으면 음식을 준비할 수 있게 된다. 경험이 많은 식생활관리자나 요리사조차도 특별한 음식을 준비할 때 이러한 계획표를 만든다.

시간계획표를 만드는 데 필요한 지침

식사준비를 위한 시간의 최적 사용에 대한 지침은 다음과 같다.

1. 자신의 시간사용을 연구·관찰하고 자신이 시간을 어떻게 사용하는지를 알아야 하며 필요할 때 그 사용을 줄이는 방법을 찾을 것
2. 자신의 시간사용을 제한하고, 돈에 대한 예산을 짜는 것만큼 조심스럽게 시간에 대한 계획을 짤 것
3. 식사준비의 시간측정이나 계획표 짜기 기술에 숙달될 것
4. 좋은 메뉴, 조리법, 식당 정리법, 좋은 상품의 상표, 만족스러운 고기 부위의 이름, 그리고 반복해서 사용할 수 있는 모든 정보에 대한 기록을 보존하고 이러한 정보를 계통적으로 묶어 정리하여 찾는 시간을 줄일 것
5. 부엌에 게시판을 설치하여 생각나는 대로 필요한 것을 적을 것
6. 저장식품이 최소로 일정하게 유지되도록 시장보기의 빈도를 제한할 것
7. 부엌에서 손이 쉽게 닿을 수 있는 위치에 일상적으로 사용하는 물품을 놓고 손이 닿기 어려운 선반에는 덜 빈번하게 사용되는 항목이나 덜 중요한 물건을 놓을 것

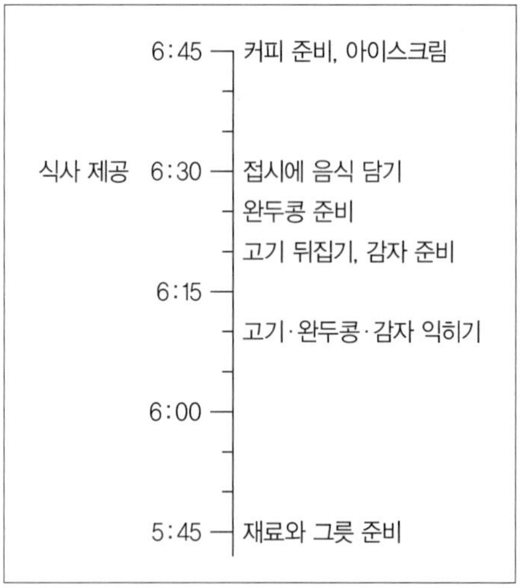

그림 **5-2** 시간 계획표의 예(도표 형식)

8. 팬과 냄비, 일상적으로 사용하는 도구들을 벽에 걸고, 만일 부엌의 작업장소가 두 군데 있다면 두 장소 모두에 장비를 갖출 것
9. 도구를 사용하는 가까운 곳에다가 도구를 저장할 것
10. 오븐 안의 음식은 거의 돌볼 필요가 없고 바쁜 시간을 요구하지 않기 때문에 요리할 때 오븐을 자주 사용하며 에너지와 시간에 이익이 되도록 여러 음식을 동시에 요리하고 두 번 이상의 식사에 충분하도록 준비할 것
11. 새로운 생각, 새로운 물품, 새로운 조리법, 그리고 새로운 종류의 그릇과 장비를 잘 활용하고 만일 시간이 절약된다면 새로운 것에 적응함으로써 옛 습관을 바꾸도록 할 것

한국식단을 기본으로 하여 손님을 초대하기 위해서는 조금 더 긴 시간의 배분이 필요하다.

김혜경. 칭찬받은 쉬운 요리. 서울문화사. 2003.

- 일주일 전에는 식단 작성과 함께 구체적인 계획을 세워야 하는데, 필요한 재료 및 그릇 등도 모두 점검하여 새로 구입할 것과 기존의 것을 이용할 것을 나누어 꼼꼼히 메모해야 한다.
- 3일 전에는 김치를 담그며, 갈비의 핏물을 뺀다.
- 2일 전에는 필요한 모든 재료를 갖춰 최종적으로 장보기를 마치고 사온 재료들을 특성에 맞게 다듬어야 한다. 예를 들어, 생선은 깨끗이 손질하여 소금을 뿌려놓고, 말린 해삼을 쓰는 경우에는 불리기를 시작해야 하며, 마늘을 충분히 다져놓는다거나 갈비, 불고기 등을 양념하여 재워두는 일 등이 그것이다.
- 1일 전에는 손이 많이 가는 것 중에서 미리 할 수 있는 일들을 해결한다. 샐러드 등에 사용되는 각종 소스를 만들어 냉장고에 보관한다거나 전을 미리 부쳐두는 등의 일을 미리 해두면 훨씬 수월하다.
- 손님을 초대하는 당일에는 오래 익혀야 하는 찜이나 국 등부터 불에 올리고, 모든 재료를 씻은 다음 조리하는 메뉴를 고려하여 양파, 오이 등의 야채들을 한꺼번에 썰어 두어야 일을 하는데 걸리는 시간을 줄일 수 있다. 그런 다음

밥할 쌀을 씻어 밥통에 넣어두고 식어도 되는 나물, 냉채, 잡채 등부터 시작해서 애벌 튀김하기 등 상차림 할 때의 온도를 고려하여 조리를 한다.

- 그 다음 날에는 잔반을 잘 활용하여 음식 낭비가 되지 않도록 하며, 잘 된 점과 아쉬웠던 점을 메모하여 다음 초대에 활용하도록 한다.

요즘에는 인터넷 개인 블로그에 조리방법이나 조리 시의 시간 배분에 대한 자신만의 노하우를 소개하는 예를 쉽게 찾아 볼 수 있어 많은 참고자료로 사용할 수 있다. 다음은 어떤 블로그에 올라와 있는 식사준비의 한 예이다.

토요일 저녁, ○○○이를 위한 파티가 있었습니다.

원래 계획은 안심 스테이크, 토마토 컵 샐러드, 밥, 그리고 크로스 타타를 후식으로 만드는 것이었습니다. 하지만, 친구와 같이 온다고 해서, 밥 대신에 스파게티와 감자 스프를 추가하였습니다.

메뉴를 정할 때 가장 중요한 것으로 무엇이 있을까요?

- 균형이 맞아야 합니다. 조리법이 거의 동일하거나 재료가 겹치는 것은 영양 면에도 좋지 않고 색의 균형도 맞지 않습니다.
- 재료를 쉽게 구할 수 있어야 합니다. 너무 비싼 재료나 큰 마트에서만 구할 수 있는 것은 적당하지 않습니다. 급하게 메뉴를 정할 때에는 우선 냉장고에서 빨리 먹어버려야 할 것을 살핍니다.
- 능력으로 해결 되는 것인지도 중요합니다. 처음 시도하는 메뉴는 시간과 노력이 필요하며, 조리할 수 있는 시간은 얼마 남지 않았는데 시간을 예측할 수 없는 메뉴를 여러 개 끼워 넣는 것은 힘듭니다.

메뉴를 결정하는 것만큼 중요한 것은 시간 안배입니다. 시작하기 전에 순서를 정해 냉장고 등에 붙여놓고 조리를 시작하도록 합니다.

- 크로스타타 반죽을 해서 냉장고에 넣고, 감자 스프는 오래 끓여야 하니까 감자를 잘라서 불에 올려놓고 눌지 않게 저었습니다.
- 샐러드 야채, 스파게티, 스테이크 재료들을 썰 때, 샐러드 야채는 도마나 칼이 가장 깨끗할 때 썰고 지지고 볶을 것들은 나중에 썰었습니다.
- 스테이크 고기를 약간 두들긴 다음 양념하고, 샐러드 야채는 소스에 버무려 냉장고에 넣었는데 샐러드 성격에 따라 소스를 나중에 뿌려야 하는 것도 있습니다.

- 스테이크와 같이 먹을 야채를 볶고, 그 팬을 이용해서 스파게티 소스를 만들었습니다. 동시에 파스타를 삶고, 감자 스프의 간도 봤습니다.
- 미리 오븐 예열을 시키고, 팬 위에 스테이크 고기와 야채들을 올리고, 파스타는 헹군 뒤에 소스를 섞었습니다.
- 오븐에 고기를 넣어 주고, 크로스타타 반죽을 꺼내 밀어서 모양을 만들었습니다.
- 감자 스프, 샐러드, 스파게티를 서빙한 뒤에, 오븐에서 고기를 꺼내 서빙하였습니다.
- 크로스타타를 오븐에 넣고 식사를 한 뒤, 30분 후에 오븐에 갓 구운 크로스타타를 후식으로 냈습니다.

전체 시간은 2시간 30분 걸렸습니다.

MENU PLANNING
& MANAGEMENT

PART 2

식단 계획 및 관리

CHAPTER 6

식단 계획

1. 식단 계획의 필요성

매력적인 식사를 계획하는 것은 과학이자 예술이기도 하다. 식생활관리자는 하루의 식사를 기초식품군에 근거한 식이 패턴(dietary pattern)에 따라 계획한다. 무기질과 비타민의 필요량을 충족시키기 위하여 과일과 채소의 어떤 종류가 얼마나 필요한지, 단백질이 풍부한 식품이 포함되었는지, 가능하면 양질의 동물성 단백질을 매끼 포함시키고 가족의 식습관이 허용하는 한, 세끼에 골고루 분배하도록 노력한다. 그리고 음식의 변화를 주도록 예술과 창작을 이용하여 향미, 색, 형태, 질감을 조화시켜 즐거운 식사가 되도록 한다.

식단 작성의 이점:

1. 식단 작성 시 가족의 영양필요량을 고려한다.
2. 가족이 좋아하는 식품과 편견을 가진 식품을 고려한다.
3. 식사의 종류를 다양하게 하고 매력적으로 꾸민다.
4. 식품 구매·조리·식사 제공에 드는 시간과 노력을 줄인다.
5. 낭비를 줄이므로 돈을 절약한다.
6. 미리 계획되어 있으므로 긴장하지 않는다.

예를 들어, 가족의 구성원 중에 어린아이가 있을 때 아이가 여러 가지 음식을 좋아하도록 훈련시키기 위해서는 여러 종류의 음식을 사용하여야 한다. 특히, 성장할 때는 음식을 충분히 섭취하도록 권유한다. 아주 싫어하는 음식이 있을 때는 같은 식품군에서 다른 것으로 대체하여 필수영양소가 다 포함되도록 한다. 나이가 좀더 많은 아이들이나 어른은 편견이 깊이 박혀서 더 힘들며, 나이, 몸의 크기, 운동량에 따라 영양필요량도 상당히 차이가 나는데, 특히 열량필요량이 크게 다르다.

또, 가족 중에 살찐 사람이 있을 경우 식사는 일반적으로 열량이 낮거나 보통인 음식을 택하고, 열량이 높은 후식이나 기름기 많은 것은 피하며 다른 가족들이 많은 양을 섭취하여 살찐 사람에게 돌아갈 수 있는 양을 줄인다. 소화에 지장이 있는 사람은 하루에 세끼 대신 4~6끼로 나누어 식사하는 것을 권장하며 체중을 줄이려고 하는 사람들도 여러 번으로 나누어 섭취함으로써 한 번에 많은 양을 먹지 않도록 한다. 대부분의 간식은 주로 스낵 종류로 열량밖에 없는 것이므로 조심해야 한다.

2. 영양섭취기준

좋은 영양을 공급하기 위해서는 식단 작성 시 가족의 영양필요량을 고려하여야 한다.

우리나라에서는 국민보건과 체위 향상, 식생활 개선에 도움을 주고자 1962년 영양권장량을 최초로 책정한 후 7차에 걸친 개정 작업이 있었으며 2005년 영양권장량의 한계점을 보완하여 영양섭취기준으로 개편되었으며 2020년 다시 개정되었다(표 6-1-1, 6-1-2, 6-1-3).

식생활 관리자는 가족 개개인의 연령·노동 강도·건강 상태를 고려한 영양필요량을 알고 이에 적합한 식사를 마련하기 위해 어떠한 식품을 얼마나 섭취해야 할지를 택해야 한다.

표 6-1-1 한국인 영양섭취기준 – 다량영양소(한국영양학회, 2020년)

연령		에너지 (kcal)	탄수화물 (g)			지방 (g)			단백질(g)			식이섬유 (g)	수분 (ml)
		필요추정량	평균필요량	권장섭취량	충분섭취량	평균필요량	권장섭취량	충분섭취량	평균필요량	권장섭취량	충분섭취량	충분섭취량	충분섭취량
영아	0~5(개월)	500			60			25			10		700
	6~11	600			90			25	12	15			800
유아	1~2(세)	900	100	130					15	20		15	1,000
	3~5	1,400	100	130					20	25		20	1,500
남자	6~8(세)	1,700	100	130					30	35		25	1,700
	9~11	2,000	100	130					40	50		25	2,000
	12~14	2,500	100	130					50	60		30	2,400
	15~18	2,700	100	130					55	65		30	2,600
	19~29	2,600	100	130					50	65		30	2,600
	30~49	2,500	100	130					50	65		30	2,500
	50~64	2,200	100	130					50	60		30	2,200
	65~74	2,000	100	130					50	60		25	2,100
	75 이상	1,900	100	130					50	60		25	2,100
여자	6~8(세)	1,500	100	130					30	35		20	1,600
	9~11	1,800	100	130					40	45		25	1,900
	12~14	2,000	100	130					45	55		25	2,000
	15~18	2,000	100	130					45	55		25	2,000
	19~29	2,000	100	130					45	55		20	2,100
	30~49	1,900	100	130					40	50		20	2,000
	50~64	1,700	100	130					40	50		20	1,900
	65~74	1,600	100	130					40	50		20	1,800
	75 이상	1,500	100	130					40	50		20	1,800
임신부		+0/340/450*	+35	+45					+0/+12/+25	+0/15/30*		+5	+200
수유부		+340	+60	+80					+20	+25		+5	+700

* 임신 3분기별 부가량

표 **6-1-2** 한국인 영양섭취기준–비타민 권장섭취량 및 충분섭취량(한국영양학회, 2020년)

연령		비타민 A (μg RAE)	비타민 D (μg)	비타민 E (mg α-TE)	비타민 K (μg)	비타민 C (mg)	티아민 (mg)	리보플라빈 (mg)	나이아신 (mg NE)	비타민 B_6 (mg)	엽산 (μg DFE)	비타민 B_{12} (μg)	판토텐산 (mg)	비오틴 (μg)
		권장섭취량	충분섭취량	충분섭취량	충분섭취량	권장섭취량	권장섭취량	권장섭취량	권장섭취량	권장섭취량	권장섭취량	권장섭취량	충분섭취량	충분섭취량
영아*	0~5(개월)	350	5	3	4	40	0.2	0.3	2	0.1	65	0.3	1.7	5
	6~11	450	5	4	6	55	0.3	0.4	3	0.3	90	0.5	1.9	7
유아	1~2(세)	250	5	5	25	40	0.4	0.5	6	0.6	150	0.9	2	9
	3~5	300	5	6	30	45	0.5	0.6	7	0.7	180	1.1	2	12
남자	6~8(세)	450	5	7	40	50	0.7	0.9	9	0.9	220	1.3	3	15
	9~11	600	5	9	55	70	0.9	1.1	11	1.1	300	1.7	4	20
	12~14	750	10	11	70	90	1.1	1.5	15	1.5	360	2.3	5	25
	15~18	850	10	12	80	100	1.3	1.7	17	1.5	400	2.4	5	30
	19~29	800	10	12	75	100	1.2	1.5	16	1.5	400	2.4	5	30
	30~49	800	10	12	75	100	1.2	1.5	16	1.5	400	2.4	5	30
	50~64	750	10	12	75	100	1.2	1.5	16	1.5	400	2.4	5	30
	65~74	700	15	12	75	100	1.1	1.4	14	1.5	400	2.4	5	30
	75 이상	700	15	12	75	100	1.1	1.3	13	1.5	400	2.4	5	30
여자	6~8(세)	400	5	7	40	50	0.7	0.8	9	0.9	220	1.3	3	15
	9~11	550	5	9	55	70	0.9	1.0	12	1.1	300	1.7	4	20
	12~14	650	10	11	65	90	1.1	1.2	15	1.4	360	2.3	5	25
	15~18	650	10	12	65	100	1.1	1.2	14	1.4	400	2.4	5	30
	19~29	650	10	12	65	100	1.1	1.2	14	1.4	400	2.4	5	30
	30~49	650	10	12	65	100	1.1	1.2	14	1.4	400	2.4	5	30
	50~64	600	10	12	65	100	1.1	1.2	14	1.4	400	2.4	5	30
	65~74	600	15	12	65	100	1.0	1.1	13	1.4	400	2.4	5	30
	75 이상	600	15	12	65	100	0.8	1.0	12	1.4	400	2.4	5	30
임신부		+70	+0	+0	+0	+10	+0.4	+0.4	+4	+0.8	+220	+0.2	+1	+0
수유부		+490	+0	+3	+0	+40	+0.4	+0.5	+3	+0.8	+150	+0.4	+2	+5

* 영아기의 모든 영양소 섭취 기준은 충분섭취량으로 표시하였습니다.

표 **6-1-3** 한국인 영양섭취기준–무기질 권장섭취량 및 충분섭취량/몰리브덴의 상한섭취량(한국영양학회, 2020년)

연령		칼슘 (mg)	인 (mg)	나트륨 (mg)	염소 (mg)	칼륨 (mg)	마그네슘 (mg)	철 (mg)	아연 (mg)	구리 (μg)	불소 (mg)	망간 (mg)	요오드 (μg)	셀레늄 (μg)	몰리브덴 (μg)
		권장섭취량	권장섭취량	충분섭취량	충분섭취량	충분섭취량	권장섭취량	권장섭취량	권장섭취량	권장섭취량	충분섭취량	충분섭취량	권장섭취량	권장섭취량	상한섭취량
영아	0~5(개월)	250	100	110	170	400	25	0.3	2	240	0.01	0.01	130	9	
	6~11	300	300	370	560	700	55	6	3	330	0.4	0.8	180	12	
유아	1~2(세)	500	450	810	1,200	1,900	70	6	3	290	0.6	1.5	80	23	100
	3~5	600	550	1,000	1,600	2,400	110	7	4	350	0.9	2.0	90	25	150
남자	6~8(세)	700	600	1,200	1,900	2,900	150	9	5	470	1.3	2.5	100	35	200
	9~11	800	1,200	1,500	2,300	3,400	220	11	8	600	1.9	3.0	110	45	300
	12~14	1,000	1,200	1,500	2,300	3,500	320	14	8	800	2.6	4.0	130	60	450
	15~18	900	1,200	1,500	2,300	3,500	410	14	10	900	3.2	4.0	130	65	550
	19~29	800	700	1,500	2,300	3,500	360	10	10	850	3.4	4.0	150	60	600
	30~49	800	700	1,500	2,300	3,500	370	10	10	850	3.4	4.0	150	60	600
	50~64	750	700	1,500	2,300	3,500	370	10	10	850	3.2	4.0	150	60	550
	65~74	700	700	1,300	2,100	3,500	370	9	9	800	3.1	4.0	150	60	550
	75 이상	700	700	1,100	1,700	3,500	370	9	9	800	3.0	4.0	150	60	550
여자	6~8(세)	700	550	1,200	1,900	2,900	150	9	5	400	1.3	2.5	100	35	200
	9~11	800	1,200	1,500	2,300	3,400	220	10	8	550	1.8	3.0	110	45	300
	12~14	900	1,200	1,500	2,300	3,500	290	16	8	650	2.4	3.5	130	60	400
	15~18	800	1,200	1,500	2,300	3,500	340	14	9	700	2.7	3.5	130	65	500
	19~29	700	700	1,500	2,300	3,500	280	14	8	650	2.8	3.5	150	60	500
	30~49	700	700	1,500	2,300	3,500	280	14	8	650	2.7	3.5	150	60	500
	50~64	800	700	1,500	2,300	3,500	280	8	8	650	2.6	3.5	150	60	450
	65~74	800	700	1,300	2,100	3,500	280	8	7	600	2.5	3.5	150	60	450
	75 이상	800	700	1,100	1,700	3,500	280	7	7	600	2.3	3.5	150	60	450
임신부		+0	+0	1,500	2,300	+0	+40	+10	+2.5	+130	+0	+0	+90	+4	500
수유부		+0	+0	1,500	2,300	+400	+0	+0	+5.0	+480	+0	+0	+190	+10	500

* 영아기의 모든 영양소 섭취 기준은 충분섭취량으로 표시하였습니다.

에너지

에너지 영양섭취 기준 설정을 위해 에너지 소비량 산출 공식을 사용하였다.

- 총에너지 소비량(Total energy expenditure; TEE) =
  $\alpha - \beta$ × 연령(세) + PA[γ × 체중(kg) + δ × 신장(m)]
  PA = 4단계 신체활동 수준별(비활동적, 저활동적, 활동적, 매우 활동적) 계수
- 성인남자 662 − 9.53 × 연령(세) + PA[5.91 × 체중(kg) + 539.6 × 신장(m)]
  PA = 1.0(비활동적), 1.11(저활동적), 1.25(활동적), 1.48(매우 활동적)
- 성인여자 354 − 6.91 × 연령(세) + PA[9.36 × 체중(kg) + 726 × 신장(m)]
  PA = 1.0(비활동적), 1.12(저활동적), 1.27(활동적), 1.45(매우 활동적)

에너지 필요추정량은 아동청소년(3~18세)과 성인(19세 이상)에서 성별로 도출된 공식을 통해 표준 체위를 도입하여 설정되었다(표 6-2).

또한, 탄수화물, 지방 및 단백질의 에너지 적정 비율이 〈표 6-3〉과 같이 제안되었다.

단백질

식품에 함유되어 있는 단백질의 함량은 각기 다르다. 육류·치즈·두류·땅콩 등은 단백질 함량이 가장 많아 약 25%이고 전세계인의 주식이 되는 곡류는 8~10%이며, 과일과 채소류는 1~4%에 지나지 않는다. 지방·설탕·시럽·전분을 제외한 모든 식품은 단백질을 어느 정도 함유하고 있다. 식품 1회 분량(1 serving)당 함유되어 있는 단백질 함량도 매우 다르다. 생선과 가금류를 포함한 육류는 1회 분량 당 약 20g을 공급하며, 치즈는 4~5g을 공급한다. 과일과 채소는 몇 가지를 제외하고 대부분 1회 분량 당 1~2g 정도이고 빵과 곡류는 2~4g, 달걀 1개, 치즈 30g, 우유 한 잔, 견과류나 피너츠버터 30g 등은 6~8g의 단백질

표 **6-2** 한국인의 1일 에너지 영양섭취기준(한국영양학회, 2020년)

연령		신장(cm)	체중(kg)	에너지필요추정량(kcal/일)
영아	0~5(개월)	60.3	6.2	500
	6~11	72.2	8.9	600
유아	1~2(세)	86.4	12.5	900
	3~5	105.4	17.4	1,400
남자	6~8(세)	126.4	26.5	1,700
	9~11	142.9	38.2	2,000
	12~14	163.5	52.9	2,500
	15~18	173.3	63.1	2,700
	19~29	174.8	68.7	2,600
	30~49	172	66.6	2,500
	50~64	168.4	63.8	2,200
	65~74	164.9	61.2	2,000
	75 이상	163.3	60	1,900
여자	6~8(세)	125	25	1,500
	9~11	142.9	35.7	1,800
	12~14	158.1	48.5	2,000
	15~18	160.9	53.1	2,000
	19~29	161.5	56.1	2,000
	30~49	159	54.4	1,900
	50~64	155.4	51.9	1,700
	65~74	152.1	49.7	1,600
	75 이상	147.1	46.5	1,500
임신부				+0/340/450*
수유부				+340

* 임신 3분기별 부가량

자료: 2020 한국인 영양섭취기준.

표 6-3 한국인 영양섭취기준 – 에너지적정비율(한국영양학회, 2020년)

영양소		1~2세	3~18세	19세 이상
탄수화물		55~65%	55~65%	55~65%
단백질		7~20%	7~20%	7~20%
지질	총지방	20~35%	15~30%	15~30%
	포화지방산[1)]	–	8% 미만	7% 미만
	트랜스지방산[1)]	–	1% 미만	1% 미만

1) 1~2세, 3~18세 섭취기준을 설정할 과학적 근거가 부족함.

을 함유하고 있다. 이와 같이, 식품의 단백질 함량을 참고로 하여 매 식사의 단백질 함량을 알면 식사계획 및 평가에 도움이 된다. 각 개인의 단백질 필요량은 연령, 신체의 크기, 건강상태에 따라 다르다.

정상 성인은 평균적으로 이상적인 체중 1kg당 1일 약 0.66g의 단백질이 필요하며 이는 단백질 급원에 따른 질적인 차이를 고려한 수치이다. 이상적인 체중에서 초과되는 체중은 체지방에 의한 것이며 지방조직을 유지하고 보수하는 데는 단백질이 필요하지 않으므로 단백질 권장량은 이상적인 체중을 기본으로 한다. 필요 수준에 개인 변이를 고려하여 권장 수준을 설정하게 되는데 우리나라에서는 평균 필요량 0.66g/kg/일에 단백질의 소화율(90%)을 고려하여 0.73g/kg/일로 보정하고 개인차이를 고려하여 평균 필요량의 1.25배인 0.91g/kg/일을 권장 섭취 수준으로 제정하였다. 성장기간 동안의 체중 1kg당 단백질 권장량은 영아기(0~5개월) 1.52g에서, 청년기(16~19세)에는 남자 0.9g, 여자 0.85g으로 감소한다. 그러나 성장에 따라 체중이 지속적으로 증가하기 때문에 권장 섭취 수준은 청소년기에 최대에 이른다.

생체의 경제적인 측면에서 볼 때 에너지 필요가 단백질 필요보다 더 우선한다. 이러한 이유로 식사로부터 공급되는 에너지가 충분하지 않을 경우 생체가 체지방 형태로 에너지를 보유하고 있지 않는 한 섭취한 식품단백질이 연소되어 에너지원으로 사용된다. 따라서, 비만하지 않은 사람의 경우 단백질이 조직의 유지와

표 6-4 우리나라 영아, 유아, 아동 및 청소년의 연령별 단백질 영양섭취기준(2020년)

연령(세)		체중(kg)	평균필요량* (g/kg/일)	평균필요량 (g/일)	권장섭취량* (g/kg/일)	권장섭취량 (g/일)
영아	6~11개월	8.9	1.1	12	1.7	15
	1~2(세)	12.5	0.96	15	1.20	20
	3~5	17.4	0.86	20	1.15	25
남자	6~8(세)	26.5	0.94	30	1.13	35
	9~11	38.2	0.92	40	1.05	50
	12~14	52.9	0.85	50	1.04	60
	15~18	63.1	0.79	55	1.03	65
	19~29	68.7	0.73	50	0.95	65
	30~49	66.6	0.75	50	0.90	65
	50~64	63.8	0.78	50	0.94	60
	65~74	61.2	0.74	50	0.90	60
	75 이상	60.0	0.75	50	0.92	60
여자	6~8(세)	25.0	0.80	30	1.00	35
	9~11	35.7	0.84	40	1.12	45
	12~14	48.5	0.82	45	1.03	55
	15~18	53.1	0.75	45	0.94	55
	19~29	56.1	0.80	45	0.98	55
	30~49	54.4	0.74	40	0.92	50
	50~64	51.9	0.77	40	0.96	50
	65~74	49.7	0.80	40	0.91	50
	75 이상	46.5	0.86	40	0.97	50
임신부				+0/12/25		+0/15/30
수유부				+20		+25

* FAO/WHO/UNU. Energy and protein requirements

성장에 사용되기 위해서 필요한 에너지를 충분히 공급해야 한다. 또한, 식품 중의 단백질을 세끼 식사에 고루 분배하는 것이 식품의 단백질 이용에 효율적임이 실험적으로 증명되었다.

칼슘

칼슘은 생체 내에서 발견되는 무기질의 대부분을 차지하는 원소로서 성장 및 생체 내에서 일어나는 여러 생화학적 반응에 꼭 필요한 필수영양소이다. 성인의 칼슘 함량은 체중의 1.5~2.0%이며, 체내 칼슘의 99% 이상이 뼈와 치아의 구성성분으로 인과 함께 침착되어 있다.

또한, 칼슘은 상처가 났을 경우 혈액을 응결시키는 데는 물론 근육의 수축에 꼭 필요하다. 뼈와 치아에 함유되어 있는 불용성 칼슘과 체액에 분포되어 있는 가용성 상태 사이에서는 칼슘의 침착과 유출이 활발히 계속되어 뼈와 치아 중의 칼슘은 계속 새로워지며 성인의 경우 1일에 대략 700mg의 칼슘이 교환된다.

식이로부터 섭취된 칼슘이 장에서 모두 흡수되는 것은 아닌데 고칼슘 식이일 경우 10~15%, 저칼슘 식이일 경우 40~49%까지 흡수되며, 소변으로 배설되는 칼슘량은 개인차가 있으나 1일에 50~300mg 정도이다.

심한 운동을 할 때는 땀 속으로도 상당한 양의 칼슘이 배설된다. 식이 중에 피테이트(phytate), 수산, 지방산 등이 함유되어 있으면 칼슘과 불용성의 복합체를 만들어 칼슘의 흡수를 방해한다. 또한, 식이 중의 칼슘과 인의 비율, 섬유질의 함량, 나이, 생리적 상태 등도 장에서의 칼슘의 흡수에 크게 영향을 미친다.

이렇게 칼슘의 흡수대사, 또 혈장과 뼈 사이의 칼슘평형 등에 대한 정확한 지식이 아직도 많이 부족하고 개개인에 따라 식이로부터의 칼슘 흡수율이 달라 일정하게 칼슘의 영양섭취 기준을 결정하는 데는 어려움이 있다.

우리나라의 칼슘 섭취 기준 중에 권장섭취량은 칼슘 평형실험 결과를 기초로 하였으며, 이를 통해 계산된 평균 필요량에 안전범위를 생각하여 성인 남, 녀 1일에 각각 800mg, 700mg의 칼슘을 섭취하도록 권장하고 있다(표 6-5). 노인의 경우에는 남성과 여성 노인 각각 700mg, 800mg을 권장섭취량으로 제정하였다.

태아의 성장 및 모체조직의 증가, 수유로 인한 체내 칼슘 필요량의 증가에 대해서 생리적인 적응 반응이 일어나는 것으로 제시되었고, 추가 섭취의 건강상 이익을 제시하는 근거가 없어, 2020년 영양섭취기준에는 추가량을 제시하지 않았다.

표 **6-5** 한국인의 1일 칼슘 영양섭취기준(한국영양학회, 2020년)

연령		칼슘(mg/일)			
		평균필요량	권장섭취량	충분섭취량	상한섭취량
영아	0~5개월			250	1,000
	6~11			300	1,500
유아	1~2(세)	400	500		2,500
	3~5	500	600		2,500
남자	6~8(세)	600	700		2,500
	9~11	650	800		3,000
	12~14	800	1,000		3,000
	15~18	750	900		3,000
	19~29	650	800		2,500
	30~49	650	800		2,500
	50~64	600	750		2,000
	65~74	600	700		2,000
	75 이상	600	700		2,000
여자	6~8(세)	600	700		2,500
	9~11	650	800		3,000
	12~14	750	900		3,000
	15~18	700	800		3,000
	19~29	550	700		2,500
	30~49	550	700		2,500
	50~64	600	800		2,000
	65~74	600	800		2,000
	75 이상	600	800		2,000
임신부		+0	+0		2,500
수유부		+0	+0		2,500

영아의 경우 모유로 1일에 200mg의 칼슘을 공급받으며, 이 중 2/3를 체내에 보유하게 되는데 이 경우 칼슘의 양은 충분하다고 하겠다. 조제 분유를 먹는 아이

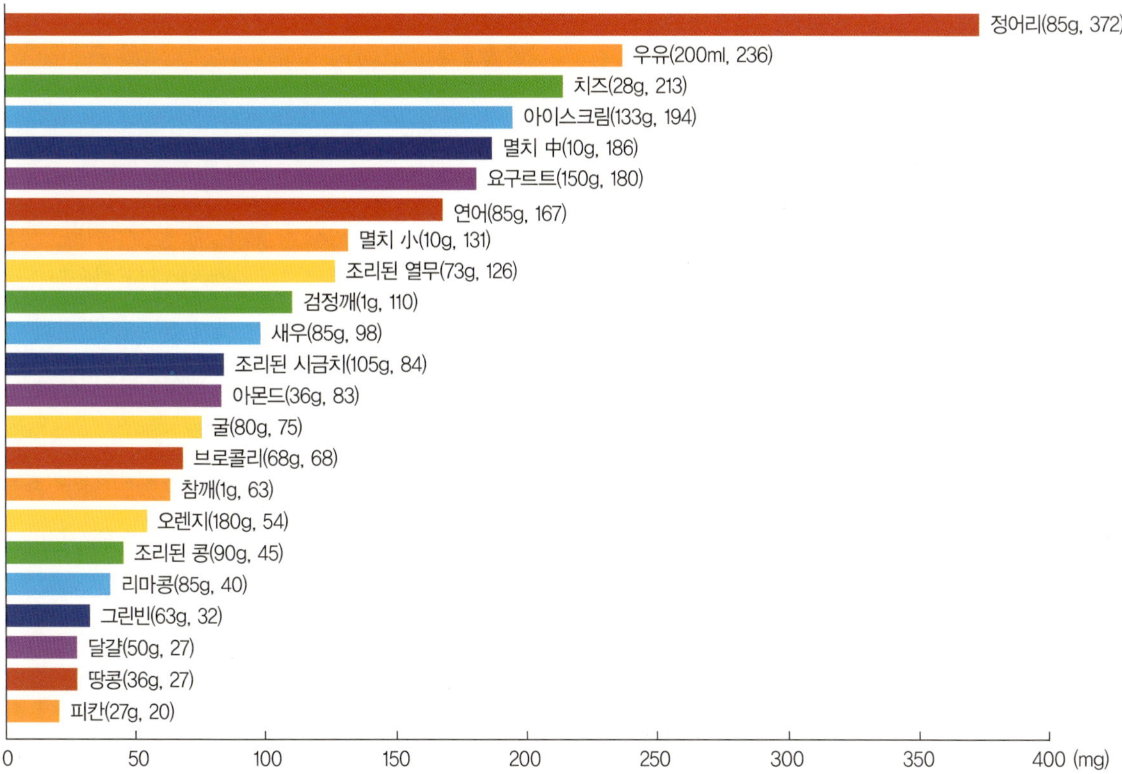

그림 6-1 칼슘 함유 식품

는 칼슘의 체내 보유율이 모유영양아 65%에 비해 낮은 40% 가량으로 평가되어 모유영양아의 칼슘 권장량은 1일 300mg이다.

약간의 우유와 유제품을 섭취하지 않고는 칼슘의 권장량을 만족시키기 어렵다. 우유를 섭취함으로써 칼슘의 권장량을 만족시키려면 9세까지의 어린이는 2~3컵, 10~19세는 4컵, 성인은 2컵, 임신부, 수유부는 4컵을 섭취하면 된다(그림 6-1).

칼슘의 상한섭취량은 칼슘의 과량 복용시 우려되는 부작용인 신장 결석, 고칼슘혈증, 신장 기능 부전, 다른 무기질 흡수에 미치는 영향 등을 예방하기 위해 설정되었으며 성인의 경우 1일 2,500mg 이하의 섭취를 권고하고 있다.

철분

인체의 철 보유량은 태아에서는 약 300mg에 불과하나 점차 증가하여 성인에서는 약 3~4g이 되며 그중 약 67%는 헤모글로빈 내에 함유되어 있고 약 6%는 미오글로빈, 효소 등에 포함되어 있으며, 나머지는 간, 비장, 골수 등에 저장되어 있다.

파괴된 헤모글로빈으로부터 유리된 철은 대부분 신체 내에서 다시 이용되므로 배설량은 극히 적다. 그러므로 철분대사의 평형은 주로 철분의 흡수율에 의해 조절된다. 철은 주로 변으로 배설되나 소변이나 땀으로도 소량 배설된다. 건강한 성인이 하루에 배설하는 철분의 양은 체중 1kg당 14㎍ 정도이므로 철분 필요량은 남성의 경우에는 1일 약 0.92mg, 여자는 0.79mg 가량이다. 월경으로 인한 손실이 하루에 0.5mg이 되므로 가임 여성은 하루에 약 1.29mg의 철이 배설된다고 볼 수 있다. 임신기의 철분은 월경에 의한 손실은 없으나 태아의 발육과 태반 형성, 모체의 혈량 증가 등에 의해 그 요구량이 증가하여 1일 평균 2.6mg의 추가적인 철분 공급이 요구된다. 수유부인 경우 수유로 인한 철의 손실은 하루에 약 0.15~0.3mg이라고 보고되고 있다.

철분의 흡수에 영향을 주는 요인들은 체내에서의 철분의 필요량, 식사 시에 함유되어 있는 철분의 양과 그 형태, 다른 영양소나 기타 함유되어 있는 킬레이트제들이다. 철분의 형태는 제1철(Fe^{2+})로 환원되었을 때 최대한으로 흡수된다(표 6-6). 소화기관 내의 산성용액뿐만 아니라 식품 내에 함유되어 있는 아스코르빈산, 아미노산 등과 같은 영양소에 의해서 흡수가 촉진된다. 동물성 식품 내에 함

표 6-6 철 흡수에 영향을 주는 요인

철 흡수 증진인자	철 흡수 방해인자
헴철 저장 철량의 저하 육류, 어류, 가금류 비타민 C 위산	피틴산, 옥살산 등 식물성 식품의 성분 차의 탄닌 등 폴리페놀 성분 저장 철량의 증가 다른 무기질 위산분비의 저하 위장질환, 감염

표 6-7 여러 가지 식사 중 철분의 유용도

식사형태	식사 중 철분의 흡수량(%)	
	비헴철	헴철
저유용도 식사 육류 · 가금류 · 생선 30g 이하 아스코르빈산 25mg 이하	3	23
중유용도 식사 육류 · 가금류 · 생선 30~90g 또는 아스코르빈산 25~75mg	5	23
고유용도 식사 육류 · 가금류 · 생선 90g 이상 또는 아스코르빈산 75mg	8	23

유되어 있는 철분은 식물성 식품 내에 함유되어 있는 철분보다 더 높은 흡수율을 보일 뿐만 아니라 육류단백질은 식물성 식품 중의 철분의 흡수를 도와준다. 반면 곡류, 홍차 등에 있는 피테이트나 탄닌, 칼슘과 인산염, EDTA 등은 불용성 철을 형성하여 흡수를 저하시킨다. 우리나라 성인의 평균 철분 흡수율은 12%로 추정된다.

어떤 식사에서 철분의 유용도를 계산할 때는 식사 내에서의 헴철과 비헴철을 따로 생각해야 한다. 왜냐하면, 그들의 유용도가 다르기 때문이다. 육류에서 헴철의 함량은 다르겠으나 육류, 간, 생선, 가금류는 평균 40%이고 나머지 육류의 60%와 채소류는 비헴철로 간주한다. 철분의 흡수는 아스코르빈산의 양과 식사에서의 육류의 양에 의해 촉진되므로 이 두 가지 요인을 고려하여 비헴철의 유용도를 낮은 것, 중간 것, 높은 것으로 나누어 철분의 유용도를 평가한다(표 6-7). 철분의 유용도를 계산하기 위해 고려해야 할 식사 내용의 5가지 변수를 살펴보면, 1) 식품분석표에서의 총 철분량, 2) 헴철(육류의 철분량의 40%), 3) 비헴철(1~2%), 4) 식품 내 아스코르빈산의 함량, 5) 육류·가금류·생선의 분량 등이다.

〈표 6-8〉은 철분 함량이 같은 두 개의 식사로부터 철분의 흡수율을 계산한 것이다. 육류와 아스코르빈산이 포함된 식사와 육류가 없고 아스코르빈산의 함량

표 6-8 단일 식사에서 흡수 가능한 철분량을 계산하는 방법의 예

식사	Wt(g)	총철분	헴	헴철	비헴철	아스코르빈산 (1회 분량당,mg)
육류 · 가금류 · 생선(26g 단백질, 650kcal)						
쇠고기 야채 스튜						
쇠고기 85g	85	2.7	0.4	1.1	1.6	0
감자 1/2컵	78	0.4	–	–	0.4	13
당근 2큰술	20	0.1	–	–	0.1	1
양파 2큰술	15	0.1	–	–	0.1	2
풋고추 2개	20	0.2	–	–	0.2	26
빵 중간치 2개	35	0.3	–	–	0.3	미량
마가린 2작은술	10	0	–	–	0	0
복숭아	128	0.4	–	–	0.4	4
생강빵	63	1.0	–	–	1.0	미량
총계	–	5.2	–	1.1	4.1	46
평가: 30~90g 육류 25~75mg 아스코르빈산 고유용도	철분 흡수량: 헴철(23%) 비헴철(8%) 흡수한 철분량: 헴철(0.25mg) 비헴철(0.33mg) 총 흡수 가능한 철분량 0.58mg					
육류 · 가금류 · 생선 불포함(22g 단백질, 730kcal)						
조리한 콩 1/2컵	95	2.6	–	–	2.6	0
조리한 밥 1/2컵	98	0.5	–	–	0.5	1
옥수수빵 1조각	78	0.9	–	–	0.9	0
마가린 1큰술	14	0	–	–	0	0
사과 조각 1/2컵	55	1.1	–	–	1.1	1
호두 1큰술	8	0.5	–	–	0.5	0
아몬드 1큰술	8	0.4	–	–	0.4	미량
요구르트 1컵	226	0.1	–	–	0.1	2
총계	–	5.1	–	–	5.1	4
평가: 아르코르빈산 25mg 이하 저유용도	철분 흡수량: 헴철(23%) 비헴철(3%) 흡수한 철분량: 헴철(0mg) 비헴철(0.15mg) 총 흡수 가능한 철분량 0.15mg					

표 **6-9** 한국인의 1일 철분 영양섭취기준(한국영양학회, 2020년)

연령		철(mg/일)			
		평균필요량	권장섭취량	충분섭취량	상한섭취량
영아	0~5개월			0.3	40
	6~11	4	6		40
유아	1~2(세)	4.5	6		40
	3~5	5	7		40
남자	6~8(세)	7	9		40
	9~11	8	11		40
	12~14	11	14		40
	15~18	11	14		45
	19~29	8	10		45
	30~49	8	10		45
	50~64	8	10		45
	65~74	7	9		45
	75 이상	7	9		45
여자	6~8(세)	7	9		40
	9~11	8	10		40
	12~14	12	16		40
	15~18	11	14		45
	19~29	11	14		45
	30~49	11	14		45
	50~64	6	8		45
	65~74	6	8		45
	75 이상	5	7		45
임신부		+8	+10		45
수유부		+0	+0		45

도가 낮은 식사와의 차이는 철분의 흡수가 4배나 높다는 것이다.

우리나라는 곡류를 주식으로 총 섭취 에너지의 대부분이 당질이며, 또한 섭취된 철분의 많은 부분이 식물성 식품에서 얻어지는 실정이므로 피테이트와 같은 화합물에 의한 철분 흡수의 방해가 클 것으로 생각된다.

성인남자가 하루에 배설하는 철분의 양은 약 1mg이며 식사 중에 포함되어 있는 철의 흡수율은 약 12%로 추정하고 안전율을 가산하여 하루에 10mg의 철분을 섭취하도록 권장하고 있다(표 6-9). 가임기 여성(19~49세)에서는 월경에 의한 부가적 철분 손실을 고려하여 14mg을 섭취하도록 하고, 15~18세 남자에서는 성장이 왕성한 이 기간 동안 적절한 철분을 보유하도록 14mg을 권장하고 있다. 폐경기 여성(50~74세)은 노년기 소화흡수 기능의 감소를 감안하여 철분 흡수율을

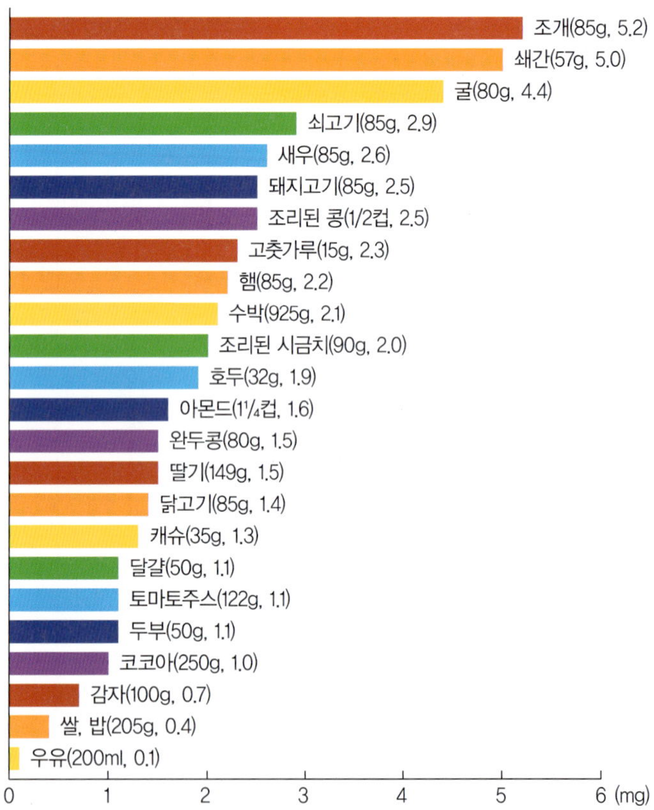

그림 6-2 철 함유 식품

10%로 계산하여 8mg으로 권장하고 있다.

임신부에서는 기초적인 철분의 생리적 손실뿐만 아니라 임신에 의한 적혈구의 증가와 태아 및 태반에 필요한 철분, 분만시의 출혈 등에 의한 철분의 손실 등을 고려하여 임신 기간 동안 10mg이 증가된 24mg을 권장하고 있다. 월경을 하지 않는 수유부의 경우에는 모유로 인한 손실량을 고려해도 오히려 일반 여성보다 손실량이 적으나 임신·출산 시의 철분 손실량을 보충하는 기간이므로 성인 여성과 동일하게 평균 필요량과 권장섭취량을 제정하였다.

철분은 여러 가지 식품에 소량씩 널리 함유되어 있다. 육류, 난류, 채소류(특히 엽채), 두류, 곡류 등이 철분의 급원이다(그림 6-2). 가공과정에서 손실되는 곡류의 철분은 빵과 밀가루, 옥수수가루, 곡물, 쌀 등을 강화시킴으로써 보충된다. 어떤 음료수에는 철분이 천연적으로 존재하기도 한다. 철분은 간에 저장되기 때문에 영양이 좋은 동물의 간은 철분의 풍부한 급원이다.

비타민 A

비타민 A의 요구량은 여러 가지 요소에 영향을 받기 때문에 정확한 권장량은 규정하기가 매우 어렵다. 간의 축적량, 섭취되는 형태, 장의 질환 등 흡수에 영향을 주는 요소, 단백질 섭취량 등 다양한 요소에 의해 영향을 받게 된다.

비타민 A는 동물성(retinol)과 식물성(비타민 A 전구체 카로티노이드) 식품을 통해 섭취될 수 있는데, 식물성 카로티노이드 중에는 β-카로틴이 비타민 A로 전환되는 활성이 가장 높다. 국제적 추세에 따라 한국인 영양섭취기준에서도 비타민 A의 기본 단위를 그동안 사용된 레티놀당량(retinol equivalent; RE) 대신 레티놀활성당량(retinol activity equivalent; RAE)을 사용하고 있다. RE에서 RAE로 변경하면 기름 형태로 정제된 β-카로틴의 비타민 A 활성은 레티놀의 1/2이며, 식이 중 β-카로틴은 정제된 β-카로틴의 1/6 활성을 가지는 것으로 알려져 있다. 따라서 식품 중 β-카로틴과 레티놀활성당량의 비율은 12:1, 그 외 α-카로틴, β-크립토잔틴은 1/24의 레티놀활성당량이 된다.

표 6-10 연령별 지용성 비타민 영양섭취기준(한국영양학회, 2020년)

연령		비타민 A(㎍ RAE/일)				비타민 D(㎍/일)		비타민 E(mg α-TE/일)		비타민 K(㎍/일)
		평균필요량	권장섭취량	충분섭취량	상한섭취량	충분섭취량	상한섭취량	충분섭취량	상한섭취량	충분섭취량
영아	0~5개월			350	600	5	25	3		4
	6~11			450	600	5	25	4		6
유아	1~2(세)	190	250		600	5	30	5	100	25
	3~5	230	350		750	5	35	6	150	30
남자	6~8(세)	310	450		1,100	5	40	7	200	40
	9~11	410	600		1,600	5	60	9	300	55
	12~14	530	750		2,300	10	100	11	400	70
	15~18	620	850		2,800	10	100	12	500	80
	19~29	570	800		3,000	10	100	12	540	75
	30~49	560	800		3,000	10	100	12	540	75
	50~64	530	750		3,000	10	100	12	540	75
	65~74	510	700		3,000	15	100	12	540	75
	75 이상	500	700		3,000	15	100	12	540	75
여자	6~8(세)	290	400		1,100	5	40	7	200	40
	9~11	390	550		1,600	5	60	9	300	55
	12~14	480	650		2,300	10	100	11	400	65
	15~18	450	650		2,800	10	100	12	500	65
	19~29	460	650		3,000	10	100	12	540	65
	30~49	450	650		3,000	10	100	12	540	65
	50~64	430	600		3,000	10	100	12	540	65
	65~74	410	600		3,000	15	100	12	540	65
	75 이상	410	600		3,000	15	100	12	540	65
임신부		+50	+70		3,000	+0	100	+0	540	+0
수유부		+350	+490		3,000	+0	100	+3	540	+0

1 레티놀활성당량(retinol activity equivalent; μg RAE)
= 1μg(트랜스) 레티놀(all-trans-retinol)
= 2μg(트랜스) β-카로틴 보충제(supplemental all-trans-β-carotene)
= 12μg 식이(트랜스) β-카로틴(dietary all-trans-β-carotene)
= 24μg 기타 식이 프로비타민 A 카로티노이드(other dietary provitamin A carotenoids)

성인 및 노인의 비타민 A 평균 필요량은 건강한 성인이 비타민 A가 제거된 식사를 섭취할 때 손실되는 신체 비타민 A 저장량의 %를 기초로 하여 제정되었으며, 20%의 변이 계수를 이용하여 평균 필요량으로부터 권장섭취량을 계산해내었다(표 6-10). 임신 시 비타민 A 필요량은 태아에게 축적되는 양을 고려하여 1일 50μg RAE를 추가하도록 하였으며, 권장섭취량은 안전율을 고려하여 A 함량이 48μg RAE/100ml이며, 1일 모유 분비량이 750ml인 것으로 계산하여 평균 필요량과 권장섭취량으로 각각 350μg RAE, 490μg RAE를 추가하도록 하였다.

유아, 아동 및 청소년은 섭취 기준 마련에 유용한 자료가 부족하나 간 비타민 A 적정 저장량을 기준으로 계산하였으며, 급성·만성의 과잉증 및 기형아 출산

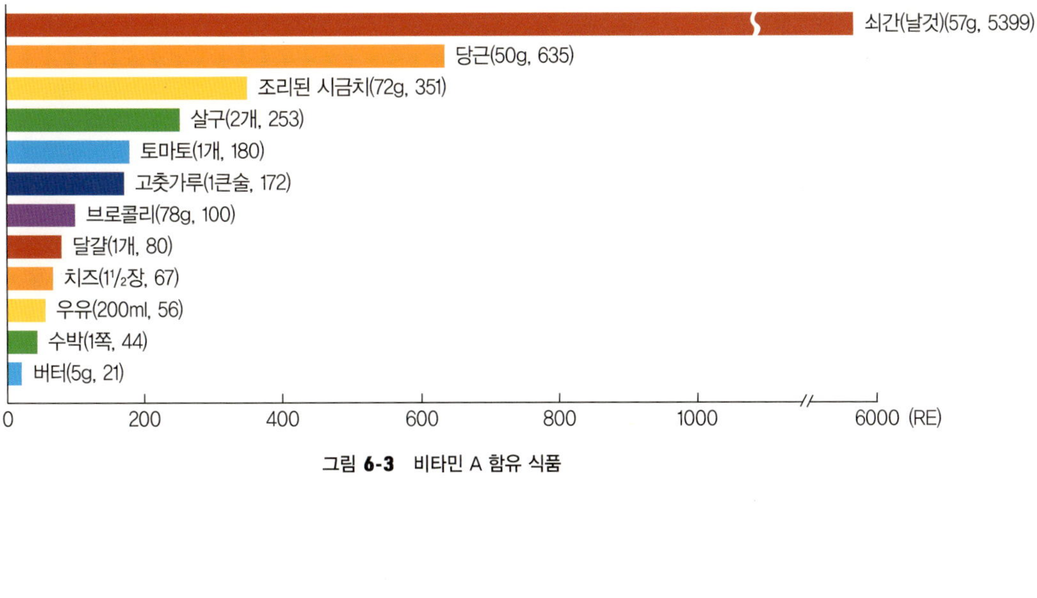

그림 **6-3** 비타민 A 함유 식품

등을 예방하기 위한 상한 섭취 수준도 함께 제정되었다.

비타민 A의 함유 식품은 〈그림 6-3〉에 나타나 있다.

티아민

티아민은 당질대사에 직접적으로 관여하고 당질이 열량 공급원의 대부분을 차지하고 있으므로 티아민 필요량의 설정은 에너지 섭취에 의존하고 있다. 티아민의 평균 필요량은 적혈구 transketolase 활성을 적정수준으로 유지하면서 티아민 소변 배설량 또는 적혈구 티아민 농도를 적정 수준으로 유지하거나 결핍으로 인한 임상증세를 나타내지 않는 정도의 티아민 섭취량으로 정의한다. 그리하여 평균 필요량은 남자 1.0mg/일, 여자 0.9mg/일로 설정하였으며 변이 계수를 10%로 보아 권장섭취량은 평균 필요량의 120% 수준인 남자 1.2mg/일, 여자 1.1mg/일로

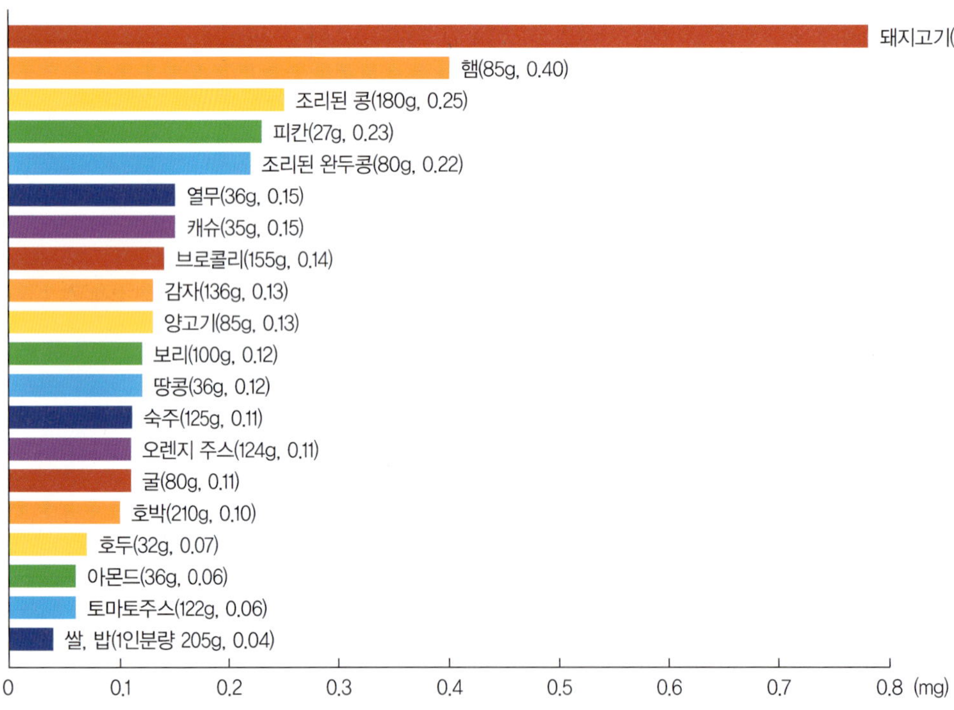

그림 **6-4** 티아민 함유 식품

설정하였다. 또한 티아민이 에너지 대사에 있어 중요하기 때문에 섭취에너지양이 적다고 하더라도 티아민 섭취량은 하루 1.0mg 이하가 되지 않도록 권장하였다.

임신부는 모체와 태아의 체구성 성분 증가와 에너지 사용 증가로 티아민의 필요량이 증가하며 이 증가분은 임신 초기에 나타나므로 임신기에는 1일 평균 필요량과 권장섭취량 모두 0.4mg을 추가할 것을 권장하였으며, 수유기간에는 평균 필요량 0.3mg, 권장섭취량 0.4mg을 추가할 것을 권장하였다. 노인의 경우 성인에 비해 티아민 필요량이 증가할 것이라는 연구보고가 있으나 에너지 필요량이 감소되므로 조금 적게 설정되었다.

티아민 함유식품은 〈그림 6-4〉와 같다.

리보플라빈

리보플라빈의 영양상태를 판단하기 위하여 리보플라빈의 소변 중 함량을 측정하거나 섭취상태와 임상적 결핍증세인 구각염, 설염, 광선공포증 및 적혈구 내의 리보플라빈의 함량 변화를 관찰한다.

인체결핍 실험결과에 의하면 임상적 결핍 증상이 관찰되지 않는 리보플라빈 섭취량은 0.5~0.6mg/일이었으며 정상적인 적혈구의 글루타치올 환원효소의 활성도와 리보플라빈의 소변배설량을 유지하기 위해서는 남자 1.1~1.3mg/일, 여자 1.0mg/일을 섭취해야 하는 것으로 관찰되었다. 이에 근거하여, 평균 필요량은 남자 1.3mg/일, 여자 1.0mg/일로 설정되었으며, 권장섭취량은 남녀 각각 1.5mg/일, 1.2mg/일로 계산되었다.

임신부는 모체와 태아 건강을 위해 필요한 리보플라빈 양은 0.7mg/1,000kcal로 조사되었으며 정상 성인 여성보다 0.3mg/일의 추가 리보플라빈이 필요하며 개인 변이를 고려하여 0.4mg을 추가로 섭취할 것을 권고하였다. 수유부의 경우에도 유즙에 반영되는 리보플라빈 양을 고려하여 0.5mg을 추가로 섭취하도록 권하였다.

표 6-11-1 연령별 수용성 비타민 영양섭취기준(한국영양학회, 2020년)

연령		비타민 C(mg/일)				티아민(mg/일)			리보플라빈(mg/일)			나이아신(mg NE/일)				
		평균필요량	권장섭취량	충분섭취량	상한섭취량	평균필요량	권장섭취량	충분섭취량	평균필요량	권장섭취량	충분섭취량	평균필요량	권장섭취량	충분섭취량	상한섭취량[1]	상한섭취량[2]
영아	0~5(개월)			40				0.2			0.3			2		
	6~11			55				0.3			0.4			3		
유아	1~2(세)	30	40		340	0.4	0.4		0.4	0.5		4	6		10	180
	3~5	35	45		510	0.4	0.5		0.5	0.6		5	7		10	250
남자	6~8(세)	40	50		750	0.5	0.7		0.7	0.9		7	9		15	350
	9~11	55	70		1,100	0.7	0.9		0.9	1.1		9	11		20	500
	12~14	70	90		1,400	0.9	1.1		1.2	1.5		11	15		25	700
	15~18	80	100		1,600	1.1	1.3		1.4	1.7		13	17		30	800
	19~29	75	100		2,000	1.0	1.2		1.3	1.5		12	16		35	1,000
	30~49	75	100		2,000	1.0	1.2		1.3	1.5		12	16		35	1,000
	50~64	75	100		2,000	1.0	1.2		1.3	1.5		12	16		35	1,000
	65~74	75	100		2,000	0.9	1.1		1.2	1.4		11	14		35	1,000
	75 이상	75	100		2,000	0.9	1.1		1.1	1.3		10	13		35	1,000
여자	6~8(세)	40	50		750	0.6	0.7		0.6	0.8		7	9		15	350
	9~11	55	70		1,100	0.8	0.9		0.8	1.0		9	12		20	500
	12~14	70	90		1,400	0.9	1.1		1.0	1.2		11	15		25	700
	15~18	80	100		1,600	0.9	1.1		1.0	1.2		11	14		30	800
	19~29	75	100		2,000	0.9	1.1		1.0	1.2		11	14		35	1,000
	30~49	75	100		2,000	0.9	1.1		1.0	1.2		11	14		35	1,000
	50~64	75	100		2,000	0.9	1.1		1.0	1.2		11	14		35	1,000
	65~74	75	100		2,000	0.8	1.0		0.9	1.1		10	13		35	1,000
	75 이상	75	100		2,000	0.7	0.8		0.8	1.0		9	12		35	1,000
임신부		+10	+10		2,000	+0.4	+0.4		+0.3	+0.4		+3	+4		35	1,000
수유부		+35	+40		2,000	+0.3	+0.4		+0.4	+0.5		+2	+3		35	1,000

1) 니코틴산(mg/일), 2) 니코틴아미드(mg/일)

표 6-11-2 연령별 수용성 비타민 영양섭취기준(한국영양학회, 2020년)

연령		비타민 B_6(mg/일)				엽산(μg DFE/일)				비타민 B_{12}(μg/일)			판토텐산 (mg/일)	비오틴 (μg/일)
		평균 필요량	권장 섭취량	충분 섭취량	상한 섭취량	평균 필요량	권장 섭취량	충분 섭취량	상한 섭취량	평균 필요량	권장 섭취량	충분 섭취량	충분 섭취량	충분 섭취량
영아	0~5(개월)			0.1				65				0.3	1.7	5
	6~11			0.3				90				0.5	1.9	7
유아	1~2(세)	0.5	0.6		20	120	150		300	0.8	0.9		2	9
	3~5	0.6	0.7		30	150	180		400	0.9	1.1		2	12
남자	6~8(세)	0.7	0.9		45	180	220		500	1.1	1.3		3	15
	9~11	0.9	1.1		60	250	300		600	1.5	1.7		4	20
	12~14	1.3	1.5		80	300	360		800	1.9	2.3		5	25
	15~18	1.3	1.5		95	330	400		900	2.0	2.4		5	30
	19~29	1.3	1.5		100	320	400		1,000	2.0	2.4		5	30
	30~49	1.3	1.5		100	320	400		1,000	2.0	2.4		5	30
	50~64	1.3	1.5		100	320	400		1,000	2.0	2.4		5	30
	65~74	1.3	1.5		100	320	400		1,000	2.0	2.4		5	30
	75 이상	1.3	1.5		100	320	400		1,000	2.0	2.4		5	30
여자	6~8(세)	0.7	0.9		45	180	220		500	1.1	1.3		3	15
	9~11	0.9	1.1		60	250	300		600	1.5	1.7		4	20
	12~14	1.2	1.4		80	300	360		800	1.9	2.3		5	25
	15~18	1.2	1.4		95	330	400		900	2.0	2.4		5	30
	19~29	1.2	1.4		100	320	400		1,000	2.0	2.4		5	30
	30~49	1.2	1.4		100	320	400		1,000	2.0	2.4		5	30
	50~64	1.2	1.4		100	320	400		1,000	2.0	2.4		5	30
	65~74	1.2	1.4		100	320	400		1,000	2.0	2.4		5	30
	75 이상	1.2	1.4		100	320	400		1,000	2.0	2.4		5	30
임신부		+0.7	+0.8		100	+200	+220		1,000	+0.2	+0.2		+1	+0
수유부		+0.7	+0.8		100	+130	+150		1,000	+0.3	+0.4		+2	+5

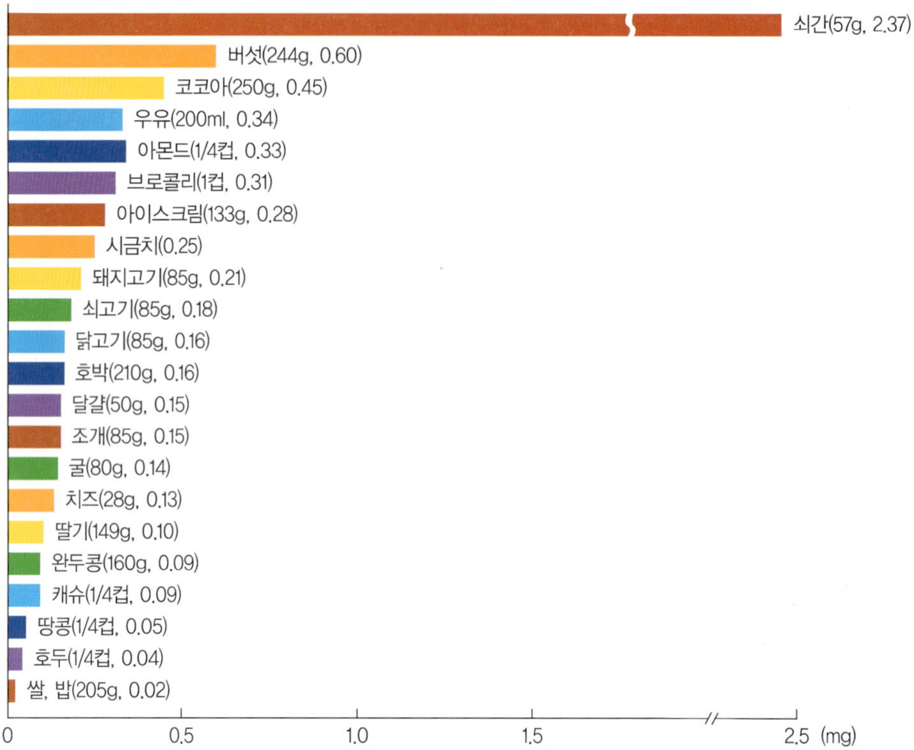

그림 6-5 리보플라빈 함유 식품

리보플라빈 함유 식품은 〈그림 6-5〉와 같다.

비타민 C

비타민 C의 평균 필요량은 소변으로의 배설이 거의 없으면서 백혈구 중 하나인 호중구의 비타민 C의 농도를 최대 수준으로 유지하여 생체내 항산화 보호효과를 내기 충분한 정도를 비타민 C의 평균 필요량으로 선정한다. 기존 연구에서 비타민 C 섭취가 100mg/일이었을 때 호중구의 비타민 C는 포화되었으나 25% 정도가 배설되었으며, 60mg/일을 섭취했을 때는 배설이 나타나지 않았으나 항산화 보호력이 떨어졌기 때문에 비타민 C의 평균 필요량으로 75mg/일이 도출되었다. 성인의 경우 성별에 따른 차이는 고려하지 않았으며 권장섭취량의 경우 변이계수

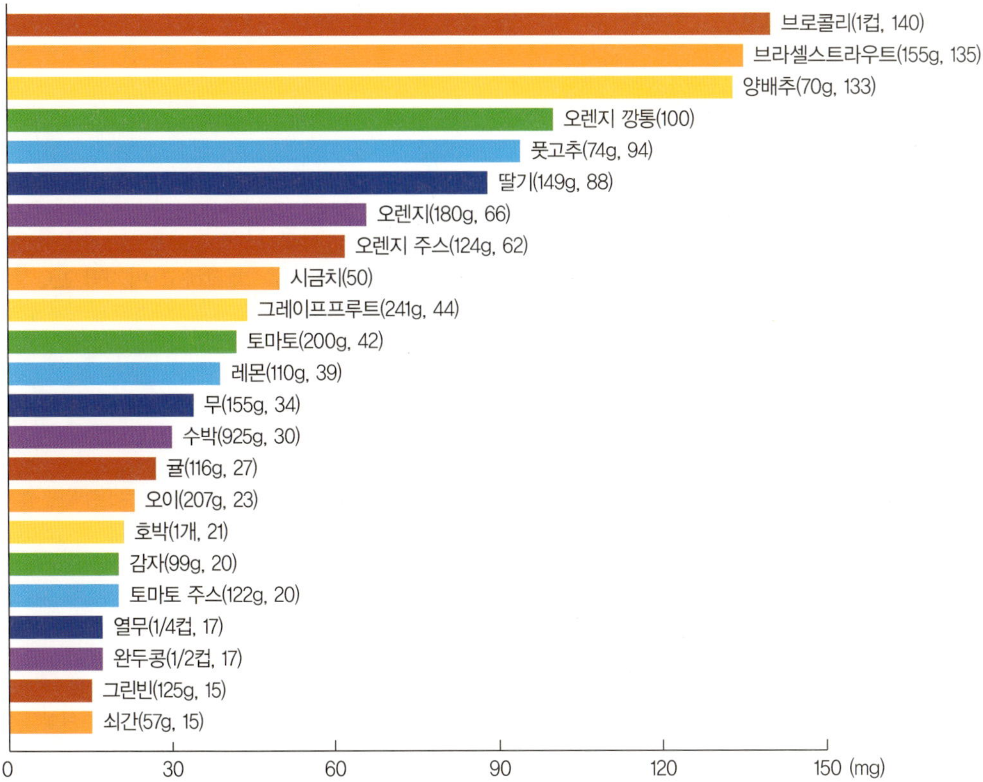

그림 **6-6** 비타민 C 함유 식품

15%를 사용하여 100mg/일로 설정하였다.

임신부는 태아로 전달되는 비타민 C 수송량 10mg/일을 고려하여 10mg을 추가량으로 설정하며, 수유기에는 유즙 분비로 비타민 C의 요구량이 증대되므로 모유로 상실되는 비타민 C의 총량인 40mg을 가산하도록 권장하였다.

비타민 C의 함유식품은 〈그림 6-6〉과 같다.

3. 식사계획의 원칙

매력적이면서도 신체의 필요량을 만족시키는 식사를 계획하기 위해서는 식생활관리의 4가지 목표를 만족시켜야 된다. 이러한 목표를 만족시키는 데는 일반적인 원칙을 따르면 편리하다.

식사계획의 일반원칙:

1. 매끼를 기준으로 하는 것보다 하루 전체를 한 단위로 사용한다. 아침은 될 수 있는 한 간단하게 표준화하고, 그 다음 저녁을 계획하고 마지막으로 두 끼를 보충하는 점심을 계획한다.

알아두기

"당신의 식사 색은 무엇입니까?"

최근 워싱턴 포스트 신문(2001. 6)의 푸드 섹션에 나타난 식사 관련 기사의 제목이다. 건강을 유지하기 위해서는 식사에 무지개색을 넣으라는 충고이다.

식사의 색이 갈색(스테이크)이나 베이지(빵류)가 많으면 문제가 많을 것이다. 미국 국립 암연구소의 1991년 시작된 '하루에 5가지 과일과 채소를 섭취하라'는 캠페인은 새롭게 빨강, 주홍, 노랑, 파랑, 보라색을 넣으라는 것이다.

채소와 과일을 많이 섭취해야 하는 이유는 이들이 가지고 있는 'phytochemicals (phytonutrients)' 때문으로 이들의 항산화성, 항암성은 잘 알려져 있고 여러 만성질병 예방에 효과가 크다는 것이다. 이들의 색이 진할수록 효과가 커서 매끼 식사에 무지개색 중에 하나씩은 꼭 포함시키는 것이 바람직하다고 전문가들은 권하고 있다. 식사의 여러 색을 많이 포함시킬수록 건강에 좋다는 뜻이다.

우리나라 속담에도 '보기 좋은 떡이 먹기도 좋다'라는 말이 있듯이 한마디 더 붙여 '건강에도 좋더라'라고 할 수 있다.

무지개색 채소와 과일의 예:
빨강: 토마토, 수박, 케첩
주홍: 당근, 호박, 살구
노랑(주홍): 오렌지, 오렌지 주스, 귤, 황도, 파인애플
노랑(초록): 무청, 갓, 옥수수, 그린빈, 완두콩, 멜론
초록: 시금치, 브로콜리, 양배추
초록(흰색): 마늘, 파, 양파, 배, 버섯, 셀러리, 백포도주
보라(빨강): 포도, 포도 주스, 적포도주, 자두, 딸기, 체리

자료: Heber D. "What color is your diet?" Harper Collins Pub Inc. NY. 2001.

2. 각 식품군의 식품을 매일, 매끼에 다양한 종류를 선택하여 포함시키되, 가족의 영양상태에 따라 그 양을 조정한다.
3. 하루에 최소한 한 번은 조리하지 않은 날것(raw food)을 사용한다.
4. 매끼에 적어도 한 가지 음식은 만족감을 주는 음식과 적어도 한 가지씩 씹는 음식, 셀룰로오스가 많은 음식, 더운 음식을 넣도록 계획한다.
5. 맛과 조리법이 자주 중복되지 않도록 변화를 준다. 간이 없는 음식과 향미가 강한 음식을 같이 사용하거나 번갈아 사용한다.
6. 색, 형태, 음식의 배열 등에 변화를 주도록 한다.
7. 간단하고 영양가가 덜한 음식과 단백질과 지방의 함량이 높은 음식을 번갈아 사용하여 소화와 위가 비는 것을 느리게 한다.
8. 한 끼에 음식의 수가 많을 때는 1인분의 양을 줄이고 에너지를 많이 내는 식품의 수를 줄이도록 한다. 간단한 식사가 요구될 때는 영양가가 높고 쉽게 소화가 되는 음식을 몇 가지만 사용하고 1인분의 양을 늘려야 한다.

CHAPTER 7

식단 작성

1. 식단 작성 요령

식단 작성이 왜 중요한가? 식단 작성은 영양학의 원리를 실천하는 수단이다. 식생활관리자는 어떤 종류와 양의 식품들을 가족의 건강을 위하여 매일 식사에 포함시켜야 한다는 것을 배웠을 것이고, 그럼으로써 아이들이 강하고 건강한 체력을 가진다는 것도 알았을 것이다. 그러나 이러한 지식은 그들이 좋아하는 음식과 식욕이 당기는 음식으로 만들어 제공하기 전에는 필요 없게 되고 만다. 까다로운 아이들은 우유, 채소, 과일들을 안 먹으려고 할 것이고 배고픈 남편은 음식이 단조로워 거부할 수도 있다. 매력적인 식사를 계획하는 데 있어서 문제점은 식사를 하는 사람들에게 좋은 식사를 하게 하는 동시에 식사를 즐기게 하는 것이 가장 큰 문제이다.

좋은 식사를 하는 즐거움은 가족의 건강과 즐거움을 주는 생활의 중요한 면이다. 평온한 마음을 가지고 좋은 식사를 하면 소화도 잘된다. 잘못 배합된 음식이나 잘못 조리된 음식과 급히 만든 음식은 소화불량을 줄 뿐 아니라, 특히 가족이 정신적인 고통이나 건강상태가 좋지 않을 때는 더욱 불만감을 초래한다. 또한, 좋은 식사는 친구나 사교적인 모임을 즐겁게 해 준다. 이러한 식사는 많이 차릴 필요도 없고 시간을 많이 요하는 음식을 준비할 필요 없이 야외 바비큐 같은 것이나 뷔페가 인기가 있다. 뜨겁고 맛이 좋은 음식 한두 가지와 샐러드와 애피타이저(appetizer)를 미리 준비해 놓았다가 예쁘게 차려 놓으면 주인도 즐길 수 있다.

그러나 식생활관리자는 하루에 세끼의 식사를 계획하고 제공하는 책임에서 벗어날 수 없다. 이러한 끊임없는 임무를 가족의 건강과 즐거움을 위한 흥미로운 도전으로 받아들여 성공적으로 했을 때 가족들로부터의 보답에 만족할 것이다. 이러한 도전은 단지 식사를 제공하는 데 그치지 않고 가족구성원 개개인의 영양필요량과 개개인의 다른 기호에 맞추어 계획하는 것이다.

우리나라에서는 아직도 많은 주부들이 식사를 미리 계획하지 않고 식사 때가 가까워지면 반찬 걱정을 하고 있다. 또, 시장이나 슈퍼마켓에 가서 눈에 띄는 대로 식품을 사서 식사 준비를 하고 있는 경우가 많다. 이러한 무계획한 식사 준비는 미리 계획을 세워 계획에 따라 식품을 구입하는 것에 비해 현명하지 못하고 낭비가 많은 것은 말할 필요도 없을 것이다. 경험이 적은 젊은 식생활관리자들은 특히 식단을 작성하여 이에 따른 식품을 구입하지 않으면 가족의 영양필요량을 맞추기도 어려워지고 경제면에서도 많은 낭비를 가져온다.

2. 경제면에서의 식단 작성

소비지출 계층에 따라 실제 각 식품군에 소비하는 식료품비의 비중은 어떠할까? 각 식품군의 식료품비 지출은 소비지출 계층(5단계)별로 약간 차이가 있으며 특히 외식비 지출은 소비지출이 높은 계층에서 많다(표 7-1). 2008년 전가구 평균

표 7-1 식품군의 지출 비율

구분	전체 평균 월소득		150~200만 원		250~300만 원		350~400만 원		450~500만 원		550~600만 원	
	총식품비 (천 원)	비율 (%)	총식품비 (천 원)	비율 (%)	총식품비 (천 원)	비율 (%)	총식품비 (천 원)	비율 (%)	총식품비 (천 원)	비율 (%)	총식품비 (천 원)	비율 (%)
곡류 및 식빵+빵, 과자류	71.0	12.2	62.5	14.0	71.6	12.6	78.9	12.0	80.0	10.9	82.4	10.5
육류+어개류	82.6	14.1	70.1	15.7	79.5	14.0	87.3	13.2	96.1	13.1	102.6	13.0
낙농품	23.8	4.1	19.1	4.3	24.3	4.3	27.4	4.1	28.1	3.8	28.5	3.6
채소 및 해조류+과실류	79.1	13.5	68.2	15.4	76.0	13.4	83.5	12.6	90.4	12.3	91.8	11.6
차음료주류+조미식품+기타	60.5	10.3	50.9	11.4	58.3	10.3	63.6	9.6	69.0	9.4	75.0	9.5
외식	267.4	45.8	175.0	39.2	257.2	45.4	321.4	48.5	370.8	50.5	407.6	51.8
총계(식품비)	584.8	100.0	445.8	100.0	566.7	100.0	662.1	100.0	734.3	100.0	787.8	100.0

자료: 통계청(2008).

알아두기

매력이 있으면서 신체의 필요량을 만족시키는 식사를 계획하기 위한 일반적 원칙

1. 매끼를 기준으로 하는 것보다 하루 전체를 한 단위로 사용한다. 아침은 될 수 있는 한 간단하게 표준화하고, 그 다음 저녁을 계획하고 마지막으로 두 끼를 보충하는 점심을 계획한다.
2. 각 식품군(탄수화물식품, 단백질이 풍부한 식품, 지방식품, 과일과 채소)의 식품을 매일 사용하고 매끼에 포함시키되, 가족의 영양상태에 따라 그 양을 조정한다.
3. 하루에 최소한 한 번은 조리하지 않은 날것(raw food)을 사용한다.
4. 매끼에 적어도 한 가지 음식은 만족감을 주는 음식과 적어도 한 가지씩 씹는 음식, 셀룰로오스가 많은 음식, 더운 음식을 넣도록 계획한다.
5. 간이 없는 음식과 향미가 강한 음식을 같이 사용하거나 번갈아 사용한다.
6. 부드러운 음식과 질감이 아삭아삭한 음식을 같이 사용하거나 번갈아 사용한다.
7. 색, 형태, 음식의 배열 등에 변화를 주도록 한다.
8. 간단하고 영양가가 덜한 음식과 단백질과 지방의 함량이 높은 음식과 번갈아 사용하여 소화와 위가 비는 것을 느리게 한다.

식료품비 지출은 약 59만 원이었는데, 이 수준은 가구당 소비지출이 230만 원 정도의 가정에 해당되는 것으로 볼 수 있다. 소득에 따른 소비지출의 변동을 감안하더라도 그 경향은 대충 짐작할 수 있다.

저가격계획

저가격계획(low-cost plan)을 사용하는 식생활관리자는 시장의 지식, 시장에서의 현명한 의사결정기술, 식단 계획의 기술, 부엌에서의 기술과 능력이 필요하며 가족의 식사를 주로 집에서 준비해야 하므로 계획하고 시장보고 식사 준비하는 데 시간과 에너지를 많이 소비한다. 재원의 능력에 한계가 있을수록 다른 자원을 많이 써야 한다.

식생활비를 최대한으로 이용하기 위해서 식생활관리자는 식품 구매에 대한 지식을 필요로 한다.

첫째로 식생활비의 범위에 맞추어 그 비용으로 얼마나 많이 또는 얼마나 적게 식품을 구입할 수 있는지 알아야 한다.

둘째로 구입하는 식품단위로부터 몇 인분이 나오는지 알아야 한다. 주부는 여러 부위의 육류에서 각각 몇 인분이 나오는지, 다른 과일이나 채소에서 몇 인분인지를 알아야 이것을 기본으로 하여 비용이 결정되는 것이다. 예를 들면, 돼지갈비와 햄버거는 단위당 가격이 같을 수 있지만 햄버거는 450g당 4인분이 나오고 돼지갈비는 1~2인분밖에 나오지 않기 때문이다.

셋째로 소비자들은 구매하는 식품의 현가를 알아야 특매가격의 식품을 찾을 수 있다.

넷째로 식품이 언제 풍부한지 언제 귀한지를 알아야 하다.

다섯째로 식품영양표시(label)를 읽음으로써 같은 제품같이 보이나 영양소의 함량이 전혀 다른 것을 알아낼 수 있어야 한다.

여섯째로 중량이나 부피의 단위당 가격으로 식품의 가격을 비교해야 한다.

일곱째로 어떤 편이식품을 살 수 있는지 어떤 것은 사면 안 되는지를 알아야 한다. 저가격계획에서는 편이식품을 거의 살 수 없다. 그러나 인스턴트 커피나 냉동오렌지 주스는 가격이 싸다.

여덟째는 식생활관리자는 식품광고를 매주 열심히 봐서 식품가격의 지식과 구매능력으로 특매식품을 살 수가 있다.

마지막으로 좋은 영양을 얻기 위하여 식품비를 사용하는 방법을 알아야 한다. 그렇지만 저가격계획은 육류, 어류, 가금류를 가족이 원하는 대로 살 수 없다는 것이다.

식품비가 제한이 될수록 우리는 식단 계획의 기술과 이것을 만족시키기 위해 조리를 잘하는 것에 의존할 수밖에 없다. 또한, 식사계획과 식사준비가 시간을 많이 요할 것이다. 그러나 저가격식사가 무계획하게 준비된 값비싼 식사보다 더 훌륭하고 즐겁고 만족스러울 수 있다.

우리나라의 저가격계획은 1일 필요한 총열량의 70% 이상을 전분식품에서 취하게 되며 단백질식품은 비교적 값이 싼 생선류와 두류를 선택하게 된다. 식생활비로 많은 지출을 할 수 있는 가정에서는 주식은 전분식품을 1일 필요한 총열량의 60% 이하로 결정하고 단백질식품은 동물성 단백질인 쇠고기, 돼지고기, 닭고기를 많이 사용하며 기호식품인 음료, 또는 간식 등에도 많은 비용을 쓰고 있다.

표 7-2 식품가격계획별 구입할 수 있는 일주일 식품의 종류 및 양 (단위: g)

식품명	최저 가격	적정 가격	여유 가격	식품명	최저 가격	적정 가격	여유 가격	식품명	최저 가격	적정 가격	여유 가격
밀가루	600	300	100	콩나물	200	400	400	쇠고기양지	0	100	600
빵가루	0	0	0	대파	200	300	200	쇠고기간	0	0	0
납작보리	1,920	1,250	450	소파	100	200	300	돼지등심	0	300	0
현미	0	0	870	호박	300	500	500	달걀	1,500	900	100
백미	4,440	5,910	6,250	느타리버섯	0	0	0	쇠고기피	0	0	0
차수수	440	90	90	팽이버섯	0	0	0	고등어	200	200	400
차조	440	90	90	표고버섯	0	0	0	큰멸치	250	0	0
메밀국수	0	0	0	오이	400	900	900	조기	0	0	200
소면	1,000	500	0	양송이	0	0	0	청어	0	0	300
식빵	0	0	250	고구마줄기	0	0	0	새꼬막	200	200	0
감자	500	900	1,000	귤	0	0	1,000	김	10	150	15
당면	0	0	240	오렌지 주스	0	800	1,200	물미역	300	200	0
설탕	0	0	0	딸기	0	0	200	오징어	0	100	250
물엿	0	0	0	배	0	0	200	건미역	0	0	0
흑태	0	0	0	사과	0	800	1,000	홍합	0	0	0
두부	100	200	320	단감	0	0	200	우유	4,200	5,600	1,500
순두부	0	200	0	취나물	140	0	0	어묵	200	600	0
냉이	100	200	120	갓	200	300	0	스모크	100	200	0
달래	0	0	0	고비	100	200	200	꽁치	0	300	1500
당근	200	300	300	양배추	150	150	0	미역줄기	0	80	0
도라지	0	0	0	금귤	0	800	0	버터	0	0	0
들깻잎	100	100	100	열무	800	800	1,100	마가린	100	100	100
무	200	300	300	가지	100	200	120	옥수수유	100	100	100
배추	600	800	1000	마늘쫑	100	100	60	콩기름	100	100	100
부추	0	0	0	토마토	0	400	200	치즈	0	0	0
상치	150	150	150	닭고기	400	650	300	고추장	150	150	150
숙주나물	500	310	280	돼지삼겹살	0	0	600	된장	150	150	150
시금치	100	200	0	비엔나	0	0	200	마요네즈	0	0	0
양파	200	300	300	쇠고기등심	0	0	200	카레가루	0	0	0
								합계(원)	73,589	115,563	156,326

* 4인 가족(아버지 40세, 어머니 37세, 아들 14세, 딸 11세)을 기준으로 하였음.

자료: 이경신·최성원·최혜미, 대한지역사회영양학회지, 3(3): 480~495.
농협하나로마트 가격(2005. 12)

이상의 사실로부터 우리나라의 식생활비는 전분식품과 동물성 단백질의 섭취량에 따라 가격의 차이가 생긴다고 본다.

적정가격계획

식품계획 간의 차이는 질적인 것보다 양적인 것이 뚜렷하다. 같은 식품군 내에서도 비싼 가격의 것을 선택할 수 있는 것이 적정가격계획(moderate cost plan)의 비용인 것이다. 적정가격계획은 저가격보다 25% 더 비용을 쓸 수 있는 것이며 양적인 차이는 육류, 우유, 과일과 채소, 기타 식품에 있다. 두 계획의 차이를 비교해 보면 적정가격계획에서 우유, 치즈, 아이스크림에서 3L, 육류, 가금류, 어류에서 1.6kg, 감귤류와 토마토에서 0.9kg, 과일과 채소(녹황색채소와 감자를 제외한)에서 1.6kg, 기타 식품에서 1.3kg을 1주일에 더 사야 한다. 가격의 차이는 주로 같은 식품군 내에서 더 비싼 식품을 구입하거나 편이식품을 구입하고 크기가 약간 큰 것을 구입하기 때문에 나타나는 것이다. 각 식품군에서 적당량을 구입하는 한 식품계획은 영양적으로 좋은 식사가 될 것이다. 그러나 비용을 많이 쓴다고 좋은 영양을 보장하는 것은 아니다. 육류나 편이식품에 너무 많은 비용을 썼을 때는 우유, 채소, 과일에 해당되는 비용이 적어지므로 영양적으로도 불합리하게 된다.

여유가격계획

여유가격계획(liberal cost plan)은 먹는 즐거움을 제공하는 식사와 충분한 식사를 살 수 있다. 식사계획 자체는 쉬워지고 식품비가 제한됐을 때보다 기술을 많이 요하지도 않는다. 식품의 양과 질에서 선택이 자유로워 육류와 어류, 편이식품, 제철이 아닌 과일과 채소 등을 구입할 수 있다. 또한 육류에서 질이 좋고 값이 비싼 부위도 사용 가능하게 된다.

여유가격계획과 적정가격계획을 비교해 보면 우유, 치즈, 아이스크림에 1.7L, 육류, 가금류, 어류에서 1.35kg, 감귤류와 토마토에서 1.0kg, 과일과 채소에서 1.8kg, 기타 식품에서 1.1kg를 더 살 수 있다.

절약계획

영양적으로 충분하게 하기 위하여 절약계획(thrifty plan)은 육류, 가금류, 어류와 달걀을 적게 하고 마른 콩, 곡류를 많이 조정해야 한다. 저가격계획보다 25% 적으며 5% 가량 더 줄일 수도 있다.

절약계획은 경제역경이나 재해 동안에 사용할 수 있으며 저소득층에서 좋은 영양을 보증하기 위한 계획이다. 의사결정의 기술, 장보기 기술, 식사 준비의 기술이 꼭 필요한 계획이다.

절약계획은 곡류를 많이 사용해야 하며 육류, 과일, 채소와 기타 식품을 적게 사용해야 하는데 제일 큰 차이는 육류의 양이다. 육류의 양의 감소는 1인분의 양이 적어지며 다진 쇠고기, 다진 돼지고기 등 값이 싼 육류를 혼합하여 많이 사용하게 된다. 가격이 비교적 싼 탈지분유, 가공 치즈, 햄버거, 비엔나 소시지(frankfurter), 감자, 당근, 양배추, 마가린, 조리를 해야 하는 곡류 등을 사는 것을 권장하고 있다. 특매 때 주로 식품을 사야 할 것이며 대부분의 음식은 집에서 만들어야 한다.

많은 사람들은 절약계획에서 사용된 식사를 좋아하지 않는다. 왜냐하면, 육류가 적고 육류의 종류도 좋아하는 종류가 아니기 때문이고, 감자와 곡류가 많기 때문이다. 과일과 채소도 양이 적은 편이지만 부족한 것은 아니며 영양적으로 충분한 식사이다. 이러한 식사는 제3세계 국가에서 곡류를 주식으로 먹는 식사와 비슷하다.

3. 하루의 식단 작성

하루 세끼를 한 단위로 생각하여 미리 계획하여 세끼가 서로를 보충하도록 하여야 한다. 이렇게 하는 것이 시간과 경제적으로도 도움이 될 뿐만 아니라 균형이 잘 잡힌 매력 있는 식사가 될 것이다. 그리고 이 방법만이 매일 필요한 식품의 양을 만족시키는 길이기도 하다.

가장 좋은 방법은 식사가 간단하면서도 표준화된 패턴을 가지도록 하는 것이다. 식품의 수가 적을 때는 매일의 변화를 주기가 쉽다. 일반적으로 매일매일 더 많은 변화를 줄수록 건강에도 좋고, 매끼 식사에 음식의 수가 적을수록 소화가 더 잘된다.

녹황색 채소를 꼭 쓰도록 노력해야 하지만 같은 식사에 두 번 쓰는 것은 한 번을 많이 쓰는 것보다 나을 것이 없다. 저장식품(절임, 피클, 잼, 젓갈 등)이나 양념을 많이, 자주 쓰는 것은 좋지 않다. 음식의 참맛을 못 보게 되고 과식할 우려가 있기 때문이다. 대부분의 주부들이 식단에는 없으나 이러한 음식은 식욕을 돋구고 매력 있게 식사를 꾸미기 위하여 사용하기를 원한다.

세끼에 적당한 일반적인 패턴이 있는 것이 도움이 되며, 이 패턴은 개개인이나 가족의 활동량과 식습관에 적용될 수 있어야 한다. 가족 중에 한 사람 이상이 점심을 나가서 먹을 경우 다른 두 끼(아침, 저녁)에 더 많은 음식과 더 많은 더운 음식을 제공해야 한다. 주부가 도시락을 준비할 때는 한 끼의 식사로 계획을 하고 다른 두 끼로 점심을 보충해야 한다.

어떤 사람들은 가벼운 아침식사를 즐기나 청소년이나 남자 성인들은 아침에 더운 음식을 필요로 한다. 아침이 간단하면 다른 두 끼가 많아야 한다. 아침을 먹지 않으면 아침 늦게 피로가 오기 쉽고, 두 끼에 필요한 식품을 다 넣기란 매우 어렵기 때문이다. 우리나라의 하루 식단은 전통적으로는 세끼를 거의 비슷하게 먹는 것이다. 그러나 사회활동이 변함에 따라 식사 패턴도 많이 변하고 있다. 서양에서는 세끼 식사 패턴이 아주 다르고 우리나라의 식생활도 점점 서구화 되고 있어서 전형적인 미국의 하루 식사를 살펴보기로 하자.

아침식사

대부분의 안일한 의자생활을 하는 사람들은 가벼운 아침식사로 충분할 수 있으나 육체적 활동을 하는 사람들은 아침을 든든히 먹는 것이 바람직하다. 아침은 소화가 잘되며 따뜻한 음식을 먹는 것이 좋다. 우리나라 식사에서는 밥과 따뜻

표 **7-3** 서양의 아침식사 패턴

가볍게	보통 가볍게	보통 무겁게
과일 더운 음료	과일 시리얼(우유와 같이) 제빵 더운 음료나 우유	과일 시리얼(우유와 같이) 1~2 더운 음식(달걀, 햄, 베이컨, 소시지 등) 제빵 더운 음료나 우유

한 국을 사용하며 또는 소화가 잘되는 죽을 사용하는 것이 바람직하다. 또한 비타민 C 공급을 위하여 과일이나 주스를 사용할 수 있다. 아침식사를 간단하게 한다면 다른 두 끼 식사는 약간의 변화가 있어야 하고 좀 섬세해야 한다.

서양의 아침식사(breakfast)의 패턴은 다양하여 가볍거나(light), 보통이거나(moderately light), 무겁거나(moderately heavy) 하는 활동량에 따라 나눈다. 〈표 7-3〉은 서양의 아침식사 패턴을 보여 준다.

점심식사

점심(luncheon, supper)의 크기와 특성은 개개인과 가족에 따라 다르다. 만약에 아침식사가 가벼웠으면 저녁을 무겁게 하는 것보다 점심을 충분하게 해야 한다. 아침이 충분했으면 점심은 과다의 에너지 섭취를 피하기 위해 가벼워야 할 것이다. 일반적인 규칙으로는 적어도 한 가지 더운 음식이 있으면 소화가 잘된다.

샌드위치나 커피는 균형이 잘 잡힌 우수한 식사는 아닐 수 있으며, 학교에서 뜨거운 음식을 제공할 때 어린아이들은 더 충족한 식사를 받게 된다. 주부가 점심을 준비할 때는 주부의 시간과 노력을 보존하기 위하여 간단해야 한다.

의자생활을 하는 사람들은 점심에 정찬을 피하여 비만증이 따르지 않도록 하여야 한다. 육체활동을 많이 하는 사람들은 점심을 많이 해야 하며, 어린아이, 병자, 노인들은 점심 때 세끼 중 가장 많은 식사를 하고 저녁은 간단하고 소화가 잘되는 것이 좋다.

표 7-4 서양의 점심식사 패턴

가볍게	보통 가볍게		보통 무겁게	
수프 샐러드 음료	샐러드 후식 더운 음료	수프 샐러드 후식 음료	더운 음식(채소와 같이) 샐러드 후식 음료	수프 육류 음식과 채소 샐러드나 후식 음료

점심은 가장 계획하기가 어려운 식사이다. 가장 좋은 방법은 아침과 저녁을 계획한 다음 하루에 필요한 식품의 남은 양을 포함시켜 점심을 계획한다. 또한 남은 음식을 사용하여 식사를 계획하면 좋다.

〈표 7-4〉는 서양의 점심식사의 패턴을 나타낸다. 점심식사에 사용한 음식들은 크림 수프, 달걀 또는 치즈 요리, 남은 음식으로 만든 캐서롤, 채소, 샐러드, 간단한 후식과 과일 등이다. 이렇게 되면 하루의 식품 섭취는 거의 최상이 되는 셈이다.

저녁식사

저녁식사(dinner)는 사교적이고, 육류나 어류를 먹고, 하루의 일과가 끝나 편안한 상태로 하게 된다. 약간 정식이 될 수도 있고 다른 식사보다 더욱 매력적일 수 있다. 저녁식사의 순서에는 생리적인 이유가 있다. 수프(특히 육수)는 식욕의 변화를 주지 않고 소화액의 분비를 촉진시키며, 제일 비중이 큰 육류와 채소가 소화과정이 정상일 때 섭취하게 되며, 가벼운 음식인 샐러드와 단 후식 또는 과일이 식사의 끝을 장식한다.

식사의 앞부분이 소화하기 어려운 기름기 많은 음식이 포함되지 않았으면 후식은 기름진 것으로 하여도 좋다. 저녁식사는 기름진 음식이 너무 많지 않아야 하며, 저녁 늦게 하는 것도 피하여야 한다. 이런 경우 소화가 느려지고 수면에 방해가 올 수 있다.

우리나라의 저녁식사는 밥과 국이나 찌개, 육류나 어류를 이용한 음식, 나물류와 후식으로 구성되어 있다.

표 7-5 서양의 저녁식사 패턴

가볍게	보통 가볍게	보통 무겁게
육류 샐러드 후식 음료	수프 육류 샐러드 후식 음료	애피타이저 수프 육류 샐러드 후식 음료

〈표 7-5〉는 서양의 저녁식사 패턴을 보여 준다. 저녁식사의 순서에는 생리적인 이유가 있다. 식욕의 변화를 주지 않고 소화액의 분비를 촉진시키며, 제일 비중이 큰 육류와 채소가 소화과정이 정상일 때 섭취하게 되며, 가벼운 음식인 샐러드와 단 후식 또는 과일이 식사의 끝을 장식한다. 모두 만족스럽고 충분한 식사를 제공하지만 가벼운 저녁은 열량가가 비교적 낮고, 보통 가볍게 하는 식사는 열량가가 적당하고, 무겁게 하는 식사란 열량가가 높은 음식들이 많아, 몇 가지를 빼거나 열량가가 낮은 것으로 대치시켜도 좋다.

권장식사패턴

일반인이 여러 가지 식품이 적절히 포함된 균형잡힌 식사를 실천하는 데 도움을 주기 위하여 고안된 식사구성안을 활용하면 보다 쉽게 식단구성을 할 수 있다. 각 에너지필요량에 적절한 권장식사패턴(식품군의 권장섭취횟수)은 〈표 7-6〉과 같다. 권장식사패턴은 반드시 이렇게 먹어야 한다는 것이 아니라 1일 식사구성의 하나의 예로 보여주는 것이다. 식단 작성 시 각자 권장식사패턴에 맞는 식품군별 섭취횟수를 세끼에 적절하게 배분한다. 성인 여성 1900kcal B형 패턴과 만 3~5세 아동 1400kcal A형 패턴의 세끼의 식품군별 섭취횟수의 예는 〈표 7-7〉에 나타나 있다.

한편 영양상담 시와 같이 개인마다 맞춤형의 식단작성이 필요한 경우도 생긴다. 이때는 하루 활동에 따른 에너지 필요량을 산출하게 된다. 〈표 7-9〉는 여대

표 7-6 에너지 필요량에 적절한 권장식사패턴(한국영양학회, 2020년)

A형						열량	B형					
곡류	고기·생선·달걀·콩류	채소류	과일류	우유·유제품류	유지·당류	(kcal)	곡류	고기·생선·달걀·콩류	채소류	과일류	우유·유제품류	유지·당류
1	1.5	4	1	2	2	900	–					
1	1.5	4	1	2	3	1000	1.5	1.5	5	1	1	2
1.5	1.5	4	1	2	3	1100	1.5	2	5	1	1	3
1.5	2	5	1	2	3	1200	2	2	5	1	1	3
1.5	2	6	1	2	4	1300	2	2	6	1	1	4
2	2	6	1	2	4	1400	2.5	2	6	1	1	4
2	2.5	6	1	2	5	1500	2.5	2.5	6	1	1	4
2.5	2.5	6	1	2	5	1600	3	2.5	6	1	1	4
2.5	3	6	1	2	5	1700	3	3.5	6	1	1	4
3	3	6	1	2	5	1800	3	3.5	7	2	1	4
3	3.5	7	1	2	5	1900	3	4	8	2	1	4
3	3.5	7	2	2	6	2000	3.5	4	8	2	1	4
3	4	8	2	2	6	2100	3.5	4.5	8	2	1	5
3.5	4	8	2	2	6	2200	3.5	5	8	2	1	6
3.5	5	8	2	2	6	2300	4	5	8	2	1	6
3.5	5	8	3	2	6	2400	4	5	8	3	1	6
3.5	5.5	8	3	2	7	2500	4	5	8	4	1	7
3.5	5.5	8	4	2	8	2600	4	6	9	4	1	7
4	5.5	8	4	2	8	2700	4	6.5	9	4	1	8
4	6	8	4	2	8	2800	–					

* 우유·유제품류를 하루에 2회 섭취를 권장하는 영유아 및 아동·청소년 대상의 A형과 1회 섭취를 권장하는 성인·노인 대상의 B형으로 구분

표 7-7 성인 여성과 만 3~5세 아동의 세끼 식품군별 섭취횟수의 예(한국영양학회, 2020년)

	구분	곡류	고기·생선·달걀·콩류	채소류	과일류	우유·유제품류	유지·당류
성인 여성 (1900B)	아침	1	1.5	2.5			
	점심	1	1	2.5	1		
	저녁	1	1.5	2			
	간식			1	1	1	
	전체	3	4	8	2	1	4
만 3~5세 아동 (1400A)	아침	0.6	0.7	2	0.5	1	
	점심	0.6	0.6	2			
	저녁	0.5	0.7	2			
	간식	0.3			0.5	1	
	전체	2	2	6	1	2	4

* 유지·당류는 따로 추가하지 않고 조리 시 자연스럽게 사용되는 양으로 계산

표 **7-8** 30대 여성의 1900kcal B형 식단구성

메뉴	분량	아침	점심	저녁	간식
		 쌀밥, 닭곰탕, 돼지고기브로콜리볶음, 미역줄기나물, 깍두기	 열무비빔국수, 삶은달걀, 채소튀김, 동치미, 오렌지	 잡곡밥, 대구탕, 두부조림, 숙주나물, 배추김치	 방울토마토, 키위, 우유
곡류	3회	쌀밥 210g (1)	소면 90g (1)	잡곡밥 210g (1)	
고기 · 생선 · 달걀 · 콩류	4회	닭고기 60g (1) 돼지고기 30g (0.5)	달걀 60g (1)	대구 70g (1) 두부 40g (0.5)	
채소류	8회	파 35g (0.5) 브로콜리 35g (0.5) 미역줄기 35g (0.5) 깍두기 40g (1)	열무김치 20g (0.5) 당근 35g (0.5) 양파 35g (0.5) 동치미 40g (1)	무 35g (0.5) 숙주나물 35g (0.5) 배추김치 40g (1)	방울토마토 70g (1)
과일류	2회		오렌지 100g (1)		키위 100g (1)
우유 · 유제품류	1회				우유 200mL (1)
유지 · 당류	4회	유지 및 당류는 조리 시 가급적 적게 사용할 것을 권장함			

* 총 열량(kcal): 1882.3kcal; 탄수화물, 단백질, 지방 섭취비율(%): 탄수화물(55.3%), 단백질(19.2%), 지방(25.5%)

생의 하루 활동에 따른 에너지 소비량의 예이다. 하루에 필요한 에너지는 38.44kcal×56.3kg(체중)=2,164.1kcal로 산출할 수 있다.

표 7-9 활동에 따른 시간당 에너지 소비량의 예

활동의 종류	kcal/시간	시간	kcal
잠자기	0.93	8	7.44
입고 벗기	1.69	0.5	0.85
보통속도로 걷기	4.28	1	4.28
층계 오르기	15.80	0.25	3.95
층계 내려가기	5.20	0.25	1.30
편히 쉬어 자세로 서 있기	1.50	1.5	2.25
가만히 앉아 있기	1.40	8	11.20
버스 타기(서 있기)	1.50	0.5	0.75
버스 타기(가만히 앉아 있기)	1.43	1.5	2.15
밥먹기(가만히 앉아 있기)	1.43	1.5	2.15
마루 비질하기	2.41	0.25	0.60
설거지하기	2.03	0.75	1.52
합계		24	38.44

4. 일주일의 식단 작성

식생활관리자가 일주일의 식단을 계획할 수 있으면 여러 가지 장점이 많다. 시장 보는 것을 효과적으로 할 수 있으며, 한 끼 이상 여러 끼 먹을 수 있는 식품을 준비함으로써 식사 준비하는 노력을 줄일 수 있다. 가족들도 일주일 동안 골고루 계획된 식사로부터 영양적으로도 이득을 얻고, 일주일에 2일은 오븐을 이용한 식사 계획을 하여 식사를 하면 다른 날은 오븐 요리의 남은 음식으로 간단하면서도 빠른 식사를 계획하여 시간과 노력을 절약할 수 있다.

요즘은 식생활관리자가 직장을 가지고 있는 경우가 점점 증가하므로 식단을 미리 계획해 놓는 것이 특히 중요하며, 그렇지 못할 경우 가족의 식사는 허겁지겁 준비되거나 불충분하거나 아니면 단조로워진다.

표 7-10 1주일 식단구성의 예(2,000kcal, 패턴 B)

일수	1			2			3			4			5			6			7		
	음식명	재료명	분량	음식명	재료명	분량	음식명	재료명	분량	음식명	재료명	분량	음식명	재료명	분량	음식명	재료명	분량	음식명	재료명	분량
아침	수수밥		210	콩밥		210	잡곡밥		210	콩밥		210	토스트	식빵(小)3	100	팥밥		210	콩밥		210
	시금치국	시금치	35	무우국	쇠고기	10	미역국	생미역	30	콩나물국	콩나물	35	햄구이	햄	60	우거지된장국	우거지	70	무국	무	35
	갈치조림	갈치	50		무	35	달걀찜	달걀 1개	50	삼치구이	삼치	50	야채스틱	오이	50	고등어구이	고등어	50	가자미구이	가자미	50
	도라지생채	도라지	25	닭살조림	닭살	50	시금치나물	시금치	35	느타리볶음	느타리	25		당근	20	호박나물	호박	35	근대나물	근대	35
	부추볶음	부추	35	김구이	김	2	숙주나물	숙주	35	무생채	무	35	우유		200ml	숙주나물	숙주	35	잡채	당면	15
				쑥갓나물	쑥갓	35														야채	70
점심	흰밥		210	흰밥		210	회덮밥	흰밥	210	흰밥		210	배추국	배추	40	흰밥	양지고기육	210	칼국수 면	(삶은 것)	300
	북어국	북어	15	육개장	쇠고기	60		참치	100	시래기국	시래기	35	돌솥비빔밥	흰밥	10	설렁탕	수	60		조개	80
		무	35		숙주	25		상추	15	불고기	쇠고기	120		각종나물	170		소면	200		호박	40
	콩나물무침	콩나물	70		무	25		양배추	30		양파	15		(상추, 호박,			시래기	90		감자	70
	두부구이	두부	80		고사리	20		적채	15	상추쌈	상추	70		근대, 고사		시래기나물		70		양파	20
	배추김치		40	연두부	연두부	150		오이	30	오이생채	오이	35		리, 콩나물)		깍두기		40	어묵볶음	어묵	50
				고구마줄기		35		깻잎	10		당근	10		고기볶음						풋고추	10
				볶음			팽이버섯	팽이	15		양파	10	달걀프라이	달걀	60				총각김치		40
				파래무침	파래	30	된장국						오이소박이		50						
							락교	락교	20						30						
저녁	보리밥		210	현미찹쌀밥		210	콩밥		210	잡곡밥		210	현미찹쌀밥		210	잡곡밥		210	현미찹쌀밥	쇠고기	210
	얼가리국	얼가리	35	아욱국	아욱	70	김치찌개	돼지고기	30	순두부찌개	순두부	150	동태찌개	동태	100	두부된장찌개	두부	80	쇠고기	느타리	60
	제육볶음	돼지고기	120	조기구이	조기	75		김치	40		바지락	40		무	35		달래	15	버섯전골	양송이	20
	야채쌈	모듬야채	70	호박전	호박	70		양파	10		새우	25		쑥갓	20		호박	35		팽이	20
	파무침	대파	25		달걀	25	양배추쌈	양배추	35		양파	15	시금치나물	시금치	50		양파	20		양파	20
				배추김치		20	꽁치구이	꽁치	75		호박	20	더덕구이	더덕	25	돼지편육	돼지	60		배추	20
							청경채나물	청경채	35		김치	20	도토리묵		150		상추	20		멸치	20
										취나물	취	70				도라지볶음	도라지	25	멸치볶음	가지	15
										나박김치		30				미나리무침	미나리	50	가지나물		35
간식	우유		200ml	우유		200ml	요구르트		145ml	요플레 1개		(110g)	귤 1개		(100g)	우유 1개		(200ml)	우유		200ml
	사과 1/3개		(100g)	키위(小) 1개		(100g)	딸기		(200g)	사과 1/2개		(100g)	바나나 (小) 1개		(100g)	오렌지 1개		(200g)	단감 1/2개		(100g)
	귤 1개		(100g)	단감 1/2개		(100g)	귤 1개		(100g)	배 1/4개		(100g)							딸기		(200g)
	인절미 3쪽		(50g)	절편 2쪽		(50g)	고구마 1개		(90g)	감자 1개		(130g)									

* 조리 시 유지 및 당류를 소량씩 사용함(4 정도).

식생활관리자들은 많은 양을 사서 냉동고에 미리 보관해 놓으면 식사를 급히 준비할 때 편하고 경제적이며, 시장 가는 시간을 절약해 준다는 것을 알 것이다. 완제품이나 냉동채소, 냉동생선 등도 이럴 때 아주 편리하다. 그러나 이런 것들은 급할때 가끔 써야지 자주 쓰면 더 맛있고, 영양가가 좋으며, 식욕을 돋우는 식사를 준비할 기회를 잃어버리게 된다.

남은 음식을 사용하는 것은 절대 수치가 아니다. 돈, 시간, 노력의 경제성이 잘 계획된 것이다. 현대의 냉장기술로는 냉장고 안의 음식이 포장만 잘 되어 있으면 부패될 염려는 없고 하루 지난 후나 며칠 후에 아주 다른 형태의 음식으로 만들 수 있다. 어떤 경우엔 남은 음식으로 조리한 것을 더 좋아할 수도 있다. 남은 육류나 전류는 전골이나 찌개류에 넣어서 맛있는 일품요리가 되기도 한다. 신선한 채소는 한 끼에 먹을 수 있는 양만 조리해서 먹는 것이 가장 좋고, 저장하거나 다시 데우면 비타민의 손실이 온다.

식사계획에 변화를 주는 것이 보통 주부들에게는 가장 괴로운 일일 것이다. 습관 때문에 늘 사던 것이 아니면 다른 것은 사려고 하지 않는다. 조리방법을 달리함으로써도 즐거운 변화를 가져올 수 있으므로 주부들은 새로운 레시피를 모음으로써 이득을 얻을 수 있다(표 7-10).

우리나라의 식단은 하루 세끼 식사를 원칙으로 하고, 일주일 식단을 작성하는 데 있어서 식사횟수는 3회×7일=21회의 식사를 주식과 부식으로 나눈다. 주식에 있어서는 밥의 종류와 횟수, 빵 또는 국수의 종류와 횟수, 일품요리의 종류와 횟수를 정하는 것이다(표 7-11).

부식에 있어서는 국이나 찌개 중에서 한 가지, 구이나 조림, 볶음, 튀김 중에서 한 가지, 나물 중에서 한 가지, 그리고 김치 중에서 한 가지를 정하면 보통 가정에서 먹는 표준식단을 만들 수 있다.

우리나라 일반사람의 섭취량 비율은 아침 : 점심 : 저녁이 1 : 1 : 1.2 정도이나, 노무자는 많은 근육활동을 하므로 점심식사에 많은 비중을 두어 3,000kcal를 1 : 1.5 : 1.2의 비율로 하고, 도시생활자는 저녁에 중점을 두어야 한다. 여대생의 경우 1 : 1.5 : 1.5의 비율이 적합하다.

표 7-11 일주일 식단 계획의 예

구분	종류	횟수	음식명
주식	밥	15	흰밥(6), 보리밥(4), 팥밥(2), 완두콩밥(1)
	빵	4	프렌치토스트, 샌드위치, 토스트
	국수	1	카레국수
	일품요리	1	비빔밥
부식	국	17	근대토장국, 북어국, 콩나물(3), 생선매운탕, 순두붓국, 미역국, 내장국, 쇠고기달걀국(2), 실파국(2), 곰국, 크림수프(2), 맑은 수프
	찌개	2	된장찌개(2)
	구이	4	병어구이, 불고기, 달걀부침, 햄버거스테이크
	볶음	4	쇠고기야채볶음, 제육볶음, 햄볶음, 감자볶음
	조림	1	연근조림
	튀김	4	생선튀김(2), 닭튀김, 야채튀김
	나물	16	콩나물, 도라지나물, 오이생채, 미나리나물(2), 물미역무침, 무생채, 호박나물, 실파나물, 숙주나물, 쑥갓나물, 야채 샐러드(4), 오이당근 샐러드
	김치류	15	배추김치(10), 깍두기(4), 오이피클
	기타	26	아이스크림(2), 카스텔라, 초콜릿, 토마토(3), 참외(4), 사과(2), 파인애플, 오렌지 주스(2), 토마토 주스(2), 우유(4), 홍차, 커피(3)

5. 계절식단

계절식단으로 식사계획을 하는 데는 두 가지 면에서 생각할 수 있다. 하나는 어떤 시기에 특히 풍부하고 가격이 비교적 싼 식품을 많이 사용하는 것이고, 다른 하나는 아주 덥거나 아주 추운 날씨에 적합하도록 식사를 계획하는 것이다.

어떤 계절에만 특히 많은 식품들은 주로 과일과 채소이다. 대도시에서는 계절이 지난 과일과 채소를 일년 내내 구할 수 있으나 가격은 비싸다. 왜냐하면, 비닐하우스에서 기른 것이기 때문이다. 신선한 계절과일을 이용하지 않으면 통조림

제품을 사용하거나 전혀 사용하지 않게 된다. 여러 신선한 식품의 향미를 즐기지 못하는 것은 서러운 일이며, 이런 계절식품은 매일 사용하거나 하루에 두 번 사용하여도 싫증날 우려가 없다. 계절식품이기 때문에 사용할 수 있는 기간이 매우 짧기 때문이다.

신선한 과일과 채소를 여유 있게 사용하는 것은 더운 날씨에 식욕도 없고 소화불량이 잘 일어나므로 음식의 양을 적게 하고 소화가 잘되는 음식을 섭취해야 한다. 더운 날씨에는 체온을 낮추기 위하여 피부를 통해 수분이 많이 손실되므로 수분을 충분히 섭취해야 한다.

더운 날씨에는 운동을 적게 함으로써 에너지의 섭취를 줄여야 하고, 시원하고 가벼운 음식을 찾게 된다. 아주 더운 날 며칠 동안은 가볍게 먹어도 해는 없겠지만 장기간으로 보면 여름의 식사는 단백질, 무기질, 비타민과 열량을 충분히 공급할 수 있는 식단이어야 한다. 육류, 우유, 달걀, 채소, 과일, 샐러드는 꼭 포함시켜야 한다. 주부들은 더운 여름에 적당한 음식을 제공해야 할 뿐만 아니라 더운 부엌에서 조리하는 시간을 최소한으로 줄이도록 노력해야 한다.

겨울에는 특히 밖에서 일하는 사람들은 어느 계절보다 기름기가 많은 음식을 많이 섭취하고 음식의 양도 많아야 한다. 실내에 주로 있는 사람들도 겨울의 찬 바람이 식욕을 돋우고 빨리 움직이므로 더운 음식이 좋고, 대부분의 사람들이 약간 푸짐하게 먹는다. 곰국이나 만둣국 등 따뜻한 국과 지방이 풍부한 돼지고기 등을 이용하여 찜이나 전골 등을 이용하면 좋다. 동태, 굴, 대구 등의 제철 어패류를 이용하는 것이 바람직하다. 또한 겨울식단에도 우유, 채소, 과일의 충분한 양을 포함시켜야 하며, 겨울에는 가격이 싼 감자, 고구마, 당근 등의 뿌리 채소를 사용하고 말린 채소나 통조림채소를 사용하고 과일도 말린 과일, 통조림과일을 사용할 수도 있다.

6. 대치식품

대치식품은 기본이 되는 식품에 대해 대치를 할 수 있는 것을 말한다. 예를 들면, 전분식품인 쌀로 밥을 지어먹는 대신에 밀가루로 국수를 만들어 먹는 것을 말한다. 대치식품은 식품에 함유되어 있는 주된 영양소를 주로 생각하여 대치한다. 우리나라는 계절의 차이로 말미암아 식품 생산의 종류가 다르므로 대치식품을 알아 두어야 한다. 뿐만 아니라, 계획한 식단가격이 비싸서 예산으로 구입하기 어려울 때에는 대치식품을 생각하여 같은 영양소를 공급하면서 싼값으로 식품을 구입하여야 한다. 쇠고기 대신으로 생선을 사용할 수도 있고 닭고기, 두부, 된장 등 모두가 양질의 단백질을 함유하고 있으므로 대치할 수 있다.

이와 같이, 계획된 예산에 알맞은 식생활을 실천하는 데 있어 대치식품을 알아 두어 이용하도록 하는 것이 좋다. 특히, 우리나라에서는 물가의 변동이 심하고 상용식품의 가격이 고정되어 있지 않으므로 항상 대치식품을 머릿속에 생각하고 식단 작성을 해야 한다. 푸른색 채소도 시금치가 귀한 계절에는 미나리, 쑥갓, 부추, 아욱, 상추, 산나물 등을 사용할 수 있다.

경제면에서의 대치식품은 계절식품을 뜻하며 계절에 많이 생산되는 식품은 가격이 쌀 뿐 아니라 영양면에서도 우수하고 맛이 좋다. 그러므로 계절식품을 알아 두어 대치식품으로 사용하도록 한다(부록 5).

CHAPTER 8

식단 관리 및 평가

식단을 작성하는 목적이 가족의 영양필요량을 충족시키고 경제적으로 합당하며 기호에도 맞고 시간·노력을 절약할 수 있는 식사를 계획하는 데 있다면, 이러한 식단의 성패 여부는 계획된 식단을 어떻게 실행·관리하느냐에 달렸다고 할 수 있다. 즉, 아무리 합리적으로 짜여진 식단이라 할지라도 이를 제대로 실행하지 못한다면 아무 의미가 없으므로, 여기에 식단 관리의 중요성이 있다 하겠다.

1. 식단에 따르는 식품량

식단을 계획하고 이를 실행·평가하는 전과정에서 식품의 양에 대한 개념은 매우 중요하다. 우선, 1인분의 분량을 알아 두는 동시에 음식에 따라 필요한 재료명과 분량을 알아 두어야 식단 계획을 합리적으로 할 수 있으며, 식단을 실행·평가하는 과정에서는 각 식품의 중량을 목측량으로, 목측량을 중량으로 환산할 수 있어야 할 것이다. 또, 조리과정에서의 폐기량과 부피 변화에 대한 개념이 형성되어야 한다. 이를 〈표

표 8-1 식품의 목측량

식품명	식품의 양	식품명	식품의 양
쇠고기	국에 넣을 때 5~10g 찌개에 넣을 때 10~20g 볶음 30~50g 구이 80~100g	달걀	대 70~80g 중 50~60g 소 30~40g
돼지고기	찌개 20~30g 튀김 50~60g 구이 80~100g	생선	조기(중) 330g 갈치(중) 400~410g 꽁치(중) 75~85g 병어 270~280g
닭고기	전체 1,000~1,050g 날개(1쪽) 50~60g 다리(1쪽) 130~140g 가슴(1쪽) 100~110g	채소류	찌개 30~50g(한 가지 채소의 무게) 나물 60~100g
		김치	50~100g

표 8-2 식품군별 평균 가식부율

식품군명	가식부율*(%)	식품군명	가식부율(%)
채소류	85	어패류(생선)	82
감자류	90	어패류(염건)	82
과일류	76	어패류(염장)	72
어류(통째)	62	게류(껍질 있는)	25
어류(토막)	83	난류	87

* 식품군별 가식부율은 '사진으로 보는 음식의 눈대중량'(대한영양사협회, 삼성서울병원, 1999)과 '소비자가 알기쉬운 식품영양가표'(농촌생활 연구소, 2002)에 자세히 나와있다.

표 8-3 곡류의 주요 식품과 1인 1회 분량(한국영양학회, 2020년)

품목		식품명	분량(g)[1]	비고	섭취횟수[2]
곡류 (300kcal)	곡류	백미, 보리, 찹쌀, 현미, 조, 수수, 기장, 팥	90		1회
		귀리, 율무	90		0.3회
		옥수수	70		0.3회
		쌀밥	210	1공기	1회
	면류	국수(말린 것)	90	국수묶음 두께 2.5cm	1회
		국수(생면)	210	국수묶음 두께 2.5cm	1회
		당면	30		0.3회
		라면사리	120	1대접	1회
	떡류	가래떡/백설기	150	1컵(썬 것)	1회
		떡(팥소, 시루떡 등)	150		1회
	빵류	식빵	35	1쪽	0.3회
		빵(잼빵, 팥빵 등)	80	1개	1회
		빵(기타)	80	1개	1회
	시리얼류	시리얼	30		0.3회
	감자류	감자	140	중 1개	0.3회
		고구마	70	중1/2개	0.3회
	기타	묵	200		0.3회
		밤	60	큰 것 5개	0.3회
		밀가루, 전분, 빵가루, 부침가루, 튀김가루, 믹스	30		0.3회
	과자류	과자(비스킷, 쿠키)	30		0.3회
		과자(스낵)	30		0.3회

1) 1회 섭취하는 가식부 분량임.

2) 곡류 300kcal에 해당하는 분량을 1회라고 간주하였을 때, 해당 1회 분량에 해당하는 횟수

표 8-4 고기 · 생선 · 달걀 · 콩류의 주요 식품과 1인 1회 분량(한국영양학회, 2020년)

품목		식품명	분량(g)[1]	비고	섭취횟수[2]
고기 · 생선 · 달걀 · 콩류 (100kcal)	육류	쇠고기(한우, 수입우)	60		1회
		돼지고기, 돼지고기(삼겹살)	60		1회
		닭고기	60		1회
		오리고기	60		1회
		햄, 소시지, 베이컨, 통조림햄	30		1회
	어패류	고등어, 명태/동태, 조기, 꽁치, 갈치, 다랑어(참치)	70	작은 것 1토막	1회
		바지락, 게, 굴	80		1회
		오징어, 새우, 낙지	80		1회
		멸치자건품, 오징어(말린 것), 새우자건품, 뱅어포(말린 것), 명태(말린 것)	15		1회
		다랑어(참치통조림)	60		1회
		어묵, 게맛살	30		1회
		어류젓	40		1회
	난류	달걀, 메추리알	60	달걀(중) 1개, 메추리알 5개	1회
	콩류	대두, 완두콩, 강낭콩	20		1회
		두부	80		1회
		순두부	200		1회
		두유	200		1회
	견과류	땅콩, 아몬드, 호두, 잣, 해바라기씨, 호박씨	10	15알 내외 1스푼	0.3회

1) 1회 섭취하는 가식부 분량임.
2) 고기·생선·달걀·콩류 100kcal에 해당하는 분량을 1회라고 간주하였을 때, 해당 1회 분량에 해당하는 횟수

8–1〉, 〈표 8–2〉에 나타내었다. 또한, 식품군의 주요 식품과 1인 1회 분량도 〈표 8–3〉, 〈표 8–4〉, 〈표 8–5〉, 〈표 8–6〉, 〈표 8–7〉, 〈표 8–8〉에 나타냈다.

표 8-5 채소류의 주요 식품과 1인 1회 분량(한국영양학회, 2020년)

품목		식품명	분량(g)[1]	비고	섭취횟수[2]
채소류 (15kcal)	채소류	파, 양파, 당근, 풋고추, 무, 애호박, 오이, 콩나물, 시금치, 상추, 배추, 양배추, 깻잎, 피망, 부추, 토마토, 쑥갓, 무청, 붉은고추, 숙주나물, 고사리, 미나리	70	1접시	1회
		배추김치, 깍두기, 단무지, 열무김치, 총각김치	40		1회
		우엉	40		1회
		마늘, 생강	10		1회
	해조류	미역, 다시마	30		1회
		마른미역	10		
		김	2	1장	1회
	버섯류	느타리버섯, 표고버섯, 양송이버섯, 팽이버섯	30		1회

1) 1회 섭취하는 가식부 분량임.
2) 채소류 15kcal에 해당하는 분량을 1회라고 간주하였을 때, 해당 1회 분량에 해당하는 횟수

표 8-6 과일류의 주요 식품과 1인 1회 분량(한국영양학회, 2020년)

품목		식품명	분량(g)[1]	비고	섭취횟수[2]
과일류 (50kcal)	과일류	수박, 참외, 딸기	150	딸기 10개	1회
		사과, 귤, 배, 바나나, 감, 포도, 복숭아, 오렌지, 키위, 파인애플	100	사과 (중) 1/2개 귤 (중) 1개	1회
		건포도, 대추(말린 것)	15		1회
	주스류	과일음료	100	1/2컵	1회

1) 1회 섭취하는 가식부 분량임.
2) 과일류 50kcal에 해당하는 분량을 1회라고 간주하였을 때, 해당 1회 분량에 해당하는 횟수

표 8-7 우유 · 유제품류의 주요 식품과 1인 1회 분량(한국영양학회, 2020년)

품목		식품명	분량(g)[1]	비고	섭취횟수[2]
우유 및 유제품 (125kcal)	우유	우유	200	1컵(1개)	1회
	유제품	치즈	20	1장	0.5회
		요구르트(호상)	100	1/2컵	1회
		야쿠르트(액상)	150	3/4컵	1회
		아이스크림	100	1/2컵(1개)	1회

1) 1회 섭취하는 가식부 분량임.
2) 우유·유제품류 125kcal에 해당하는 분량을 1회라고 간주하였을 때, 해당 1회 분량에 해당하는 횟수

표 8-8 유지·당류의 주요 식품과 1인 1회 분량(한국영양학회, 2020년)

품목		식품명	분량(g)[1]	비고	섭취횟수[2]
유지·당류 (45kcal)	유지류	참기름, 콩기름, 커피프림, 들기름, 유채씨기름/채종유, 흰깨, 들깨, 버터, 포도씨유, 마요네즈	5	1작은술	1회
		커피믹스	12	1봉	1회
	당류	설탕, 물엿/조청, 꿀	10	1큰술	1회

1) 1회 섭취하는 가식부 분량임.

2) 유지·당류 45kcal에 해당하는 분량을 1회라고 간주하였을 때, 해당 1회 분량에 해당하는 횟수

2. 식품 구입의 합리화

식단을 실행하는 첫 단계는 식품을 구입하는 과정이다. 이를 합리적으로 하기 위해서는 식단에 요구되는 식품량을 목측량으로 환산하여 구입량을 계획하여야 하며 경제적인 측면과 식품의 질을 동시에 고려해야 한다.

식품 구입 시 유의점:

1. 장보기는 직접 식생활관리자가 하며, 혼자 해야 하고, 배가 고플 때는 과잉구매를 하게 되므로 피하는 것이 좋다.
2. 시간, 에너지, 휘발유를 절약하기 위하여 저장소가 허락하는 한 자주 가지 않도록 해야 한다.
3. 시간, 돈, 에너지 보존을 위하여 장보기의 계획을 세워야 한다.
4. 시장가격을 비교하고 시간과 에너지가 허용하는 범위 안에서 한 군데 이상의 시장에서 장을 보는 것이 좋다.
5. 쇼핑 목록을 작성할 때 광고를 이용하고 시장에서 더 좋은 구매품을 발견했을 때는 마음을 바꿔야 할 것이다.
6. 장보는 데 충분한 시간을 갖도록 하여 제품과 가격을 비교하고, 표시를 읽는 데 여유를 갖도록 해야 한다.

7. 육류의 부위나 신선한 과일, 채소로부터 몇 인분의 양이 나올지 짐작할 수 있는 기술을 습득해야 한다.
8. 정기적으로 사는 식품들의 가격은 알아 두어야 한다.
9. 단위가를 이용하여 다른 상표, 포장 크기 종류, 다른 질의 것들을 비교하여야 한다.
10. 다른 상표 제품을 사서 써 본다.
11. 계절식품을 많이 이용한다.
12. 인하판매가 있는 날에 장을 본다.
13. 새로 포장된 식품의 무게를 알아보고 인하판매 물품도 알아보아야 한다.
14. 저장능력과 필요에 따른 가장 큰 포장을 산다.
15. 용도에 따라 질의 등급을 정해 사도록 한다.
16. 개봉일 표시를 보아 신선도를 알도록 한다.
17. 인하판매의 이점을 이용한다. 그러나 먼저 제품을 평가해야 한다.
18. 식품비 예산이 풍부하지 않는 한 편이식품의 구입은 조심해야 한다.
19. 재료 표시를 연구하여 가격을 비교해 보아야 한다.

이상과 같은 것을 고려할 때, 식품을 구입하는 데 매우 중요한 과정은 식품표시제(food label)를 이용하는 것이다.

미국에서는 FDA의 법에 의해 식품에 라벨을 표시하도록 되어 있어 상품의 일반적인 이름, 제조·포장·유통시킨 회사의 이름과 주소, 중량·개수 등의 총 함량, 성분, 1회분의 양과 용기에 몇 회분이 포함되었는지를 알 수 있으며, 무엇보다도 영양소와 식품성분의 양을 표시함으로써 영양소에 대한 충분한 정보를 얻을 수 있다.

최근 우리나라에서도 이러한 식품의 유통기한 원재료 성분 및 원산지표시, 영양성분 표시제도가 실시되고 있으므로 소비자는 각 제품의 표기사항을 보는 습관을 기르도록 해야 하겠다.

3. 조리방법의 합리화

영양소를 골고루 섭취할 수 있도록 고려하여 식단을 계획하는 것은 식사 계획의 가장 중요한 첫걸음이라 할 수 있다. 그러나 이것이 제대로 실행되기 위해서는 조리 시 몇 가지 사항을 더 고려할 필요가 있다. 즉, 적절한 조리방법으로 영양소의 손실을 막고, 식품의 특성과 조리 시 변화를 잘 이해하여 식품의 소화율을 증가시키고 가족들의 기호를 만족시킬 수 있는 방법으로 조리한다. 또한, 식품에 들어 있는 미생물이나 기생충이 파괴될 수 있도록 식품에 맞는 조리온도를 선택한다. 조리법 선택 시에는 비슷한 조리법이나 양념이 중복되어 맛이 비슷한 음식이 겹치지 않게 하는 것도 필요하다.

이러한 사항들 외에 조리과정의 합리화를 꾀하기 위해 고려해야 할 사항으로 조리 시간과 조리의 복잡성이 있으며, 이를 주부의 시간과 능력에 맞게 선택하여야 한다. 시간을 절약하기 위해서는 예산을 세우는 것과 마찬가지로 시간계획을 세우며, 조리 시 유의점, 특별히 좋은 제품이나 재료명 등을 기록해 두는 것도 한 방법이라 할 수 있겠다.

또, 조리용구나 그릇 등을 자주 쓰는 순서나 위치를 고려해 합리적으로 배치하는 것 역시 시간 절약에 큰 몫을 할 수 있다.

4. 식생활 지침

2016년 보건복지부는 농림축산식품부, 식품의약품안전처와 공동으로 국민의 건강하고 균형잡힌 식생활 가이드라인을 제시하는 '국민 공통 식생활 지침'을 제정·발표했다. '국민 공통 식생활 지침'은 정부부처의 분산되어 있는 지침을 종합하여, 바람직한 식생활을 위한 기본적인 수칙을 제시한 것으로 균형있는 영양소 섭취, 올바른 식습관 및 한국형 식생활, 식생활 안전 등을 종합적으로 고려하였다. 그 내용은 다음과 같다.

국민 공통 식생활 지침:

1. 쌀·잡곡, 채소, 과일, 우유·유제품, 육류, 생선, 달걀, 콩류 등 다양한 식품을 섭취하자
2. 아침밥을 꼭 먹자
3. 과식을 피하고 활동량을 늘리자
4. 덜 짜게, 덜 달게, 덜 기름지게 먹자
5. 단 음료 대신 물을 충분히 마시자
6. 술자리를 피하자
7. 음식은 위생적으로, 필요한 만큼만 마련하자
8. 우리 식재료를 활용한 식생활을 즐기자
9. 가족과 함께 하는 식사 횟수를 늘리자

그림 8-1 국민 공통 식생활 지침

5. 식품교환표

인체 영양의 기본은 균형이 잘 잡힌 식사에 의한다. 그러므로 식단을 작성할 때는 성질이 다른 식품을 다양하게 배합한다. 이러한 배합을 간편하게 할 수 있도록 일상식품을 여섯 가지로 나누어 기초식품이라고 말한다. 그러나 각 군의 식품을 얼마만큼씩 먹어야 필요량을 섭취할 수 있는지는 쉽게 파악하기가 힘들다. 이를 위해 사용할 수 있는 것이 식품교환표이다. 이는 본래 미국당뇨병협회의 협조를 얻은 미국영양사협회가 처음으로 고안한 것으로, 그 당시에는 체중조절이 필요한 환자나 당뇨병 환자를 위해 마련된 것이었다. 이는 식품 분석표를 이용하지 않고서도 간단히 환자가 요구하는 열량과 3대 영양소량을 계산할 수 있는 편의

표 8-9 식품교환표

식품군		교환 단위의 예	영양소(g) 당질	영양소(g) 단백질	영양소(g) 지방	열량 (kcal)
곡류군		떡 50g, 감자(중) 1개 140g, 밥 1/3공기 70g, 식빵 1쪽 35g, 옥수수 1/2개 70g, 삶은국수 1/2공기 90g	23	2		100
어육류군	저지방군	쇠·돼지·닭고기(순살코기) 완자 2개 40g, 조기, 가자미, 대구, 동태, 병어, 참치 1토막 50g, 새우(중) 3마리 50g, 물오징어 1토막 50g, 조갯살 1/3컵 70g		8	2	50
	중지방군	달걀 1개 55g, 두부 1/5모 80g, 순두부 1/2봉지 200g, 햄 2쪽 40g, 갈치, 꽁치, 고등어 1토막 50g, 쇠·돼지고기 40g		8	5	75
	고지방군	갈비(삼겹살) 40g, 닭다리(껍질 포함) 40g, 소시지, 베이컨, 런천미트 40g, 치즈 1½장 30g, 생선통조림 1/3컵 50g		8	8	100
채소군		당근 70g, 시금치 70g, 배추 70g, 오이 70g, 가지 70g, 깻잎 70g, 무 70g, 단호박 40g, 해조류 7g, 버섯류 50g 건버섯 7g	3	2		20
지방군		땅콩 1큰술 80g, 잣, 땅콩버터 1작은술, 8g, 마요네즈, 버터 1½큰술 5g, 식용유, 들기름, 참기름 1작은술 5g			5	45
우유군	일반 우유	우유 200mL, 두유 200mL, 전지분유, 조제분유 5큰술 25g	10	6	7	125
	저지방 우유	저지방우유 200mL	10	6	2	80
과일군		사과 1/3개(중) 포도 19알 80g, 귤 2개(소) 120g, 과일 주스 1/2컵 100g, 감 1/2개(중) 70g, 딸기 7(중), 참외 1/2개 150g	12			50

를 모색한 것이어서 식단 작성에 기여한 바가 크다. 우리나라도 이러한 미국의 식품교환표에 우리의 식품사정을 보완하여 1981년 여름에 식품교환법을 발표하였으며 1988년 4월 대한당뇨병학회와 한국영양학회, 대한영양사회에서 개정 발표하여 당뇨병 환자뿐만 아니라 일반인의 식사 계획에도 이용할 수 있게 되었다. 이는 또한 식단의 평가 시에도 유용한 기준이 될 수 있다.

식품교환표는 식품을 곡류군·어육류군·채소군·과일군·우유군·지방군의 6가지로 나누어 같은 군 내에서는 먹고 싶은 것을 자유롭게 바꾸어서 선택하여 먹을 수 있도록 한 것으로, 균형 잡힌 식사를 위해서는 어느 군에서나 골고루 섭취하도록 한다(표 8-9).

식품교환법을 이용한 식단 작성

영양 기준량 설정

대상자의 성별, 연령, 체격, 활동량, 질병 등을 고려하여 열량, 탄수화물, 단백질, 지방의 필요량을 설정한다.

이때, 3대 영양소의 열량 구성 비율은 한국인 영양섭취기준을 참고하여 탄수화물 55~70%, 단백질 7~20%, 지방 15~30%의 범위 안에서 설정한다.

예로 정상체중의 보통 활동을 하며 특별한 질병을 가지고 있지 않은 성인 여성(19~29세)의 경우 한국인 영양섭취기준에 따라 하루 2,000kcal의 열량을 섭취하여야 한다. 이를 토대로 열량의 구성비를 탄수화물 62%, 단백질 18%, 지방 20%로 설정했다면 아래와 같이 탄수화물, 단백질, 지방을 섭취하여야 한다.

탄수화물의 양: $2000 \times \frac{62}{100} \div 4 = 310g$

단백질의 양: $2000 \times \frac{18}{100} \div 4 = 90g$

지방의 양: $2000 \times \frac{20}{100} \div 9 \fallingdotseq 44g$

각 식품 교환단위 수 산정

설정된 탄수화물, 단백질, 지방의 양을 충족할 수 있도록 각 식품의 교환단위 수를 계산하는데 전체적으로 탄수화물, 단백질, 지방의 순서로 맞추어 나가며 계산한다.

① 기호를 고려하여 우선 우유군, 채소군, 과일군 단위 수와 설탕의 양을 설정하여 이로 섭취되는 영양소를 계산한다.

예로 우유군 2단위, 채소군 6단위, 과일군 3단위, 설탕 5g으로 설정한다.

식품군	교환단위 수	탄수화물(g)	단백질(g)	지방(g)	열량(kcal)
우유군	2	20	12	14	250
채소군	6	18	12	–	120
과일군	3	36	–	–	150
설탕	–	5	–	–	20
합계	–	79	24	14	540

② 설정한 탄수화물 양을 충족할 수 있도록 곡류의 교환단위 수를 산정한다. 이는 총 필요한 탄수화물의 양에서 1의 식품군들로부터 섭취되는 탄수화물 양을 뺀 후 곡류 1단위당 함유된 탄수화물 23g으로 나누어 곡류의 단위 수를 계산하고, 이로부터 섭취되는 탄수화물, 단백질 열량을 계산한다.

- 곡류에서 섭취해야 할 탄수화물 양: 310 − 79 = 231

  → 곡류군 교환단위 수: 231 ÷ 23 ≒ 10단위

식품군	교환단위 수	탄수화물(g)	단백질(g)	지방(g)	열량(kcal)
곡류군	10	230	20	–	1,000

③ 설정한 단백질 양을 충족할 수 있도록 어육류군의 교환단위를 산정한다. 이는 총 필요한 단백질의 양에서 1과 2의 식품군들로부터 섭취되는 단백질의

양은 뺀 후 어육류군 1단위에 함유하는 단백질 8g으로 나누어 단위 수를 계산하고 이로부터 섭취되는 단백질, 지방의 열량을 계산한다.

- 어육류에서 섭취해야 할 단백질의 양: 90 − (24 + 20) = 46
  → 어육류군 교환단위 수: 46 ÷ 8 ≒ 6

예로 중지방 3단위, 저지방 3단위로 계획했을 경우

식품군		교환단위 수	탄수화물(g)	단백질(g)	지방(g)	열량(kcal)
어육류군	저지방	3	−	24	6	150
	중지방	3	−	24	15	225
합계		6	−	48	21	375

④ 설정한 지방 양을 충족할 수 있도록 지방군의 교환단위 수를 산정한다.

총 필요한 지방의 양에서 1, 2 , 3 식품군들부터 섭취되는 지방의 양을 뺀 후 지방군 1단위에 함유된 지방 5g으로 나누어 지방군 단위 수를 산정한다.

- 지방군에서 섭취해야 할 지방의 양: 44 − (14 + 21) = 9
  → 지방군의 교환단위 수: 9 ÷ 5 ≒ 2

총합

식품군		교환단위 수	탄수화물(g)	단백질(g)	지방(g)	열량(kcal)
우유군		2	20	12	14	250
채소군		6	18	12	−	120
과일군		3	36	−	−	150
설탕		−	5	−	−	20
곡류군		10	230	20	−	1,000
어육류군	저지방	3	−	24	6	150
	중지방	3	−	24	15	225
지방		2	−	−	10	90
합계			309	92	45	2,005

교환단위 수의 끼니별 배분

계산된 각 식품 교환단위 수를 아침, 점심, 저녁과 간식으로 균형을 맞추어 알맞게 배분한다.

2,100kcal의 끼니별 교환단위의 예

끼니별 \ 식품군	곡류군	어육류군	채소군	과일군	우유군	지방군
아침	3	저지방 1 중지방 1	2	1	1	1
점심	3	저지방 1 중지방 1	2	1	–	0.5
간식	1	–	–	–	1	–
저녁	3	저지방 1 중지방 1	2	1	–	0.5

식품교환표에서 식품 선택 후 식단 작성

세끼와 간식으로 배분할 교환단위에 맞추어 식품교환표에 나온 식품 중에서 기호, 건강 등을 고려하여 다양한 식품과 조리법을 이용하여 식단을 계획한다.

표 **8-10** 하루에 필요한 연령별 · 성별 식품군별 교환단위 수의 예

연령 \ 식품군 성별		열량 (kcal)	곡류군	어육류군		채소군	과일군	우유군	지방군
				저지방	중지방				
1~2(세)		900	4	2	1	2	1	2	2
3~5		1,400	6	1	3	4	1	2	3
6~8	남	1,700	8	2	2	4	2	2	3
	여	1,500	7	2	2	4	2	2	3
9~11	남	2,000	9	3	3	5	2	2	4
	여	1,800	8	2	3	4	2	2	3
12~14	남	2,500	12	4	4	7	2	2	5
	여	2,000	10	3	3	5	2	2	4
15~18	남	2,700	14	4	5	8	2	2	5
	여	2,000	10	3	3	5	2	2	4
19~29	남	2,600	14	4	4	7	3	1	6
	여	2,000	10	3	4	7	2	1	4
30~49	남	2,500	12	5	4	7	3	1	5
	여	1,900	9	3	4	7	2	1	4
50~64	남	2,200	11	4	4	7	2	1	5
	여	1,700	9	3	3	7	2	1	4
65~74	남	2,000	10	3	4	7	2	1	4
	여	1,600	8	2	3	7	2	1	3
75 이상	남	2,000	10	3	4	7	2	1	4
	여	1,600	8	2	3	7	2	1	3
임신부	전기	2,000	10	3	4	7	2	1	4
	중기	2,340	11	4	4	7	3	2	4
	후기	2,450	12	3	5	7	3	2	4
수유부		2,340	11	4	4	7	3	2	4

표 8-11 15~18세 여학생의 경우를 예로 한 1일 끼니별 식단 배분 구성표

<table>
<tr><th rowspan="2">구분</th><th colspan="2">곡류군</th><th colspan="2">어육류군</th><th colspan="2">채소군</th><th colspan="2">과일군</th><th colspan="2">우유군</th><th colspan="2">지방군</th></tr>
<tr><th colspan="2">10</th><th colspan="2">6</th><th colspan="2">5</th><th colspan="2">2</th><th colspan="2">2</th><th colspan="2">4</th></tr>
<tr><td>아침</td><td>3</td><td>밥 2/3 공기, 감자 1개</td><td>2</td><td>두부 1/5 모, 달걀 1개</td><td>1.5</td><td rowspan="3">105g의 채소 3.5g의 해조류</td><td>1</td><td>과일 주스 1/2컵</td><td>1</td><td>우유 200g</td><td>1</td><td></td></tr>
<tr><td>점심</td><td>4</td><td>밥 1공기, 식빵 1쪽</td><td>2</td><td>생선小 1 토막, 조갯살 1/3컵</td><td>1.5</td><td></td><td></td><td>1</td><td>두유 200g</td><td>1.5</td><td></td></tr>
<tr><td>저녁</td><td>3</td><td>밥 1공기</td><td>2</td><td>고기 탁구공 크기 2개</td><td>2</td><td>1</td><td>사과 1/3개</td><td></td><td></td><td>1.5</td><td></td></tr>
</table>

6. 식사구성안

우리나라 식사구성안은 여러 가지 식품이 적절히 함유된 균형잡힌 식사를 하는 데 도움을 주기 위해 고안된 것으로 다음과 같이 구성되었다.

식품의 분류

식품은 식품영양가표의 분류체계와 한국인의 대표적인 식사 패턴, 식품들의 영양소 함량, 국민영양조사에서 특정 식품이 총 영양소 섭취에 기여하는 정도 등을 고려하여 2020년 한국인 영양섭취기준에 맞추어 다음과 같이 6가지 식품군으로 분류하였다.

- 곡류
- 고기·생선·달걀·콩류
- 채소류
- 과일류
- 우유·유제품류

표 8-12 식품군별 대표식품의 1인 1회 분량

식품군	1인 1회 분량					
곡류	 쌀밥 210g	 백미 90g	 국수 (말린 것) 90g	 냉면국수 (말린 것) 90g	 가래떡 150g	 식빵* 35g
고기 · 생선 · 달걀 · 콩류	 쇠고기 60g	 닭고기 60g	 고등어 70g	 대두 20g	 두부 80g	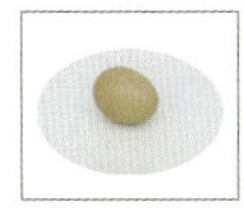 달걀 60g
채소류	 콩나물 70g	 시금치 70g	 배추김치 40g	 오이소박이 1접시 40g	 느타리버섯 30g	 미역 (마른 것) 10g
과일류	 사과 100g	 귤 100g	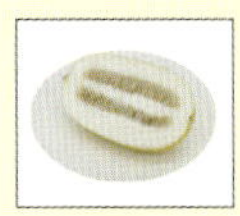 참외 150g	 포도 100g	 수박 150g	 대추 (말린 것) 15g
우유 · 유제품류	 우유 200mL	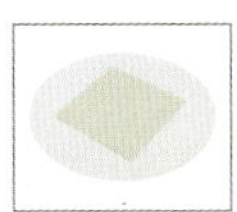 치즈* 20g	 호상요구르트 100g	 액상요구르트 150g	 셔벗 100g	
유지 · 당류	 콩기름 5g	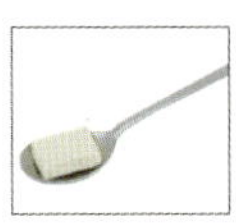 버터 5g	 깨 5g	 커피믹스 12g	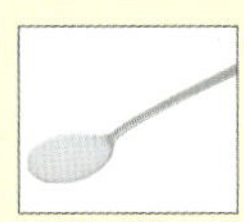 설탕 10g	 꿀 10g

* 식빵 35g은 0.3회, 치즈 20g은 0.5회로 계산

• 유지·당류

식사구성안을 위한 1인 1회 분량 설정

각 식품군에 속하는 식품 중 한국 사람들이 많이 섭취하는 식품을 중심으로, 국민영양조사보고와 다른 나라의 1회 분량의 자료 등을 참고로 하여 한번에 섭취하는 1인 1회 분량을 설정하였다(표 8-12).

식사구성안의 1인 1회 분량은 보기에 편하도록 가정용 단위를 많이 사용하고, 우리나라 사람들의 식생활 관습을 고려하여 제정하였는데, 섭취해야 하는 양이 아니라 사람들이 섭취한다고 생각되는 양으로부터 산출한 것이므로, 정확한 열량과 3대 영양소를 조절해야 하는 질환자의 식이요법을 위한 교환 단위와는 다르다는 것에 주의해야 한다.

식품군별 대표 영양가표

권장식단 패턴 제시를 위한 기초 자료로 사용하거나 간단한 식사계획 또는 평가에 활용하기 위하여 각 식품군별 제공 영양소 함량을 제시하였다. 식품군의 대표 영양가표는 각 식품의 영양소 기여값(1인 1회 분량 당 영양소 함량)에 그 식품의 섭취 가능 비율(전국 섭취량에 따른 가중치)을 곱한 값들의 합으로 나타내었다(표 8-13).

권장식사패턴

새롭게 설정된 한국인의 영양섭취기준을 만족하는 1일 식사구성의 예를 제시하기 위해 권장식사패턴(표 7-6)을 개발하였다. 권장식사패턴은 반드시 이렇게 먹어야 한다는 것이 아니라, 이런 정도의 식사구성을 하면 영양섭취기준을 잘 만족시킬 수 있으므로 1일 식사구성의 하나의 예로써 보여주는 것이다. 이를 토대로 개인의 기호도를 고려하여 섭취횟수를 조정하여 다양하게 사용할 수 있다.

표 8-13 식품군별 대표 영양가표

식품군	에너지 (kcal)	단백질 (g)	지방 (g)	탄수화물 (g)	식이섬유 (g)	칼슘 (mg)	인 (mg)
곡류	282.82	5.61	1.89	59.63	1.81	17.52	105.28
고기 · 생선 · 달걀 · 콩류	106.07	9.95	6.41	1.34	0.44	35.21	106.16
채소류	13.56	1.01	0.17	3.09	1.35	25.93	24.35
과일류	53.48	0.88	0.30	13.76	1.30	9.72	22.69
우유 · 유제품류	123.94	5.35	4.67	15.16	0.31	205.65	145.97
유지 · 당류	38.33	0.49	2.08	4.60	0.04	5.85	12.03

식품군	철 (mg)	나트륨 (mg)	칼륨 (mg)	비타민 A (g RE)*	티아민 (mg)	리보플라빈 (mg)	니아신 (mg)	비타민 C (mg)
곡류	1.03	103.89	178.03	1.94	0.13	0.07	1.27	2.83
고기 · 생선 · 달걀 · 콩류	1.20	105.65	125.07	22.25	0.11	0.11	1.61	0.30
채소류	0.63	195.43	152.57	72.69	0.04	0.04	0.36	10.76
과일류	0.92	8.32	196.56	80.38	0.06	0.04	0.43	21.44
우유 · 유제품류	0.55	109.79	247.03	44.88	0.08	0.22	0.33	3.16
유지 · 당류	0.14	5.95	84.23	0.28	0.00	0.01	0.69	0.01

* 비타민 A의 RAE에 대한 데이터베이스의 부재로 기존의 RE로 제시하였으며, 2015년 한국인 영양소 섭취기준에는 RAE로 제시되어 있음.

자료: 2015 한국인 영양소 섭취기준 954쪽.

1일 식사의 식품 구성

대표적인 연령군에 대하여 영양섭취기준을 고려하여 각 식품군에서 하루에 섭취해야 할 1회 분량 횟수를 제시하였다(표 8-3~표 8-8).

한 개인에게 필요한 에너지와 영양소의 양은 연령·성별 등에 따라 차이가 있으므로 식사도 이에 따라 다르게 구성되어야 하며, 특히 생애주기에 따라 변하는 주요 영양소 권장량을 잘 충족시킬 수 있도록 식사구성을 변형하는 것이 중요하다. 성인의 권장량에 비하여 에너지와 주요 영양소섭취기준 차이가 큰 대상자군

표 **8-14** 생애주기에 따른 1일 권장섭취 횟수(1회 분량 수, 한국영양학회, 2020년)

1인 1회	곡류	고기·생선·달걀·콩류	채소류	과일류	우유·유제품류	유지·당류
	밥 210g (약 1공기)	달걀 60g (약 1개)	당근 70g (약 1/3~1/4개)	사과 100g (약 1/2개)	우유 200mL (약 1잔)	콩기름 5g (약 1작은술)
영아 (만 1~2세)	1	1.5	4	1	2	2
유아 (만 3~5세)	2	2	6	1	2	4
아동 (만 6~11세)*	3 / 2.5	3.5 / 3	7 / 6	1	2	5
청소년 (만 12~18세)*	3.5 / 3	5.5 / 3.5	8 / 7	4 / 2	2	8 / 6
성인 (만 19~64세)*	4 / 3	5 / 4	8	3 / 2	1	6 / 4
노인 (만 65세 이상)*	3.5 / 3 3 / 2.5 (만 75세 이상)	4 / 2.5	8 / 6	2 / 1	1	4

* 만 6~11세 아동부터는 성별에 따라 '남자/여자'로 구분.

을 선정하여 식사구성을 한 예(표 8-14)를 제시하였다.

또한 같은 식품군에 속하는 식품들도 그 종류에 따라 실제 영양소 함량에 차이가 있으므로 식사구성안을 실생활에 적용시킬 때에는 식사구성뿐만 아니라 각 군별로 여러 가지 식품을 섭취할 수 있도록 다양성을 강조하는 것도 중요하다.

식품구성자전거

식사구성안에 제시된 식품의 분류와 각각의 식품군이 식생활에서 차지하는 중요성과 양을 일반인들이 쉽게 이해할 수 있도록 그림으로 표시한 것이 식품구성자전거이다(그림 8-2).

이는 자전거 바퀴모양을 이용하여 6개의 식품군에 권장섭취패턴의 섭취횟수와 분량에 비례하도록 면적을 배분하고, 또 하나의 바퀴에 물잔 이미지를 삽입하여 수분의 중요성을 나타냈다. 또한 적절한 운동을 통해 비만을 예방하자는 의미도 상징하고 있다. 식품군의 색상은 국제적인 영양교육의 통일감을 줄 수 있도록 미국과 동일한 색깔을 사용하였다.

그림 8-2 식품구성자전거
자료: 보건복지부, 2020 한국인 영양소 섭취기준.

미국의 식사구성안

20세기에 들어오면서 전문가가 아닌 사람들도 일상생활에서 영양소의 필요량에 따른 식사를 할 수 있도록 여러 가지 자료들이 만들어졌다. 최초의 자료로는 미국인들의 전통적인 식사에 기초를 둔 7가지 식품군이 있었고, 5가지 식품군으로 단순화되었다가, 1950년대 중반에 우유 및 유제품군, 육류군, 과일과 채소군, 곡류군을 내용으로 하는 4가지 식품군이 나왔다.

2005년에는 5가지 식품군과 유지류를 나타내는 6가지 색의 식품 피라미드가 고안되어 www.mypyramid.gov에 공개되었으며, 나이와 성별, 하루 운동시간에 따라 각기 다른 식단 정보를 제안하였다. 한편 Dietary guidelines for Americans는 2010년에 개정되었는데 마이피라미드 대신 플레이트 형태의 food guides를 제안하였다(www.choosemyplate.gov)(그림 8-3). 이는 곡류군, 단백질 식품군, 채소군, 과일군, 우유군 등 건강을 위한 식사, 즉 균형식을 위해 섭취할 식품을 5군으로 구분하고 그 상대적인 양을 식탁 매트 위에 놓인 접시(plate)

그림 8-3 미국의 식품 피라미드(2005)와 마이플레이트(2010)

형태의 그림으로 제시하여 실제 식사와 연관지어 생각할 수 있게 하였다. 'Myplate'의 'My'는 마이피라미드에서 처럼 개별화된 접근법을 의미한 것이다.

마이플레이트에서 전달하는 메시지는 다음과 같다.

- 칼로리 균형 맞추기: 식사를 즐기되 약간 적게 먹기, 1인 1회 분량 이상(oversized portion) 먹지 않기
- 충분히 먹기: 플레이트의 절반은 채소와 과일로 채우기, 곡류의 반 정도는 전곡류로 먹기, 우유는 무지방 또는 저지방(1%)으로 선택하기
- 좀 줄여 먹기: 나트륨 함량(수프, 빵, 냉동식사 등에서)을 비교하고 저나트륨 식사를 선택하기, 당이 함유된 음료 대신 물 마시기

마이플레이트 구성요소의 양은 연령, 성별, 신체활동량에 따라 다르다. 하루에 30분 이하로 중등도 운동을 하는 19~30세 남녀의 식품군별 권장 단위 수는 〈표 8-15〉와 같다.

채소군의 경우 하위단위로 짙은 녹색 채소류, 황색 채소류, 콩류, 전분질 채소류, 기타 채소류로 나뉘어 주당 권장량이 따로 주어진다. 그리고 적정 체중을 유지하기 위해 열량을 필요량 이내로 섭취하도록 하며, 거의 매일 30분 이상의 운동을 권장한다. 보통 활동 정도의 19~30세 성인의 권장량과 1회 분량은 〈표

표 **8-15** 식품군에 따른 권장 단위 수

식품군	남성	여성
곡류군	8 온스	6 온스
채소군	3 컵	2½ 컵
과일군	2 컵	2 컵
우유군	3 컵	3 컵
육류 및 콩류군	6½ 컵	5½ 컵

* 1 온스는 28.35g이며, 미국의 1컵 단위는 240ml이다.

표 **8-16** 19~30세 성인의 권장량 및 1회 분량

식품군	권장량	식품명	1회 분량	
곡류군 반 정도는 전곡류로 섭취한다.	8 온스(남) 6 온스(여)	빵 시리얼 밥 파스타	1 조각 1 컵 1/2 컵 1/2 컵	곡류군 1 온스
단백질 식품군 육류는 저지방이나 살코기로 고른다. 단백질 급원을 어류, 콩류 등으로 다양하게 섭취한다.	6½ 온스(남) 5½ 온스(여)	육류, 가금류, 어류 콩류 달걀 땅콩버터 견과류	1 온스 1/4 컵 1 개 1 큰술 1/2 온스	단백질 식품군 1온스
채소군 플레이트의 절반은 채소와 과일로 구성한다.	3 컵(남) 2½ 컵(여)	채소(생채, 숙채) 야채 주스 잎채소(생채)	1 컵 1 컵 2 컵	채소군 1 컵
과일군 플레이트의 절반은 채소와 과일로 구성한다.	2 컵	과일 과일주스 말린 과일	1 컵 1 컵 1/2 컵	과일군 1 컵
우유군 저지방이나 무지방 제품으로 선택한다.	3 컵	우유, 두유 요구르트 natural cheese 가공치즈	1 컵 1 컵 1½ 온스 2 온스	우유군 1 컵
유지류 버터, 마가린 등 고체지방, 포화지방을 멀리 한다.	7 작은술(남) 6 작은술(여)	식물성유 마가린, 마요네즈	1 작은술 1 작은술	유지 1 작은술

8-16〉과 같다.

일본의 식사구성안

2005년 일본은 후생노동성과 농림수산성이 공동으로 '식사밸런스 가이드'를 책정하여 일반인이 손쉽게 실천하도록 하였다(그림 8-4). '식사밸런스 가이드'는 우리나라와 달리 유지·당류를 식품군으로 분류하지 않았다.

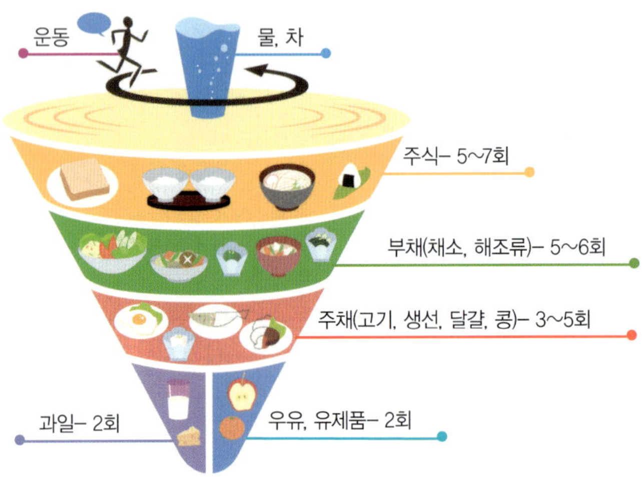

그림 **8-4** 성인 일본의 식사구성안

7. 식단 평가 기준

식단이 완성되고 이를 실행한 후에는 이를 평가함으로써 문제점을 수정·보완해 나갈 수 있어야 한다. 식단을 평가할 때는 식생활관리의 목표가 무엇이었는가를 생각하여, 그 목표를 기준으로 평가를 한다. 일반적으로 다음과 같은 점들을 유의하여 평가를 수행한다.

첫째, 완성된 식단이 영양 공급을 위해 적절했는가를 판단해야 하는데 이를 여섯 가지 식품군이 다 들어갔는지, 재료가 중복되지 않았는지를 살펴보아 평가할 수 있으며 다양한 재료를 사용하도록 노력한다. 일본에서는 하루 30가지 이상의 식품을 섭취하도록 권장하고 있다.

둘째, 비슷한 조리법이 중복 사용되어 영양적으로 치우치고 맛이 비슷해지진 않았는지 확인한다.

셋째, 조리법의 복잡성과 조리 시간이 주부의 시간과 능력에 맞았는지 판단해 본다.

넷째, 가족의 기호에 맞았는지 확인해 본다. 이를 위해서는 맛뿐만 아니라 시각, 후각, 촉각 그리고 감정적인 기호까지 고려해야 하며, 맞지 않았다면 그의 해결 방법을 찾아본다.

다섯째, 경제적으로 무리는 없는지, 즉 식비지출 예산을 초과하지 않았는지 파악하고, 저렴한 가격으로도 영양필요량을 만족시킬 수 있는 식단을 계획해 본다.

미국에서는 식사계획의 원리를 'ABCDMV', 즉 Adequacy: 영양소 공급이 적절한지, Balanced: 여러 가지 식품이 균형 있게 공급되는지, Calorie 조절: 적절한 에너지를 공급하는지, 영양소의 Density: 칼로리에 비해 영양소가 충분히 공급되는지, Moderation: 지방과 설탕이 많은 음식을 줄여 식사균형과 칼로리 조절에 기여할 수 있는지, Variety: 다양한 식품을 섭취하여 영양소를 골고루 공급하는지의 여섯 가지에 두고 있다. 식단 평가 시에도 이러한 원리에 준하여 평가를 수행한다면 적절한 반성의 기준이 될 것이다.

건강한 식생활을 위한 기본지침

건강한 식생활의 기본원리는 다양한 식품을 적당한 양으로 섭취하여 영양의 균형을 맞추는 것이다. 그 각각을 살펴보면 다음과 같다.

다양성

한 가지 식품의 섭취로 모든 영양소의 필요량을 충족시킬 수는 없다. 예를 들면, 완전식품으로 알려져 있는 달걀은 비타민 C가 전혀 없고 칼슘도 거의 공급하지 못하며, 우유 역시 철분과 비타민 D의 양이 매우 적다. 따라서, 다양한 식품의 섭취를 통해 필요한 영양소를 골고루 공급받는 것은 매우 중요하다.

적절한 양

식품을 섭취하는 데 있어서 적당한 양의 개념은 매우 중요하다. 적절한 양이란, 모든 영양소를 필요한 만큼 골고루 섭취할 수 있도록 식품 섭취를 조절하는 것을 말하며, 너무 많거나 적게 섭취하지 않는 것을 뜻한다. 예를 들면, 어느 날 한 끼 식사에 상대적으로 지방·당분·염분 등이 많은 식품을 섭취했다면, 그 날의 남은 식사에서는 이런 것의 함량이 적은 것을 섭취해 하루의 필요량이 적절히 유지될 수 있도록 하는 것을 말한다.

균형식

균형잡힌 식사란 모든 영양소가 적당한 양으로 포함되어 있는 식사를 말하며, 균형잡힌 식사를 위한 가장 좋은 방법은 매일의 식사에서 여섯 가지 기초 식품군을 골고루 섭취하는 것이다.

식습관 및 식생활 평가

식사 균형도

일본 영양사회가 제시하였던 식사 균형도를 일부 보완한 표를 이용하여 간단하게 식생활 평가를 할 수도 있다. 각 끼니에 먹은 식품을 〈표 8-17〉과 같이 점수화하여 총합을 구하면 각 끼니당 식사균형도 점수를 알 수 있다.

각 식품군별로 1가지 이상 먹었을 경우는 기본적으로 10점을 준다. 여기에 각 식품류별로 먹은 식품에 따라 식품 점수를 더해 준 다음, 끼니별로 합을 구하여

표 8-17 식사 균형도

영양소	식품류	식품	점수	
			기본점수	식품점수
단백질	고기류, 생선류	닭고기, 돼지고기, 쇠고기, 소시지, 햄 등 훈제품, 민물고기, 굴, 조개, 어묵 등	10	5
	알류	달걀, 오리알, 메추리알 등		5
	콩류 및 콩제품	콩, 두부, 비지, 두류, 된장, 청국장 등		4
칼슘	우유류	우유, 양우유, 분유, 치즈, 요구르트 등	10	5
	소어류	멸치, 뱅어포, 잔새우, 미꾸라지, 양미리, 사골 등		4
비타민 및 무기질	녹황색 채소류, 해조류	시금치, 당근, 깻잎, 고추, 상추, 쑥갓 등 미역, 김, 다시마, 파래	10	5
	담색 채소류, 버섯류	무, 배추, 오이, 호박, 파, 양파 등 콩나물, 버섯		2
	과일류	사과, 감, 배, 복숭아, 귤, 포도, 살구, 자두, 토마토, 참외, 수박, 딸기, 대추 등		4
당질	쌀	쌀, 찹쌀 등	10	3
	잡곡류	보리쌀, 밀가루, 옥수수, 국수, 빵, 떡, 라면 등		3
	감자류	감자, 고구마, 당면, 토란, 도토리 등		3
지방	기름류	참기름, 들기름, 콩기름, 옥수수기름, 쇼트닝, 마요네즈, 마가린, 버터 등	10	4
	종실류	참깨, 들깨, 호두, 잣, 땅콩 등		3
합계			100	

75점 이상이면 균형있는 식사, 74~50점이면 개선할 필요가 있음, 49 이하는 많이 개선되어야 하는 식사라고 평가할 수 있다.

식사 다양성

식품군을 총 10군 — 녹황색 채소군, 기타 야채군, 과실군, 어육류군, 난류군, 두류군, 곡류군, 감자류군, 우유류군, 유지류군 — 으로 나누고 각각 1점씩 부과하여 각 끼니당 섭취한 식품을 합산한다. 한 끼에 10점 만점으로 하여 평가한다.

표 **8-18** 식품 섭취 다양성 조사표: 오늘의 식단은 몇 점이나 될까?

식단	영양소	식품류	식품	배점		득점		
				균형식	식품	아침	점심	저녁
아침	단백질	고기류 생선류	닭고기, 돼지고기, 쇠고기, 토끼고기, 오리고기, 염소고기, 소시지, 햄, 생선, 민물고기, 굴, 조개, 어묵	10	5			
		알류	달걀, 오리알, 메추리알		5			
		콩류	콩, 두부, 비지, 두류, 된장, 청국장		4			
	칼슘	우유류	우유, 양유, 분유, 치즈, 요구르트	10	5			
		뼈째 먹는 생선	멸치, 뱅어포, 잔새우, 미꾸라지, 양미리, 사골		4			
점심	비타민 무기질	녹황색 채소류, 해조류	시금치, 당근, 깻잎, 고추, 갓, 미나리, 상추, 쑥갓, 무청, 아욱, 근대, 열무, 미역, 김, 다시마, 파래	10	5			
		담색 채소류, 버섯류	무, 배추, 양배추, 오이, 호박, 파, 양파, 우엉, 콩나물, 가지, 고구마줄기, 도라지, 버섯		2			
		과일류	사과, 감, 배, 복숭아, 귤, 포도, 살구, 자두, 참외, 토마토, 수박, 딸기, 대추		4			
저녁	당질	쌀	쌀, 찹쌀	10	3			
		잡곡류	보리쌀, 밀가루, 옥수수, 조, 수수, 국수, 빵, 떡, 엿, 라면		3			
		감자류	감자, 고구마, 당면, 토란, 도토리		3			
	지방	기름류	참기름, 들기름, 콩기름, 채종유, 쇼트닝, 마요네즈, 마가린, 버터	10	4			
		종실류	참깨, 들깨, 호두, 잣, 땅콩		3			
합계				50	50			
				100				

* 일본영양사회, 대한영양사회에 의해 보정

진단방법

- 식단란에는 아침, 점심, 저녁별로 음식명과 사용한 식품명을 쓴다.
- 득점란에는 식품류별로 사용한 식품이 있을 때 ○표를 한다(중복해서 먹은 경우 ○표는 1번만 한다).
- 배점란의 균형식 점수는 영양소별로 ○표가 한 개 이상 있을 때 해당점수를 득점한다.
- 배점란의 식품점수는 식품류별로 ○표가 있을 때 해당점수를 득점한다.
- 합계란에는 끼니별로 균형식 점수와 식품점수를 합하여 기록하고, 이를 평가기준과 비교하여 끼니별로 평가할 수 있다.
- 1일 점수는 3끼니의 점수를 평균한 값이 되고, 이를 평가기준과 비교하여 1일 식단의 식품섭취 다양성을 평가한다.

평가기준

- 75점 이상은 훌륭합니다.
- 74~50점은 개선할 필요가 있습니다.
- 49점 이하는 많이 개선해야 합니다.

섭취한 식품의 가짓수가 많을수록 영양군 섭취가 균형을 이룬다는 사실에 근거를 두어 일본영양사회가 만든 형식을 대한영양사회에서 우리나라 실정에 맞게 조정한 평가표도 있다(표 8-18). 이 평가표는 식품군 섭취 패턴의 균형성을 점수화한 Dietary Diversity Score(DDS)와 섭취한 식품의 가짓수를 나타내는 Dietary Variety Score(DVS)를 함께 고려한 것이다.

식품군 섭취 패턴(food group intake pattern)

미국에서 주로 쓰이는 GMFVD(G:grain, M:meat, F:fruit, V:vegetable, D:dairy product)는 곡류, 육류, 과일류, 채소류, 우유류의 5개 식품군으로 나눈 평가 방법이다(표 8-19).

표 8-19 식품군 섭취 패턴 평가의 예

식품군	최소 기준량(g)*	실제 섭취한 양(g)	점수
곡류 및 감자류	60	320	1
육류	30	25	0
과일류 고체 액체(주스류)	 30 60	100	1
채소류 고체 액체(주스류)	 30 60	135	1
우유 및 유제품 고체(치즈 등) 액체	 15 60	0	0

* 최소기준량: Kant 등, JADA, 91, 1526~1531, 1991.

식생활 자가진단표를 이용한 평가

대한영양사협의회에서 제시하였던 식생활 자가진단표를 일부 보완 작성한 〈표 8-20〉을 이용하여 평소 식생활 습관을 간편하게 진단할 수 있다. 일본영양여자대학에서 영양상담 시에 〈표 8-21〉과 같은 식생활 평가표를 활용하고 있다.

표 8-20 식생활 자가진단표를 이용한 평가(1주일 기준)

문항	2일 이하	3~5일	6~7일
규칙적인 시간에 3끼 식사를 한다.			
식사량은 언제나 적당히 한다.			
1일 2끼 이상 고기, 생선, 달걀, 콩, 두부 중 하나라도 섭취한다.			
녹황색 채소(당근 시금치 등)를 섭취한다.			
식물성 기름(들기름, 식용유 등)이 첨가된 음식(나물, 볶음, 튀김)을 섭취한다.			
우유나 유제품(요구르트, 요플레)을 먹는다.			
과일이나 과일 주스(무가당)를 섭취한다.			
해조류(미역, 김, 다시마 등)를 섭취한다.			
즐거운 마음으로 여유있게 식사를 한다.			
매끼 골고루 식사를 하며 편식하지 않는다.			
아침식사는 꼭 먹는다.			
문항	**예**	**가끔**	**아니오**
매일 가공식품(라면, 과자 등)을 먹는다.			
거의 매일 외식을 한다.			
매일 동물성 기름이나 콜레스테롤이 많은 음식을 먹는다.			
매일 짠 음식(젓갈, 장아찌 등)이나 화학조미료를 섭취한다.			
매일 단 음식(설탕, 꿀, 엿, 콜라, 단빵 등)을 섭취한다.			
매일 과음 및 잦은 음주를 한다.			
규칙적인 운동을 거의 하지 않는다.			
매일 카페인(커피, 차류 등)이 든 음식을 하루 3잔 이상 마신다.			
매일 담배를 많이 피운다.			
	×1 (　　)	×3 (　　)	×5 (　　)
총점			점/100

* 판단기준: 80점 이상 양호, 60점 이하 불량

표 8-21 식품군 섭취 패턴 평가의 예

항목	응답
1. 우유(요구르트 등 유제품 포함)는 1병 이상 마신다.	예
2. 달걀은 하루에 1개를 먹는다.	예
3. 생선, 육류는 하루에 2토막을 섭취한다(한 토막은 70g 정도 크기).	예
4. 두부, 된장, 콩 종류를 섭취한다.	예
5. 채소 요리를 2~3가지 섭취한다.	예
6. 감자류(감자, 고구마, 마 등)를 먹는다.	예
7. 미역, 다시마, 김 등의 해조류를 먹는다.	예
8. 과일은 하루 1개 먹는다.	예
9. 아침식사는 반드시 먹는다.	예

평가: '예'의 응답 1개에 5점 배당

40점 이상 – 영양의 균형이 잘 잡혀 있음.

39~30점 – 영양균형이 조금 기울어져 있음.

29점 이하 – 영양의 균형이 깨져 있음.
적극적으로 식생활을 개선하지 않으면 건강을 상하게 됨.

CHAPTER 9

주방 관리

이미 앞 장에서 자주 언급되었지만, 이 장에서 다시 반복해서 식품의 보존과 주방에서의 상용 에너지 절약에 대해 살펴보기로 한다. 이러한 두 자원의 보존은 가정에서뿐만 아니라 세계적인 견지에서도 필요하다.

1. 식품의 보존·저장

식품의 보존이란 식품자원을 최대한으로 이용하는 것으로 식품의 가식 부분의 낭비를 없애거나 최소한으로 하는 것을 의미한다. 가정에서나 병원, 식품점, 그 외 단체급식소 등에서 버리는 식품에 대해 많은 연구가 시행되었다.

우리나라의 생활 폐기물은 주로 매립되고 있으며 전체 폐기물은 해마다 증가하고 있으나 생활 폐기물은 감소하고 있다. 이는 종량제 실시로 인한 음식물 쓰레기 및 연탄재 발생량의 감소가 크게 기여하였다.

2016년 기준으로 연간 500만 톤 가량이 음식물 쓰레기로 버려진다. 1일 총 발생량은 13천 톤이며, 1인당 1일 발생량은 0.28kg이다. 전과 비교했을 때 1인당 발생량은 감소하였으나, 프랑스(0.16kg/일)와 스웨덴(0.086kg/일) 등 선진국과 비교했을 때 1인 1일 음식물 쓰레기 발생량은 많은 편이다.

여기서 말하는 음식물 쓰레기란 농·축·수산물 유통과정 중에서 버려지는 쓰레기, 가정·음식점에서 조리 과정 중 식품을 다듬고 버리는 식품 쓰레기(42.9%), 먹고 남긴 음식물 찌꺼기, 보관했다가 그냥 버려지는 식품 폐기물(28.2%) 등이다. 또, 필요 이상으로 너무 많이 차린 식단으로 인해 먹고 남은 음식, 너무 많은 식품을 구매해서 유통 기간이 초과된 식품(28.2%), 부주의로 변질된 식품 등이 폐기된다.

음식물 쓰레기 발생 비율을 보면 가정에서 버려지는 것이 69%로 가장 많고, 다음이 음식점, 대형 유통업소, 구내식당에서 버려지는 것이

31%이다. 그중 채소류가 51.4%로 가장 많고, 어육류, 곡류, 과일류 순으로 37.4%의 음식이 버려지는 셈이고, 상해서 버려지는 음식이 10.1%로 파악되었다.

음식물 쓰레기 감량, 자원화 홈페이지
www.foodwaste.or.kr

1974년 미국에서 애리조나 대학의 학생들이 3년 동안 그 도시에 버려진 쓰레기를 조사한 결과 매년 9,500톤의 식품 쓰레기를 버렸고, 그것은 9백만~1천 100만 달러에 해당되었으며, 이것을 다시 인구로 나누면 한 가구당 1년에 80~100달러 어치의 식품을 쓰레기로 버린 것이라고 한다. 쓰레기로 낭비된 식품은 전체의 약 10% 가량이었는데, 이 중 제일 많이 버린 것이 채소였고 다음이 패스트리, 쇠고기의 순이며, 중류 가정에서 제일 많았다. 이 조사에서는 주방에 있는 쓰레기 처리기와 애완동물에게 준 것은 포함되어 있지 않았다.

다른 연구조사에서는 미국 아이오와주와 오레건주의 학교급식에서의 낭비를 조사하였다. 아이오와주에서의 식품낭비는 25%였고 주로 우유·채소·과일·샐러드 등이 많았다고 한다. 오레건주에서는 학교에 다니는 9개월 동안에 한 학생이 평균 7.4kg의 음식과 8L의 우유를 버리는 것으로 나타났다. 1976년 시애틀 대학에서는 식품의 낭비실태를 인식시키기 위해 식품점이나 학교 급식소, 일반식당에서 남아서 버려야 하지만 먹을 수 있는 음식을 200명에게 제공하였다고 한다.

일반 식당에서 먹고 남은 음식을 많은 사람들이 싸가지고 가는 것(doggie bag)은 식당에서 제공하는 음식의 분량이 먹을 수 있는 양보다 많다는 뜻이며, 먹을 수 있는 음식을 낭비하지 않게 하기 위한 방법 중에 하나가 된다. 이런 방법은 선진국에서는 보편화되어 있고, 우리나라에서도 손님이 원하면 싸주는 것이

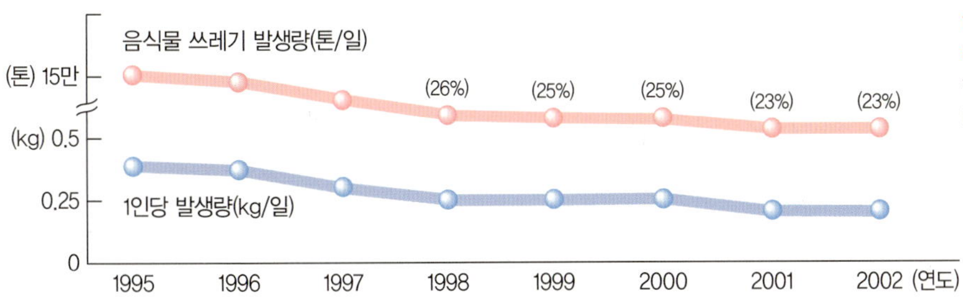

그림 9-1 음식물 쓰레기 발생현황
( ) 안은 전체 생활폐기물 중 음식쓰레기 발생비율

1년 동안 버려지는 음식물 쓰레기의 양
한국: 90kg/인
미국: 25kg/인

자연스러워졌다. 따라서, 쓰레기로 버리는 음식, 너무 많이 먹어 낭비하는 음식들을 줄여야 하며 국가적인 차원에서나 상업적으로도 식품낭비를 줄이도록 노력해야 하지만 각 가정에서 먼저 시작되어야 할 것이다.

식품 낭비의 조절

식생활관리자는 식품의 낭비를 줄이고 돈도 절약하기 위하여 이미 앞 장들에서 언급한 내용들을 잘 생각하여 현명한 판단을 내려야 하며, 이는 시장 보는 동안에 시작하여야 한다.

1. 현명한 판단이란, 절대로 필요 이상으로 사지 말아야 할 것이다. 즉, 상해서 버려야 하는 것을 피하기 위하여 필요한 양만큼 사야 하고, 다음의 조건을 갖추어야 한다.

    - 집이 잘 정리되어 있을 때
    - 위생적인 조건이 최적일 때
    - 냉장고가 최적온도일 때
    - 식품이 깨끗하고 선선할 때
    - 육류가 잘 포장·저장·보호되어 있을 때

2. 찢어진 포장이나 잘라진 상품, 또는 튀어나오고, 찌그러지고, 새거나 녹슨 통조림은 사지 말아야 한다.

표 9-1 식품의 저장 온도

식품명	저장온도(℃)	식품명	저장온도(℃)
과일	7~10	육류	1~3
채소 · 달걀	4~7	어패류	0~3
우유 · 유제품	3~4	냉동식품	−25~−15

3. 목표에 어긋나지 않는 식품들을 조심스럽게 선택하여 사야 한다.

식품이 상하거나 질적으로 손실되는 것을 피하기 위하여 장을 본 후 곧바로 부엌으로 운송해야 한다. 부엌에서는 모든 식품을 적합한 장소에 잘 보관하여 질을 보존하고 먹기에 안전하도록 한다.

- 감자, 사과, 양파 등은 주방 싱크대 밑에 넣어 두면 물이 샐 때 오염되기 쉽고 개미나 바퀴벌레로부터 오염될 수도 있으므로 싱크대 밑에 넣지 않는 것이 좋다.
- 레인지나 열원 근처에는 음식을 놓아두지 말아야 하며
- 상하기 쉬운 식품을 잠시라도 주방 선반 위에 내놓지 말아야 한다.

식품낭비의 조절은 조리를 위해 준비하는 동안, 조리하는 동안, 식사를 제공하는 동안, 조리와 제공 후 남은 음식을 저장하는 동안에도 계속된다. 가장 부드러운 부분만 쓰려고 하고, 또 색이 좋은 부분만 사용하려 하기 때문에 채소의 먹을 수 있는 잎부분이나 줄기부분을 버리고, 육류나 가금류의 끝 부분도 잘라 버리는 일이 많다. 그러므로 가식부분을 사용할 수 있는 방법을 연구해야 하며 식품을 최대한 사용하기 위하여 적절한 방법이 필요하다.

너무 조리되거나 덜 조리된 것을 먹을 수가 없어 낭비되기 때문이다. 남는 음식의 낭비는 흔히 있다. 그러나 먹을 수 있는 데도, 남은 음식을 사용하지 않거나 저장을 잘못하면 낭비를 가져온다. 남은 음식은 항상 식사 후 적합한 용기에 넣어 즉시 냉장시켜야 한다.

현명한 식생활관리자는 남은 육류와 채소를 국이나, 찌개나 전골 등을 만드는데 즉시 사용할 계획을 한다. 육류나 가금류는 조리 후 향미가 빨리 변하므로 질이 떨이지기 전에 남은 음식을 사용하도록 해야 한다. 요약해서 말하자면, 식생활관리자는 시장에서부터 쓰레기통에 이르기까지 식품의 낭비를 조절할 수 있는 기회가 있다. 그러나 불행하게도 그러한 기회를 중요하지 않은 것으로 생각하며

표 9-2 과일과 채소의 저장 온도 · 습도 · 유효기간 · 동결온도

식품명	저장온도(℃)	습도(%)	유효기간	동결온도(℃)
포도	−1.1~−0.6	85~90	3~6개월	−4.5
배	−1.1~−0.6	90~95		−1.9
감	−1.1	85~90	2개월	−2.0
딸기	−0.6~0.0	85~90	7~10일	−1.2
양배추	0.0	90~95	21~42일	−0.5
당근	0.0	90~95	4~5개월	−1.3
샐러리	−0.6~0.0	90~95	2~3개월	−1.0
오이	7.2~10.0	85~95	14~21일	−1.8
가지	7.2~10.0	85~90	10일	−0.8
수박	2.2~4.5	85~90	14~21일	−1.7
버섯(신선)	0.0	85~90	3~5일	−1.0
완두	0.0	85~90	7~14일	−1.1
쌀	1.5	65	6개월	−
호박	10~13	70~75	2~6일	−
양파	0.0	70~75	6~8개월	−1.0
감자	3.3~4.5	85~90	8개월 이상	−1.6
무	0.0	90~95	10~14일	−1.4
시금치	0.0	90~95	10~14일	−0.8
토마토	10.0	85~90	3~12일	−0.9
오렌지	1.7~2.8	85~90		−2.2
껍질콩	7.2~10.0	85~90	8~10일	−1.3
옥수수	−0.6~0.0	85~90		−1.3
고구마	12.5~15.5	85~90	4~6개월	−1.9
사과	−1~0	85~88	4개월	−
복숭아	−1~0	80~85	2~4주	−

자주 무시하고 있다.

식품 보관 요령

식품을 안전하게 먹기 위하여, 또 낭비를 줄이기 위해 다음과 같은 방법으로 보관하여야 한다.

1. 냉동식품은 즉시 냉동고에 넣어야 하며 냉동고는 −20°C를 유지하여야 한다. 냉동고의 온도가 −10°C가 되면 식품의 질이 빨리 나빠지기 때문에 저장기간이 짧아진다.
2. 신선한 육류, 가금류, 어류는 잘 포장하여 냉장고의 제일 찬 곳에 보관하거나 육류 저장실에 넣어 둔다.
3. 달걀은 플라스틱 포장 상태 그대로 냉장고에 곧 넣는다. 몇 주일 동안은 사용 가능하나, 질이 좋을 때 쓰려면 2주일 안에 사용해야 한다.
4. 유제품은 곧 냉장고에 넣는다. 우유와 크림은 1주일 정도까지는 신선하며, 특별 살균 처리된 크림은 열지 않으면 더 오래까지 사용할 수 있으나 일단 연 후에는 빨리 상한다. 탈지분유와 깡통연유는 상온에 저장할 수 있으나 수화시킨 후에는 신선한 우유와 같이 취급해야 한다.
5. 치즈는 잘 싸서 질의 손실과 곰팡이 생성을 방지하기 위하여 냉장고에 보관한다.
6. 지방이 많은 버터와 마가린은 식품냄새를 흡수하므로 잘 싸서 냉장시킨다. 냉동고에 두 달까지 저장할 수도 있다.
7. 과일은 상하기 쉬우므로 낭비를 줄이기 위하여 빨리 먹는 것이 좋으며 보관해야 할 경우 조심하여 냉장 보관한다. 덜 익은 과일은 익을 때까지만 상온에 보관하였다가 곧 냉장시킨다.
8. 채소는 과일보다는 덜 상하나 역시 냉장시켜야 한다. 물기가 없어져서 마르는 것을 막기 위하여 뚜껑이 있는 용기나, 플라스틱 봉지, 냉장고의 채소서랍에 보관해야 한다. 파, 피망, 오이, 시금치 등은 물기가 없이 보관해야 하며 감자, 양파, 무 등은 건조하고 집안에 찬 곳이나 서늘한 곳에 저장해야 한다.
9. 빵은 잘 싸서 빵상자에 보관하거나 곰팡이가 잘 생기는 기후에는 잘 싸서 냉장고나 냉동고에 보관한다. 냉장고에 보관하면 부드러움이 없어지나 냉동고에 보관하면 질의 손실이 전혀 없이 잘 보관된다. 빵껍질은 버리지 말고 말려서 빵가루로 사용한다.
10. 곡류, 크래커, 밀가루, 향신료, 설탕 등 마른 식품들은 수분이 못 들어가게 밀폐된 용기에 넣고 불 근처를 피하여 저장한다. 만일 날씨가 아주 무덥고 습기가 많으면 향신료, 밀가루는 냉장고에 보관하여 벌레가 생기지 않도록 한다. 고춧가루는 잘 싸서 냉동고에 보관하면 오래 사용할 수 있고 고운 색도 보존된다.
11. 잼, 젤리, 시럽, 꿀, 피넛버터 등은 일단 개봉 후에는 냉장시켜야 곰팡이가 안 생기며, 마요네즈와 드레싱은 산패되는 것을 막기 위해 냉장시켜야 한다.
12. 모든 깡통식품은 서늘하고 건조한 장소에 보관한다. 일단 깡통을 연 후에는 유리나 플라스틱 용기에 옮겨 냉장시키는 것이 바람직하다.

그림 9-2 냉장고의 저장장소

최근 들어 대형 냉장고가 일반화되면서 구석구석 효율적으로 냉장고를 활용하는 지혜가 보다 요청된다. 〈그림 9-2〉에서 보듯이 냉장고의 위치에 따라 온도가 다르고 각 식품들의 적정 저장온도도 다르기 때문에 이에 맞추어 위치를 잘 선택하면 신선하게 오래 저장할 수 있다(표 9-1, 2, 3, 4).

표 9-3 −18℃에서 냉동식품의 질을 최상으로 유지할 수 있는 최대저장기간

냉동식품	저장기간(개월)	냉동식품	저장기간(개월)
구운 식품		양고기	
시폰케이크	2	갈은 고기 또는 스튜	4
버터케이크	4	두껍게 자른 고기	4
스위트롤과 커피케이크	2	로스트	9
덴마크식 패스트리	3	돼지고기	
도넛	3	간 고기와 소시지	1~2
과일파이	8	두껍게 자른 고기	4
파운드케이크	6	로스트	8
흰 식빵	3	돼지고기, 훈제품	2
생선		송아지고기	
기름기가 많은 생선	3	커틀릿	9
기름기가 적은 생선	6	로스트	9
튀긴 생선	3	조리된 육류요리	3
조리된 생선	3		
게살, 굴	3	가금류	
새우	12	닭고기 자른 것	9
냉동 후식		닭고기 통째	12
아이스크림	1	칠면조 자른 것	6
셔벗	1	칠면조 통째	12
과일		오리고기, 거위고기, 통째	6
과일	12	조리된 닭고기 요리	6
과일 주스 농축액	12	닭튀김 요리	4
쇠고기		야채	12
햄버거	4	야채요리	6
로스트	12		
스테이크	12		

표 9-4 가정에서 만든 냉동식품이 −18℃에서 최상의 질을 유지할 수 있는 최대저장기간

냉동식품	저장기간(개월)	냉동식품	저장기간(개월)
버터와 마가린	2	신선한 육류	
체다치즈	3~6	쇠고기와 양고기 로스트, 스테이크	8~12
		돼지고기와 송아지고기 로스트	4~8
혼합 주된 요리	3~6	다진 고기	3
조리된 육류 요리	2~3	스튜	3
조리된 가금류 요리	2~3	닭튀김	4
육류 훈제품	1	과일	8~12
신선한 닭고기	6~12	야채	8~12

냉장고 각 칸의 이용 방법:

1. 신선실: 영하 1도~영상 1도 사이로 냉장실 중 온도가 가장 낮은 곳이므로 2~3일 안에 먹을 육류·생선을 보관하거나 변질되기 쉬운 치즈·버터·햄·소시지 보관에 이용한다.
2. 야채실: 수분이 많은 야채는 얼 수 있는 위험이 있으므로 야채실에 보관하되 눌려 짓무르거나 수분이 날아가 시들지 않도록 하는 것이 중요하다. 잘라낸 페트병, 비닐 랩, 젖은 키친 타월 등을 이용한다.
3. 냉장실: 요즘에는 대부분 칸칸마다 냉기가 나오므로 온도차보다 용도에 신경을 써 자주 사용하는 반찬류, 음식 재료나 수박 등의 큰 과일, 김치, 장류 식으로 위에서부터 정리하는 것이 좋다.
4. 냉장실 도어포켓: 냉장실에서 온도가 가장 높으므로 변질 위험이 적거나 온도가 너무 낮을 때 손상이 가능한 물병, 각종 음료수, 달걀, 잼, 케첩, 마요네즈, 장아찌류의 보관에 적당하다. 감기약·해열제 등의 아이들 약을 보관하기에도 좋다.
5. 냉동실
   - 마늘, 생강, 파, 실파, 고기 등의 다진 것을 비닐랩 등에 넣고 초콜릿처럼 칼집을 내어 냉동시키거나 얼음칸에 얼렸다가 쓸 만큼 부러뜨려 사용하면 편리하다.
   - 밥, 빵 등의 냉동: 밥을 한 끼 분량씩 냉동 보관했다가 전자레인지에 데워 사용하거나 식빵도 얼렸다 구워 먹는다.
   - 생크림 케이크는 얼렸다가 상온에서 자연 해동시키면 맛에 변함이 없다.
   - 육류의 표면에 식용유를 발라 랩으로 싸두면 신선하게 유지되며, 머리와 내장을 분리한 생선은 소금물에 씻어 물기를 뺀 후 1회 분량씩 지퍼백에 넣어 얼린다. 이 때, 구입날짜를 적은 종이를 끼워 두는 것이 좋다.
6. 냉동실 도어포켓: 500mL짜리 우유팩을 이용해 곰국, 멸치국물을 얼려 두었다 사용하거나 팥, 콩, 깨 등의 잡곡류를 보관하기에 적절하다.

냉장고 냄새를 제거하기 위해서 일반 탈취제나 원두커피 찌꺼기, 녹차 잎 등이 이용되며, 플라보노이드나 타닌 등의 성분이 함유된 떡갈나무 잎도 탈취 효과가 높은 것으로 알려져 있다.

각종 통조림·병조림·즉석 카레 등의 파우치 제품은 서늘한 곳에 직사광선을 피해 상온에서 1년간 보관이 가능하며 개봉 후에는 냉장 보관해야 한다. 감자·고구마·양파·마늘 등은 망에 담아 바람이 통하는 곳에 걸어 두고, 배추·무·시금치 등의 채소는 신문지로 말아 두면 싱싱함이 오래 간다. 바나나·파인애플·망고·멜론 등은 냉장고의 저온에서 상하므로 상온의 통풍이 잘되는 곳에 보관하고 곡류나 건어물 등도 습기만 피하면 냉장 보관이 필요 없다.

2. 주방의 위생관리

식품을 시장에서부터 주방까지 운반할 때나, 혹은 주방에서 잘못 취급하면 식품의 낭비뿐만이 아니라 식품의 부패가 일어난다. 사실, 다른 곳보다 가정집 주방이 자주 식중독의 근원이 된다. 병의 원인이 되는 박테리아는 어디나 다 있고, 물론 식품에도 존재한다. 박테리아는 따뜻한 조건하에서 성장을 하는데, 식품은 박테리아가 성장하는 데 필요한 영양소와 수분을 공급한다. 그러므로 식품을 시장에서부터 빨리 집으로 옮겨 저장할 것을 권장하고 있다. 주방에서의 오염을 막기 위하여 위생상태가 아주 좋아야 하고 온도는 4~60°C 범위에서 벗어나야 한다. 이 범위 내에서 대부분의 박테리아가 빨리 성장한다(그림 9-3).

주방에서의 위생상태가 좋아야 한다는 것은 도마, 칼, 부엌도구, 부엌 표면 등과 식생활관리자의 손이 식품에서 식품으로 전달되는 오염이 없도록 매우 깨끗해야 한다는 뜻이다. 냉동식품은 냉장고 안에서 해동시키거나, 위험한 온도범위(4~60°C) 안에 있을 때는 박테리아의 성장을 억제하기 위하여 냉동상태로 조리하기도 한다. 모든 조리된 식품을 즉시 냉장시키는 것도 이러한 이유에서이다.

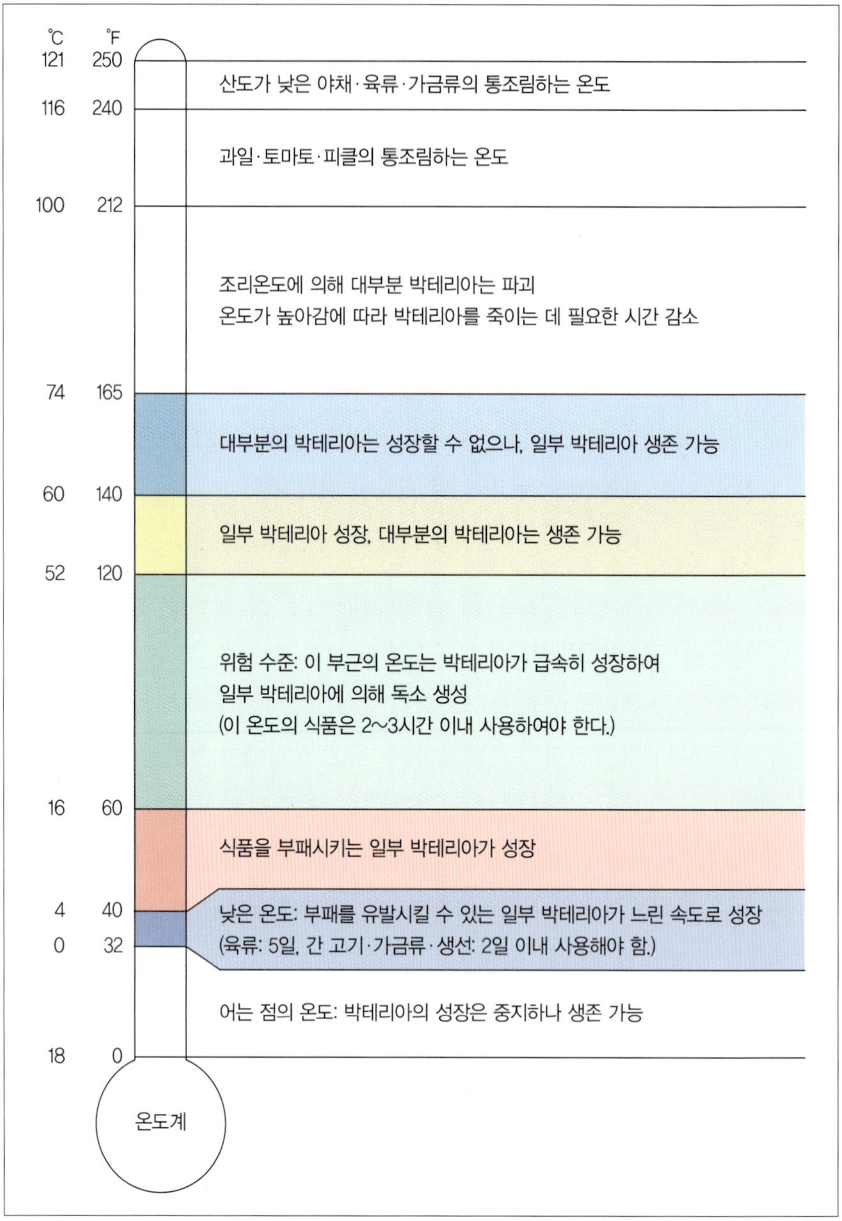

그림 9-3 박테리아의 번식을 조절하는 식품의 온도

병원성 대장균 O-157과 같은 신종 식중독균의 등장으로 식품 안전성 문제를 해결하기 위해 새롭고 종합적인 자율규제방법으로 HACCP(Hazard Analysis

Critical Control Point) 시스템이 이용되고 있으며 우리나라에서도 1995년 식품위생법을 개정하여 시행하고 있다. 일본 후생성에서는 HACCP 개념에 근거하여 '가정에서의 식중독 예방'을 위한 위생 관리 요령을 발표하였다.

식중독 예방의 관리를 위해서는 첫째 음식물의 구입, 둘째 가정에서의 보존, 셋째 조리 준비, 넷째 조리, 다섯째 식사, 여섯째 남은 음식의 처리 과정에서 철저를 기해야 한다.

식중독을 일으키는 박테리아는 살모넬라, 웰치균, 포도상구균 등이 있다.

살모넬라(Salmonella)는 조리되지 않은 육류, 가금류, 생선, 우유, 달걀과 이상의 식품으로 만들어진 음식에 흔히 있다. 애완동물에도 살모넬라가 있으므로 동물을 만진 다음에는 꼭 손을 씻어야 하고 먹이통을 주방에 두면 안 된다. 살모넬라는 열에 의해 파괴되므로 식품을 완전히 조리해야 한다. 살모넬라에 감염된 식품을 섭취하면 24시간 이내에 증상이 나타나며 고열, 두통, 설사, 복통, 구토 등이 나타난다. 병의 증상은 박테리아가 소화기관에 들어감으로써 일어난다.

웰치균(Clostridium perfringens)에 의한 감염은 소화기관에 박테리아가 들어가 독을 생성하여 24시간 이내에 설사·복통의 증상으로 나타난다. 웰치균은 포자를 가진 혐기성 박테리아이며, 포자는 훈제·훈연에 강하고 어떤 종류는 열에도 강하며, 토양·먼지·물·변·하수·식품 등에 널리 있으므로 모든 식품이 아마

알아두기

WHO(국제보건기구)의 안전한 식품 조리를 위한 황금법칙 10가지

1. 안전하게 가공된 식품을 선택하라.
2. 가열 조리를 완전하게 하라.
3. 조리된 식품은 되도록 빨리 먹어라.
4. 조리된 식품의 저장 보관에 각별히 유의하라.
5. 데울 때는 완전하게 하라.
6. 조리된 식품과 조리되지 않은 식품끼리 접촉을 피하라.
7. 손을 여러 차례 씻어라.
8. 부엌 싱크대 위 선반을 아주 깨끗이 하라.
9. 벌레, 쥐, 애완동물 등으로부터 음식을 보호하라.
10. 깨끗한 물을 써라.

도 다 오염될 수 있을 것으로 보인다. 음식은 최초의 위생조건에서 취급할 때와 위험온도 범위보다 낮거나 높을 때만 안전하다. 그러므로 육류는 적절히 조리하여 뜨겁게 하여 먹거나 급속히 식혀 차게 먹는다. 남은 육류음식, 그래비, 육수 같은 것은 즉시 차게 하여야 하고 나중에 다시 먹을 때는 팔팔 끓여서 먹어야 한다.

포도상구균(Staphyloccous aureus)에 의한 감염은 식품이 독의 매개체가 되기는 하지만 사실은 사람에 의해 오염된 것이다. 포도상구균은 피부, 코, 목, 배설물, 감염된 곳의 고름 등에 존재한다. 이 독은 열에 강한 독으로 발병을 초래한다. 비위생적으로 식품을 취급하면 식품이 오염되고 식품을 부적당하게 냉장하거나 가열하게 되면 박테리아가 빨리 번식하기에 아주 좋은 매체가 되어 독을 생성해 낸다. 육류, 달걀, 닭고기 샐러드, 참치 샐러드, 감자 샐러드, 크림 빵, 크림 파이, 우유, 유제품 등이 가장 오염되기 쉬운 식품이다. 외식, 완제품, 잘못 취급·저장된 음식 등은 이런 균 때문에 안전하지 않다. 증상은 오염된 음식을 섭취한 지 4시간 이내에 나타나며 설사·복통·구토 등의 증상이 24~48시간까지도 계속된다.

보툴리누스균(Clostridium botulinum)은 포자를 형성하는 혐기성 박테리아이며 포자가 발달하는 동안 사람에게 치명적인 독을 생성해 낸다. 1960년대에 미국에서 50명이 이 식중독으로 사망하였고, 1972~1974년에는 15명이 사망하였다. 이 독은 산소부재하에서 온도와 주위환경이 포자가 생성되기에 적당한 때만 생성된다. 포자는 산도, 설탕, 소금의 농도가 높을 때와 아질산염(nitrite)과 같은 화학물질이 있을 때는 활성화되지 않는다. 포자는 냉동시키거나 끓여도 파괴되지 않으며 어느 기간 동안 어느 온도 이상 끓여야만 한다. 독은 상품화된 통조림식품에는 거의 없으나 집에서 통조림한 비산성 식품인 옥수수, 완두콩, 그린빈 등에 오염될 위험성이 있다. 포자의 성장으로 인하여 가스가 생겨 깡통이 불룩해지기도 하나 이렇게 불룩해지는 것은 다른 균에 의하여서도 생기므로 사용하여서는 안 된다. 독은 열에 약하여 통조림식품은 10분 정도 끓이면 독이 파괴된다.

대부분의 과일은 집에서 통조림을 할 수 있으나 권장하는 가공방법을 잘 지켜서 100°C의 물에서 해야 한다. 그러나 비산성 채소는 압력 냄비 속에서 가공해야 하므로 집에서는 쉽지 않다. 냉동으로 식품을 저장하는 것은 건강상 위험은 없으나 질을 좋게 보존하는 것이 문제이다.

곰팡이는 과일, 빵, 잼, 젤리, 치즈 등의 식품에 많이 생긴다. 곰팡이는 흰색, 검정색, 초록색, 푸른색 등의 여러 색으로 나타나나 색으로 위험 정도를 구별할 수는 없다. 곰팡이가 자라면서 독을 생성해 내는데, 이 독은 동물에서 암을 유발한다고 한다. 어떤 종류의 곰팡이는 사람에게 감염되면 위험하다. 곰팡이가 핀 부분만 제거해 버리지 말고 다 없애 버려야 한다. 곰팡이가 피어서 식품낭비가 생기는 것을 막기 위하여 곰팡이가 생기기 쉬운 식품의 저장을 잘해야 하며, 냉장은 곰팡이가 피는 것을 지연시키기는 하나 막을 수는 없고 냉동시키면 곰팡이가 생성되는 것을 어느 정도 막을 수 있다. 조리를 하면 곰팡이가 파괴되나 독은 파괴되지 않는다.

주방에서의 위생관리를 요약하면

- 식품의 낭비를 줄이는 것이 식품을 보존하는 것이며,
- 구매를 잘 해야 하고,
- 저장을 잘하여 질을 보존하고,
- 먹기에 안전한 식품으로 보관하고,
- 조리를 적절히 하여 1인분의 양을 조절하고,
- 남은 음식을 잘 이용하고,
- 여분의 계절 식품은 냉동하거나 통조림하여 저장하여야 한다.

3. 주방의 에너지 관리

「도시가계연보」에 의하면 1997년에 전도시소비자가구의 광열비는 소비지출의 4.5%였다. 미국에서는 전체 에너지의 40% 정도를 개인들이 사용하였는데, 집에서 사용한 것과 자동차를 이용하는 데 썼다고 한다. 가정에서 사용한 에너지는 자동차(42%) 다음으로 많은 20%를 겨울과 여름의 연료비로 사용하였고, 조리와

냉장고 사용이 8%, 뜨거운 물 쓰는 데 6%, 전구 사용 및 기타가 4%였다고 한다.

전기, 가스, 연탄, 석유 등 어느 것으로 조리하든 에너지가 소비되므로 조리를 할 때는 에너지를 절약할 수 있는 방법을 연구해야 한다.

- 가스불꽃의 높이를 조절함으로써 필요 이상의 열소실을 막는다.
- 냄비나 팬을 불꽃이나 전령에 맞추어서 열의 손실을 가져오지 않도록 하여야 하다.
- 냄비나 팬을 살 때는 열전도율이 좋고, 밑이 반듯하고, 옆이 똑바르며 옆과 밑이 만나는 데는 약간 둥근 것과 뚜껑이 잘 맞는 것이라야 한다.
- 알루미늄은 좋은 열전도체이고 스테인리스는 열전도율이 나쁘나 구리, 알루미늄 등과 같이 사용하면 좋아진다.
- 모든 식품을 적절히 익히면서 에너지를 절약할 수 있다.
- 전기기구를 사용할 때는 식품이 다 익기 전에 열원을 끄고 남은 열로 마지막을 익히도록 하여야 한다.

또한, 오븐을 사용할 때는 에너지를 절약할 수 있는 기회가 많다. 오븐에 충분히 많이 넣을 수 있도록 계획을 하여 오븐 공간을 최대한으로 이용하여야 한다. 케이크를 하나나 둘만 굽기 위하여 커다란 오븐을 쓰는 것은 에너지 낭비가 되므로 오븐 크기에 맞추어 최대한의 양을 넣고 사용하며 조리된 식품은 금방 먹을 것만 남겨 놓고 나머지는 냉동시키면 된다.

유리, 사기, 스테인리스 용기를 쓰면 오븐의 온도를 10도쯤은 낮출 수 있으므로 에너지가 절약되며 오븐 문을 한 번씩 열 때마다 20%의 열손실이 있으므로 꼭 필요하지 않을 때는 열지 말아야 하고 유리창이 달리 오븐은 유리창을 통하여 안에 있는 음식을 볼 수 있어 문을 열 필요가 없다(그림 9-4). 다 구워지기 전에 전원을 끄고 남은 불로 조리를 완성시키면 된다.

작은 조리용 전자제품들은 대개 에너지를 절약하는 것들이다. 작은 전기 오븐은 빨리 조리되는 작은 음식을 만들 때나 잠깐 데울 때 아주 편리하고 효과적이

그림 9-4 오븐

나, 보온이 잘 안 되어 있으므로 열의 손실이 커서 오래 조리해야 되는 것은 오히려 에너지 손실이 크다. 서서히 조리되는 슬로쿠커(slowcooker)는 와트(watt)가 낮은 것이므로 효과적이고 수프, 찜 등을 만드는 데 편리하다. 전기 프라이팬, 전기 커피포트 등은 전기기구가 아닌 것에 비해 에너지가 절약되고, 블렌더·믹서·주서(juicer) 등도 에너지가 적게 드나, 손으로 할 수 있다면 더욱 에너지를 절약하게 된다.

전자레인지(microwave oven)는 적절히 사용하면 에너지를 절약할 수 있다. 전자레인지는 보통 오븐과 같은 일을 하는 데도 에너지를 적게 사용하고(시간이 훨씬 적게 걸리기 때문), 물로 조리해야 하는 채소 같은 것은 보통 레인지 위에서 조리하는 것보다 효과적이다. 그러나 찬 수프를 데우는 데는 오히려 전자레인지가 시간이 오래 걸리므로 효과적이지 않다(그림 9-5).

전자레인지 안에서의 조리는 전자 에너지(microwave energy)가 식품에 흡수되어 식품 속의 물분자를 빠르게 움직이게 함으로써 열이 발생하여 조리가 되는 것이다. 시간과 에너지 절약면에서 전자레인지의 가치를 인정하나 아직까지도 전

그림 9-5 전자레인지

자파가 새어 나오는지에 대해서는 확실치 않다. 전자레인지를 안전하게 사용하기 위해서는 오븐이 비어 있을 때는 절대로 틀지 말아야 하며 오븐 안을 항상 깨끗이 하고 가끔 검사를 받아야 한다.

주방에서 사용하는 것 중에 에너지 보존의 기회가 적은 것이 냉장고나 냉동고의 사용이다. 냉장고와 냉동고가 같이 아래위로 붙어 있고 문이 2개 따로 있는 일반 냉장고는 냉동고의 온도가 −20°C에서 −12°C 사이를 유지하는 것이 바람직하고, −20°C가 식품의 질을 보존하는 데 더욱 좋다. 냉장고 문이 하나가 있고 그 안에 냉동실이 있는 냉장고는 냉동실의 온도가 −9°C 정도가 유지되나 이 온도는 얼음을 얼리는 정도의 온도이고 단기간의 냉동식품저장은 가능하나 장기간의 저장은 하지 않는 것이 바람직하다.

냉장고나 냉동고의 에너지 비용은 그들의 종류에 따라 커다란 차이를 나타낸다(그림 9-6). 자동식인 서리가 안 생기는 것이냐, 서리가 생기는 수동식이냐에 따라 다르다. 전자동식인 냉장고(자동 서리 제거)에는 타이머가 부착되어 있어 냉각장치가 서리가 녹을 때까지 정지하고 물이 콘덴서 근처에 있는 물받이로 떨어져서 콘덴서로부터의 열이 물을 주위로 증발시켜 버린다. 서리를 녹이는 것은 가열판에 의한 것이며 증발시키는 것도 마찬가지이다.

냉장고나 냉동고를 에너지를 절약하면서 사용하기란 불가능하나, 약간의 에너지 감소는 할 수 있다. 냉장고의 문을 될 수 있는 한 적게 열고 닫음으로써 찬공기의 손실을 줄이고 문이 잘 닫혀서 새는 데가 없는지 조사해 보아야 한다.

그림 **9-6** 냉장고의 종류

지폐 한 장을 문에 끼워서 닫은 다음 잡아당겨 봐서 쉽게 열리면 문의 개스킷(gasket)을 바꾸어야 한다. 특히, 전자동 냉장고인 경우에 냉장고 속의 모든 액체는 뚜껑을 닫아 수분이 공기 중으로 달아나 냉장고가 계속 돌아가지 않도록 해야 한다.

알아두기

냉장고를 효율적으로 쓰는 방법

- 콘덴서를 깨끗이 하여 최대효과를 발휘하도록 하고 냉장고 안에 식품을 너무 많이 넣으면 컴프레서(compressor)가 무리하게 계속 돌아가므로 나쁘다.
- 식품과 식품 사이를 적당히 간격을 두고 찬공기의 순환이 순조롭게 되어야 한다.
- 온도계를 사용하여 가끔 냉장고 안의 온도를 조사하여 조절하여야 한다.
- 수동식 냉장고는 서리가 6mm 이상 생기지 않도록 그 전에 서리를 녹여 내야 한다. 요즘은 에너지 절약형도 나오고 있고 냉장고 안의 습도를 조절해 주는 방법으로도 에너지가 절약된다.

알아두기

정전되었을 때의 냉장고 보존법

- 냉동고를 여는 것을 피하고 냉동고에 식품이 가득 차 있으면 전기가 없이도 2~3일은 냉동된 채로 있고
- 냉동고에 식품이 반만 차 있으면 하루밖에 가지 않는다.
- 냉동고의 온도가 낮을수록, 냉동고가 클수록, 냉동고가 절연이 잘 되어 있을수록 오래간다.
- 정전이 오래 계속되거나 냉장고가 고장이 났을 때 드라이아이스(dryice)를 사용하여 식품을 보존할 수 있다.
- 12kg의 드라이아이스로 280L 냉동고를 3~4일 동안 사용할 수 있다.
- 냉동고를 담요 같은 것으로 보온하면 더욱 좋다.
- 약간 녹은 냉동식품은 다시 냉동시켜도 무방하나 질이 떨어진다.
- 완전히 해동된 과일은 냄새가 좋고 맛이 괜찮으면 다시 냉동시켜도 되나 잼이나 젤리를 만들면 더욱 좋을 것이다.
- 쇠고기도 냄새가 나지 않으면 다시 냉장시켜도 된다.
- 녹은 아이스크림, 채소, 생선, 완제품 등은 절대로 다시 냉동시키지 말아야 한다.

정전됐을 때 가장 문제가 되는 것은 식품의 보존이다. 보통 가정용 냉장고의 냉동실은 50~80L인데 정전이 됐을 때는 24시간 이내에는 괜찮으나 그 이상일 때는 좋지 않다. 정전이 짧을 때는 식품을 조리해 놓으면 되고, 정전 동안에 냉장고의 문을 자주 열수록 냉장고 안의 온도가 올라갈 것이며, 절연이 잘 된 냉장고나 밀폐가 잘 되어 있는 것은 온도변화가 적다. 그렇지 않을 경우 식품의 부패를 막기 위하여 식품을 빨리 소비해 버려야 한다.

MARKETING FOR FOODS

PART 3

식품 구매

CHAPTER 10

식품 구매의 원리

우리나라의 소비자 물가는 1995년을 기준으로 했을 때 2000년에는 121%, 2005년에는 143%, 2016년에는 183.7%로 상승했다. 식품비도 비슷하게 올랐고 식품비로 지출된 비율은 1995년도의 소비지출 중 29%를 차지했던 것이 2000년에는 27.4%로 감소되었으며 2016년에는 다시 25.8%로 감소되었다. 한편, 미국의 식품비는 1998년을 기준으로 하여 2003년엔 111%가 올랐으며 식품비 지출비율은 13.5%에서 13.1%로 낮아졌다고 한다.

1970년대 이후로 새로운 여러 가지 종류의 식품들이 개발됨으로써 식생활관리자들에게는 많은 이익을 가져왔다. 인플레와 물가상승으로 인하여 식품비를 효율적으로 쓰는 여러 가지 수단·보고 등이 소비자들을 위하여 알려졌으며, 소비자보호법 등도 나오게 된 것이다.

식생활관리자가 식품 구매를 위하여 알아 두어야 할 일반적 원리로서 첫째 물건을 사는 시장, 둘째 장보기를 쉽게 만드는 발전방법, 셋째 식생활관리자가 결정해야 할 식품 구매의 의사결정 등을 알아보기로 하자.

1. 식품 구입 장소

모든 식생활관리자들이 식품을 구입하는 데 똑같은 자원을 가진 것은 아니다. 그러므로 각 식생활관리자들은 그 지역의 자원을 연구해야 한다. 즉, 가격을 비교해 보고, 식품의 질을 평가해 보고, 다른 시장들이 소비자들을 위하여 어떤 것을 제공하는지 알아봄으로써 식생활관리자의 목표와 소원에 맞게 구매할 수 있어야 한다.

식품을 구입하는 장소 중 식품점은, 소규모로 운영하여 한 종류의 식품만 취급하는 특정 식품점이 있고, 여기에는 제과점·정육점·생선가게·과일가게·채소가게·간이식품점 등이 있다. 식료품 잡화상에는 슈퍼마켓처럼 여러 종류의 식품들을 분류하여 놓은 식료품점이 있고, 백화점과 같이 복합 식료품점도 있다. 이런 것들 외에도 농부들이 직접 가지고 나와서 파는 시장(farmer's market)이나 노점도 있는데, 신선한 식품을 구입한다는 것 외에는 가격 차이는 별로 없다. 어떤 때는 특정 식품점이 가격이나 품질면에서 우수하겠으나, 또 다른 경우엔 슈퍼마켓이 오히려 우수할 때도 있다.

슈퍼마켓

식생활관리자들은 슈퍼마켓(supermarket)에서 장을 많이 보게 된다. 슈퍼마켓은 20세기에 개발된 것으로 기술면·경제면·농업면·사회면·심리적인 면 등 여러 조건과 요인들이 슈퍼마켓의 성장을 촉진시켰으며, 1975년 미국 내에서만도 32,000개의 슈퍼마켓이 생겼다고 한다.

1. 자동차의 이용으로 이웃에서만 장을 볼 필요가 없어지게 되었으며
2. 냉동·식품가공·식품포장 등의 기술적인 발전으로 슈퍼마켓 내에서의 셀프 서비스와 식품 종류의 다양성이 가능해졌으며, 각 가정에 냉장고와 냉동고가 보급돼 일주일에 한 번만 장을 봐도 되게 되었다.
3. 식료품업계에서 식료품을 싼값에 제품화하는 지식들이 개발되었고,
4. 여성근로자의 수가 해마다 증가하고 있으며, 그들은 식품 구입에 드는 시간과 에너지를 최소한으로 줄이기 위하여 셀프 서비스와 한 군데에서 다 살 수 있는 원스톱 쇼핑(one-stop shopping)을 원했으며 싼 가격에 질이 좋은 식품들을 찾게 되었다.
5. 수입의 증가로 인하여 식품소비 습관도 바뀌었다.

슈퍼마켓에는 대개 6개의 식품분과인, 육류·농산물·유제품·냉동식품·제과·식료품과 1개 이상의 비식료품 분과로 나누어져 있다. 미국에서는 일반적으로 육어류에 22%, 농산물에 11%, 유제품과 냉동식품에 12%, 제과제빵류에 6%, 식료

품에 29%, 식품이 아닌 일상용품에 21%를 소비한다고 한다.

체인을 가진 슈퍼마켓은 크기가 크면 클수록 구매력도 커지게 된다. 상점에서의 이익은 소비자들의 선택에 의존하므로 새로운 식품을 소개하기 위하여 일부 체인에서는 소비자 테스트를 하기도 한다. 식료품의 마진(margin)은 아주 작은 것이므로 경쟁이 심하여, 소비자들을 끌어들이기 위하여 가격 매기는 것과 상점 내에서의 돌아다니는 순서 등의 전략을 마련해야 하며 진열, 광고 촉진, 소비자 서비스 등을 잘 해야만 한다.

Comparison of food price in high-and low-income area. J Home Ec 62:56(1970).

캐머와 쇼원(Kammer & Shawhan)의 연구에 의하면 오하이오주의 신시내티시(Cincinnati, Ohio)에 있는 여러 종류의 식품점을 대상으로 가격을 비교한 결과 잘사는 동네나 못사는 동네나 식품의 가격은 차이가 없었으나 식품점의 종류에는 큰 차이가 있었다고 한다. 체인 디스카운트 마켓이 가격이 제일 낮았고 다음이 체인 슈퍼마켓, 체인이 아닌 독립된 슈퍼마켓, 디스카운트 슈퍼마켓, 미니마켓의 순으로 가격이 비싸졌다.

경쟁하는 상점들끼리의 가격전략은 특정한 물품을 일정한 기간 동안 가격인하판매(sale)하는 것으로 나타난다. 가격인하판매 기간은 하루가 될 수도 있고 더 길어질 수도 있다. 어떤 경우에는 원가보다 더 싸게 팔 때도 있다. 인하판매 물품은 수를 제한하여 팔 수도 있고 대부분은 잘 팔리는 물품이거나 마진이 큰 물품들을 인하판매한다. 소비자들이 값을 잘 알고 있는 육류·커피·마요네즈·달걀 등을 인하판매로 내놓는 경우도 많다. 미국에서는 매주(지역에 따라 수요일이나 목요일) 식품점의 광고가 신문에 실리게 되는데, 그 때 인하판매 물품들이 소개되며 그 주말에(금요일) 세일을 한다. 1974년 미국에서, 슈퍼마켓에서 장을 보는 사람들을 대상으로 연구한 결과 80%가 신문광고를 본다고 대답했고, 또 여러 상점들의 광고를 비교했으며, 그중 50%가 2개의 상점에서 물품을 구입하며, 40%가 3개 상점에서 구입한다고 했다.

우리나라에서도 이 같은 신문지나 전단지를 통하여 인하판매하는 품목을 선전하고 있으며 소비자들이 이를 이용하고 있다.

슈퍼마켓끼리 가격경쟁을 벌일 수 있는 다른 조건은 상점 고유의 상표를 얼마나 많이 다양하게 제공할 수 있느냐에 달려 있다. 체인 슈퍼마켓은 공장을 따로 가지고 자기네 상표로 운영할 수도 있고 제조업자로부터 직접 계약하여 자기상표를 붙일 수도 있다. 대규모의 식품회사들은 대개 이중상표를 사용하는 경우가 많다. 하나는 식품회사의 상표를 붙이고, 또 하나는 체인 슈퍼마켓의 상표를 붙이는 것이다. 최근에는 노브랜드를 한 제품도 나오고 있다. 같은 제품에 이같이 유명상표(national brand, NB)와 상점상표(private brand, PB)이나 노브랜드가 붙게 되면 상점상표가 붙은 제품의 가격이 훨씬 낮아지게 된다. 많은 소비자들이 유명상표를 질의 상징으로 생각하기 때문에 의사결정을 할 때의 지표로 사용하고 있다.

소비자 입장에서는 노브랜드나 상점상표와 유명상표 물품이 같은 값으로 진열되어 있을 때 유명상표를 고르기 쉽다. 따라서 노브랜드나 상점상표가 경쟁력을 갖기 위해서는 유명상표보다 가격이 낮아야 하며, 실제로 유명상표와 달리 개발비, 광고비, 판촉비가 덜 소요되기 때문에 싼 값에 소비자에게 공급될 수 있다. 〈표 10-1〉은 유명상표와 상점상표, 노브랜드의 값을 비교해 놓은 것이다.

표 10-1 유명상표, 상점상표, 노브랜드의 단위당 가격 비교(원)

식품명	유명상표	상점상표	노브랜드	비고
쌀	248	199.5		100g 당
우유	255	170		100ml 당
종합어묵	532		388	100g 당
소면	220	249	190	100g 당
스위트콘	37		29	10g 당
양념쌈장	396		316	100g 당
진간장	480	342	198	100ml 당
갈색설탕	206		169	100g 당
두유	394	281	175	100ml 당
로스트식빵	38	30		10g 당

자료: 2017년 12월 이마트 가격.

표 **10-2** 유명상표와 상점상표의 단위당 가격 비교(미국, 센트)

식품명	유명상표	상점상표	비고
인스턴트 오트밀	14.9	8.8	온스 당
스파게티 소스	6.8	4.2	온스 당
참치캔	29.6	14.0	온스 당
마요네즈	11.6	9.5	온스 당
밀가루	5.4	1.5	온스 당
설탕	3.1	2.3	온스 당
기름	5.5	3.9	온스 당

자료: 2018년 1월 미국 달라스 월마트 가격.

동일한 공급자가 제공하는 같은 상품이라고 하더라도 상점상표를 붙이면서 싼 값에 팔리는 것을 볼 수 있다. 소비자는 싼값에 양질의 제품을 이용하므로 이득을 보고 공급자는 많이 팔리므로 해서 박리다매의 매출 증가를 기대할 수 있다. 미국에서 최근에 많이 볼 수 있는 속명상표(generic brand)는 주로 흰 포장에 까만 글씨로 상품명과 그 외 법규에 필요한 사항만 적고 있어 다른 유명상표나 상점상표보다 15~40% 가량 싸다. 〈표 10-2〉는 미국 내 유명상표와 상점상표의 가격을 비교한 것이다.

슈퍼마켓의 물량을 늘리기 위하여 상점 내에서 소비자가 다니는 통로에 주의를 기울여 전략을 짜야 하며 전시의 예술성과 과학성을 고려하여 소비자들이 오래 머물도록 해야 한다. 상점의 양옆과 중앙은 전시방법이 달라야 한다. 상점의 양옆에는 육류·농산물·제과·유제품 등을 전시하여도 소비자들의 발걸음이 많은 곳이나, 중앙은 소비자들의 발길이 뜸하므로 표지판을 잘 붙인다든지, 선반을 환하게 한다든지, 표지를 밝게 한다든지, 반짝거리는 불을 사용한다든지, 소비자들이 많이 찾는 커피·과자·크래커·빵·설탕·세탁제·곡류·종이제품 등을 전시함으로써 소비자들의 발걸음을 중앙으로 끌게 할 수도 있다. 또, 인하판매 광고된 물품들은 소비자들의 발걸음이 뜸한 곳에 전시하는 것이 효과적이다.

판매고를 높이기 위한 전시의 기술은 선반에 모든 물건을 꽉 차게 전시하되 물건 하나하나가 다 보이며 손으로 집을 수 있게 해야 하며, 서로 같이 사용하는 물품들을 근처에 전시해야 한다. 예를 들면, 음료 옆에 포테이토칩과 짭짤한 과자류를 전시하고 커피·음료·콘플레이크 같은 것과 사탕·건강 미용제품·비식품제품 등을 가까운 장소에 전시해야 한다. 소비자들을 오랫동안 슈퍼마켓에 머무르게 하기 위하여 스낵 코너, 어린아이들이 놀 수 있는 코너, 제과점, 커피 제공시설, 화장실 등을 설치하기도 한다.

우리나라에서 1993년에 서울 두 곳에서 시작된 할인점은 1997년에 48개로 전국에 퍼졌으며 2004년에는 점포의 수가 267개 였다.

할인식품점

할인식품점(discount food store)은 처음에 회원제에 의해 시작되었으나, 1960년대에 갑자기 증가되어 대중화되었고 1970년에는 체인 슈퍼마켓의 60%와 독립 슈퍼마켓의 27%가 할인식품으로 운영하고 있었다. 1970년 미국 농무성 조사에 의하면 30개의 식품을 비교한 결과 체인 슈퍼마켓과 독립식품점보다 할인식품점의 가격이 가장 낮았다고 한다. 그 이유는 다음과 같다.

- 일주일 동안 개점시간이 다른 식품점보다 짧으므로 운영비를 절감한다.
- 주말에만 인하판매를 하는 식품점에 비해 매일매일 판매가격이 같으므로 소비자들의 발걸음이 그치지 않는다.
- 작은 포장보다 큰 포장, 가족단위(family-size) 포장, 경제적 포장 등을 사용한다.
- 여러 상표보다 몇 가지 상표만을 둔다.
- 여러 크기나 여러 종류보다 몇 가지 종류만 판매한다.
- 유명상표 제품들을 싸게 판다.
- 신문광고를 줄인다.
- 다른 슈퍼마켓보다 종류는 적으나 잘 팔리는 물품이 많다.

간이식품점

간이식품점(convenience store)은 슈퍼마켓의 축소판인 미니마켓(minimarket)이다. 이런 식품점은 광고도 별로 하지 않고 슈퍼마켓보다 마진이 훨씬 크다. 간이식품점은 주택가에 가까이 있는 작은 상점으로 점원이 친절하며 아침 일찍부터 저녁 늦게까지 또는 24시간 연다. 그러므로 슈퍼마켓을 가기 전후에 잠깐 이용하거나 급할 때 이용하기 편리하다. 일반적으로 육류나 농산물은 취급하지 않는다. 가격이 높다는 것을 소비자들이 알고 있으나 이런 식품점들이 계속 유지해 나가는 이유는 거리상 가까우므로 에너지를 절약할 수 있다는 것이다.

그림 **10-1** 슈퍼마켓 매장 전경

2. 장보기에 도움을 주는 최근 발전경향

최근 식생활관리자에게 장보는 데 도움을 준 발전경향은

- 단위가 매기기
- 개봉일 표시
- 컴퓨터 계산방법
- 영양가 표시제

등이 있다.

단위가 매기기

단위가(unit pricing)를 매겨 놓음으로써 소비자들이 계산하지 않고도 물품의 가격을 비교할 수 있게 하는 방법이다. 전시한 선반 끝에 단위가를 써 놓음으로써 같은 물품을 비교하여 어떤 것이 제일 좋은 구매인지 알 수가 있다. 단위가는 무게나 부피의 단위로 전체 가격을 나눈 것이다. 무게가 그램이나 파운드(450g), 온스(30g) 등이 될 수도 있고 부피는 밀리리터, 1/2리터(pint), 리터, 쿼트(약 4L)당이 될 수도 있다.

단위 gram, pound, ounce, milliliter, liter, pint, quart

개봉일 표시

개봉일 표시(open date labeling)제도는 날짜를 찍는 가공식품에 사용하며 20523 등의 표시방법을 사용할 수 있어 2012년 5월 23일에 제조 또는 포장된 것을 말한다. 이러한 날짜들은 여러 가지를 의미하며 대개는 아래의 4개 중 하나일 것이다.

1. 제조일자: 포장을 제외한 더이상의 제조나 가공이 필요하지 않은 시점으로 도시락류, 설탕, 빙과류, 가공소금류에서 표시해야 한다.
2. 유통기한: 유통업체가 소비자에게 판매할 수 있는 날짜 중 최종일로 먹을 수 없다는 뜻은 아니다. 소비자는 기간내 식품을 잘 보관하였을 때 안심하고 선택할 수 있으므로 유통기한을 살펴보고 선택해야 한다.
3. 품질유지기한: 정해진 보관방법으로 보관시 최상의 품질을 유지할 수 있는 날짜를 말한다. 이 기간이 지났다고 먹을 수 없다는 것은 아니나, 최상의 품질이 아니며, 위생적 문제가 생기기 전까지 유통과 소비가 허용된다. 김치절임류, 치즈, 잼류, 간장, 된장, 레토르트 식품 등에 사용된다.

그림 **10-2** 단위가

4. 유효일: 이날 이후에는 사용할 수 없는 날짜로 이런 날짜는 정하기 힘들기 때문에 잘 사용하지는 않는다. 효모에 사용된다.

이러한 개봉일의 표시는 소비자에게 많은 자료를 제공해 주기는 하나 식품의 품질은 창고에서, 슈퍼마켓에서, 부엌에서 취급하고 저장하는 방법에 따라 많이 달라지게 되는 것이므로 시간이 경과했다고 해서 무조건 품질이 나빠진 것은 아니다.

우리나라에서는 개봉일의 개념을 제대로 쓰고 있지 않고 상점에서의 유통기한을 주로 이용하나, 이는 소비자들에게 팔 수 있는 마지막 날이란 뜻이지 그 날 이후에는 먹을 수 없다는 뜻은 아니니 소비자가 판단하여야 한다. 우리나라에서는 가공 식품에 제조일을(예: 2012. 06. 30) 쓰거나 유통기한을(예: '2012. 8. 26까지' 또는 '제조일로부터 3년') 주로 표기하므로 소비자들이 혼동할 때가 많다.

컴퓨터 계산방법

슈퍼마켓에서 컴퓨터를 사용하여 계산하는 방법(computerized checkout)이 널리 보급되어 많이 사용되고 있으며, 1980년대에 미국에서는 완전 컴퓨터 계산방법으로 바뀌었다. 이러한 컴퓨터 이용의 장점은 임금을 줄일 수 있고, 가격표시의 잘못이 줄어들고, 재고품 정리에 큰 도움이 된다는 것이다. 소비자들에게 이로운 점은 계산대에서 시간이 단축되고, 영수증에 자세한 품목들이 다 기록이 되며, 가격이 잘못 표시되는 일이나 점원들이 계산을 잘못하게 되는 경우도 없을 것이며, 슈퍼마켓에서의 경비절감으로 가격이 낮아질 것이 아닌가 생각된다.

이러한 컴퓨터 계산방법은 보편화된 제품부호(universal product code)를 물품의 포장에 표시하여 전자장치로 주사하여 컴퓨터와 연결되어 컴퓨터에서 물품의 이름과 가격 등이 인쇄되어 나온다. 보편화된 제품부호는 여러 가지 굵기의 검은 선들로 구성되어 있고 두 개 세트의 숫자로 이루어져 있는데 왼쪽 숫자는 제조업자의 부호이며 오른쪽 숫자 세트는 제품에 대한 자료이다(그림 10-2). 이런 부호는 1조 개의 제품에 사용될 수 있다. 1976년 미국 슈퍼마켓의 85%가 이런 부호를 사용했다고 한다. 이런 방법이 도입되고부터는 물품 하나하나의 가격을 붙일 필요가 없이 전시해 놓은 선반 위에만 가격을 붙이면 되지만, 소비자들의 반발이 빗발쳐서 가격의 표시는 꼭 하고 있다고 한다. 우리나라에도 이 방법이 17년 전부터 도입되어 거의 모든 슈퍼마켓에서 사용하고 있다.

영양표시제

식품의 영양표시 제도는 식품에 어떤 영양소가 들어 있는지, 들어 있다면 얼마나 들어 있는지를 식품 포장에 표시하는 제도이다.

우리나라에서 필수로 표시해야 하는 영양성분은 열량, 탄수화물, 당류, 단백질, 지방, 포화지방, 트랜스지방, 콜레스테롤, 나트륨의 9가지 성분이며 그외 임의로 표시할 수 있는 영양소는 비타민, 무기질, 지방산 및 아미노산류이다(그림 10-3). 필수 표시영양성분 중 포화지방, 트랜스지방, 콜레스테롤, 나트륨은 건강을 유지하기 위해 제한해야 할 영양성분들이다. 영양성분 표시는 명칭과 1회 분량 기준량을 바탕으로 함량 및 영양소기준치에 대한 비율(%)로 표시해야 한다. 이 중 열량, 당 트랜스지방은 영양소기준치가 설정되어 있지 않으므로 명칭과 함량만을 표시한다. 영양소기준치란 식품표시에서 사용하는 영양소의 평균적인 1일 섭취

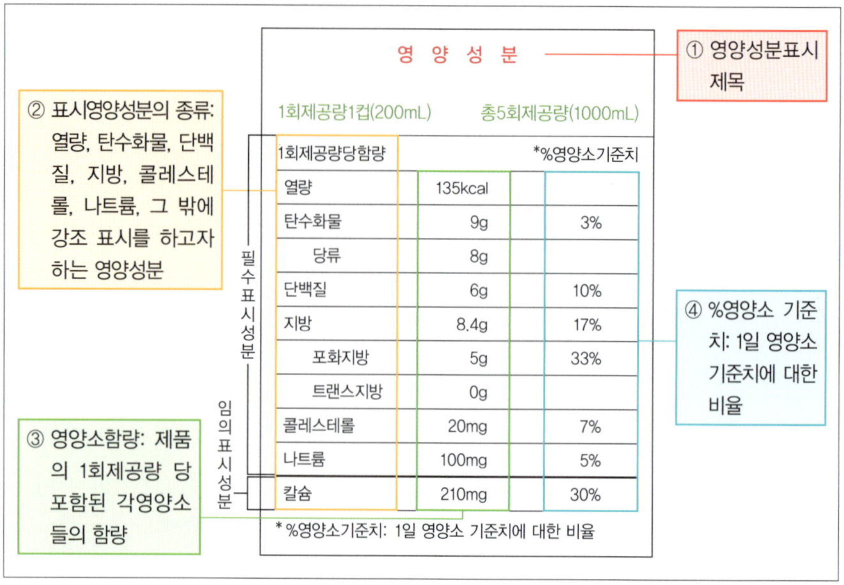

그림 10-3 우리나라 영양표시제의 예

기준량(4세부터 성인까지 일반인의 평균)을 의미하는 것으로 현재 32종의 영양소에 대한 기준치가 설정되어 있다. 영양소의 기준치에 대한 비율은 반올림하여 정수로 표시하며 함량은 지방, 포화지방산, 불포화지방산은 0.5g단위로, 콜레스테롤과 나트륨은 5mg단위로 표시하므로 0%라 하더라도 하나도 없는 것은 아닐 수 있다.

미국의 경우 포장과 표시에 관한 법(Fair Package and Labeling Act)이 1966년 통과된 후 사용되어 왔는데, 영양소를 첨가하여 강화시킨 식품에는 반드시 사용하도록 하였다. 표시된 자료내용은 열량·단백질·탄수화물·지방의 함량이 그램으로 표시되고, 단백질·6개의 비타민·2개의 무기질의 함량이 U.S. RDA의 백분율로 표시되어 있다(그림 10-4). 영양표시제도는 FDA(미국식품약정국)와 미농무성의 야심적인 사업의 하나로 소비자들을 교육시키는 데 목적이 있다.

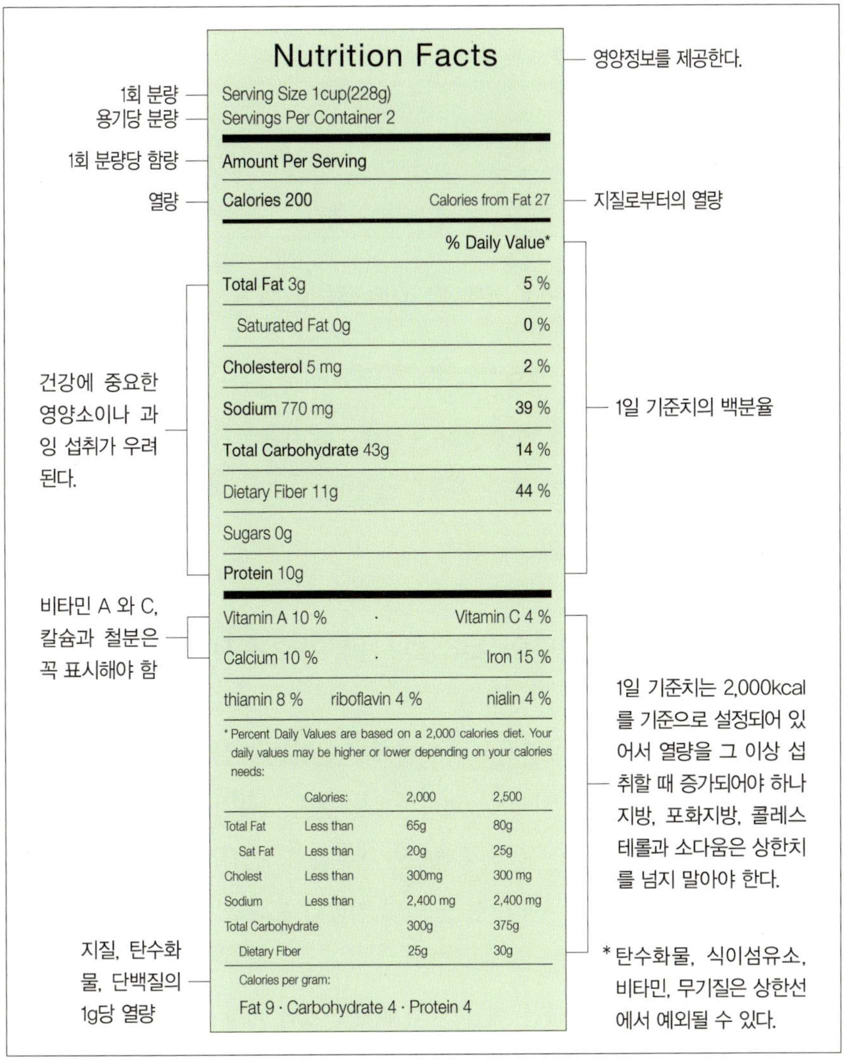

그림 **10-4** 미국 영양표시제의 예

원재료 성분표시와 원산지표시

식품의 제조나 조리가공에 사용된 원재료와 첨가물을 표시해야 한다. 이 때 사용한 모든 원재료명을 많이 사용한 순서에 따라 표시해야 하되, 중량비율이 2% 미만인 경우에는 함량순서와 관계없이 표시할 수 있다.

식품의 유형: 초콜릿가공품 ● 원재료명: 밀크초콜릿(싱가포르산;백설탕, 코코아버터, 전지분유(우유), 코코아매스, 유화제(대두)), 견과류가공품(땅콩(중국산, 백설탕, 물엿, 식물성유지(말레이시아산), 유화제), 물엿, 백설탕, 식물성크림, 밀키페이스트, 유당, 야자경화유, 액상과당, 분말유크림, 당시럽류, 혼합분유, 난백분(달걀), 전분가공품, 정제소금, 기타설탕, 유화제, 구연산, 합성착향료(연유향, 버터향) ● 코코아원료 8%, 땅콩 20%

그림 **10-5** 원재료성분표시와 원산지표기의 예

한편 수입개방화에 따라 생산농업인과 소비자를 보호하기 위해 1991년 7월부터 농축산물 및 그외 가공품에 원산지 표시제도를 사용하였다. 원산지는 농축산물이 생산 또는 채취된 국가 또는 지역을 말하며 사용된 원료의 배합비율에 따라 표시해야 한다(그림 10-5).

친환경농산물 인증제도와 농수축산물 이력추적표시

친환경농산물이란 환경을 보존하고 소비자에겐 안전한 농산물을 공급하기 위해 농약과 화학비료 및 사료첨가제 등 화학자재를 전혀 사용하지 않거나, 최소량만 사용한 농산물로 친환경농산물 인증제도는 정부가 그 안전성을 인증해 주는 제도이다. 이는 유기 농산물, 무농약 농산물 및 저농약 농산물 3종류가 있다.

- 유기 농산물: 다년생작물은 3년, 그 외 작물은 2년 이상 유기합성농약과 화학비료를 일절 사용하지 않고 재배된 농산물

친환경농산물 인증
유기농산물

- 무농약 농산물: 유기합성 농약은 일절 사용하지 않고 화학비료는 권장시비량의 1/3 이하를 사용하여 재배된 농산물

친환경농산물 인증
무농약농산물

- 저농약 농산물: 유기합성 농약을 농약안전사용기준의 1/2 이하로 사용하고 화학비료는 권장시비량의 1/2 이하를 사용하여 재배된 농산물

농수축산물 이력추적표시는 농수축산물의 생산부터 판매까지 이력정보를 기록 관리하여 소비자에게 공개하는 제도이다. 이 제도로 소비자가 농수축산물을 안심하고 선택할 수 있으며 식품의 안전사고 시 신속하게 원인규명과 상품 회수가 가능하다. 소비자는 국립농산물품질관리원(www.naqs.go.kr)을 통해 조회할 수 있으며 최근엔 모바일을 통해 정보를 얻을 수 있다.

3. 장보기요령

어떤 것을 어떻게 사야 하나

식품의 종류는 육류(생선과 닭 포함), 과일과 채소, 유제품, 달걀, 곡류(밀가루·시리얼·빵·제과 포함), 유지류, 설탕류(잼과 젤리 포함), 콩 종류(완두콩·견과·피넛버터 포함)로 나눈다. 이 가운데 가격면에서 비중이 제일 큰 것이 육류이고 다음이 과일과 채소이다. 생산의 어려운 점, 수확비용, 공급, 운송비, 취급비, 특수가공비 등이 식품의 가격을 다르게 하는 요인이 된다. 또한 육류의 경우 종류와 부위에 따라 가격차이가 크게 난다. 대체로 쇠고기가 돼지고기나 닭고기보다 값이 높으며 소고기의 안심이나 등심이 다른 부위보다 훨씬 비싸다. 그러므로 선택은 자원이 허용하는 범위 내에서 이루어져야 하며 무엇을 살 수 있는가에 따라 식사가 결정이 되는 것이다.

식품에서 상태나 형태라는 말을 쓸 때는 식품이 신선한가 아니면 원래 상태인가, 아니면 가공되어 변형된 상태인가를 뜻한다. 어떤 경우에는 신선하고 변형되지 않은 식품이 더 값쌀 때가 있고, 또 어떤 때는 가공된 식품이 값쌀 때가 있다.

예를 들면, 냉동 오렌지 주스, 냉동완두콩 등 냉동채소들은 신선한 것보다 항상 싸고, 신선한 감자는 가공된 감자제품(건조·냉동)보다 싸다. 탈지분유는 신선한 우유의 절반 값밖에 되지 않고 연유는 2/3 가격이고, 끓이는 커피는 인스턴트 커피보다 비싸다.

질이 좋은 식품은 공급이 제한되어 있으므로 가격이 비싸다. 전문가에 의해 등급이 매겨져 있지 않은 식품을 싼 가격에 질이 좋은 것을 살 수도 있고 등급을 매긴다면 더 나쁜 것을 비싸게 살 수도 있으므로 소비자들은 상표에 의존하게 되며 가격을 질의 척도로 사용하게 된다. 소비자들은 어떤 상표를 소위 상품이라고 생각하고 높은 가격을 치르나, 이렇게 생각하는 것이 진짜일 수도 있고 상상일 수도 있다. 소비자들은 자기 나름대로의 표준이 있고 이것은 사람마다 다르며 가족, 지역에 따라서도 다르다. 국내 유명상표와 상점상표는 질을 비교할 때 사용되나 같은 제품일 수도 있다. 그러나 소비자들은 국내 유명상표를 더 좋아한다.

일반적으로, 식품용기가 클수록 단위가가 낮아야 한다. 마요네즈를 800g짜리 큰 것을 사게 되면 300g짜리에 비해 단위가는 떨어지고, 참치도 100g짜리 소포장에 비해 370g짜리 대형은 단위가격이 30% 이상 싸게 된다.

그러나 우리나라의 경우 아직 일부 식품은 포장단위가 커짐에 따라 가격이 싸지지 않는 경우도 있다(표 10-3). 따라서, 여러 종류의 포장과 크기, 가격을 잘 확인하여 가장 경제적으로 적절한 양을 사도록 한다. 이 때에는 가족 수, 식품의 저장장소와 저장기간을 고려해야 한다.

포장크기 이외에도 소비자들은 포장용기가 다시 쓸 수 있는 용기인지를 알아두어야 한다. 왜냐하면, 용기의 가격도 식품가에 포함되어 있으므로 소비자가 용기를 원하면 다행이지만 그렇지 않을 경우에는 더 간단히 포장되어 있는 것으로 사면 된다. 최근의 포장 경향은 편이포장 위주로 티백(tea bag)은 너무나 잘 받아들여지고 있고, 많은 포장들이 작은 단위나 일정한 양의 단위로 포장되고 있으며, 1인용 포장이 그 예이다. 좋은 포장은 내용물의 맛이 변하는 것을 막아 주기 때문에 과자나 크래커를 살 때는 오랫동안 쓸 수 있는 포장이어야 한다.

현명한 소비자는 식품에 관한 뉴스나 광고를 읽고 시가를 점검함으로써 가장

표 10-3 포장 크기와 단위가

상품명		시장가격(원)	단위당가격(원/100g)
우유	1,800mL 1,000mL 500mL 200mL	4,220 2,500 1,370 650	234 250 274 325
케첩	1,000g 800g 500g	3,100 3,000 2,050	310 375 410
조미료	2,250g 750g 500g 300g	22,900 10,450 7,700 3,350	1,018 1,393 1,540 1,117
고추장	3,000g 2,500g 1,000g 500g	29,900 21,800 9,560 7,100	997 872 956 1,420

자료: 2012년 7월 농협 하나로 마트.

좋은 구매가 어떤 것인지를 알 수 있다. 수확기의 과일, 채소, 곡류는 공급이 충분하고 질도 제일 좋을 뿐만 아니라 가격도 낮으므로, 이 때 많이 섭취하고 나중을 위해 저장하는 것도 바람직하다. 이런 이유 때문에 식사 계획은 계절에 많이 좌우되고, 특히 돈을 최대한 이용하기 위하여서는 계절식품을 많이 이용해야 될

알아두기

슈퍼마켓에서 인하판매를 할 때 주의해야 할 점

1. 광고에 있는 모든 물품을 인하 판매하는 것은 아니라는 점이다. 많은 광고들이 정가와 특별가격 물품들을 같이 광고하기 때문이다.
2. 인하판매가격의 식품이 포장단위가 작은 것일 수도 있으므로 포장단위가 큰 것과 비교하여 단위가가 낮은지를 살펴야 한다.
3. 몇 개에 얼마라고 표시된 것들이(예를 들어 4개 1,000원) 싸게 보이겠지만 그것이 정가일 수도 있다.
4. 인하판매 물품들이 질이 떨어지는 경우도 있을 것이다.
5. 조금 절약하기 위하여 예산에 맞지 않는 소비를 하는가를 생각해 봐야 한다.

것이다. 그러나 요즘은 식품저장방법과 운송방법의 발달로 일년 내내 거의 모든 식품의 이용이 가능하다.

인하판매 물품을 살 경우 잘 알고 있는 것이 아니면 많은 양을 사기 전에 연구를 해 보는 것이 좋다. 조금 사서 써 보는 것이 좋은 방법일 것이다.

트랩(Traub)과 오들런드(Odlund)에 따르면 편이식품(convenience food)은 '완전 혹은 부분적으로 조리된 식품으로 조리시간, 조리기술, 또는 에너지의 소비가 부엌으로부터 식품제조업자나 분배업자들에게 옮겨진 식품'이다. 편이식품은 1960년대에 새로 소개된 것으로 에너지 절약면에서 인기가 있다. 그러나 모든 식

알아두기

슈퍼마켓이 할인점보다 좋은 이유

할인점이 급속도로 늘어나면서 슈퍼마켓도 이에 대응, 가격파괴 전략에 본격적으로 나서기 시작했다. 할인점 못지 않은 저가격 판매로 손님을 확보하고 있다.

1. 가까운 곳에 있다.
   10분 이내에 닿을 수 있는 가까운 곳에 있어 교통체증에 시달리거나 셔틀 버스를 기다릴 필요가 없다.
2. 생식품이 신선하다.
   전통적으로 야채, 과일, 생선 등 찬거리를 장만하는 곳으로 생식품이 주력상품이라 값도 싸고 품질도 상대적으로 우수하다.
3. 서비스가 좋다.
   직원들이 항상 근처에 있어 무엇이든 물어볼 수 있다.
4. 배달이 가능하다.
   대부분 점포에서 전화주문을 받아, 쌀 등 무거운 상품을 집까지 배달해 준다.
5. 세일을 자주 한다.
   슈퍼마켓에서는 저녁시간 등을 이용, 떨이판매에 나서기 때문에 물건 사는 묘미를 느낄 수 있다.
6. 필요한 만큼만 낱개로 살 수 있다.
   할인점은 박스나 묶음판매가 대부분이어서 충동구매로 인한 낭비가 발생할 수 있다.
7. 할인점은 대부분 현금판매가 원칙인 반면, 슈퍼마켓에서는 신용카드를 사용할 수 있다.
8. 다양한 행사를 실시한다.
9. 상품을 쉽게 찾을 수 있어 쇼핑 시간이 절약된다.
10. 생선 등을 살 때 덤을 얹어주기도 한다.

생활관리자는 다음과 같은 점들을 고려하여 평가하여야 한다. 시간과 에너지가 얼마나 절약되는가, 기본 재료값과 비교하여 얼마나 차이가 나는가, 맛이 좋은가, 그리고 식품비의 예산에 적합한가를 비교·평가해야 한다. 시장조사를 해 보면 편이식품 중에 맛이 좋고 시간과 에너지를 절약하는 것들이 있으나 가정에서 사용하기엔 비싼 것들이고, 가격이 별로 비싸지 않으면서 시간과 에너지를 줄일 수 있는 것은 맛이 없는 경우가 많다.

편이식품에는 완전 조리된 완제품과 약간 조리된 반제품이 있다. 완제품은 금방 먹을 수 있는 것이나 데워서 먹는 통조림 수프, 냉동 조리된 정식, 굽기만 하면 되는 비스킷 등과 해동시켜서 먹는 냉동 파이나 냉동 과일 등이 있다. 반제품(semi-prepared food)은 라면, 튀김가루, 핫케이크믹스 같이 약간의 일을 해야 하는 것이며, 완제품일수록 식생활관리자의 시간은 절약된다. 조리하는 동안에는 재는 것, 섞는 것, 써는 것, 깎는 것, 휘젓는 것, 뒤집는 것 등 여러 동작이 활발히 움직이며 조리하는 데 걸리는 전체 시간은 활동 시간과 비활동 시간으로 나눌 수 있다. 완제품이나 반제품을 이용하면 활동 시간을 절약할 수 있다.

편이식품이 집에서 만드는 것보다 가격이 쌀 경우가 있다. 예를 들면, 냉동 오렌지 농축액으로 만든 오렌지 주스가 신선한 오렌지를 짜서 만든 것보다 싸며, 냉

표 10-4 매장별 가격 비교(원)

상품명	할인점 A	할인점 B	할인점 C	백화점	소비자가격
햇반(3개)	3,650	3,650	3,650	4,200	4,200
신라면(5개)	2,140	2,150	2,150	2,700	3,000
맛살(200g)	2,500	2,500	2,500	2,800	3,000
다시다(500g)	4,550	4,550	4,550	4,550	5,000
식용류(900mL)	2,100	2,150	2,200	2,400	2,500
생수(2L)	770	760	780	900	1,000
콜라(1.5L)	1,380	1,130	1,380	1,600	1,800
우유(1L)	1,750	1,750	1,750	1,800	2,000

자료: 2005년 12월 가격.

표 10-5 지역별 가격비교(원)

상품명		성북구	서초구	관악구	강북구
쌀	20kg	51,900	51,425	47,770	50,550
배추	1포기	2,240	2,050	2,161	2,292
무	1개	1,710	1,505	1,458	1,026
사과	7kg	2,179	1,380	1,767	1,368
배	1개	3,050	2,211	2,322	1,499
쇠고기	100g	6,116	5,160	5,531	4,700
돼지고기	100g	1,732	1,509	1,294	1,335
닭고기	한 마리	3,660	3,870	3,576	3,336
고등어	1마리	2,200	3,756	2,397	2,499
두부	420g	1,400	1,688	1,431	1,400
김	8절 4봉지 1팩	1,073	978	1,068	1,740
달걀	10개	1,983	1,761	1,763	1,860
라면	1개	487	540	486	480
햄	1개	2,530	2,655	2,530	2,509
우유	1L	1,785	1,774	1,750	1,800
오렌지 주스	1.5L	2,040	1,817	1,766	1,906
생수	500mL	348	375	375	410
설탕	3kg	2,734	2,813	2,812	2,784
밀가루	3kg	2,524	2,543	2,567	2,555
참기름	320mL	4,960	5,143	4,841	4,621
식용유	1.8L	3,561	3,834	3,314	3,783

자료: 2005년 11월 가격, 소비자 연맹 지역별 8개의 매장 가격 평균 조사.

동완두콩과 통조림완두콩은 신선한 완두콩보다 싸며, 인스턴트 커피가 집에서 끓이는 커피보다 가격이 낮다.

편이식품을 구입할 때는 식생활관리자의 이득이 무엇이며 손실이 무엇인지 고려할 필요가 있다.

알아두기

알뜰 장보기 쿠폰

경제위기사태 이후 선진국형 쿠폰이 잇달아 등장하고 있다.

- 전국광역 포인트 쿠폰 : 가맹점포에서 구매를 하면 경품이나 현금으로 환급해 준다.
- 신문 쿠폰 : 일간신문에 쿠폰광고를 내어 이것을 가져가면 슈퍼마켓에서 물건을 살 때 할인을 받을 수 있다.
- 쿠폰북 : 전국 10개 종류

그림 10-6 쿠폰

인터넷 할인쿠폰 제공 사이트
- www.cms.co.kr
- kr.shopping. yahoo.com/food_beverages
- www.nesteggz.com(미국)

표 10-6 우리나라에서 시판되는 편이식품의 종류

	인스턴트 식품	냉동조리 식품	레토르트 식품(통조림)
주식	쇠고기죽, 오곡죽, 잣죽, 참깨죽, 야채죽, 밤호박죽, 새우죽, 호박죽, 현미죽, 라면, 육개장면, 김치면, 밥	새우볶음밥, 야채볶음밥, 고향만두, 김치만두, 고기만두, 참치만두, 물만두, 팥만두, 냉동면, 김치냉면	잣죽, 오곡죽, 단팥죽, 호박죽, 옥수수죽, 야채죽, 닭죽, 잣죽, 전복죽, 참치죽, 북어죽, 참깨죽, 옥수수탕
부식	미역국, 배추국, 배추된장국, 사골우거지국, 북어국, 육개장, 곰탕, 해물탕해장국, 쇠고기국, 달걀국, 대구매운탕, 추어탕, 김치찌개, 버섯찌개, 섞어찌개, 동태찌개	고기산적, 돈까스, 미니돈까스, 햄버거, 크로켓, 치킨 커틀릿, 생선 커틀릿, 오징어튀김, 오징어볼튀김, 오징어링튀김, 명태흰살튀김, 가자미살튀김, 생굴튀김, 김치양념불고기, 탕수육, 피자류, 핫도그류, 치킨바	삼계탕, 우족탕, 도가니탕, 카레, 쇠고기카레, 야채카레, 닭고기카레, 햄버거, 햄버거스테이크, 미트볼, 하이스, 짜장, 간짜장, 쇠고기짜장, 고기덮밥소스, 스파게티소스, 수산통조림류
기호식	차류	아이스크림류	식혜, 수정과, 사과 주스, 기타 과실 주스류, 청량음료류

1. 식생활관리자는 국, 찌개, 죽 등의 인스턴트식품과 볶음밥, 만두, 돈가스 등의 냉동조리식품과 죽이나 짜장 등의 레토르트 식품 등을 사용하여 맛있는 식품을 준비할 수 있다. 식사 전체를 반제품과 완제품 식품들만으로도 준비할 수 있고, 메뉴 짜기와 식사 준비가 쉬워지게 된다. 어려운 이색적인 식사

도 시간이 많이 걸리지 않게 준비할 수 있고 만족할 수 있다.

2. 편이식품의 구입은 시간과 에너지를 구입하는 것과 같다. 장보기, 과일과 채소 씻고 다듬기, 조리시간, 기구 닦기 등의 모든 주방 일들이 줄어드는 것이다. 식생활관리자가 돈을 벌거나, 가족의 책임이 많거나 지역사회의 책임이 크거나 할 때는 이런 시간의 이득은 측정할 수 없을 만큼 가치가 있는 것이며 그렇지 않은 식생활관리자라도 이런 시간을 여가활동이나 임무수행 시간으로도 사용할 수 있다.
3. 이득은 식생활관리자가 요리하는 것을 싫어할 때 더욱 커진다.
4. 식생활관리자가 조리기술도 없고 시간도 없을 때 질이 좋은 식사와 여러 종류의 식사를 가능하게 해 준다는 것도 중요한 이점이다.

어디서 언제 사야 하나

그 지역의 자원을 연구하는 좋은 방법은 신문에 나는 광고를 몇 주 동안 살펴보는 것이다. 많은 광고들이 주중에 나와서 주말까지 유효할 경우가 많지만 일요일 하루만 인하판매하는 경우도 있으므로 광고들을 잘 관찰하여 어느 슈퍼마켓에서 어느 날 사야 하는지를 알아야 한다. 한 연구에 의하면 매주 금요일에 2.3kg의 어깨살 쇠고기를 인하판매하는 경우 샀을 때 39.3달러였으나 매주 화요일에 인하판매가 아닐 때 샀더니 고깃값이 62.3달러였으므로 같은 질의 고기를 23달러나 더 주고 샀다는 것이다. 어디서 언제 사야 하는지의 중요성은 결코 무시할

알아두기

타임 서비스(time - service)의 예

- 신선도가 중요한 수산물, 청과물은 오후 6시 이후 50% 할인
- 알뜰 코너: 하루 지났거나 흠집 있는 채소 - 개점(오전10 : 30) 직후 50~80% 할인
- 선어코너: 저녁 8시 30분부터 30%, 저녁 9~10시 사이 40~50% 할인
- 예고판매제: 청과, 야채, 수산물, 축산물, 즉석요리 20~50% 할인
- 조조할인제, 굿모닝 최저가 판매코너 등의 이름으로 실시

그림 **10-7** 우리나라 전단지의 예

그림 **10-8** 미국 슈퍼마켓 쿠폰 예

수 없으나 어떤 것을 어떻게 사야 하는지가 더 중요하다는 것을 염두에 두어야 한다.

1995년에 아침에 싸게 파는 조조할인 서비스를 시작한 이래 유통업체들이 손님을 끌기 위하여 시간과 수량을 한정해 싼값에 공급하는 물건이 많아졌다. 이렇게 타임 서비스 상품의 경우 원가 이하로 파는 물건도 많으나 유명 브랜드가 아닌 상품도 섞여 있으므로 꼼꼼한 구매가 필요하다.

CHAPTER 11

각 식품의 구매

1. 육류

식품수급표에 의하면 2014년도 육류의 전체 공급량은 국민 1인 1일당 142.0g이었으며, 1970년의 22.3g으로부터 차차 증가하기 시작하여(그림 11-1), 1985년 이후 급격한 증가를 보이고 있다. 이는 약 40년 동안 6배 가까이 증가한 셈이다. 돼지고기는 감소하는 경향을 보이다가 1975년 이후 급격히 증가하여 1980년에는 쇠고기의 2.4배가 되었고, 1990년에는 3배 이상의 차이를 보이며 꾸준한 증가를 나타내고 있었다. 2014년 1인 1일당 총육류의 공급량 142.0g 중 돼지고기가 60.0g(46%)으로 가장 높았고 쇠고기 28.5g, 닭고기 27.5g으로 보고 되었다.

한편, 2015년도 국민건강·영양조사 보고서에 따르면 우리나라 국민의 1인 1일당 육류섭취량은 129.0g으로서 쇠고기가 29.9g, 돼지고기 62.5g, 닭고기 36.7g으로 나타나고 있으며 과거에 비해 섭취량과 공급량 간의 차이가 줄어든 것을 볼 수 있다. 식생활관리자는 매끼 식사에 육류를 얼마나 사용해야 하는가를 고려해야 한다. 육류를 선택한 다음에 그에 따라 식품 소비지출 비용을 증가시키거나, 아니면 육류 소비에 사용할 비용을 정해 놓은 다음, 이에 맞게 육류를 선택해야 할 것이다. 얼마만큼의 양을 살 것인가는 육류의 종류나 부위, 육류의 질에 따라 달라진다.

1인분의 크기

육류, 조류, 어류 등의 1인분의 크기는 가족마다 다르며 가족의 구성원에 따라서도 다르나 표준화된 1인분의 양으로 생각하고 계획할 수 있다.

1. 스테이크나 작은 생선, 작은 조류는 1인분이 표준화된 것보다 클 것이다.

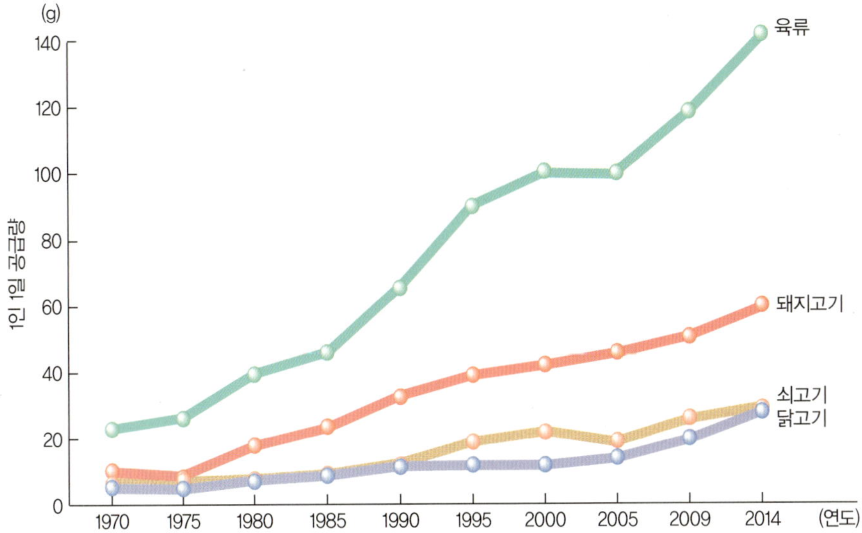

그림 11-1 1인 1일당 육류 공급량

2. 식품비의 예산이 적을 때는 1인분의 양이 적어질 수도 있다.
3. 평균 또는 표준화된 1인분은 조리된 기름기 적은 90g의 육류를 말한다.
4. 조리되지 않은 육류의 1인분은 120g이나 135g의 기름기 없는 것으로 조리 시 손실이 25~33% 이하이어야 한다.
5. 조리 시의 손실은 조리 시의 온도, 조리시간, 조리정도, 조리방법에 따라 다르며 손실은 주로 물과 육류즙(dripping)인데, 손실을 최소로 하기 위해서는 낮은 온도로 짧은 시간 안에 조리하는 것이 좋다.
6. 사려고 하는 육류 부위에 뼈와 지방이 얼마나 있는지, 부위의 크기와 모양이 어떤지에 따라 양이 정해지는 것이다.
7. 부위가 크면 손실은 적을 것이고 면적이 넓으면 커질 것이다.
8. 아주 어린 닭은 뼈가 많기 때문에 성숙한 닭보다 1인분의 크기가 커야 한다.

육류의 부위 중 600g당 5인분이 나오는 것은 다진 고기(ground beef), 양고기, 햄, 잘게 썬 스테이크, 쇠간, 소와 돼지의 텐더로인(tenderloin), 생선 살코기(fillet), 냉동 깐새우, 스튜(stew) 고기 등이며 간, 스튜 고기, 다진 고기는 어떤 재

표 11-1 부위에 따른 육류 1인분

종류	600g당 서빙 수	g/1인분
쇠고기		
척로스트	2	225
햄버거	5	112
라운드 스테이크	5	112
갈비	3	225
뼈 없는 럼프 로스트	4	150
돼지고기		
찹	3	180
로인 로스트	3	225
햄 전체	4	150
양고기		
로인 찹	3	225
송아지고기		
커틀릿	5	112
가금류		
닭, 가슴	3	180
튀김닭	2	350
어패류		
냉동된 대구살	6	90
머리 자른 새우	4	150

료와 같이 조리하느냐에 따라 6인분까지도 나올 수 있다. 포크 찹(pork chop), 소와 돼지의 어깨뼈살, 뼈 있는 햄, 뼈 있는 럼프 로스트(rump roast), 껍질 있는 새우, 닭가슴살 등은 4인분이 나올 수 있고, 뼈가 더 많은 닭다리, 서로인 스테이크, 스테이크, 리브 로스트 등은 3인분이 나오며 돼지갈비나 소갈비는 2인분 정도밖에 나오지 않는다(표 11-1). 이 중에서 1인분의 가격이 제일 높은 육류들은 양고기의 로인 찹(loin chops), 새우, 리브 로스트(rib roast), 송아지고기이며 가격이 제일 낮은 것은 햄버거고기, 냉동생선, 닭 전체, 햄 전체들로 1/5 값밖에 되지 않는다.

육류의 부위

소비자들이 좋아하는 부위는 육류의 종류에 따라 다르다. 육류의 조직과 성분 및 맛은 부위에 따라 각각 특수성이 있으므로 조리의 용도에 따라 알맞게 선택해야 한다. 예를 들어 쇠고기의 경우 구이로는 마블링이 잘되어 있고 결합조직이 적은 안심, 등심, 갈비 등을, 국으로는 맛성분을 많이 함유하고 있는 양지나 사태를, 장조림으로는 근육이 잘 발달되어 있는 홍두깨살을 이용한다.

쇠고기

쇠고기는 부드러운 부위와 덜 부드러운 부위가 있는데, 움직이는 데 사용되는 근육과 그것을 보조해 주는 근육이 있어, 움직이는 데 사용되는 근육은 결합조직이 많아 덜 부드럽다. 보조근육은 동물의 등을 따라 있고, 움직이는 근육은 다리·

표 11-2 쇠고기의 부위별 특징 및 조리법

부위명		특징	조리법
한국	미국		
목심	Chuck	결합조직이 많아 육질이 질기고 지방이 적다.	조림, 편육, 미트볼, 햄버거, 스튜, 수프 스톡
등심	Loin	살이두껍고 근내지방이 있으며 풍미가 좋다.	구이, 전골, 찜, 탕, 로스트, 스테이크, 바베큐
갈비	Ribs		
안심	Tenderloin	운동량이 적어 조직이 연하다.	구이, 찜, 전골, 스테이크, 바베큐, 브로일
갈비	Ribs		
채끝	Striploin	조직이 연하고 풍미가 좋다.	구이, 전골, 스테이크, 로스트, 바베큐
우둔	Round	지방층이 있으나 질기다.	편육, 탕, 조림, 구이, 스튜, 브레이즈
사태	Fore Shank	골질이 많고 지방이 적다.	조림, 탕, 스튜, 수프 스톡, 찜
양지	Brisket Flank	결합조직이 많아 육질이 질기고 지방이 적다.	편육, 탕, 스튜, 햄버거, 수프 스톡

자료: 이주희 외(2012), 과학으로 풀어 쓴 식품과 조리원리.

어깨·목에 있다. 쇠고기의 부위별 특징에 따른 조리법은 다음과 같다(표 11-2).

마블링이 잘되어 있고 결합조직이 적은 부위의 고기는 건열조리법, 즉 구이나 스테이크, 바비큐로 이용되고 결합조직이 많아 덜 부드러운 부위는 탕, 스튜, 스프 등의 습열조리를 이용하는 것이 좋다.

돼지고기

돼지고기의 모든 부위는 다 부드럽지만 삼겹살과 목심이 건열 조리법에 주로 사용되고 있다. 돼지고기에 존재하는 기생충인 선모충(trichina) 때문에 모든 돼지고기는 잘 익혀야(well done) 한다. 돼지고기의 앞부분은 앞다리 살코기와 어깨살(boston butt)이 나오고, 뱃살은 주로 베이컨을 만들고, 뒷다리살은 햄을 만든다. 돼지고기의 부위별 조리법은 〈표 11-3〉과 같다.

표 11-3 돼지고기의 부위별 특징 및 조리법

부위명		특징	조리법
한국	미국		
목심	Boston Butt	등에서 목으로 이어지는 부위로 지방이 근육막 사이에 끼어 있어 풍미가 좋다.	구이, 수육용
등심	Loin	등쪽의 두터운 지방층에 덮여 있고 고기의 결이 곱다.	폭찹, 스테이크, 구이
안심	Tenderloin	갈비 안쪽에 붙어 있으며 지방이 약간 있고 고기가 연하다.	구이, 스테이크, 탕수육
앞다리	Shoulder	앞다리 위쪽 부위로 어깨부위에 해당한다.	불고기, 찌개, 수육
갈비	Rib	근육 내에 지방이 함유되어 풍미가 좋다.	바베큐, 숯불구이, 찜
삼겹살	Belly or Bacon	복부에 근육과 지방이 삼겹으로 된 것이고 풍미가 좋다.	구이, 베이컨
뒷다리	Ham	볼기 부위로 지방이 적고 살이 두텁다.	튀김, 불고기, 장조림, 햄(가공육)

자료: 이주희 외(2012). 과학으로 풀어 쓴 식품과 조리원리.

닭고기

닭고기와 칠면조고기는 전체로 파는 경우와 부분으로 잘라 파는 경우가 있다. 반쪽 닭은 전체 길이로 양쪽을 똑같이 나눈 것이며 통닭은 주로 삼계탕이나 로스트용으로 사용한다. 가슴살과 윗다리살은 뼈 없는 살코기로 팔기도 한다.

닭고기의 부위와 조리법은 〈표 11-4〉와 같다.

- 가슴살(breasts)은 가슴뼈를 사이에 두고 똑같이 두 쪽으로 자를 수 있다. 색이 희고 기름기가 전혀 없어서 빡빡하고 맛이 담백하며 구이나 튀김에 적당하다.
- 다리살(legs)은 윗다리살(thigh)과 아랫다리살(drumstick)로 다시 구분되며, 색이 붉고 물기와 기름기가 많아 맛이 좋으며 튀김이나 조림, 구이 등에 적당하다.
- 날개살(wings)은 살코기는 적으나 운동을 많이 한 부분이라 맛이 좋고 물기가 많으며 튀김이나 찜에 좋다.
- 등살(backs)이나 목살(necks)은 뼈가 많아 살코기는 적으나 맛이 좋아 국을 만드는 데 좋다.

표 11-4 닭고기 부위별 특징 및 조리법

부위명	특징	조리법
가슴살	지방이 적어 열량이 낮고 맛이 담백하다.	구이, 카레, 커틀릿, 샐러드
다리살	색과 맛이 진하고 씸힘성이 좋다.	구이, 튀김, 훈제, 조림
날개살	지방, 콜라겐 함량이 많고 맛이 부드럽다.	구이, 튀김, 조림

육류의 질

질에 관한 건전성(wholesomeness)이란 안전하게 먹을 수 있는 것을 뜻하며 건강한 동물로부터 얻은 고기라야 하고, 도살·가공·운송·저장 등이 모두 위생적인 상태에서 행해져야 하며 병원균이 없어야 한다. 미국에서는 1967년에 육류건전법(Wholesome Act)이 통과되어 도살할 때부터 가공에 이르기까지 검사를 받아야 하며 슈퍼마켓에서도 검사를 받는다. 가공된 육류는 가공과정에서 포장과 표시에 이르기까지 검사를 받는다.

육류의 질은 부드러운 정도(tenderness), 물기가 많은 정도(juiciness)와 향미(flavor)에 관계된 특성들에 의해 좌우된다. 이러한 특성들은 성숙도, 지방분포도, 색깔, 단단한 정도, 질감 등을 의미한다. 동물이 나이가 먹어감으로써 뼈의 분홍색이 희어지며 속이 빽빽해지고, 살은 검어지며 거칠어지고, 지방은 색이 진해지며 많이 축적된다. 늙은 동물의 고기는 어린 동물의 것보다 덜 부드럽고 건조해 보이며 지방층이 많이 쌓여 근육 속과 사이에 축적된다.

살코기와 지방이 근육 사이에 적당히 들어 있는 상태를 마블링(marbling)이라고 하며 조리하는 동안에 건조되는 것을 막아 주므로 보습성(juiciness)에 영향을 주고 지방이 있으면 향미가 더 좋아지므로 적당량의 지방은 있어야 좋다. 또, 좋은 질의 고기는 색이 좋고, 단단하며, 근육의 크기가 작아야 한다.

쇠고기의 질

쇠고기의 질은 육색, 지방색 근육의 크기, 근육 내외부의 지방의 크기, 동물의 무게에 달려 있다. 고기 맛의 등급은 마블링, 단단한 정도, 질감, 색깔로써 정해지고 마블링과 단단한 정도는 자른 면을 보아서, 동물의 성숙도로도 알 수 있으며, 또 뼈의 크기, 모양, 굳어진 정도를 보아도 알 수 있고 육류의 색, 질감을 보아도 알 수 있다.

좋은 질의 쇠고기를 선택할 때는

- 살코기가 밝은 색이고 근육모양이 작아야 하고
- 뼈는 붉은색에 스펀지같이 구멍이 엉성하고 마블링은 많지 않아야 하며
- 외부지방층이 얇아야 한다.

돼지고기의 질

돼지고기는 지방층과 살코기의 단단한 정도와 살코기의 색으로 보아 질이 적당한가, 그렇지 않은가를 결정한다. 적당한 질의 돼지고기는 뒷다리살, 허릿살, 앞다리살과 어깨살의 네 부위로 나눌 수 있어야 하고, 지방층의 정도와 근육 정도로 정해진다. 돼지고기는 소비자들을 위한 등급이 없으므로 식생활관리자들은 근육이 두껍고 지방이 적은 것을 선택해야 할 것이다. 또한, 좋은 질의 돼지고기는

- 회색이 도는 분홍빛 살코기에 근육이 섬세하고 질감은 단단해야 하고
- 약간의 마블링이 있는 것이 좋으며
- 지방이 희고 뼈는 분홍색이고 스펀지 같은 것이 어린 동물의 것이다. 늙은 동물의 살코기는 색이 진하며 질감이 거칠다.
- 돼지고기의 맛은 향미가 있어야 하며 부드럽고 물기가 많아야 한다.

닭고기의 질

닭고기는 닭의 무게와 나이에 따라 조리방법이 다르므로 요즘은 조리방법에 맞게 구분하여 사용해야 한다(표 11-5).

훈제육류

육류를 훈제(cured meats)하는 것은 육류를 저장하기 위한 방법에서 시작된 것이며, 계속 사용하는 이유는 훈제품의 알맞은 색깔과 향미의 변화 때문이라고 할 수 있겠다. 미국 농무성은 1974년 모든 가공 육류제품에 개봉일을 표시하도록 하였다. 훈제에 사용되는 주된 재료는 소금(NaCl)·질산나트륨(sodium nitric acid)이나 질산 포타슘(potassium nitrate)·아질산나트륨(sodium nitrous acid)이나 아질산 포타슘(potassium nitrite)·설탕 등이며, 그 외에도 아스코빈산이나 시트르산은 색깔을 곱게 하기 위하여 사용하며, 수화력을 증진시키기 위해서는 인산염을 첨가한다.

훈제품의 색깔이 분홍색을 띠는 것은 아질산나트륨이 육류색소와 작용하여 일

표 11-5 닭의 나이에 따른 분류 및 조리법

명칭	무게(kg)	특징	조리법
Broiler 9~12주(영계)	0.9~1.2	지방이 적고 살이 연하다.	구이, 튀김, 백숙
Roaster 5~10개월	1.4~2.3	피하지방이 약간 형성되어 있다.	구이, 튀김, 찜
Capon 8개월 이하의 거세한 수탉	1.8	통닭으로 이용하기에 좋다.	구이, 찜
Stag 9~10개월 수탉	2.0	약간 질기다.	국, 조리, 찜
Hen 10개월 이상 암탉(씨암탉)	1.8~2.5	지방과 살이 많다.	국, 조림
Cock 1년 이상된 수탉	1.8~3.2	껍질이 거칠고 고기가 질기다.	습열조리

자료: 이주희 외(2012), 과학으로 풀어 쓴 식품과 조리원리.

어나는 반응이나, 최근 아질산 사용의 안전성이 문제시되고 있다. 아질산과 아민(amine)이 반응하여 체내에서 니트로사민(nitrosamine)의 생성이 가능하고, 니트로사민은 실험동물에서 발암물질이라는 것이 판명되었다. 그러나 무엇보다도 중요한 것은 아질산이 보튤리누스 독(botulinum)을 생성하는 것을 방지해 준다는 것이다. 또, 아질산은 훈제품의 독특한 특성인 향미, 색, 안전성에 중요하다.

미국에서는 1975년 1월부터 발효시킨 소시지나 건조식 훈제품을 제외한 모든 훈제품에 아질산의 사용을 금지하거나, 아니면 베이컨, 발효시킨 소시지, 건조식 훈제 소시지를 제외한 모든 훈제품에 아질산 사용을 156ppm으로 낮추거나, 현재 허용되고 있는 200ppm 아질산의 잔존량을 낮추자는 제의를 했다. 전문가들에 의하면 조리된 소시지 제품에는 100ppm, 통조림 훈제된 제품에는 50ppm이 적당하다고 생각되고 있다.

포장된 베이컨은 상하기 쉬우므로 포장날짜를 표시해야 하며, 냉장고에 보관하거나 냉동시켜도 무방하나 냉동시키면 질이 약간 떨어진다.

소시지

소시지(sausages)는 여러 종류가 있으며 유래된 장소의 이름을 붙여 부르기도 한다. 예를 들면, 프랑크푸르트는 독일 프랑크푸르트에서 유래됐고, 볼로나(bologna)는 이탈리아의 볼로나에서 유래되었다. 소시지는 가공 정도에 따라 세 종류로 구분된다.

1. 신선한 소시지와 훈연(smoked) 소시지
2. 훈연, 조리된 소시지
3. 약간 말린 소시지나 완전히 말린 소시지

소시지에 사용하는 육류는 돼지고기, 쇠고기, 송아지고기, 양고기, 닭고기, 칠면조고기 등이며, 육류의 부위는 돼지어깨살, 쇠고기의 어깨살(chuck), 가슴살(brisket), 뱃살(flank), 여러 고기의 조각들을 이용한다. 양념으로 사용되는 향신료들은 아니스(anise), 올스파이스(allspice), 캐러웨이(caraway), 카다몬(cardamon), 실파(chives), 정향(cloves), 고수(coriander), 딜(dill), 마늘, 생강, 겨자, 비자(nutmeg), 양파, 후추, 타임(thyme) 등이며, 소시지를 불리기 위하여 곡류, 녹말, 탈지분유 등을 3.5% 정도 넣어도 되고 분리 콩단백(soy protein isolate)을 2% 넣는 것을 허용하고 있다. 지방의 함량은 30%로 제한하고 있다.

건조된 소시지는 여름 소시지라고도 부른다. 다른 소시지보다 수분이 적고 소금이 보존제이므로 다른 소시지보다 덜 상한다. 살라미(salami)와 페퍼로니(pepperoni)가 이런 소시지 종류이며, 살라미는 샌드위치에 많이 사용하고, 페퍼로니는 피자에 많이 사용한다.

육류를 연하게 하는 방법

효소를 사용하여 연육하는 방법은 동물조직에 있는 효소가 조직을 화학적·물리적으로 변화시키므로 연육 효과를 내며, 신선한 육류를 포장하여 소비자들에게까지 갈 동안 6일에서 10일 사이에 많이 연육된다. 쇠고기의 갈비와 로인은 연육

현상을 증가시키고 향미 성분을 개발하기 위하여 숙성시킨다.

숙성(aging)은 두 가지 방법으로 이루어지는데, 건조성숙(dry aging)은 쇠고기를 2~6주 동안 1~3℃에서 습도를 조절하여 탈수현상을 최소로 하고 적당한 향미성분이 생성되도록 하는 것이다. 외부의 적당한 지방층은 숙성되는 동안 탈수현상을 막으며 상하는 것을 막아 주기도 한다. 이 방법은 매우 비싼 방법이므로 대부분은 빠른 숙성(fast aging) 방법을 사용하는데, 높은 습도에서 2일간 21℃에서 숙성시키고, 상하는 것을 조절하기 위하여 자외선을 사용한다. 건조 성숙시킨 쇠고기는 고급식당으로 가고, 빨리 숙성된 쇠고기는 소매상으로 간다. 돼지고기는 지방의 산패 때문에 숙성시키지 않는다.

단백질 분해효소를 사용하여 연육시키는 방법도 있다. 효소 혼합물을 쇠고기 표면에 뿌린 다음, 포크로 효소가 들어가게 여러 군데를 찌른다. 효소는 55~70℃에서 활성화되고 온도가 더 올라가면 불활성화된다. 이런 연육 방법을 이용하면 덜 연한 고기를 건열식 방법으로 조리할 수 있다. 또한, 효소를 동물을 도살하기 전에 주사하여 근육 골고루 퍼지게 할 수도 있다.

인조육

현대기술이 식물단백질을 추출해 내 TVP(Textured Vegetable Protein)이라 부르고, 육류나 육류제품의 부피를 증가시켜 주는 희석제(extender)나 인조육(meat analog)으로 사용하고 있다. 인조육은 유사한 고기, 합성한 고기, 모조고기라고 할 수 있으며, 모양이나 맛, 냄새까지도 비슷하다.

인조육은 주로 단체급식소와 종교적인 이유로 육류를 피하는 사람들에게 공급된다.

콩단백질은 적당한 양을 희석제로 사용하는 경우 육류의 향미에 아무런 지장없이 사용할 수 있으며, 미트 로프(meat loaf)나 소시지에 이용될 수 있다. 콩단백질은 육류의 지방과 즙(juice)을 흡수하므로 육류와 같이 사용할 경우 조리손실을 줄여 촉촉하고 부드러운 육류가 된다. 미국 농무성은 1971년에 학교급식의 단백질 필요량을 충족시키기 위하여 콩단백질의 사용을 허용했고, 1973년에는 다

인조육의 사용을 찬성하는 이유 알아두기

- 영양가 성분을 조절하여 지방, 콜레스테롤 등을 변형시키거나 제거할 수 있고, 필요한 영양소는 첨가시킬 수 있다.
- 조제된 것이므로 질이 일정하다.
- 편이식품이라고 할 수 있다.
- 신선한 육류보다 가격이 싸다.

진 고기에 혼합된 콩단백질이 처음으로 시판되었다.

인조육의 종류는 다음과 같다.

1. 약간 변형된 식물단백질로서 60% 이하의 단백질을 포함(soy flour, soy granule, corn granule)
2. 60~90%로 농축된 농축단백질. 농축식물단백질에는 콩단백질, 식물단백질, 종실유단백질(oil-seed protein)
3. 90% 이상인 분리단백질

생선과 어패류

신선한 생선

신선한 생선은 종류에 따라

- 통생선(whole fish)
- 내장을 들어낸 생선(drawn fish)
- 내장·머리·꼬리·지느러미를 잘라내고 손질한 생선(dressed fish)
- 손질한 생선을 2~3cm로 토막낸 생선(steak)
- 생선 등에서 뼈를 사이에 두고 길이로 살코기만 잘라낸 생선(fillet) 등으로 구입할 수 있다.

생선의 신선도는 쉽게 알 수 있다.

- 통생선은 눈이 튀어나오고
- 붉은색의 아가미
- 무지개 빛깔의 껍질
- 단단한 살코기
- 신선하고 깨끗한 냄새가 나야 한다.

손질한 생선들도 이러한 특성들이 있어야 하며, 여기에 덧붙여서 자른 면이 말라보이거나 갈변되지 않고 방금 자른 것같이 보여야 한다.

2007년도 식품 수급표에 의하면 어패류의 전체 공급량은 국민 1인 1일당 111.3g이었으며, 이 중 어류는 74.9g이고 패류는 36.4g이었다. 어패류 공급량은 1970년부터 차차 증가하다가 1985년 이후부터는 별 변화가 없었다(그림 11-2). 그러나 패류는 1985년에 급격히 증가하여 꾸준히 증가하는 양상을 보였다. 어류 중에서는 멸치·명태·고등어·다랑어·갈치·조기 등의 공급량이 높았으며, 패류 중에서는 오징어·굴·새우·문어·낙지·꽃게 등이 높았다.

한편, 2015년 국민건강·영양조사에서 어패류의 섭취량은 1인 1일당 총 96.3g이

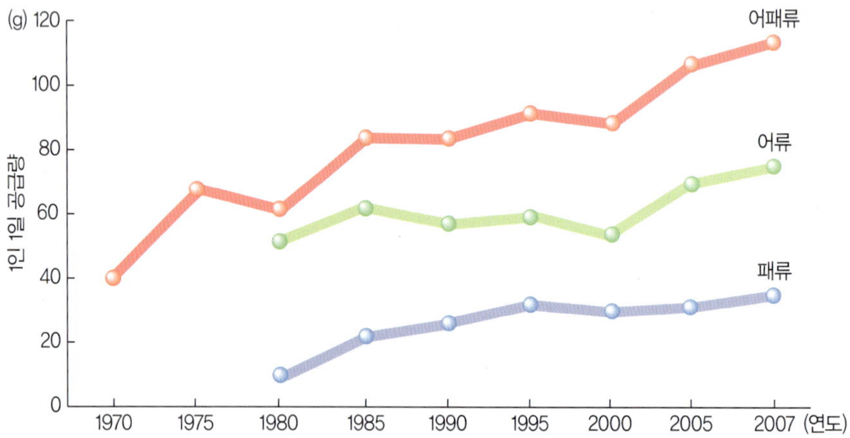

그림 11-2 1인 1일당 어패류 공급량

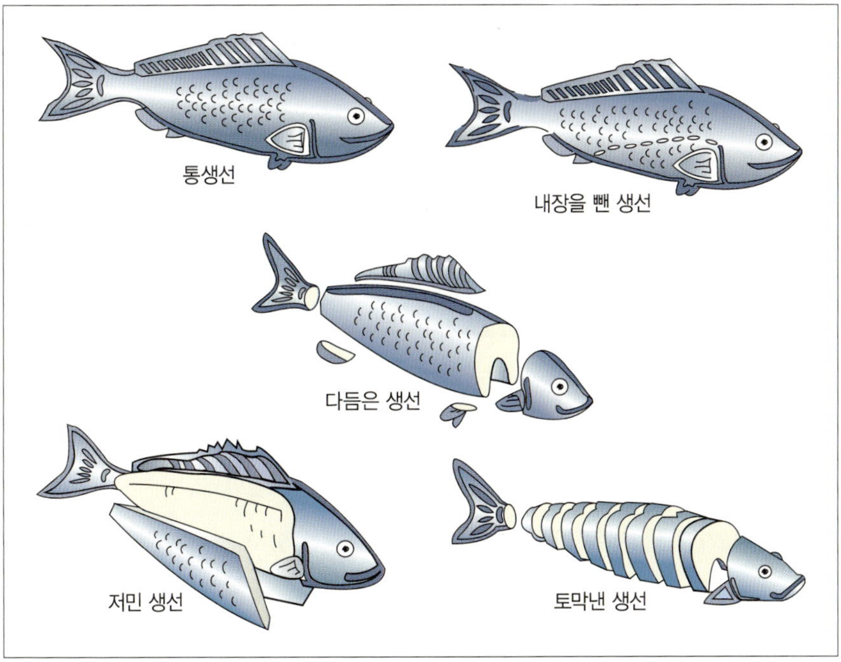

그림 11-3 생선 손질법

었는데 그중 어묵, 오징어, 고등어, 명태, 동태, 조기 등이 다소비 식품이었다.

냉동생선

많은 종류의 생선들이 냉동상태로 구입이 가능하며, 또한 즉석 조리가 가능한 빵가루를 입힌(breaded) 냉동생선의 구입도 가능하게 되었다.

통조림생선

우리나라에서는 꽁치·참치·연어·고등어 등의 한정된 종류가 통조림생선으로 구입이 가능하나, 미국에서는 전체 생선소비량의 반 정도가 통조림형태로 소비되고 있으며 주로 참치·연어·정어리 등이다.

패류

패류(shellfish)에는 두 가지 종류가 있으며, 조개류와 갑각류이다.

- 조개류: 굴·조개·조갯살(패주)·소라·전복·홍합 등
- 갑각류: 새우·가재·게 등

패류는 신선한 것, 냉동, 통조림 형태로 구입이 가능하며 어류나 육류보다 1인분 가격이 비싸다. 새우는 크기, 모양이 다 다르며, 색깔은 녹색을 띤 회색에서부터 갈색을 띤 붉은색까지 있으나 조리 후에는 모두 다같이 분홍색을 띤다. 가재에는 두 가지 종류가 있는데 진짜 가재(true lobster)와 돌가재(rock lobster)가 있으며, 진짜 가재는 북대서양바다에서 나오며 집게가 있고 맛이 월등하고, 돌가재는 꼬리부분만 먹을 수 있다.

게는 여러 종류로 꽃게(blue crab), 왕게(king crab), 닭게(red frog crab), 대게(tanner crab) 등이 있다. 겟살은 몸과 다리살에서 얻어지나, 왕게는 다리살만 사용하며, 살은 희고 바깥은 붉은색이다. 게는 냉동상태로도 구입이 가능하다. 굴은 5월과 8월 사이에는 못 먹는 것으로 되어 있는데, 이 시기가 양식기간이어서 굴이 물기가 적어 맛이 없고, 식중독에 걸리기 쉽기 때문이다.

육류 · 어패류 구입방법

대부분의 식생활관리자들은 식품비 전체의 1/5에서 1/3까지를 육류, 어류, 패류 등을 구입하는 데 사용하고, 또 최대한으로 이용하기를 원한다. 잘못 구입하면 낭비와 불만뿐이다. 육류의 구입처럼 많은 지식과 경험을 필요로 하는 식품도 없을 것이며, 이런 지식과 경험으로부터 많은 이익을 얻을 수 있다. 식생활관리자들은 시장을 연구 조사하여 식생활관리자가 지불할 수 있는 가격에 원하는 질을 공급해 줄 수 있는 상점을 찾아야 한다.

알아두기

구매 시 주의할 점

1. 모든 육류는 검사를 거치므로, 소비자들은 건전한 육류만을 사도록 해야 한다. 포장이 손상되거나 찢어진 것은 사지 말아야 한다. 만약, 방금 구입한 육류가 냄새가 나든지, 색이 변했든지, 미끈거리면 구입한 시장에 곧 가져가야 한다.
2. 가능한 한 등급이 있는 육류를 구입하는 것이 좋다.
3. 소매부위(retail cut)의 근원을 구별할 수 있도록 해야 한다.
4. 사용용도에 맞추어 구입을 한다. 쇠고기의 경우 구이로는 마블링이 잘되어 있고 결합조직이 적은 안심, 등심, 갈비를, 국으로는 맛성분이 많이 녹아나오는 양지나 사태를, 장조림으로는 근육이 잘 발달되어 있는 홍두깨살을 이용한다.
5. 투명하게 포장된 육류는 살코기, 뼈, 기름의 비율이 좋은 것을 선택한다.
6. 용도에 필요한 양을 구입한다. 한 끼 식사를 넘는 양은 두 끼로는 모자라고 낭비일 뿐이다.
7. 신문의 식품광고를 읽고 세일할 때를 이용하여 선택을 잘 해야 한다.
8. 1인분의 가격을 계산할 수 있어야 한다.
9. 예산이 허락하는 한 가장 큰 크기의 부위를 산다.
10. 통닭과 잘라 놓은 닭을 비교하면 통닭이 조금 싸다.
11. 닭은 부위별로 살 경우, 가슴살이 제일 비싸고, 윗다리살, 아랫다리살 순이다.
12. 즉석 조리할 수 있는 육류(편이식품)의 가격을 비교하고 먹을 수 있게 조리하는 시간까지 고려해야 한다. 편이식품보다 더 짧은 시간에 더 싸게 조리할 수 있는 음식도 있다.

육류의 저장법

육류는 건전한 것을 구입한 후 적합한 취급과 저장으로 건전한 상태를 유지시켜야 한다. 감염을 막기 위하여 깨끗하게 해야 하며, 부패를 지연시키기 위하여 차게 함으로써 질을 보호할 수 있다.

알아두기

육류 저장법

1. 육류, 어패류를 구입한 후 될 수 있는 한 빨리 운반하여야 한다.
2. 포장되지 않은 육류를 취급할 때는 손을 깨끗이 씻고 취급 후에도 씻는다.
3. 육류를 취급할 때는 깨끗한 도구와 용기를 사용한다.
4. 냉장고의 온도는 2~5℃라야 하며 냉동고는 -15℃~-20℃ 이하여야 한다. 육류는 냉장고에서 가장 찬 곳에 두어야 한다.
5. 이미 포장된 육류, 어패류는 투명한 포장에 1~2일 정도 보관 가능하다.
   닭과 어패류는 2일 내에 사용하고 육류를 그 이상 보관할 때는 느슨하게 다시 포장하여 미생물이 자라는 것을 지연시킨다. 정육점에서 싸 준 종이포장이라든지 큰 비닐봉지는 버리고 다시 싸야 한다. 스테이크, 로스트, 찹 등은 5일 정도, 스튜 고기와 다진 고기는 2일 안에 사용해야 한다.
6. 훈제육류는 냉장고에 1주일까지 저장 가능하며 원래 포장을 그대로 두어도 좋다.
7. 육류, 어패류는 다듬어서 한 끼 식사량으로 나누어 냉동 보관한다. 호일이나 비닐로 잘 포장한 후 냉동시킨다.
8. 육류의 냉동저장기간(-18℃에서)을 지킨다.
9. 조리된 육류는 뚜껑 있는 용기에 넣거나 호일로 잘 싸서 되도록 공기와의 접촉을 줄여 곧 냉장시켜야 한다.
10. 냉동된 육류는 해동시키거나 냉동된 상태로 조리할 수 있다. 육류를 해동시킬 때는 냉장고에 포장된 채로 둔다. 해동시킨 후에는 곧 사용한다. 해동시키던 육류가 아직도 얼음이 그대로 있을 때는 사용하지 않을 경우 다시 냉동시켜도 무방하다.
11. 냉동된 닭이나 칠면조는 세 가지 방법으로 해동시킬 수 있다. 제일 좋은 방법은 원래 포장대로 냉장고에서 완전히 해동시키는 것이나, 큰 것은 3일 정도 걸린다. 빠른 방법으로는 찬물에 담가 해동시키거나, 찬 곳에 신문으로 싸서 두는 방법이 있다.
12. 육수와 그레이비(gravy)는 냉장고에 보관한다.
13. 냉동고가 정전됐을 때 문을 열지 않고 놔두면 2일 동안은 식품이 안전하다.

2. 유제품

2014년도 우유류 공급량은 국민 1인 1일당 167.3g으로서 1970년 이후 빠른 속도로 증가하는 추세를 보이고 있으며, 1980년에 비해 4배 이상 공급량이 증가되었다(그림 11-4).

한편, 2015년 국민건강·영양조사의 우유 및 유제품 섭취량은 1인 1일당 총 111.5g으로서 그중 우유는 85.9g이었다.

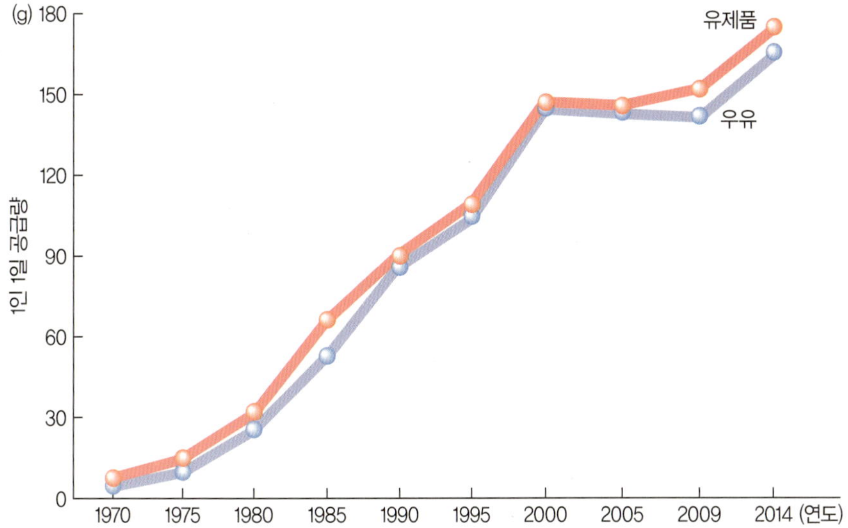

그림 11-4 국민 1인 1일당 우유류 공급량

우유의 대부분은 마시는 데 사용되지만 조리에도 이용된다. 우유는 신선한 상태로 살 수도 있고, 통조림이나 건조에 의한 가공우유도 구입할 수 있다. 신선한 우유는 전지우유, 저지방우유, 탈지우유, 대치우유(filled milk), 모조우유(imitation milk) 등이 있으며, 가격 차이가 있다. 또, 우유는 배달할 수도 있고 슈퍼마켓에서 살 수도 있다. 여러 종류의 우유의 가격은 각각 다르며, 포장크기나 구매장소에 따라서도 다르다.

유제품

유제품(dairy product)에는 전지우유(whole milk), 탈지우유, 저지방우유, 발효우유, 향기 있는 우유(flavored milk), 강화시킨 우유(fortified milk), 대치우유, 모조우유, 거품 내는 크림(whipping cream), 커피크림, 발효된 크림, 냉동후식 및 버터 등이 있다.

우유

우유는 소에서부터 짜낸 분비물로서 초유가 아니어야 하고, 유지방(milkfat)이 3.25% 이상이어야 하며, 지방을 제외한 고형분이 8.25% 이상 있는 것을 말한다. 우유제품은 탈지우유, 발효우유, 연유같이 어떤 방법으로든지 가공 처리한 것을 말한다. 우유의 살균처리는 88℃, 96℃나 100℃에서 이루어지는데 시간은 어떤 온도를 사용하느냐에 따라 다르다. 고온살균법은 138℃나 그 이상에서 2초 이상 살균 처리하는 것이다. 이 처리는 포장하기 전이나 포장 후에 사용할 수 있다. 이러한 살균처리는 냉장기간 중에도 오랫동안 보관하기 위한 것이며 일단 개봉한 우유는 상하기 쉬우므로 보관이 중요하다.

전지우유는 3.25% 이상의 유지방과 8.25% 이상의 고형분을 가지고 있다. 탈지우유는 유지방을 0.5% 이하로 감소시킨 것이며 고형분은 8.25%이다. 탈지우유는 지방을 제거했기 때문에 지용성 비타민도 제거됐으므로 비타민 A를 1쿼터당 2,000IU로 강화시켜야 하고, 비타민 D의 강화도 권장하고 있다(1쿼터당 100IU). 저지방우유는 유지방의 함량을 0.5~2.0%로 낮춘 것이며, 고형분은 8.25% 이상이어야 한다. 저지방우유도 비타민 A를 강화시켜야 하고, 비타민 D의 강화도 권장하고 있다.

산성우유(acidified milk)는 우유에 산을 첨가시켜 산도가 유산 0.2% 이상이 되도록 한 것이다. 발효우유(cultured milk)는 유산균을 이용, 유당이 유산으로 발효되어 시게 만든 것이다. 요구르트(yogurt)는 전지우유나 탈지우유로부터 만든 발효제품으로 여러 종류의 과일을 첨가시켜서 여러 향기의 제품들이 나오고 있다. 요구르트는 아이스크림보다 더 비싼 후식으로 발효과정에서 영양가에 아무런 이득이 없다. 그러나 지방 함량이 낮으므로 칼로리가 적어 신크림(sour cream) 대신 조리에 많이 이용된다. 냉동 요구르트는 젤라틴과 과일이 들어 있으므로 아이스크림같이 보이나 더 부드럽고 신맛이 나고 아이스크림보다 비싸다. 미국에서는 1970년대 중반에 'Lactobacillus acidophilus'라는 균을 첨가시킨 우유가 시판되었다. 이 균은 우유의 맛에는 아무런 영향을 미치지 않고 원래 우유에 있는 균이나 살균처리 과정에서 죽어 버리며 사람의 장에 있는 균이기도 하다.

알아두기

우유 구매법

1. 슈퍼마켓보다 더 싸게 살 수 있는 가게가 있는지를 찾아본다.
2. 사용할 수 있는 가장 큰 크기의 우유를 사는 것이 싸다.
3. 탈지분유를 살 경우, 여러 제품을 비교해 보고 가장 싼 것을 구입한다.
4. 될 수 있는 한 탈지분유를 많이 사용하는 것이 돈을 최대한으로 절약하는 방법이다.
5. 조리할 때는 값이 싸고 맛이 풍부한 연유를 사용하는 것이 좋다.
6. 휘핑 크림(whipping cream)을 특매할 때는 사서 냉동시켰다가 사용하여도 좋다.
7. 커피에는 비낙농(nondairy) 크림을 사용하면 칼로리도 낮고 가격도 싸다.
8. 초콜릿 우유 같은 것은 집에서 만들 수도 있다.

우유에 향미를 넣은 향기 있는 우유에는 초콜릿 우유, 딸기 우유, 바나나 우유, 커피 우유 등이 있으며, 초콜릿 우유는 초콜릿이나 코코아를 사용한다. 이런 우유는 설탕을 넣어 달게 만들며, 초콜릿이나 다른 물질들이 가라앉는 것을 막기 위해 안정제를 사용한다. 그 외 강화우유는 비타민과 무기질로 강화시킨 우유이며, 비타민 D 우유는 비타민 D를 1쿼터당 400IU로 강화시킨 것이다. 우리나라에서 시판되고 있는 대부분의 우유에는 비타민 D가 강화되어 있다.

대치우유는 유지방인 버터를 식물성 지방으로 대치시킨 것으로 미국에서는 1916년부터 제조되었다고 한다. 대치우유는 질의 보존에 유리하고, 우유에 함유된 지방이 심장병과 관계가 있기 때문에 해외주재군에서 오래전부터 사용해 왔다. 대치우유는 탈지우유에서부터 제조되며, 탈지우유에 식물성 지방을 넣어 우유와 같은 질감의 것을 만들며 첨가물을 사용하기도 한다. 대치우유에 처음 사용한 식물성 기름은 코코넛 기름이었으나 요즘은 콩기름이나 옥수수기름을 많이 사용하는데 그 이유는 포화지방산과 불포화지방산의 비율이 좋고 가격도 싸기 때문이다. 비타민 A와 D를 강화시키기도 한다.

모조우유는 유제품이 아닌 식물성 지방, 콩단백, 나트륨 카세인(sodium caseinate), 콘시럽, 향미성분, 안정제, 유화제 등을 사용하여 만든 것이다. 우유에 알레르기가 있는 사람들을 위하여 만들어지기 시작하였으나 요즘은 많이 이용되고 있으며, 가격이 싸다.

크림

크림(cream)은 유지방 함량에 따라 나누며, 크림도 우유와 마찬가지로 균질화(homogenized)해야 하며 살균 처리해야 한다.

- 커피 크림(coffee cream) 또는 라이트 크림(light cream)은 18% 이상 30% 이하의 유지방을 함유하고,
- 라이트 휘핑 크림(light whipping cream)은 유지방이 30% 이상 36% 이하
- 헤비 휘핑 크림(heavy whipping cream)은 유지방이 36% 이상인 것을 말한다.
- 신 크림(sour cream)은 라이트 크림을 균질, 살균하고 적당한 균을 넣어 맛과 향기가 독특하게 만드는 것이다.

농축유제품

농축유제품에는

- 우유의 물을 제거하고 농축시킨 연유(evaporated milk)
- 가당연유(sweetened condensed milk)
- 농축우유(concentrated milk)
- 탈지분유(nonfat dry milk)
- 전지분유(dried whole milk) 등이 있다.

연유는 멸균·균질화시킨 우유로 수분이 60% 가량 줄어든 것이고, 동량의 물을 넣으면 우유와 성분이 같아진다. 비타민 D를 강화시키며 지방구가 분리되는 것을 지연시키기 위하여 안정제를 사용한다. 가격은 우유보다 싸다.

가당연유는 수분을 50% 가량 제거하고 설탕을 넣은 것으로 유지방은 8.5% 이상이고, 설탕은 44% 정도이다. 가당연유는 후식이나 사탕 만드는 데 주로 쓰인다. 농축우유는 수분이 약 1/3 정도가 제거된 것으로 설탕이 첨가되지 않고 멸균

되지 않아 냉동이나 냉장을 해야 한다.

냉동후식

냉동후식에는 아이스크림, 냉동 커스터드(french icecream), 아이스밀크, 셔벗(sherbet), 빙과(ices) 등이 있다. 아이스크림을 만드는 재료는 위에서 말한 유제품들이 이용되며, 그 외 재료로는 설탕, 달걀, 자연 및 인공향미 성분, 과일, 과일주스, 카세인, 인공색소, 유화제, 안정제 등이 사용된다.

아이스크림은 유지방이 최소 10%, 고형분이 최소 20% 가량 들어 있고, 초콜릿, 견과, 과일 등이 들어갈 때는 유지방 8%, 고형분 16%가 허용된다. 포장표시에는 아이스크림의 독특한 재료나 향기를 써야 한다. 예를 들면, 바닐라 아이스크림은 바닐라 향기가 들어간 것이며 딸기 아이스크림은 딸기가 들어간 것이다. 인공향미 성분을 사용하였을 경우에는 인공향미 성분이 가미된 아이스크림이라는 것을 표시해야 한다.

냉동 커스터드는 프랑스 아이스크림이라 불리며, 달걀노른자가 1.4% 이상 들어간 것으로 부드럽고 가격이 아이스크림보다 비싸다. 아이스밀크는 아이스크림에 비해 지방 함량이 2% 이상, 7% 이하의 것으로 칼로리가 적고 덜 부드럽다. 고형분은 11% 이상이다.

냉동 셔벗은 유지방이 1% 이상, 2% 이하이고 고형분도 2% 이상, 5% 이하인 것이다. 셔벗의 특성은 과일이나 과일 주스가 들어가며 오렌지과 과일은 2%, 딸기 종류는 6%, 그 외 과일은 10%가 들어간다. 빙과는 유제품이 전혀 들어가지 않으나 셔벗과 비슷한 성질을 가지고 있다.

버터

최근 10년간 버터의 소비량이 감소되었는데 이는 마가린보다 비싸며, 마가린의 향기와 질감이 향상됨으로써 마가린을 많이 이용하게 되었고, 또 관상동맥증과 포화지방산과의 관계 때문이다. 버터는 80% 이상의 유지방을 포함하며, 소금을 넣기도 하고 넣지 않을 수도 있으며 인공색소로 색을 낸다. 유지방은 쉽게 산패될

알아두기

버터 구매법

1. 작은 포장보다 큰 포장이 가격이 낮다.
2. 버터의 질을 보존하기 위하여 냉동시켜도 좋다.
3. 부드럽게 하는 휘프트(whipped) 버터는 공기가 많이 들어가 있으므로 상하기 쉽고 비싸다.
4. 무염 버터는 보통 버터보다 비싸고 빨리 상한다.
5. 버터 대신 가격이 싼 마가린을 사용한다. 버터 향기를 원하면 버터와 마가린을 섞어서 쓴다.

수 있으므로 보관이 중요하다.

비낙농 제품

비낙농 제품(nondairy product)은 유제품을 대신하는 것이다. 커피 크림, 마가린 등이 그것이다. 비낙농 제품의 재료를 살펴보면 식물성 지방, 식물성 단백질, 나트륨 카세인, 설탕, 인공향미 성분, 인공색소, 첨가제 등이고, 나트륨 카세인은 우유의 유도체이므로 우유재료가 아닌 화학품으로 취급을 하고 있다. 저장기간이 좋은 것이 특징이기도 하다.

커피 크림

비낙농 커피 크림은 지방이 적게 들어 있으므로 칼로리가 낮고 냄새가 없으며 특별한 향미는 없다. 저장기간이 좋은 편이나 오랫동안 저장하면 맛이 강해져서 먹기 곤란할 수도 있으므로 가족 수가 적은 가정에서는 작은 포장의 것을 구입하는 것이 바람직하다.

마가린

버터와 같으나 지방이 식물성이나 동물성일 수 있으며 옥수수기름, 콩기름, 코코넛기름, 라드, 올레오기름 등을 많이 사용한다. 마가린에는 비타민 A를 첨가시켜야 하는데 400g당 15,000IU 이상 사용하여야 한다. 마가린은 지방의 종류를 어떤 것을 사용하느냐에 따라 가격의 차이가 심해지며 제일 비싼 것은 제일 싼 것의 2배 정도 비싸고 포장과 상표에 따라서도 가격이 많이 달라진다. 저장기간을 오래하기 위하여 냉동시켜도 좋다.

치즈

치즈의 구매법

치즈(cheese)는 먹는 데 즐거움이 있고, 영양이 좋고, 칼로리가 낮고, 경제적인 것이 특징이다. 식생활관리자의 목표가 좋은 치즈의 맛을 즐기기 위해서라면 시장을 조사하여 여러 제품들을 시험해 보아야 할 것이다. 크림 치즈를 제외한 모든 치즈는 단백가가 높기 때문에 육류 대용품이 되기도 한다. 코티지 치즈(cottage cheese)와 훼이 치즈(whey cheese)를 제외하고는 대부분이 25~33%의 지방을 포함하고 있다. 미국 농무성에서 최근에는 지방이 6% 함유된 치즈를 개발해 냈고 미네소타 대학과 아이오와 주립대학에서도 1/2~2/3의 지방을 함유한 치즈들을 만들어 내고 있다. 그러나 지방의 함량이 적으므로 숙성될 때 향미가 적다는 것이 문제점이다.

대치우유와 마찬가지로 대치 치즈도 나오고 있다. 살균과정을 거친 치즈가 자연적으로 숙성한 치즈보다 싸고, 치즈에 다른 재료가 들어간 것들은 질이 떨어지는 치즈로 만들기 때문에 그냥 치즈보다 좋지 않고 가격도 비싸다.

치즈를 육류 대신 사용하는 경우가 많은데 경제적이다. 예를 들면, 스위스 치즈 폰듀(fondue), 치즈 샌드위치, 멕시코의 치즈 엔치라더(enchilada), 이탈리아의 피자 등이 유명하다.

치즈를 구입할 때는 제품표시를 잘 읽어 보는 것이 좋다. 예를 들면, 생산지, 종류, 향미의 숙성 정도(순한 정도: 멜로(mellow)한가, 강한 정도: 샤프(sharp)한가), 숙성 기간 등을 알아본다. 또, 유효기간이나 질을 보장하는 날짜들을 보아야 한다. 용도에 따라 가공한 치즈나 자연 치즈를 선택해야 하며, 조리 시나 샌드위치에는 가격이 싼 가공 치즈가 적당할 것이다. 가공 치즈는 부드럽게 녹으므로 조리에는 좋다.

치즈 저장법

적절히 포장된 치즈는 종류에 따라 다르지만 냉장고에서 오래 보관이 가능하다. 크림 치즈나 모차렐라 치즈 같은 숙성하지 않은 치즈는 상하기 쉬우므로 산 직후 소비해야 된다. 단단하게 숙성된 치즈인 체다(cheddar)와 스위스, 블루(blue) 치즈는 오래 저장할 수 있으며, 표면만 숙성시킨 부드러운 치즈는 짧은 기간밖에 저장하지 못한다.

저장기간 동안 일어나는 변화는 표면이 건조되고, 곰팡이가 생기며, 향미가 없어지거나 변형되며 질감이 변하게 된다. 이러한 변화를 막기 위하여 원래 포장에 보관하는 것이 좋으나 그렇지 못할 경우 호일이나 비닐로 잘 싸놓거나 유리나 플라스틱 용기에 넣어 둔다.

치즈가 큰 덩어리인 경우 오래 보관하려면 자른 면을 뜨거운 파라핀으로 봉하거나 냉동시키면 된다. 냉동시키는 방법은 치즈의 질감이 변하므로 바람직하지는 못하나 단단한 종류의 치즈에는 무방하다. 냉동시킬 때는 방수방습포장지에 싸서 놓거나 원래의 포장에 잘 싸서 놓는다. 쓸 때는 냉장고에서 해동시켜 곧 사용하며 6개월간 냉동이 가능하다. 질감이 변했을 때는 조리에 사용하면 된다.

치즈 먹는 법

모든 치즈는 상온에서 먹어야 질감과 향미가 가장 좋다고 한다. 단단한 치즈는 부드러운 치즈보다 냉장고에서 꺼내서 상온이 될 때까지 시간이 더 걸릴 것이다. 치즈는 크래커와 먹어도 좋고 과일과 같이 먹어도 좋다.

치즈와 잘 맞는 과일의 예:

- 사과나 배와 블루 치즈

- 청포도와 브릭(brick) 치즈
- 사과, 배, 자두와 캐멤베르(camembert) 치즈
- 멜론과 체다 치즈
- 사과·오렌지·파인애플과 구다(gouda) 치즈
- 사과·포도와 스위스 치즈
- 오렌지와 로크포트(roquefort) 치즈

치즈는 이와 같이 과일과 같이 먹거나 그냥 치즈만으로도 훌륭한 후식이 되고, 특히 정식이 가벼웠을 경우 더욱 좋다. 치즈와 같이 먹는 음료는 커피, 차, 우유, 맥주, 포도주, 브랜디 등 다 좋으나 요즘은 포도주를 주로 곁들이고 있다.

3. 달걀류

2014년도 달걀류의 공급은 국민 1인당 1일 30.6g으로 계속해서 증가추세에 있으며(그림 11-5), 2015년도 국민건강·영양조사에서 1인당 1일 섭취량은 30.4g이었다.

달걀은 식품공업의 발달에 별 영향이 없이 90% 가량이 신선한 달걀로 사용되어 왔으나 이 비율이 점차 변하고 있어서 식품회사들이 냉동달걀, 깬 달걀, 건조 달걀제품 등을 많이 사용하고 있으며, 소비자들한테도 오믈렛 재료가 가능하게 되었다. 즉석 스크램블 에그(scrambled egg)나 냉동 달걀프라이, 깡통에 든 에그노그(eggnog) 등 많은 달걀 편이식품이 시장에 나오게 되었다.

달걀을 살 때는 등급과 크기에 따라 선택을 하나 가끔은 껍질의 색으로 선택하기도 한다. 어떤 지역에서는 흰색의 달걀을 더 좋아하나, 또 다른 지역에서는 갈색 달걀을 더 좋아한다. 그러나 껍질의 색깔과 질, 향미, 영양가 사이에는 아무런 관련이 없다. 껍질 색은 닭의 종류에 따라 결정되는 것이다. 흰달걀을 좋아하는 지역에서는 흰달걀의 값이 비쌀 것이며, 갈색달걀을 좋아하는 지역에서는 갈색달걀의 값이 비쌀 것이다.

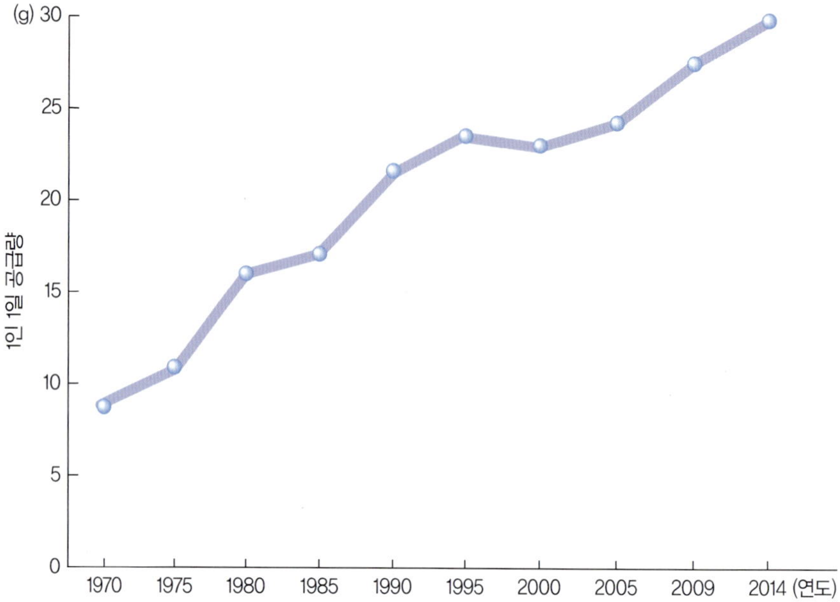

그림 11-5 국민 1인 1일당 달걀류 공급량

달걀은 질과 무게에 따라 등급이 정해지는데 네 가지 요인이 질을 좌우한다.

- 첫째는 흰자위의 맑은 정도와 두께
- 둘째는 노른자의 상태
- 셋째는 기공의 크기 및 상태
- 넷째는 껍질의 질감과 상태이다.

달걀의 등급을 매기는 일반적인 방법은 투시법(candling)인데, 어두운 장소에서 깨지 않은 달걀 전체를 밝은 빛으로 비추어서 내부를 검사한다. 신선한 달걀은 흰자위가 밝으며 기공은 적고, 노른자위는 중앙에 위치하며 둥글고 엷은 장미색을 나타내나, 오래된 달걀은 흰자위가 흐르고 기공은 크고 노른자위는 붉은색을 나타낸다. 부패된 달걀은 불투명하다.

달걀의 질을 감별할 수 있는 다른 방법으로는 비중법이 있는데, 6%의 식염수

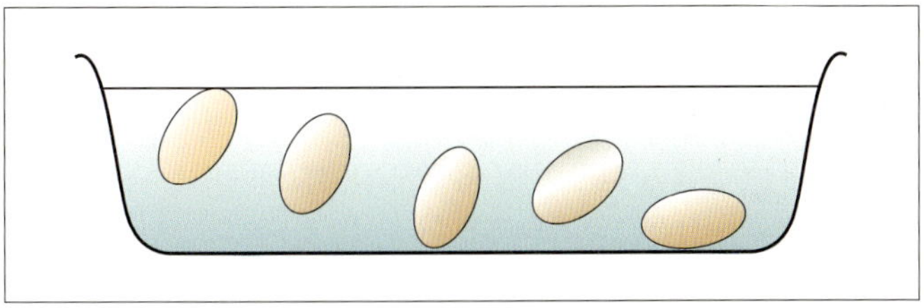

그림 11-6 6% 식염수에 의한 달걀 감별법

에 달걀을 가만히 떨어뜨리면 신선한 달걀은 밑바닥에 가라앉고, 오래된 달걀은 수분이 증발함으로써 기공이 커져 무게가 감소되었으므로 비중이 적어져서 기공이 표면에 뜨게 된다. 이 방법으로 산란 후의 일수를 정확히 알 수는 없으나 적어도 달걀의 신선도는 알아 낼 수 있다(그림 11-6).

달걀은 산란 직후부터 질이 변하게 되고 부패가 빨리 일어나지만 냉장을 하면 부패가 지연된다. 부패가 되면서 여러 가지 변화를 가져오게 되는데, 기공이 커지고, 흰자위가 묽어지고, 노른자에 수분함량이 증가되면서 노른자위의 막을 옆으로 잡아당겨 노른자위를 넓게 만든다. 흰자위가 묽어짐으로써 노른자위가 움직이게 되고 흰자위에는 반점(blood spot)이 생기기도 한다. 〈표 11-6〉은 미국 농무성이 등급을 매긴 달걀의 질을 표시한 것이다. 나쁜 질의 달걀은 껍질색이 약간 물든 것같이 보인다. 달걀의 껍질이 거친 것은 부드러운 것보다 낮게 평가된

표 11-6 달걀의 질 및 등급

등급 / 요소	최상급	일등급	이등급
껍질	청결, 파손 없고 정상적이다.	청결, 파손 없고 정상적이다.	청결한 편이나 약간 오물에 오염되어 있다. 파손은 없으나 약간 비정상적이다.
기공	정상 상태이며, 4mm 이하이다.	정상 상태이며, 높이가 8mm 이내이다.	1cm 이내이나 위치가 약간 움직인다.
흰자	투명하고 점성이 높다.	투명, 점성이 비교적 높다.	투명, 점성이 비교적 약하다.
노른자	윤곽이 뚜렷하며 완전한 형태를 하고 있다.	윤곽이 뚜렷하고 중앙부에 위치하며 이상이 없다.	윤곽이 뚜렷하나 노른자의 형태가 퍼진 듯하게 커져 있고 큰 이상은 없다.

알아두기

달걀 구매법

1. 달걀을 살 때는 꼭 냉장되어 있는 것을 산다.
2. 달걀프라이나 수란을 할 때만 최상급의 것을 사고 그 외 것에는 다른 급도 무방하다.
3. 가격이 가장 좋은 크기의 달걀을 선택한다.
4. 껍질의 색은 질을 좌우하지 않는다.
5. 구매한 용기 그대로 냉장고에 보관한다.

다. 달걀은 등급을 매긴 후에도 계속 질이 변하므로 등급일이나 출하일, 유효일을 포장상자에 표시해야 한다. 유효일은 등급을 매긴 날로부터 14일 이내라야 한다. 달걀의 질을 보존하기 위하여 하루에 2번 또는 3번을 거둬들여야 하며, 즉시 15℃ 이하로 냉각시켜 습도가 70% 되게 하여 출하할 때까지 저장해 두어야 한다.

달걀의 질을 감별하는 또 다른 방법은 달걀을 깨뜨린 다음 흰자위의 교질성, 노른자위의 높이, 반점의 유무 등을 보고 신선도를 판정하는 방법이다. 최상급의 달걀은 많이 퍼지지 않고 적은 면적을 차지하며 흰자위의 높이가 높고 진해 보이며 노른자위 주위를 단단히 감싸고 있으며 노른자위가 둥글게 보인다.

1등급의 달걀은 최상급보다 약간 벌어진 면적을 갖고 있으며 흰자위가 노른자위 주위를 단단하게 감싸고 있지 않으며 노른자위가 약간 납작해 보인다. 2등급의 달걀은 깨 놓으면 넓게 퍼져 있는 상태로 노른자위가 납작해져 있다. 2등급 달걀로 프라이하거나 수란을 하면 모양이 보기 싫어 좋지 않으나 다른 용도에는 아무런 지장이 없다.

달걀은 원래 상자나 용기에 그대로 둔 채 보관하는 것이 좋다. 상업적으로는 달걀의 질을 보호하기 위하여 기름에 잠깐 담그거나, 표면에 기름을 뿌려서 수분의 손실이나 탄산가스의 손실을 지연시킴으로써 화학적·물리적 변화를 어느 정도 막아 준다.

1970년대에는 콜레스테롤이 낮은 달걀 대치품이 미국시장에 나오게 되었다. 이러한 대치품은 프렌치토스트나 스펀지케이크를 만드는 데는 별지장이 없었으나 다른 달걀 요리를 만드는 데는 별로 좋지 않았고, 단백질·비타민·무기질이 달걀보다 적게 들어 있으며, 탄수화물이 달걀의 10배 가량이고 소금의 양이 많아 심장병과 저염식이 환자들에게는 위험할 수도 있다.

4. 과일과 채소류

국민 1인당 1일 채소류와 과일류의 공급량을 보면, 채소류는 1970년 이후 1977년까지는 별 차이가 없었으나, 그 후 갑자기 증가 추세를 보이다가 1982년부터 감소하기 시작하여 1985년에는 270.1g이었고, 그 이후 다시 증가하여 2000년에 454.62g으로 최고치를 보이다가 2014년엔 421.9g으로 약간 감소하였다. 즉 과실류 공급량은 2000년 111.4g, 2014년 137.4g으로 1985년 이후 증가추세를 보이고 있다.

채소류 중에서 공급량이 제일 많은 것이 배추이며, 전체 공급량의 약 20%를 차지하고 있고, 다음에 무, 양파, 파, 오이, 마늘, 고추, 토마토, 호박, 양배추, 상추, 당근의 순으로 나타나 김치 담그는 데 쓰이는 채소와 양념으로 쓰이는 채소들의 공급이 전체의 50% 이상을 차지하고 있다.

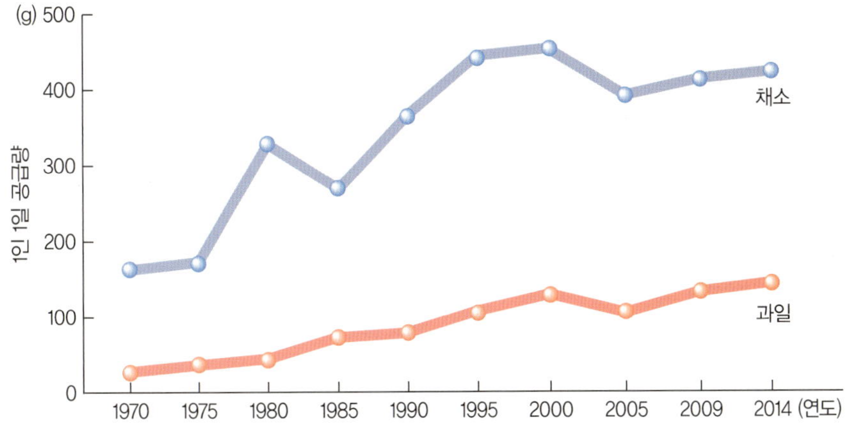

그림 **11-7** 국민 1인당 1일 채소류와 과실류의 공급량

알아두기

채소의 1인분

채소의 1인분은 크지 않다. 수입이 허용하는 한 육류와 과일 섭취를 늘리고 싶어하는 반면, 채소는 많이 먹고 싶어하지 않는다. 채소 1인분의 양은 1/2컵이거나 중량으로 따질 때는 조리된 채소 무게로 약 70~90g 가량이다. 샐러드는 1인분이 70~120g 정도이며, 채소 1인분의 양은 가족의 선호도에 따라 많이 달라질 수 있다.

과일의 1인분

과일의 1인분은 다른 식품에 비해 표준화되어 있지 않으나 일반적으로 채소와 같이 1/2컵으로 정하고 있다. 신선한 과일의 1인분은 눈으로 보아서 정하는 수도 있다. 예를 들면, 멜론 하나를 넷으로 자를 것인가 여섯이나 여덟 조각으로 자를 것인가에 따라 4, 6, 8인분이 되고, 사과·귤·복숭아·배의 크기가 작은 것이면 하나가 1인분이 되는 것이다.

과실류의 공급량 중 제일 큰 비중을 차지하는 것은 귤로, 전체 공급량의 24% 정도이며, 수박, 사과, 포도, 배, 딸기, 참외, 복숭아, 감, 오렌지 등이 우리나라에서 주로 공급되고 있는 과일이라고 할 수 있다.

우리나라의 1인당 1일 채소류 섭취량은 2015년 조사에서 283.7g이었고, 이 중 김치류의 섭취량이 가장 크고 채소 이외에는 콩나물, 호박, 시금치, 당근 등을 많이 섭취하는 것으로 나타났으며, 버섯류 중에서는 느타리버섯, 표고버섯, 팽이 버섯의 섭취량이 많았다.

과실류의 섭취량은 연도별로 변동이 심하기는 하나, 전체적으로는 조금씩 증가하는 추세여서 1970년에 18.9g이었던 것이 1980년에는 41.3g으로 증가하였으며 1990년 68.89g, 2001년에는 207.4g, 2015년에는 192.0g을 섭취한 것으로 나타났다. 감자류의 1인당 1일 섭취량은 1971년에는 70.5g이었으나 그 후 감소하여 1978년에는 20.7g이었으며 그 후에는 증가하는 추세를 보여 2015년에는 37.0g이었다.

식물재배법, 경작방법, 농업기술 등의 연구로 수확기술이나 포장기술 등이 발달함에 따라 여러 종류의 신선한 채소의 공급이 일년 내내 이루어지며, 또한 이러한 여러 종류의 채소들이 깡통이나 냉동법으로 성공적으로 가공되고 있다.

신선한 채소

신선한 채소(fresh vegetable)를 고르는 것은 신선한 과일을 고르는 것보다 쉽다. 토마토를 제외하고는 적당한 숙성 정도는 상관이 없다. 채소에서는 성숙된 것보다 미성숙된 어린 것이 더 좋기 때문이다. 밭에서 막 거둬들인 신선함이 중요하므로 현대기술로 급냉각시키고 특수 포장하여 신선도를 오래 유지하도록 한다. 질이 좋은 채소는 아삭아삭해 보이고, 색이 좋아야 하며, 성숙이 되었거나 부패된 것으로 보이는 갈색부분들이 없어야 한다. 과일도 마찬가지지만 계절에 제일 먼저 나타난 채소와 제일 나중에 나타난 채소들은 가격이 비쌀 뿐 아니라 질도 떨어지기 쉽다. 신선한 채소로 조리된 것은 향미가 좋아야 하며 질감도 거의 아삭아삭해서 깡통이나 냉동된 채소의 흐물흐물한 질감과는 대조가 된다.

상추

상추(lettuce)는 어리고, 부드럽고, 아삭아삭해야 한다. 양상추(head lettuce)는 중간 정도의 크기가 쓰기에 편하며 450g 크기의 양상추로 5인분 이상의 샐러드를 만들 수 있다. 우리나라에서 많이 사용되는 잎상추(leaf lettuce)는 양상추보다 상하기 쉽고 잎은 크며, 종류에 따라 연한 색에서부터 진한 색의 잎이 있고 맛은 약간 강하다.

양파

양파(onion)는 두 가지 종류가 있는데 하나는 맛이 연한 스위트 버뮤다(sweet Bermuda)와 스패니시 양파(Spanish onion)이고, 또 다른 하나는 맛이 강한 둥근 형의 양파(globe onion)이다.

- 버뮤다 양파: 맛이 연하고 납작하며 직경이 5~10cm 가량 되고 희거나 노랗거나 붉은색의 얇은 껍질
- 스패니시 양파: 둥글고 크기가 매우 크며 흰색이나 노란색의 껍질로, 햄버거

나 핫도그, 샐러드에 사용

• 둥근형 양파: 스패니시 양파보다 작고 껍질의 색은 흰색, 노란색, 붉은색. 조리에 주로 사용

파

파(green onion)는 양파과의 한 종류이며 성숙되기 전에 사용하는 것이다. 광택이 있고 부드러운 것이 좋으며, 굵기가 고르고 건조하지 않은 것이 좋다. 뿌리 가까운 부분의 흰색이 길고, 푸른 부분이 상하지 않는 것이라야 한다.

감자

감자의 질은 질병과 해충에 강한 종류의 개발, 수확기술의 발전, 저장조건과 포장 등이 좋아짐으로써 많이 발전했다. 감자는 둥근 것과 긴 것이 있으나 조리상의 분류로는 점질(waxy)과 분질(mealy) 감자로 구분한다.

• 분질 감자는 비중이 높아 맛이 퍽퍽하여(mealy), 굽거나(baking) 으깨는(mashing) 데 사용

• 점질 감자는 비중이 낮고 삶거나 감자 샐러드를 만들 때 감자가 부서지지 않

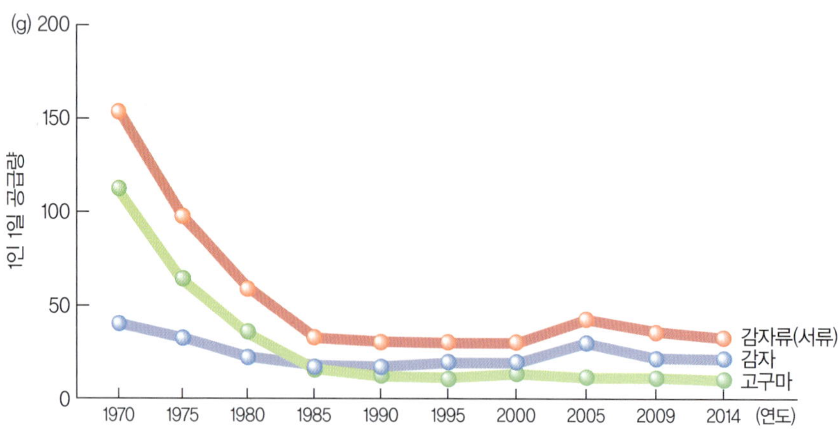

그림 **11-8** 국민 1인당 1일 감자류의 공급량

고 형태를 유지하기 때문에 이런 요리에 사용된다.

• 요즘은 다목적 감자로 개발되어 나오고 있다.

감자가 푸른색을 띠는 것은 수확할 때나 저장 동안에 햇볕을 본 것이므로 쓴맛을 내는 솔라닌 때문에 먹을 수가 없다. 푸르게 된 부분을 잘라내 버려야 하므로 손실이 10~40% 가량이나 된다. 작은 감자는 껍질을 벗기는 손실이 큰 감자보다 크겠으나 가격이 싼 경우엔 큰 감자보다 더 경제적일 수 있다. 감자는 통풍이 잘 되는 시원한 곳에 저장하면 몇 달까지 질이 보존되고, 냉장고에서도 저장이 잘 되나 쓰기 1~2일 전에는 냉장고에서 꺼내놓고 쓰면 좋은 질감의 감자를 먹을 수 있다.

당근

일년 내내 생산되나 종류에 따라 생산되는 계절이 다르며, 봄과 가을철에 많이 생산된다. 당근의 색은 붉은색이 나는 주홍색이 선명해야 카로틴(carotene)의 함량도 많다. 모양은 품종에 따라 다르나 긴 것보다는 둥글고 살찐 것, 짧고 마디가 없는 것이 좋다. 잘랐을 때 단단한 심이 없고 전체가 짙은 색을 띠고 있는 것이 좋으며, 질감이 곱고 단맛이 나는 것이 좋은 것이다.

무

일년 내내 재배되고 있으며 종류도 다양하다. 재래식 우리나라 무, 일본 무, 가을무, 여름 무, 2년자 무, 20일 무 등이 있으며, 김치 담그는 데, 국이나 찌개 끓이는 데, 무말랭이, 단무지 만드는 데 등 용도에 따라 선택해야 한다. 여름 무는 품질이 좋지 않고 가격이 비싸나 이용도가 높고, 20일 무(radish)는 표면의 붉은 색을 이용하여 샐러드, 짠지, 초절이 등으로 이용하면 좋다. 무는 일반적으로 무겁고, 색, 광택, 모양이 좋은 것이라야 한다. 바람이 든 무는 겉모양을 보아도 알 수 있고, 두드렸을 때의 소리, 잎을 떼었을 때의 상태, 위쪽을 잘랐을 때의 상태로 판단할 수 있다.

시금치

시금치는 재래종과 서양종이 있는데, 10월부터 다음해 3월까지 나오는 것이 재래종으로서 잎 끝이 뾰족하고 울퉁불퉁하며 맛이 좋다. 그러나 봄이 지나면 줄기가 생기므로 연한 잎이 적어진다. 서양종은 줄기는 별로 없으나 맛은 재래종보다 못하다. 줄기나 잎이 잘 자라서 진한 푸른색을 띠고 있는 것이 좋고, 줄기가 나오지 않고 잎이 많고 부드러운 것이 좋다.

양배추

일년 내내 생산되고, 속이 잘 차 있고 무거우며, 잎이 두껍고 광택이 있는 것이 좋다. 벌레가 먹었거나 줄기가 부드러워진 것은 선택하지 말아야 하며 잎이 누렇게 뜬 것은 오래된 것이고, 잎의 색이 푸른색을 띠는 것이 신선한 것이다.

알아두기

신선한 채소

1. 토마토, 겨울 호박, 감자 등을 제외하고는 미성숙된 어린 채소가 더 좋다. 예를 들면, 완두콩, 그린빈, 옥수수, 오이, 무, 애호박, 당근, 아스파라거스, 브로콜리 같은 것은 어린 것일수록 좋다. 성숙된 것은 말라 보이며, 광택이 없어 보이고, 산뜻한 푸른색 대신 노르끄레한 푸른색이 나고 껍질은 두껍고 거칠며 갈색이다.
2. 색이 좋고 아삭해 보이는 것을 선택하고, 흠이 있는 것은 피해야 한다.
3. 미리 포장된 채소에서는 부패한 흔적이 없는지 살펴보고 포장 안 된 채소도 부패한 데가 없는지 잘 살펴보아야 한다.
4. 그 계절에 많이 나오는 신선한 채소를 사야 한다.
5. 식품비의 예산을 고려하여 신선한 채소, 통조림채소, 냉동채소를 비교하여 1인분의 가격이 제일 싼 것으로 선택하여야 한다.
6. 덜 익은 토마토는 직사광선을 피해 숙성시켜 냉장고에 보관하여야 한다.
7. 신선한 채소는 상하기 쉬우므로 뚜껑이 있는 용기, 비닐봉지나 냉장고의 채소 넣는 서랍에 넣어 둔다. 씻은 후 물기를 없애고 말린 후 저장한다. 물기가 있으면 빨리 상한다.
8. 성숙된 양파, 감자, 고구마, 겨울 호박 등은 짧은 기간 동안은 실온에 저장할 수 있으나 10~15℃에 저장하는 것이 더 바람직하다.

오이

일년 내내 재배되지만, 늦은 봄부터 여름철의 것이 값도 싸고 영양도 많다. 오이는 씹었을 때의 촉감, 색, 향기를 즐기는 것으로 색이 좋고, 굵기가 같아야 하며, 표면에 가시가 있고 꼭지에 꽃 마른 것이 달린 것으로 무거운 느낌이 나는 것이 좋다. 또한, 눌러 보았을 때 단단한 것이어야 하며 푸석푸석한 것은 수분이 적고 씹는 맛이 나쁘다. 재래종은 껍질이 얇고 씨가 들어 있지 않은 것이라야 한다.

토마토

토마토는 무거운 느낌을 주고, 꼭지부분에 푸른색을 띠는 것을 선택해야 한다. 자연적으로 익어서 붉은 것이라야 하며, 너무 붉은 것은 오래된 것이므로 신선도가 떨어진다.

통조림채소

좋은 종류의 개발, 통조림기술의 발달, 등급의 표준화 등으로 미국에서는 냉동채소보다 통조림채소(canned vegetable)의 소비가 높아졌다고 한다. 채소를 가공처리하여 통조림을 할 때 채소의 색깔, 향미, 질감을 보호하기 위하여 첨가제를 사용하는 것을 허용하며, 그 외에 맛을 돋우기 위하여 다른 재료의 사용도 허용되고 있다. 허용된 첨가제들은 소금, 설탕, 향신료, 양파와 마늘, MSG와 다른 풍미증진제, 질을 변형시키는 데 쓰는 칼슘염, 맛의 변형을 위한 식초와 구연산, 식물성 단백질, 비타민 C 등이다. 채소의 크기를 그대로 통조림한 채소가 잘게 썰거나 자른 채소보다 값이 비싸며, 특별한 모양으로 썬 프렌치 컷(french cut) 같은 것은 보통 썬 것보다 비싸다.

통조림된 식품에 고형물의 무게를 전체 무게와 같이 쓰도록 권장하고 있으며, 고형물의 무게(solid content weight)란 가공 전에 용기에 넣은 식품의 양으로서 액체를 넣기 전의 무게이다. 질이 최상급인 통조림채소는 같은 질의 냉동채소보다 가격이 높을 수 있고 통조림채소의 가격은 차이가 아주 심하여 가장 싼 것은 가장 비싼 것의 반값밖에 되지 않을 수도 있다. 이러한 것을 근거로 한다면 통조림채소는 신선한 채소와 냉동채소보다 싸다고 할 수 있으며, 저장이 편리하고, 냉동채소보다도 덜 상하며 용기에 손상을 입지 않는 한 안전하다고 볼 수 있으나, 저장온도가 24℃ 이상일 때는 저장기간 중 질이 많이 변할 수 있다. 진공포장(vacuum packed)된 채소는 통조림에 내용물을 넣고 진공시킨 다음 가공을 하므로 액체를 거의 사용하지 않거나 소량 사용하는 것이 이점이다. 고구마, 시금치, 사우어 크라우트(sour kraut) 등이 이런 방법으로 통조림된다.

통조림채소 소비량의 상당부분을 차지하는 토마토 제품들은 토마토 퓌레(puree), 토마토 페이스트(paste), 토마토소스와 케첩이다.

- 토마토 퓌레는 8% 이상, 24% 이하의 토마토 고형물이 들어 있고, 향미, 색깔 등으로 질이 정해진다.
- 토마토 페이스트는 24% 이상, 39%까지 고형물이 들어 있고, 소금, 향신료, 향미료, 베이킹소다 등이 들어 있다.
- 토마토 소스는 토마토 이외에 소금, 향신료, 식초, 설탕, 양파, 마늘, 그 외 향미료가 들어간다. 질의 등급은 색, 향미, 점성(consistency) 등으로 판단한다.
- 토마토 케첩은 토마토 이외에 소금, 식초, 설탕, 향신료 및 향미료, 양파와 마늘이 들어가고, 농도는 33% 고형물이 들어 있는 최상급에서부터 25% 들어 있는 최하급까지이며 질의 판단은 토마토 소스와 같다.
- 토마토 주스는 농축되지 않은 토마토 제품이며 진한 붉은색의 종류로 만들어지며 균질화한 다음 소금을 첨가시키고 비타민 C를 강화하기도 한다.

냉동채소

많은 종류의 채소가 냉동저장되며 감자제품, 완두콩, 옥수수, 그린빈, 브로콜리, 시금치 등의 순서로 냉동채소(frozen vegetable)의 소비량이 많다. 냉동하기에 적당한 종류의 채소개발과 수확 직후 급냉동 방법의 개발·냉동 기술의 개발 등으

알아두기

통조림채소와 냉동채소

1. 녹이 슬고, 심하게 찌그러지고, 불룩하게 튀어나온 깡통은 좋지 않다.
2. 냉동채소는 포장이 깨끗하고 만져서 딱딱한 것을 사고 -20℃ 이하로 저장된 것을 산다. 냉동식품은 제일 마지막에 사고 집에 와서 다시 냉동할 때까지 온도변화를 최소한으로 줄이기 위하여 특별포장을 하도록 한다.
3. 용도에 따라 채소 전체, 자른 채소, 썬 채소 등으로 선택한다.
4. 표지(label)에 표시되어 있는 정보에서, 몇 인분인지, 1인분 양은 얼마인지 확인한다.
5. 영양표시를 잘 읽는다.
6. 가격이 꼭 품질을 대표한다고 할 수는 없지만 대개는 품질에 따라 가격이 매겨진다.
7. 냉동식품은 -20℃ 이하의 온도에 저장해야만 품질을 유지하게 된다. 대개는 8~12개월을 냉동식품의 최대보존기간으로 생각한다. 깡통식품은 실온이 24℃를 넘을 때는 오래 보관할수록 질이 떨어지게 된다.

로 해마다 많은 종류의 채소들이 새로 냉동되고 있으며, 냉동채소요리도 여러 가지 종류가 나오고 있다. 예를 들면, 크림을 얹은 양파(creamed onion), 치즈 소스를 얹은 콜리플라워(cauliflower), 버섯과 아몬드를 곁들인 그린빈(green beans) 등이 나오고, 그 외에도 여러 채소를 섞어 만든 뉴잉글랜드식 채소요리, 중국식 채소요리, 일본식 채소요리, 샌프란시스코식 채소요리 등 여러 종류들이 시장에서 선을 보이고 있다.

신선한 과일

수확기술의 발달, 포장기술의 발달, 저장조건발달, 신속한 운송 등으로 신선한 과일을 일년 내내 먹을 수 있으며 과일의 생산도 증가되었다. 신선한 과일은 익었을 때가 가장 맛이 좋다. 익은 정도가 정상에 도달한 후부터는 상하기가 매우 쉽고, 또 쉽게 부패된다. 수확 후에는 급냉각시키고, 포장과 적절한 온도, 습도 조절 및 탄산가스와 산소의 비율을 잘 조절해 줌으로써 질을 보호하고 부패되는 것을 지연시킬 수 있다. 습도를 적당히 맞추어 줌으로써 과일이 마르는 것을 막아 주며, 탄산가스와 산소의 비율을 조절해 줌으로써 익는 속도를 조절해 주고 곰팡이와 효모에 의한 부패를 지연시켜 준다. 바나나와 토마토같이 덜 익은 것을 따서 적당한 색을 내게 하기 위하여 에틸렌가스를 사용하기도 한다.

신선한 과일의 질을 향기, 색, 위쪽(꽃이 핀 쪽, blossom end)과 아래쪽(나무에 달렸던 쪽, stem end)의 상태, 겉모양, 껍질을 만져 보아 익은 정도로 판단할 수 있다. 익은 정도, 과일의 크기와 생김새, 흠, 곰팡이 등이 질을 판단하는 데 도움이 된다. 신선한 것으로 먹어야 하는 과일은 질이 최상급이라야 하지만 조리하여 사용하는 과일은 질이 좋지 않은 것이라도 무방하다.

과일은 숙성기간에 따라 두 종류로 나뉜다.

- 성숙하였으나 익지 않은 상태에서 수확하여 저장하는 동안에 익는 사과·바나나·배
- 성숙하고 숙성이 되어야만 따는 오렌지·멜론·포도·딸기 등

후자는 숙성되기 전에 따면 색이나 향기는 생기나, 달아지지는 않는다. 이런 과일들은 상하기 쉽고, 숙성이 되면 취급을 잘해야 하고 저장도 잘 되어야 한다. 이렇게 하더라도 너무 익어버리기(overripe) 쉽고, 너무 익은 과일은 물기가 많고, 너무 부드러우며, 섬유소가 많아지며, 향미도 바뀌어 맛이 없거나 못 먹을 정도가 된다. 멜론의 경우 너무 익은 것은 흐물흐물하고, 물기가 많고 씨가 육질로부터 떨어져 있고 향미가 좋지 않다.

사과

사과는 다른 과일보다 많이 재배되고 있으며, 그 결과 커지고, 모양이 좋아지고, 색깔이 좋으며, 예전보다 흠이 적은 사과가 생산된다. 낮은 온도와 저장상태의 조절로서 사과를 거의 일년 내내 먹을 수 있으며, 저장기간이 길수록 저장 후 사용기간이 짧아지며 상온의 온도가 높을수록 부패는 빨리 일어난다.

사과의 외부색은 빨간색·푸른색·노란색이나 이런 색을 섞어 놓은 색도 있으며, 내부색은 하얀색이나 크림색이며, 맛은 단맛에서 신맛까지 있고, 쓴맛과 떫은

맛이 같이 있기도 하다.

- 여름 사과는 상하기 쉽고, 떫은맛이 있으며, 사과 소스나 파이를 만드는 데 좋다.
- 가을 사과와 겨울 사과가 먹는 데 주로 사용되며, 성숙된 다음 수확하여 상온에서 숙성시키면 달고 질감이 부드러워진다. 숙성된 사과는 부패되는 것을 막기 위하여 냉장시켜야 한다.

오렌지과 과일

오렌지과 과일(citrus fruit)은 따기 전에 나무에서 완전히 익어야 하므로 저장기간이 제한되어 있고, 저장기간이 길수록 질은 반비례로 나빠지게 된다. 우리들이 먹고 사용하는 데는 여섯 가지 종류가 있다.

- 단 오렌지(sweet orange): 제일 많이 생산된다.
- 만다린 오렌지(mandarin orange): 감귤이 여기에 속하고, 색은 노란색에서 진한 오렌지색이며 납작하고 쉽게 껍질이 벗겨지며 잘 떨어진다.
- 쓴 오렌지(bitter orange): 그냥 먹지는 않고 마멀레이드(marmalade)를 제조하고 오렌지 주스 농축액을 제조하는 데 사용된다.
- 자몽(grapefruit)
- 레몬(lemon)
- 라임(lime)

오렌지과 과일은 상하기 쉬우므로 냉장해야 한다.

포도

포도에는 크게 두 가지 종류가 있는데 유럽포도와 미국포도이다.

• 유럽식 포도는 껍질이 벗겨지지 않고 씨는 쉽게 떨어져 나오는 것이고
• 미국식 포도는 껍질은 쉽게 떨어져 나오나 씨는 붙어 있어 분리하기가 힘들다.

유럽식 포도 중에 먹기 좋은 것은 푸른빛이 도는 노란색의 씨 없는 백포도이며, 머스캣(muscat)이 이 종류인데 모양은 길쭉하고 가지가 엉성하다. 붉은 포도로는 엠퍼러(emperor), 레드 맬라가(red malaga) 등이 있고, 분홍색에서 붉은 자주색을 띠며 껍질이 얇다.

미국식 포도의 대표는 콘코드(Concord)이고 검푸른색이며 델라웨어(Delaware)와 나이아가라(Niagara)는 백포도이다. 카타와(Catawha)는 주로 주스나 포도주를 만드는 데 사용된다.

포도는 따기 전에 성숙되고 숙성되어야 한다. 포도를 살 때는 종류에 따라 가장 좋은 색을 봐야 하고, 살이 찌고, 꼭지는 푸른색에 말랑해야 한다. 포도도 상하기 쉬우며 상하면서 수축되어 가지가 엉성해진다.

멜론

멜론(melon)의 맛을 달게 하려면 따기 전에 햇볕을 바짝 쪼여 준다. 대부분의 멜론은 익으면서 꽃 핀 쪽이 물러져서 손으로 살짝 눌렀을 때 부드러움을 느낄 수 있으며 향기도 감지할 수 있다. 대부분의 멜론은 수확 때 성숙되나 완전히 익지는 않으며 질이 좋은 멜론도 상온에서 며칠 놓아두면 향미가 좋아지고 연해진다. 나무에서 자른 쪽(stem end)이 쑥 들어가고 못이 박힌 것 같은 흉이 있는 것은 수확할 때 멜론이 성숙되었다는 것이며, 이것을 풀 슬립(full slip)이라고 한다. 멀리 보내야 하는 멜론은 풀 슬립일 때 따며 풀 슬립 멜론은 성숙되었으나 익지는 않은 것이므로 더 이상 달아지지는 않으나 향미가 좋아지며 부드러워진다. 꼭지가 달린 멜론은 덜 성숙된 것이며 질이 좋지 않고, 풀 슬립 멜론은 부드러워지고 향기가 생길 때까지는 냉장할 필요가 없다. 너무 익은 멜론은 흐물거리며 물기가 많고 향미가 좋지 않다.

수박(watermelon)은 크기, 모양, 겉껍질의 색, 육질 등이 종류에 따라 다르다.

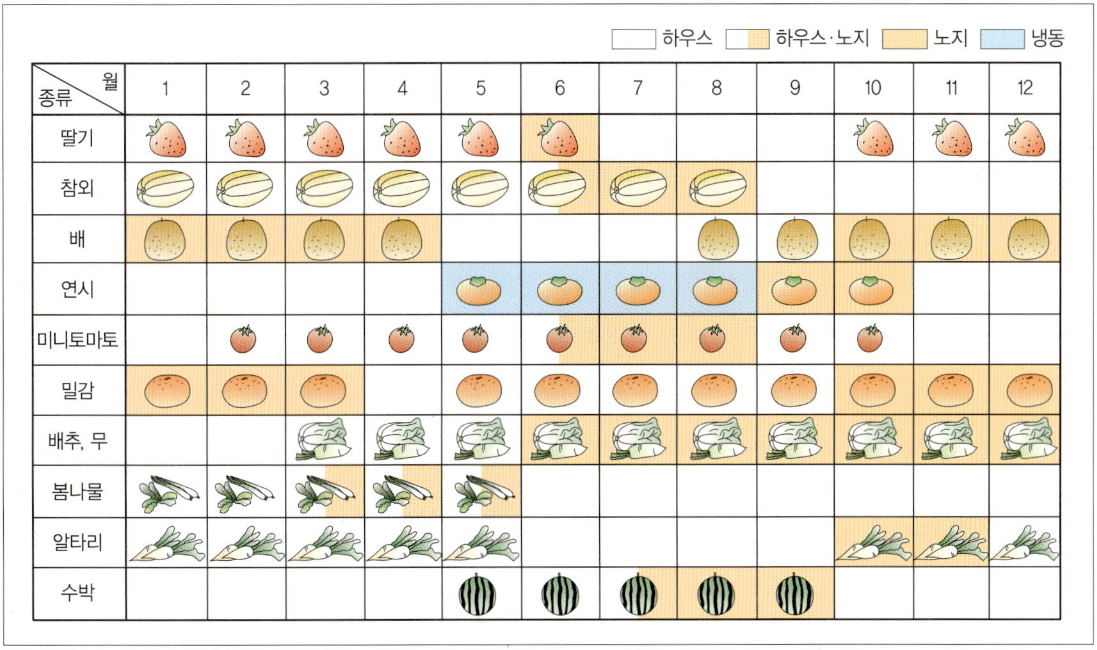

그림 11-9 농산물 캘린더
자료: 한국일보(1999년).

육질은 붉은색이어야 하며, 씨는 까맣거나 진갈색이며, 흰색의 씨는 수확할 때 성숙되지 않았다는 것을 알려 준다. 품질을 볼 때는 모양의 대칭되어야 하며, 껍질은 부드러워야 하고, 흰색보다는 노란색이 도는 것이 좋다.

가공된 과일

과일은 통조림, 냉동, 건조와 탈수에 의해 가공·저장되며 많은 과일들을 통조림 형태로 섭취하고 있다.

통조림과일

감귤, 사과 소스, 살구, 딸기, 체리, 과일 칵테일, 자몽, 씨 없는 포도, 복숭아, 배, 파인애플, 자두 등이 통조림되고 있으며, 첨가가 허용되는 물질은 물, 과일 주스,

라이트(light) 시럽, 헤비(heavy) 시럽, 엑스트라 헤비(extra heavy) 시럽 등이고, 인공감미료도 허용되고 있다.

통조림과일은 색, 크기의 일정함, 과일의 대칭성, 숙성도, 질감, 부드러움이 좋아야 되고 흠이 없어야 한다. 과일은 여러 형태로 통조림된다. 예를 들어, 과일 전체, 과일 반쪽, 자른 과일, 썬 과일, 껍질을 벗긴 것과 안 벗긴 과일 등의 형태로 통조림된다. 또한, 파이나 다른 조리에 사용하기 위한 통조림과일도 시판되고 있어 계절에 관계없이 파이나 후식을 만들 수 있다. 사과, 블루베리, 체리, 복숭아, 호박 등이 이런 용도로 사용된다.

냉동과일

여러 종류의 과일, 과일혼합물, 주스 농축액 등이 냉동되고 있다. 이런 과일들은 설탕이나 시럽과 같이 냉동된다. 오렌지 주스 농축액을 제외하고는 모든 냉동 과일은 통조림과일보다 비싸다. 그 이유는 과일을 냉동시킬 때는 가장 좋은 질의 것만 사용하나 통조림과일은 그 질이 약간 떨어져도 별 지장이 없으며, 또 냉동과일은 특수취급과 특수 저장장치가 필요하기 때문이다. 냉동식품은 상할 우려가 있으나 통조림식품은 정상적인 조건하에서는 변하지 않는다.

냉장과일

편리한 냉장과일(chilled fruit)들이 슈퍼마켓에 나오고 있다. 대부분 유리병에 담겨 있으며, 자몽 조각, 오렌지와 자몽 조각, 파인애플, 복숭아, 혼합과일 등이고, 핫팩(hot-pack) 방법으로 신선한 과일에 살균된 주스를 부어서 만든 것이다. 냉장을 하면 이런 제품들은 6개월 정도 저장 가능하고, 콜드팩(cold-pack) 방법으로 신선한 주스를 과일에 부은 후에 보존제를 첨가시켜 냉장시키면 14일 정도 보관이 가능하다. 이런 과일은 과일 샐러드를 만드는 데 이용된다.

건조 탈수된 과일

햇볕에 말린 과일(dried fruit)로는 건포도·무화과·살구·복숭아 등이 있고, 부패를 지연시키고 색깔의 변화를 막기 위하여 과일을 유황 가스에 쏘이거나 유황화합물에 담그기도 한다. 탈수는 인공적으로 건조시키는 것이며 사과·체리·자두·바나나 등을 말리는 데 쓴다. 건조된 과일을 필름 백(film bag)이나 플라스틱을 입힌 상자에 포장함으로써 질을 보호하나, 습기가 25% 이상인 과일은 부엌에 오랫동안 놓아두면 곰팡이가 생기므로 서늘한 곳이나 냉장 또는 냉동시키는 것이 좋다. 주스 농축액도 탈수에 의해 건조되며 과일 퓌레와 주스도 건조되고 있다.

과일 주스와 과일음료

과일음료와 펀치의 여러 종류가 시판되고 있는데 바로 마실 수 있는 것, 희석시켜야 되는 것, 물을 넣어 수화시켜야 하는 것 등이 있으며 100% 주스인 것에서부터 주스가 전혀 없는 음료까지 나오고 있다. 천연재료가 들어있는 것과 색과 향미를 주는 인공재료도 들어 있고 크랜베리(cranberry), 자두, 살구 같이 물을 넣고 만드는 주스가 있다. 또한, 사과 주스나 파인애플 주스 같이 물을 전혀 넣지 않고 만든 100% 주스가 있다. 과일 주스에 물을 더 넣고 희석한 레몬수(lemonade) 같은 에이드(ade)가 있고, 또 드링크, 넥타, 펀치 등도 있다. 신선한 주스를 병이나 종이 용기에 넣고 파는 경우 살균·냉장시켜야 한다. 살균할 때 향미가 변형되며 깡통 주스는 살균하기 위하여 높은 온도를 사용하였으므로 향미가 약간 변하고 냉동이나 탈수에 의한 주스는 향미가 좋다.

오렌지 주스

오렌지 주스는 성숙된 오렌지의 발효되지 않은 주스를 뜻하며, 냉동 오렌지 주스는 이를 냉동시킨 것이다. 살균 오렌지 주스는 오렌지 주스, 오렌지 육질, 오렌지 기름, 감미료를 10% 첨가시켜 열처리한 주스이다. 오렌지 주스 농축액은 오렌지 주스로부터 물을 제거하고 오렌지 기름, 오렌지 육질, 오렌지 향, 감미료 등을 첨가할 수도 있다. 농축액은 4:1로 희석시켰을 때 오렌지 주스가 되어야 한다.

오렌지 드링크는 10%의 오렌지 주스를 말하며, 비타민 C를 강화시켜 180mL의

알아두기

신선한 과일과 과일제품의 구매법

1. 너무 익고, 부드럽고, 상하고, 곰팡이 핀 과일은 사지 않는다.
2. 껍질에 있는 흠집은 등급에는 상관이 되겠으나 질에는 상관이 없다.
3. 껍질이 적당한 질감이 있어야 하며 색도 적당해야 하고 찢어지지 않은 것이라야 한다. 껍질에 손상이 있으면 썩고 곰팡이가 피기 쉽다.
4. 오렌지과와 파인애플은 크기에 비해 무거운 것이 주스가 많다.
5. 색이 좋고 향기가 좋은 과일을 선택한다. 이들은 숙성도를 알려 준다.
6. 멜론은 수확 후에 더 달아지지 않으나 부드러워지면서 향기가 좋아질 수 있다.
7. 바나나, 배, 사과, 아보카도, 망고는 수확 후 익으므로 덜 익은 것을 사는 것이 안전하고, 상온에서 익혀서 냉동시켜야 한다.
8. 크기가 가격을 좌우할 때는 용도에 맞게 사며, 가장 큰 것이 가장 좋은 구매는 아니다.
9. 시장에서나 집에서 과일을 취급할 때 조심해야 한다. 멍이 들면 빨리 상한다.
10. 여러 질이 있을 때는 용도에 따라 구입할 것. 제일 좋은 품질은 냉동시키는 데 사용한다.
11. 바나나를 살 때는 끝이 푸른색이 남아 있는 노란색을 사야 한다. 점이 많이 생겼을 때는 잘 익은 것이며 먹기에는 가장 좋다. 냉장을 하면 껍질이 검어지나 안은 괜찮다.
12. 음료의 표지를 잘 읽어 인공재료인지 천연재료가 얼마나 들어 있는지 알 수 있어야 한다.
13. 통조림과일을 살 때는 여러 다른 종류를 시험해 본다. 제일 비싼 것이 향미가 제일 좋은 것은 아니다. 크기가 다른 과일이 들은 것이 가격이 싸고 향미도 좋을 수 있다.
14. 냉동 과일은 향미는 좋으나 질감이 나쁠 수 있다.
15. 단단하고 깨끗한 냉동 과일을 사서 -20℃에서 보관하면 1년까지도 저장 가능하다.

과일 저장법

1. 신선한 과일은 저장기간이 매우 짧다. 체리는 1~2일이고 그 외 과일은 3~5일이다. 익은 다음 냉동하거나 수일 내로 사용하여야 한다.
2. 사과는 비교적 저장기간이 길다. 덜 익은 사과는 시원한 곳에 몇 주까지 저장 가능하며 익은 후 냉장하면 된다.
3. 오렌지과는 시원한 곳에 두고 저장기간을 몇 주로 연장하려면 냉장시켜야 한다.
4. 수화시킨 주스나 해동시킨 주스는 냉장고에 넣어 두어도 저장기간이 짧으므로 빨리 사용해야 한다.
5. 과일과 과일 주스 통조림은 개봉 후에는 냉장시키고 수일 내에 사용하여야 한다. 깡통에 그대로 두어도 무방하나 유리나 사기, 플라스틱 용기에 옮기면 더욱 좋다.
6. 건조된 과일은 밀폐된 용기에 넣어 두고 기온이 높고 습기가 많을 때는 냉장시키는 것이 좋다. 조리된 건조과일은 냉장시키고 수일 내 사용해야 한다.

주스에 비타민 C의 하루 권장량이 공급되도록 강화하고 있다. 그 외 탱(tang)과 같은 것은 오렌지 주스가 전혀 들어 있지 않은 인공제품이며 비타민 C를 강화시키고 있다. 레몬과 라임 주스도 나오고 있으며, 냉동 레몬에이드와 라임에이드(limeade)도 있다.

다른 과일 주스와 음료

사과, 살구, 체리, 크랜베리, 포도, 파인애플, 자두 등으로도 주스를 만들고 있다. 사과 주스는 통조림과 냉장형태가 있고, 포도도 통조림과 냉장형태, 파인애플은 통조림 주스가 있다.

5. 곡류·두류, 기타 식품

곡류

곡류(grain food product)의 공급량은 1970년에 534.0g이었던 것이 계속 감소하는 추세를 보여 1990년에는 480.7g이었고, 2014년에 373.7g으로 이것을 주요 곡류별로 보면, 쌀은 2014년도의 국민 1인당 1일 공급량이 206.4g이었으며, 1971년의 382.2g을 최고로 그 후 점차 감소하는 추세를 보이고 있다. 보리도 1973년 112.3g 이후 급속히 감소하기 시작하여, 1980년 38.4g, 1990년 6.7g, 2014년 3.6g이었다. 밀은 1973년에는 100.1g으로 최고에 달했고 그 후 증감을 계속하면서 80~94g 사이를 유지하고 있다(그림 11-10). 기타 잡곡류로는 옥수수, 수수, 메밀, 호밀, 조 등으로 전체 곡류 공급량의 10% 미만이다.

우리나라의 1인당 1일 곡류 섭취량은 조금씩 감소하는 추세여서, 1980년까지는 500g 가량을 섭취하고 있었으나 그 후 1984년까지는 400~500g 사이를 보였으며 그 후에는 더욱 감소하여 2015년에는 299.8g으로 조사되었다.

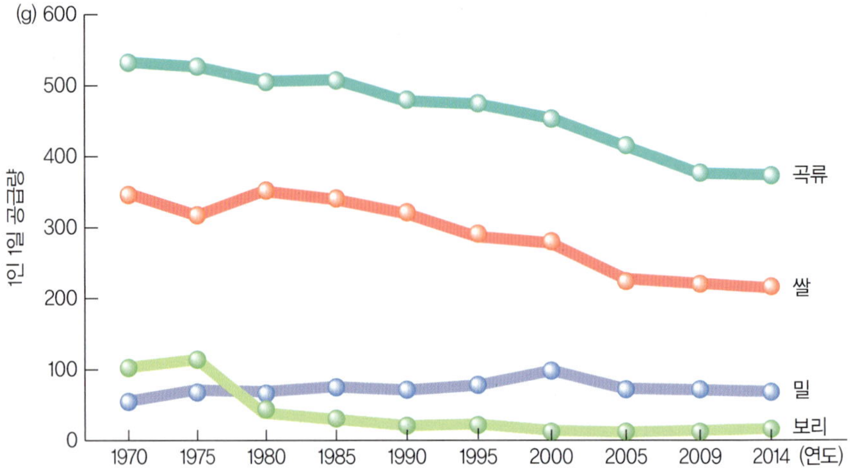

그림 11-10 국민 1인당 1일 곡류의 공급량

쌀

쌀은 백미(white rice, polished rice)와 현미(brown rice, unpolished rice)가 있으며, 백미는 도정을 많이 한 쌀이고, 현미는 도정 때 외피만 벗겨 내어 겨(bran)와 배유가 좀 남아 있기 때문에 백미보다 영양가는 높으나 상하기 쉽다. 쌀알맹이는 긴 것(long grain), 중간 것(medium grain), 짧은 것(short grain)이 있고 긴 것은 가늘고 길며, 짧은 것은 짧고 통통하다.

우리나라 쌀에는 정부미, 일반비, 외국미의 구별이 있는데 좋은 쌀이란 일반미를 지칭하며 정부미나 외국미는 우리 식성에 익숙하지 않아 싫어하는 사람들이 많으나 영양가면에서는 차이가 없으므로 밥을 짓는 방법의 연구가 필요하다. 외국미는 주로 긴 것이며 밥알이 서로 붙지 않고 떨어지는 데 비해, 우리나라 사람들이 좋아하는 일반미는 짧은 것으로 밥알이 서로 붙는다.

미국에는 강화된 쌀(enriched rice), 파보일드 쌀(parboiled rice), 즉석 쌀(instant rice) 등이 있다. 우리나라에서도 쑥쌀 등 특화된 쌀제품이 생산되고 있다.

- 강화된 쌀은 백미에 영양소를 강화시킨 것이고

쌀의 선택 방법

알아두기

- 싸라기, 뉘, 벌레 먹은 쌀, 붉은 쌀, 모래 등이 섞여 있지 않은 깨끗한 쌀
- 알맹이가 고르고 광택이 있으면서 투명하고 쌀알을 앞니로 씹었을 때 딱딱한 것
- 찹쌀은 쌀알이 비교적 잘고 흰색이며, 모양이 통통하여 쌀과는 외관으로도 쉽게 구별이 된다.
- 싸라기가 없고 이물질이 들어 있지 않아야 좋은 것이다.

- 파보일드 쌀은 뜨거운 물에서 찐 다음 말려서 도정을 함으로써 겨에 있는 영양소가 쌀 안으로 들어가게 한 것이며
- 즉석 쌀은 미리 조리하여 말려 놓은 것이므로 뜨거운 물로 수화시키기만 하면 된다.

강화된 쌀과 파보일드 쌀은 백미보다 영양가가 높으며 강화된 쌀은 조리 후에 물로 씻어 버리면 강화되었던 영양소가 손실되므로 씻지 말아야 한다.

밀가루

밀가루(flour)는 단백질 함량이 다른 딱딱한 밀과 부드러운 밀에서 도정되므로 글루텐(gluten)을 형성하는 정도가 다르다.

- 다목적 밀가루(all-purpose flour)는 밀겨를 28% 정도 도정하여 얻은 것으로서 이스트빵을 만들기에 적당한 글루텐 형성과 케이크나 파이에 적당한 중력분 밀가루이다.
- 케이크 밀가루(cake flour)는 부드러운 밀로부터 만들어진 단백질이 낮은 박력분 밀가루이고 빵밀가루(bread flour)는 단백질의 함량이 높은 딱딱한 밀로 만든 강력분 밀가루이다.
- 강화된 밀가루(enriched flour)는 티아민, 리보플라빈, 나이아신(niacin), 철(iron)이 도정과정에서 손실된 양만큼 첨가되며 칼슘도 첨가시킬 수 있다.

- 셀프 라이징 밀가루(self-rising flour)는 다목적 밀가루에 소다와 산을 미리 첨가시킨 것으로서 빵이나 케이크를 만드는 데 편리하다.
- 통밀가루(whole wheat flour)는 밀 전체를 가루로 만든 것이며, 글루텐 형성이 약하므로 흰밀가루와 적당 비율로 섞어야 한다.
- 글루텐 밀가루와 부드러운 밀로 만든 패스트리 밀가루(pastry flour)가 있고 빵을 만드는 데 같이 사용할 수 있는 귀리가루, 옥수수가루, 콩가루, 땅콩가루 등이 있다.

제과, 제빵류

제과, 제빵류에는 빵, 롤(roll), 팬케이크, 크래커, 커피케이크, 케이크, 파이, 도넛 등이 있다. 어떤 제품은 금방 구워 팔고, 다른 것들은 구워서 냉동시키거나, 미리 반죽하여 깡통에 넣어 놓기도 한다.

- 식빵(white bread)의 재료로는 밀가루, 감미료, 물, 이스트, 쇼트닝, 달걀 외 다른 재료들이 들어간다.
- 강화된 빵(enriched bread)은 티아민, 리보플라빈, 나이아신, 철의 표준량으로 강화시키며 칼슘도 강화시킬 수 있고 포장에는 강화된 영양소를 권장량의 %로 표시해야 한다.
- 우유빵은 밀가루 100에 우유고형분 8.2 이상을 첨가시켜야 하며 물 대신 반죽하는 데 사용한다.
- 건포도빵(raisin bread)은 밀가루 100에 건포도 50 이상을 첨가시켜야 한다.
- 통밀빵(whole wheat bread)은 통밀가루(whole wheat flour)로만 만든 것이며 강화된 빵보다 티아민, 리보플라빈, 나이아신, 철, 피리독신, 엽산, 판토텐산, 비타민 E, 아연, 셀레늄, 망간 등이 많으므로 영양가가 높다.

국수류

우리나라에서 흔히 먹는 국수는 다목적 밀가루로 만들어지고, 밀가루 이외에 약간의 다른 재료를 넣어 만든 쑥국수, 메밀이나 칡가루를 넣어 만든 냉면, 쌀국수 등이 있다. 여러 종류의 라면(즉석면 등) 제품과 우동(즉석면, 냉동면), 자장면 등이 편이 식품으로 각광을 받고 있다.

그 외 국수류에는 스파게티와 마카로니가 있고, 달걀이 들어간다. 조리 시 빨리 무르게 하기 위하여 디소디움 포스페이트(disodium phosphate)를 첨가시키기도 한다. 마카로니는 딱딱한 밀인 더럼(durum)밀로 제조되며 조리하는 동안에 모양을 그대로 유지하고 단단한 특성을 지니고 있는 것이 좋은 것이다. 미국에서는 국수류가 들어간 편이식품들이 많이 나오고 있는데, 예를 들어, 스파게티와 미트볼이나 마카로니와 치즈는 잘 알려져 있다.

두류

두류는 일반적으로 영양가가 높은 식품으로 알려져 있으며, 단백질이 풍부하고 칼로리도 많으며 비타민 B, 철분이 많이 함유되어 있다. 두류는 가격이 싸므로 가난한 사람의 육류라고도 불리며 채식주의자가 증가함으로써 많은 사람들이 관심을 갖게 되었다.

두류는 일반적으로 고단백 식품으로 알려져 있으나 크게 분류하면 고단백 저탄수화물류와 저단백 고탄수화물류의 두 가지로 나눌 수 있다.

- 고단백 저탄수화물에 속하는 것은 대두·땅콩(peanut)
- 저단백 고탄수화물류에 속하는 것은 팥·녹두·완두·강낭콩 등이 있다.

단백질을 많이 함유하고 있는 대두와 땅콩은 지방의 함량도 높다.

두류를 조리하기 위하여 불리는 방법에는 두 가지가 있는데, 하나는 1시간 동안 뜨거운 물에 담그는 방법(one-hour soak)이고, 또 하나는 소금물에 하루를 담가 놓는 방법(overnight salt soak)이다. 뜨거운 물에 담그는 법은 6~8컵의 뜨거운 물에 450g의 두류를 넣고 2분 동안 끓인 다음 1시간 동안 담가두었다가 그 후 조리를 하면 되고, 하루를 담그는 방법은 물 6컵에 2작은술의 소금을 넣고 두류 450g을 넣어 하룻밤을 재운 다음 건져 내어 조리한다. 전문가들은 후자의 방법을 권장하는 데 이유는 두류에 물이 골고루 흡수되고 모양이 좋으며 조리도 골고루 된다는 것이다.

여러 종류의 두류가 음식에 특별히 쓰이는 예가 있다. 두류로 만든 수프에는 완두콩 수프(pea soup), 검은콩 수프(black bean soup) 등이 있고 칠리를 만들 때는 강낭콩(kidney bean)을 사용하며, 멕시코 음식에는 붉은콩(red bean)을 많이 사용하고 미국 남부에서는 검은눈콩(black-eye-bean)을 많이 사용한다.

대두(soy bean)는 미성숙됐을 때는 푸른 채소로 취급하며, 마른 대두는 기름을 짜 내거나 콩가루를 만들기도 하고, 두유(soy milk), 두부(soybean curd), 콩나물, 간장, 된장, 대두단백질(textured soy protein) 등을 만드는 데 사용된다. 그 외 두류 제품이 편이식품으로 등장하여 통조림되고 있으며 포크 앤드 빈(pork and bean), 빈즈 인 토마토 소스(beans in tomato sauce), 칠리 등에 많이 사용되며 샐러드나 캐서롤(casserole) 음식에 사용할 수 있는 두류들도 통조림되어 나오고 있다.

두류의 공급량은 1970년까지 감소 경향을 보이다가 그 후 점차 증가하고 있으

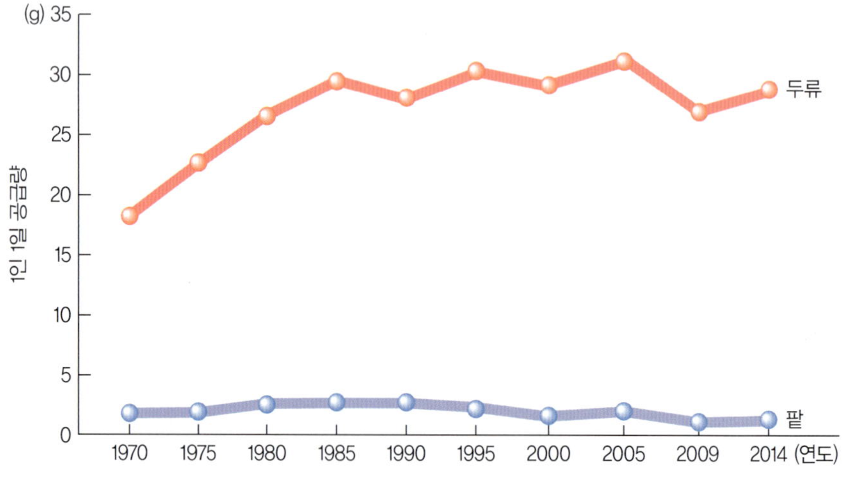

그림 **11-11** 국민 1인당 1일 두류의 공급량

며, 1980년 이후부터는 25~29g을 유지하고 있다. 2014년도 두류 공급량은 국민 1인 1일당 30.0g으로, 이 중 28.3g이 콩으로 공급되었으며 그 다음이 팥 순이었다(그림 11-11).

한편, 섭취량은 1986년까지는 조금씩 증가하여 1986년에 74.2g이었는데, 그 후 다시 감소하였으며, 1990년 58.1g, 2015년에 33.1g이었다.

견과류

견과는 마른 과일이나 식물의 씨를 말하며 대개는 껍질로 싸여 있다. 땅콩은 완두콩과이므로 두류로 분류되기도 한다. 견과는 단백질도 많고 지방도 많아 잘 포장하여 저장하지 않으면 산패되기 쉽다. 견과에는 잣(pinenut), 땅콩(peanut), 피칸(pecan), 호두(black walnut), 버터넛(butternut), 아몬드(almond), 캐슈(cashew), 피스타치오 넛(pistachio nut), 버트(filbert), 헤이즐넛(hazelnut) 등이 있으며, 지역에 따라 견과가 많이 생산되는 지방에서는 그 견과를 조리에도 많이 이용한다. 예를 들면, 우리나라와 지중해에서는 땅콩과 잣을, 미국 남부지방에서는 피칸과 땅콩을 많이 사용하며 피칸 파이(pecan pie)는 유명하다. 그 외 다른 견과들도 케이크, 파이, 빵 등에 많이 이용되고 있다. 우리나라에서는 견과류로 땅콩, 밤, 호두, 잣, 도토리, 은행을 사용하고 있다.

설탕류

설탕류의 공급량은 과거 15년간 계속 증가되어 1975년에 14.3g이었던 것이 그 후 급격히 증가하여 1990년에는 42.1g, 2014년에 66.4g에 이르렀다(그림 11-12). 미국에서는 탄수화물 중 설탕류의 공급비율이 점차 증가하여 1988년에는 39%에 이르렀다.

설탕은 사탕수수로부터 추출해 내는 서당(sucrose)으로서 입자의 크기에 따라 용도도 달라진다.

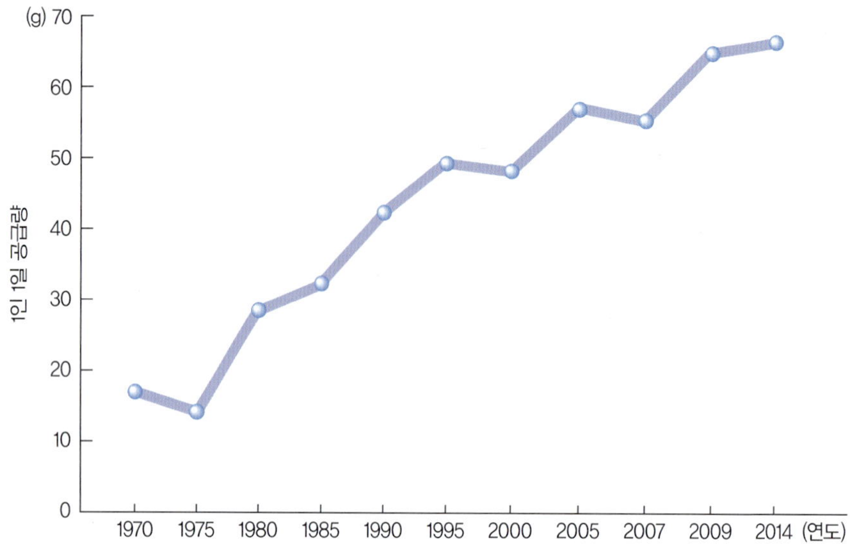

그림 **11-12** 국민 1인당 1일 설탕류의 공급량

- 일상 사용하는 굵은 설탕(granulated sugar)
- 제과용 설탕(confectioner sugar)은 입자가 아주 미세하여 서로 붙지 않도록 약간의 옥수수전분을 같이 넣는다. 사탕이나 프로스팅(frosting)을 만드는 데 쓰이며 도넛이나 패스트리(pastry) 위에 뿌리는 데 사용되기도 한다. 보통 설탕보다 가격이 비싸다.
- 각설탕도 있으며 가격이 좀 비싼 편이다.
- 흑설탕(brown sugar)은 당밀, 수분, 그 외 다른 것이 들어 있을 수 있으며 색깔의 정도는 노란색에서 갈색까지 있는데 당밀이 많을수록 색이 진하다.

설탕 이외에 감미료로 사용되는 것에는 콘 시럽, 사탕수수 시럽, 매플 시럽, 당밀, 벌꿀(꿀) 등이 있다. 콘 시럽은 조리에 사용하기도 하고 그냥 시럽으로 사용하기도 하며, 사탕수수 시럽보다 덜 달고, 가격이 싼 편이며, 매플 시럽이 가장 비싸다. 시럽에는 버터, 지방, 자연향료와 인공향료, 인공색소, 보존제 등의 첨가가 허용된다. 과일 시럽으로는 딸기, 래즈베리, 블랙베리 등이 이용된다. 꿀의 색과 향미는 어느 꽃에서부터 온 것인지에 따라 다르게 나타나며, 가격이 비싸다.

음료

커피

커피 원두는 'Coffea'라는 상록수에 열리는 열매로서 두 가지 종류가 있다. 로부스타(Robusta)는 아프리카에서 생산되고 아라비카(Arabica)는 중남미에서 생산된다. 로부스타는 아라비카보다 딱딱하고 커피가 많이 생산되나 향미가 떨어진다. 콜롬비아의 산에서 생산되는 원두 커피가 향미가 크기 때문에 가장 비싼 커피로 알려져 있다.

커피 열매에는 커피 원두(bean)가 두 개 들어 있고, 우선 열매의 육질과 원두를 분리한 다음, 향미를 개발하기 위하여 발효를 시켜야 한다. 발효 후 훈제시킨 다음 껍질을 제거하면 그린 커피(green coffee)가 된다. 그린 커피 원두는 맛과 향기를 내고 그 외 다른 향미성분들을 생성하기 위해, 로스트(roast)를 해야 한다. 로스트하는 동안 원두의 지방으로부터 카페올(caffeol)이 생성되며, 카페올은 휘발성이며 수용성이다. 원두의 색이 녹색에서 로스트 기간에 따라 연갈색, 중간 정도 갈색, 진한 갈색 혹은 거의 검은색으로 변하게 된다. 로스팅 후에는 원두는 갈아서 깡통에 넣고 진공포장한다. 진공한 깡통을 일단 열었을 때는 커피는 상하기 쉬우므로 시원한 장소에 보관해야 한다. 갈지 않은 커피 원두를 사서 필요할 때마다 갈아서 쓰면 향미가 더 좋기도 하다.

커피 원두는 끓이는 방법에 따라 적당한 정도로 갈아 판다. 커피포트에 끓이는 커피는 약간 거칠게 간(regular grind) 것을 사용하고 드립 커피(drip coffee)를 만들 때는 곱게 간(fine grind) 것을 사용하고 에스프레소 커피(espresso coffee)를 만들 때는 드립 커피보다 더 곱게 간(very fine grind) 것을 사용한다.

커피 원두를 곱게 갈면 갈수록 수용성 물질이 많아지며, 향미성분인 카페인과 탄닌은 커피에서부터 제거된다. 카페인은 커피에서 자극을 주는 물질이며, 탄닌은 쓴맛이 나는 것이다. 끓인 커피와 인스턴트 커피의 질은 원두의 혼합에서뿐만 아니라 로스트 방법의 종류와 알맞게 끓이는 방법에도 좌우가 된다.

알맞게 끓이는 방법이란 어떤 커피 메이커(coffee maker)를 사용하느냐에 따라 알맞게 간 커피를 사용하는 것이고, 얼마나 진하게 혹은 연하게 끓이느냐에 따라 커피의 양을 조절해야 하며, 물과 커피가 접촉해 있는 시간이 긴지 짧은지를 조절해야 하고, 물의 온도 조절과 깨끗한 용기를 사용해야 하는 것에 달려 있다. 끓이는 온도가 93℃가 넘고 끓이는 기간이 길어질수록 향미가 적어지고 맛이 쓴 커피가 끓여진다. 거칠게 간 커피는 커피포트에서 끓이는 것같이 물과 커피가 계속적으로 접촉을 해도 되고, 곱게 간 커피는 물과 커피가 잠시 동안만 접촉하는 드립 방법을 사용해야 한다.

커피의 강도는 추출기간이 길다고 강해지는 것이 아니라 커피의 양을 얼마나 사용하느냐에 따라 강도가 결정되며 추출기간이 길면 쓴 물질만 많이 추출될 뿐이다. 끓는 온도에 가까워지면 탄닌은 점점 수용성이 되며 많은 휘발성 물질이 달아나고, 끓는 동안에 커피가 써지며 향미가 없어지게 된다. 커피 용기를 잘 씻지 않으면 커피 오일(coffee oil)이 축적되고 산패되기도 하므로 끓이는 동안 좋지 않은 냄새가 나기도 한다.

인스턴트 커피는 끓인 커피보다 카페인이 적고, 가격도 싸다. 냉동건조(freeze-dried) 커피는 인스턴트 가루 커피보다 비싸며, 카페인 제거 커피는 보통 커피보다 50% 정도 비싸다. 카페인 제거 커피는 그린 커피 원두에서 카페인을 제거하여 만든 것이다.

미국 사람들은 1974년 하루에 16.2g의 원두 커피를 소비했으며, 세분하여 보면 끓이는 커피가 13.4g, 인스턴트 커피가 2.8g으로 하루에 한 사람이 커피를 두 잔 마신 셈이 된다. 그러나 커피의 소비는 그 전보다 줄었는데 이는 젊은 사람들이 적게 마시고 생산가가 올라 커피 값이 올랐기 때문에 소비가 감소된 것으로 풀이된다. 1980년에는 소비량이 더 감소되어 하루에 10g 정도의 커피를 소비한 것으로 조사되었는데 하루에 한 잔 정도 마신 셈이 된다.

차

차(tea)는 생산지의 이름을 따 실론(Ceylon) 또는 다질링(Darjeeling)으로 불리기도 하나, 대부분의 차는 두 가지 이상의 종류를 섞어서 향미, 맛이 적당하도록 배합한 것이다. 차는 차나무의 작은 가지에서 첫 세 잎으로부터 생산된다.

- 제일 안쪽의 작은 잎은 플라워리 피고(flowery pekoe)가 가장 좋고,
- 다음 잎이 오렌지 피코(orange pekoe)
- 제일 큰 마지막 잎인 피코(pekoe)의 순이다.

차는 제조 방법에 따라 홍차(black tea), 녹차(green tea), 우롱차(oolong tea)로 나눈다. 차를 제조할 때 잎을 발효시킨 다음 건조시키면 홍차이고, 잎을 발효시키지 않고 건조만 시키면 녹차가 되는 것이다. 우롱차는 홍차와 같이 발효시키나 발효기간이 짧고, 대만이나 중국에서 재배·생산되는 것이다.

차의 발효 차엽의 극성분인 폴리페놀이 산화효소에 의해 산화되어 독특한 향기, 맛, 색을 나타내는 작용

차의 등급은 오렌지 피코, 피코 수총(pekoe suchong), 수총(souchong)으로 나누는데 오렌지 피코가 가장 좋은 등급이며 가장 비싸다. 상품화된 차로는 오렌지 피코와 피코의 혼합물이 주종이다. 차는 상하기 쉬우며, 티백에 든 것이나 안 든 것이나 저장기간은 6개월 미만이다.

한 잔의 차에는 50~60mg의 카페인이 들어 있다(커피에는 100~200mg 카페인이 포함). 추출될 수 있는 탄닌의 양은 물의 온도와 물과 접촉해 있는 시간에 따라 조절된다. 홍차에 우유를 첨가시키는 것은 탄닌이 우유단백질과 같이 침전되므로 쓴맛과 떫은맛을 감소시킬 수 있기 때문이고, 홍차에 레몬을 첨가시키는 것도 탄닌을 변형시키며 홍차의 색이 흐려지도록 하기 위해서이다.

차의 향기와 맛은 커피보다 섬세하고, 차의 향기와 맛을 다르게 하기 위해 가끔 꽃이나 향신료 등을 첨가하기도 한다. 인스턴트 홍차는 높은 온도에서 분산 건조하거나 낮은 온도에서 진공 건조한 홍차이다. 건조 시 휘발성 향기와 맛 성분이 없어지기도 하나, 다시 잃어버린 성분들을 첨가시키기도 한다. 미국에서는 98%를 홍차로 소비하고 있으며 소비량은 증가추세에 있다. 주로 티백, 인스턴트 홍차, 아이스 티(ice-tea) 혼합물 형태로 소비하고 있으며 아이스 티 혼합물이 전체의 70%에 해당한다고 한다.

녹차의 기능성과 효능이 알려짐에 따라 녹차를 즐겨 마시는 경우가 많아지고

있다. 녹차의 주생산지는 중국, 한국, 일본으로 녹차 잎을 채취한 뒤 덖거나 증기로 쪄서 산화효소를 불활성화시켜 발효가 일어나지 않도록 한다. 녹차의 건조방법에 따라 증제차와 덖음차로 나눈다.

6. 가공식품

유지류

유지류(fats and oils)의 공급량은 계속적인 증가를 보였는데, 1970년 4.0g, 1980년 13.8g이었던 것이 1990년에는 39.2g으로 크게 증가되었고 2014년에는 56.4g이었다. 이것을 자세히 보면, 동물성 유지는 1975년까지 별 변화가 없다가 그 후 급속히 증가하여 3.1~6.7g 사이를 유지하였으나 다시 감소하여 2003년에 1.22g, 2014년에는 0.9g으로 조사되었으며, 식물성 유지는 1977년까지 4.0g 이하로 별 변화가 없었으나 그 후 갑자기 증가하여 1980년 후에는 10g이 넘게 공급되었고, 1985년 이후에는 20g을 넘어섰으며, 2014년에 55.5g으로 동물성 유지의 60배가

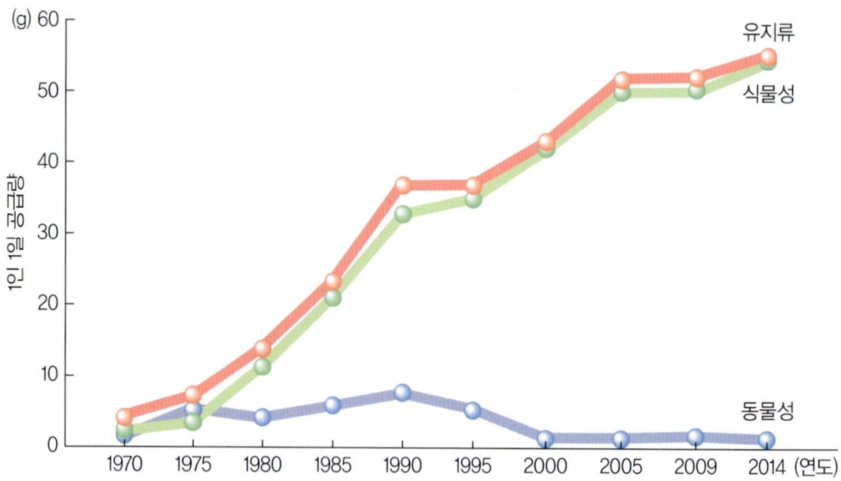

그림 **11-13** 국민 1인당 1일 유지류의 공급량

량이 되었다(그림 11-13).

라드(lard)는 돼지지방에서 추출해 낸 100% 지방이며 패스트리에 특히 좋고, 볶고 지지는 데도 좋다. 쇼트닝(shortening)은 식물성 기름, 동물성 지방이나 둘을 혼합한 지방으로 만들어지며 유연성을 갖게 하기 위하여 수소화시키고, 냄새와 색을 제거하여 만든다. 공기를 넣거나 거품을 내어 유연성을 더 좋게 하고 색도 희게 만든 쇼트닝도 있으며 대부분의 쇼트닝에는 저장력을 연장시키기 위하여 항산화제를 첨가시킨다.

기름은 옥수수, 면실, 대두, 땅콩, 올리브 등에서 추출해 낸 100% 기름이며, 냄새를 없애고 탈색시킨다. 샐러드 기름은 냉장온도에서도 결정화되지 않고 맑게 있게 하기 위하여 더 가공을 한다. 우리나라에서 사용하는 참기름과 들기름은 주로 탈취, 탈색 과정을 거치지 않고 사용한다.

잼과 젤리

과일 젤리는 과일 주스로 만든 것이며, 과일 주스와 설탕의 비율은 45 : 55이다. 과일 잼은 과일 종류에 따라 45%에서 47%가 되며, 사과를 사용할 경우 사과 무게가 재료의 50% 이상을 넘으면 안 된다. 젤리가 잼보다 가격이 비싸고 사과, 포도, 자두 제품보다 딸기, 래즈베리(raspberry), 블랙베리(blackberry)가 더 비싸며, 여러 과일을 혼합하여 만든 제품이 한 가지 과일로 만든 것보다 싸다.

해조류

해조류(seaweeds)의 공급량은 1970년까지 서서히 증가하다가 5년 동안 2배로 증가되었으나 그 이후 증감을 계속하면서 대략 20~45g을 유지하고 있다(그림 11-14). 그중 특히 김과 다시마의 공급량이 현저히 감소되었다.

섭취량은 2015년에 25.9g으로 미역, 김, 파래가 주였다.

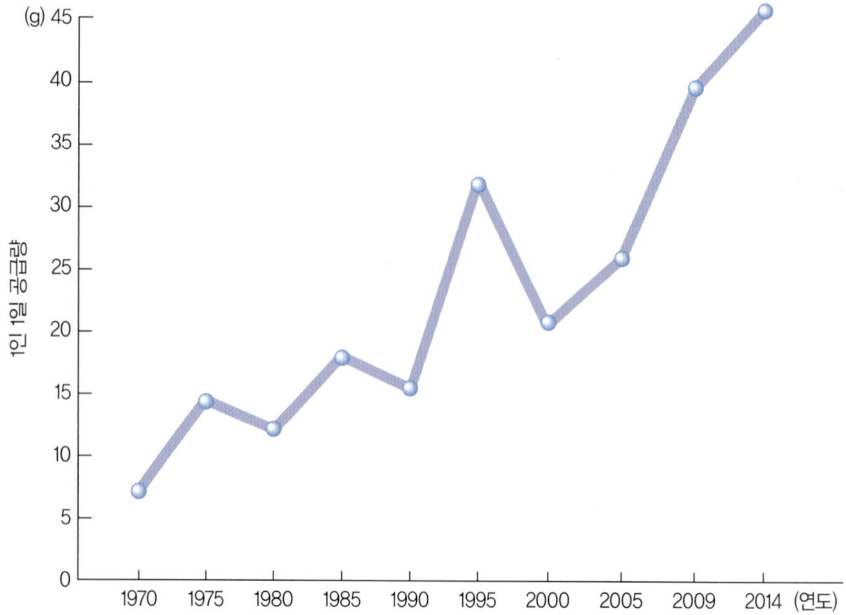

그림 11-14 국민 1인당 1일 해조류 공급량

조미료

조미료는 2015년에 39.7g을 소비하였는데 간장, 된장, 고추장, 화학조미료 순으로 나타냈다.

MEAL SERVICE STYLES
& DINING OUT

PART 4

가정외 식생활과 식사예절

CHAPTER 12

가정의 식생활의 관리

1. 식생활 변화의 배경

식생활 문화

식문화(食文化), 즉 식생활 문화를 논의하기 전에 먼저 문화란 무엇인가를 이해할 필요가 있다. 일반적으로 문화는 사고방식과 생활양식의 총합을 의미한다. 문화 중에서도 생활문화란 개인이 일상생활을 통해 살아가는 방식으로서, 일상생활을 영위하는 데 있어서 각 집단에 따라 형성되는 의식(意識)과 양식(樣式)의 총체라고 정의할 수 있다. 사고방식과 생활방식은 서로에게 영향을 미치고 규정하면서 생활문화를 형성한다. 그러므로 생활문화는 가정생활과 관련된 가치나 태도 등 의식의 측면과 실제의 의·식·주 생활 등의 양식을 포괄하는 개념이다.

먼저 사고방식은 구체적으로 의식 또는 가치, 가치관, 가치 정향성(value orientation) 등으로 나타난다. 이러한 생활양식은 일상적 생활수준에서 가장 정확히 평가되므로 가정생활을 중심으로 한 의·식·주 생활양식이 기본이다. 따라서 식생활문화는 인간의 식생활 양식과 이에 관련된 사고방식이라고 정의할 수 있다. 식생활의 양식과 사고방식은 시대와 민족, 지역에 따라 다르며, 식생활의 형성요인이 많고 복잡하기 때문에 달라질 수밖에 없다. 예를 들어, 식생활양식에는 맛, 냄새 등의 생리적 요소와 비료 사용, 타작방법, 식품 저장, 가족 등의 문화적 요소, 조리방법 등의 식생활 교육과정적 요소 등이 모두 포함된다.

알아두기

문화의 특징

- 문화는 공유된다. 한국인 개인의 식성을 자세히 보면 똑같은 식성을 찾아보기 힘들다. 그러나 이러한 개인차에도 불구하고, 한국인의 식생활은 다른 사회의 것과 분명히 구별되는 어떤 공통점이 있음을 발견하게 되는데 이것이 문화의 고유성이다. 한국인 개인의 식성이 아닌, 어떤 공통적인 경향을 우리는 한국인의 식생활 문화라고 부른다.
- 사람은 특정한 문화를 가지고 태어나는 것이 아니고 학습한다. 그가 태어날 때에는 학습능력을 가지고 태어날 뿐이며, 어떤 문화를 학습하느냐는 것은 성장과정에서 접한 문화적인 환경에 의해서 좌우된다. 우리가 먹는 밥과 김치, 기타의 식습관도 출생 이후 성장하는 과정 동안 학습에 의해서 얻어지는 것이다. 문화는 해당 지역의 풍토에 영향을 받으므로 그에 적응하면서 만들어지는 지리성 또는 생태성의 특징을 보인다.
- 문화는 축적된다. 사람들은 경험으로 얻은 사실적 지식을 상징적 수단인 언어와 문자를 통해 다음 세대로 전해서 축적시키므로 문화에는 누적성이 있다. 한국인의 음식 만드는 법이나 식품배합의 원리, 식사행동에 관한 몸가짐 등이 구전이나 문자로 전해져 왔다.
- 문화는 하나의 체계로 구성된다. 한 사회집단의 문화는 지식, 신앙, 예술, 도덕, 법, 관습 등 수많은 부분들로 구성되어 있다. 그러나 한 사회를 구성하는 이러한 부분적 요인들은 서로 독립적으로 존재하는 것이 아니라 서로 상호 긴밀한 관계 속에서 하나의 전체 또는 체계를 이루고 있다.
- 문화는 항상 변한다. 시간의 흐름에 따라서 문화는 변화하며 절대로 정체되어 있는 것이 아니다. 사람들은 항상 문제에 접하게 되고 이를 해결하는 새로운 방법을 시험하기 때문이다.

자료: 김숙희(1993). 한국인의 식생활문화. 영양정보 4:7~9.

식문화의 정의

앞에서 살펴본 문화의 정의를 원용한다면 식문화는 '인간의 식생활을 형성하는 양식과 내용, 이에 관련된 사고방식(가치)'이라고 말할 수 있다. 식생활 양식과 내용·사고방식(가치)은 시대와 민족·지역에 따라 다르며, 또한 식생활의 형성요인이 매우 많고 복잡하기 때문에 달라질 수밖에 없다. 가정은 가족을 단위로 한 생활 조직체로서 의·식·주, 육아 등의 중심이며, 특히 우리 식생활의 중심이다.

식문화는 요리(料理)와 공식(共食)을 출발점으로 한다고 지적한 학자가 있다. 인류의 역사를 거슬러 올라가면, 사람은 일찍이 식량을 획득하고 분배하며 음식을 만드는 데에 필요한 도구를 만들고 불을 사용하게 되면서 조리기술을 높였다.

동물은 개체 단위로 먹는 개식(個食)을 하는 데 비해 사람은 가족이나 이웃 친지와 함께 먹는 공식 또는 신과 사람이 영적으로 함께 하는 공식의 행동을 취하였다. 그러면서 식사예절 의식이나 식사법의 원칙이 만들어지고 다양해졌다. 요리라는 물질적 측면과 공식 및 기타 여러 가지 사회적 측견을 통해서 식문화가 형성된다고 보는 것이다.

형성인자

각 국가와 지역의 식생활양식이 어떤 과정을 거쳐 성립되고 전승되었는지를 아는 것은 식문화를 이해하는 데 중요하다. 작물이 외부로부터 들어와서 긴 세월 속에서 어떻게 정착되었는가 하는 것은 식생활양식의 중심이 되며 그 이유는, 이때 먹는 방법이나 조리와 가공법도 같이 전해지기 때문이다.

전해진 식품재료나 조리와 가공법이 그 지역에 정착되어 그 지역 고유의 식문화를 형성하게 되기까지는 다음의 3가지 조건이 영향을 미친다. 즉, 자연의 조건, 인간의 기술, 사회의 규약이 그것이다. 이들 요인들은 서로 밀접한 관련이 있으며 복합적으로 다양하게 작용한다. 따라서 식문화의 탐구에는 자연과학과 인문과학, 사회과학에 걸쳐 학제적인 관찰이 필요하다.

알아두기

식생활문화의 형성조건

- 자연의 조건: 풍토라 하며 토지의 기후, 기상, 지질, 지형, 경관 등
- 인간의 기술: 식품의 획득, 가공, 조리, 보존, 유통 등
- 사회의 규약: 법률, 종교, 윤리 등의 규범과 예의범절, 제도, 유행 등의 풍속

우리나라 식문화의 특징

첫째, 곡식과 채소의 문화라 특징지을 수 있다. 우리가 사는 지역의 기후는 온대몬순으로 여름은 고온다우하고 겨울은 냉량건조하여 쌀농사에 적합하여 쌀을 위주로 하는 밥, 떡, 죽 등의 곡식문화가 정착되었다.

한편, 우리나라는 역사적으로 볼 때 신라시대를 거쳐서 고려시대까지 불교를 국교로 하면서 육류음식의 섭취가 금지되어 왔으며 조선시대에 와서도 역시 민간 생활 속에 뿌리박힌 불교의 신앙은 여전히 육식이 아닌 채식 위주의 식생활로 이어졌다. 조선 후기 임진왜란 이후에는 극심한 가난으로 민중이 산으로 들로 다니면서 닥치는 대로 식용 가능한 야생식물을 채취해서 먹었고(구황식품, 救荒) 점차 한국인의 식생활 내용에는 곡류와 더불어서 야채와 산채를 비롯한 280여 종의 나물을 섭취하게 되었다. 아마도 세계에서 가장 다양한 야채와 산채(herb와 earb)를 섭취하는 민족일 것이다.

둘째, 발효식품의 문화를 들 수 있다. 한국음식의 대명사는 발효음식이다. 우리나라의 기후조건에서는 농산물 수확이 1년에 한 번이며 이 수확물을 1년간 저장하는 수단으로 건조법과 발효법이 발전하였다. 우리나라는 지리상 삼면이 바다로 둘러싸여 있는 반도이기 때문에 염분 채취는 용이하므로 염분에 의한 발효식품이 우리 음식 맛의 원천을 이루고 있다.

셋째, 계급 특징의 식문화이다. 조선시대의 정치는 중앙집권식 왕정으로서, 왕을 중심으로 한 주변의 소수에게 양반신분을 부여하여 왕과 함께 부귀를 누릴 수 있게 하였다. 그러므로 조선시대의 식문화도 신분에 따라 달랐으며, 서민들은 호구지책에 급급하여 서민 식문화가 존재하였는지조차 판단이 어렵다. 궁중과 반가의 식문화에는 다분히 층하가 있었던 것 같다. 또한 한 가정내에서도 층하가 있어서 가부장적인 서열에 따라 차례로 식사가 이루어졌다. 궁중이나 반가에 이용되는 식품은 품귀하거나 최상질의 식품이었다. 서민의 식사내용은 「농가월령가」에서 보면 보리밥에 소금끼라 묘사되어 있어 찬이 아닌 간이 고작인 것으로 짐작된다. 흰쌀밥에 고기 반찬과 잘 발효된 젓갈과 김치, 채소요리, 감미 있는 음료나 과실은 항상 서민의 선망의 대상이요, 성공의 지표로 인식되었다.

그러다가 조선시대 말 과거제도의 부정으로 인하여 뜻있는 학자들이 향리에 묻혀 청빈한 생활을 하면서 양반의 생활문화가 시민과 보다 가까워지게 되었다. 또한 장시(場市)제도가 서서히 확산되면서 보부상과 같은 장돌뱅이의 왕래가 성행하여 지역적·계급적이던 우리의 식문화는 초계급적·초지역적으로 동일화되기 시작하였다. 오늘날 글로벌시대에 따라 우리 식문화도 어떻게 변화하게 될지를 암시하는 부분이다.

우리나라 식문화의 변천

요즘은 문명권별 특색이 점차 희박해지고 세계화(globalization)의 시대가 되었다. 다시 말해서, 현대 문명은 기능과 합리성을 중시한 세계적·보편적 거대 시스템으로서의 성격이 강하다. 의·식·주 생활도 예외가 될 수 없으며, 특히 주생활과 의생활은 거의 세계 공유 문화의 궤도에 있다. 그러나 식생활은 아직도 강한 개별 문화적 색채를 남기고 있다. 식량 생산과 식품 가공 기술, 국제적 규모의 식량·식품의 수출입과 유통경제 등은 나라마다 비슷하지만 가정에서 먹는 음식의 맛이나 조리 기술은 독특함을 유지하고 있다.

식사에 대한 기대는 사회발달 단계에 따라 변화할 수밖에 없으며 이를 매슬로의 욕구단계와 관련하여 설명할 수 있다(그림 12-1). 우리나라의 사회 변화와 함께 식생활과 외식도 변천하게 되므로(표 12-1), 여기서 우리의 시문화를 시대를 구분하여 그 특징을 살펴보도록 한다(표 12-2).

그림 12-1 사회발달, 식사 · 식생활의 자아만족 단계 및 매슬로의 욕구단계
자료: 한민수(1994), 상동 나정기(2000), 외식산업의 이해, 백산출판사.

표 12-1 우리나라 식생활의 변천사

구분	농경사회	산업사회 (18C)	정보사회 (20C)	창조사회 (21C)
경제	• 집단사회 형성 • 산업기본 활동	• 산업혁명 에너지 이용 – 생산능력 향상 – 물자 풍부	• 컴퓨터화(전산화) • 전산업별 과학화 • 정보자료 활용의 극대화	• 창의적 차별화를 바탕으로 '개념' 도입 및 활용
사회	• 유물론 • 수확력(firtiliaty)	• 유물론 • 크다, 두껍다, 길다 (massiveness)	• 유물론 • 가볍다, 짧다, 작다 (compactness)	• 비유물론 • 기쁨, 안락, 아름다움, 사랑, 진실(self fulfilment)
생산 (제품)	소품종 소량 생산	소품종 대량 생산	다품종 소량 생산	단일품종의 다양한 생산
식생활	• 결핍 → 충족의 의미 • 주식개념 → 부식개념		• 풍부 및 과소비 • 영양학적 기호식	• 질과 가치 추구 • 특수식
외식	• 고유화 → 대가족화 (자연화) (곡류, 서류) • 생존을 위한 식사 → 내식 위주		• 서구화, 편의식 • 외식의 태동 및 활성화	• 국제화, 전통화, 전문화, 가치화 • 창의적인 고감도화

자료: 한민수(1994), 외식산업의 현황과 전망, 한국식생활문화학회지 춘계 학술대회 초록집, p.45–58.

삼국시대

지역에 따라 백제에서는 벼, 신라에서는 보리, 고구려에서는 조를 주요 작물로 생산하고 곡물을 원료로 술빚기, 콩을 이용한 장류, 고기와 생선으로 만든 포나 혜 같은 저장식품, 오늘날의 김치의 원조형인 채소에 누룩과 술찌꺼기를 섞어 만든 절임 등이 있었다. 삼국시대 말에 고기와 생선으로 포와 구이, 국을 만들어 먹는 방식으로 주식과 부식의 분리형인 식문화를 이룩하였다. 상류층에서는 장빙(藏氷)을 하였다가 음식에 얼음을 사용하였고 고승이나 화랑 사이에서는 음다(飮茶)의 풍습이 있었다.

통일신라시대와 고려시대

불교 문화의 발달과 더불어 다류와 한과류가 발달하고 채소를 이용하여 나박김치 같은 김치가 시작되었으며, 일상식과는 다른 제례, 연회 등으로 인하여 상차림

표 **12-2** 우리나라 식문화의 변천단계

연대별		식문화의 특징
고조선~삼국시대		• 주 · 부식 분리형의 식문화 – 주식: 쌀, 보리, 조 등 – 부식: 장류, 무짠지, 장아찌, 생선포, 구이 등
통일신라~고려시대		• 숭불사상에 의한 다류, 한과류, 채소음식 발달 • 일상식과 다른 제례, 연회 등의 식문화 • 몽고 침입으로 고기 요리법 발달
조선시대		• 유교사상을 근본으로 한 공동체 의식 • 대가족 제도와 식생활의 규범 정착 • 김치의 발달과 상용 필수 식품화
일제시대 ~ 2000	일제시대~해방 이전	• 식량부족과 빈곤으로 인한 식문화 침체 • 식품 소비형태의 침체화
	해방 이후~1960년대	• 기아 및 영양실조 상태의 계속 • 분식의 장려운동과 서구식 식생활의 유입
	1970년대~1980년대	• 경제발전과 핵가족화로 인한 식생활 수준 향상 • 영양가와 맛의 추구화
	1988년 서울 올림픽 이후 ~2000년	• 음식에 대한 가치관 변화 • 식생활의 외부화, 레저화, 가공식품화, 세계화
2000년~현재		• 정보산업시대 • 식문화 융합(퓨전) • 건강 웰빙의 추구화 • 개인맞춤화 • 전통화 및 고감도화

원자료: 모수미(1994). 한국 외식문화의 발달과정. 한국식생활문화 학회지 춘계학술대회 초록집 3–10.

의 구조가 다원화하게 되었다. 고려 중기 이후에는 몽고 침입의 영향으로 숭불사상이 쇠퇴하고 육식이 다시 숭상되었으며 육류 요리법이 발달하였다. 제주도에 대목장을 개발하고 도살하는 '시척'이란 천류 계급도 형성되었다.

조선시대

유교 이념을 근본정신으로 한 대가족 제도의 발달에 따라 가족이나 친지, 이웃 등이 함께 모여 식사하는 공동체 의식을 형성하였으며 식사의 형식을 중시하는 식생활 규범이 정착되는 시대였다. 김치가 발달되기 시작하였고 독상을 여럿 차림에서부터 한 상(두렛상) 차림으로 통합하는 변화가 이루어졌다. 주거양식에 맞추어 계층에 상관없이 좌식으로 일원화되고, 다만 제사 음식의 차림은 구습대로 탁상 차림으로 남았다. 절식(節食)과 시식(時食)은 우리의 특이한 식생활을 중심으로 농경의례, 민간 신앙, 민족오락 등에 의하여 발달하였으며 인간과 자연의 지혜로운 조화를 보여 주었다.

중국 일변도였던 외교가 일본으로 방향을 돌렸던 정세에 따라 우리의 고추, 호박, 고구마, 감자 등의 남방식품이 유입되어 식품까지도 영향을 받게 되었다. 음다의 풍습은 쇠퇴하고 반면에 음청류와 주류가 발달하였다. 향약을 곡물요리나 음청류에 섞어서 효용적이며 합리적으로 사용하였다. 조선 초기 김치에는 젓갈을 섞어 넣지 않았으나, 중기 이후 고추가 보급되면서 젓갈을 병용하였다. 중기 이후부터는 대륙적 기풍과 식품의 자연미를 존중한 찬류 조리법이 매우 섬세하게 발전하였고, 말기에는 서구식 음식이 유입되기 시작하였다.

구한말의 식생활은 밥과 죽을 주식으로 하고 국·찌개·김치·지짐이·나물을 반찬으로 구성하는 기본식과 국수, 만두, 떡 등의 보조식(별식), 음료, 술 등의 기호식으로 이루어졌다. 밥·국·김치의 전통 식단 기본 구성으로 얻을 수 있는 열량은 995kcal, 단백질은 36.5g으로 추측된 바 있다(이철호·류시성, 1998).

일제시대 이후 21C전

이 시기는 4기로 세분하여 설명할 수 있다.

첫째, 일제하의 시대로서 빈곤과 식량 부족으로 식품 소비 형태에 변화가 없는 침체기였다. 한편으로는 서구문명의 인식이 태동한 시기로서 서구식 영양이론이 소개되고 빵, 과자 문화가 유입되었다. 1940년 홍선표는 「조선요리학」이란 저서에서 식사법 원칙 4개항을 제시하였다. 즉, 배고플 때 조금씩 먹자, 비교적 단단한 것을 오래 씹어먹자, 조금 모자라게 먹자, 생식을 많이 하자 등이었는데 오히려 영양 과잉인 오늘날에 더 잘 맞는 식사 지침 같다.

둘째, 해방이후부터 6.25 전쟁을 전후한 시기이다. 기아와 극심한 영양실조 상태는 계속되었고 흉년과 낙후된 농업 기술로 인해 해외 원조 식량에 의존했으며 생존을 위한 식(食)의 시기였다. 한편, 식량의 해외 원조에 편승한 서구식 식생활이 유입되고 분식 장려 운동에 의하여 밀가루 음식이 서민을 중심으로 수요가 확대되기 시작하였다(그림 12-2).

셋째, 70년대부터 80년대까지의 시기이다. 1967~1976년은 제1차 경제개발 5개년의 성공적인 결실로 우리 경제가 급성장한 때이다. 경제 발전과 아울러 식생활의 수준이 향상되어 생리적 욕구를 충족시키는 저조한 식생활로부터 영양가와 맛을 추구하는 풍요로운 식생활로 변화되었다. 주식 위주에서 부식을 강조하게 되었다. 이 기간의 식품 소비 패턴은 조미료, 가공식품, 과자, 청량음료가 크게 증가하고 육·어류, 분식류, 가공식품류, 커피, 마가린 등의 서구식 식품의 소비 증가가 일어나 서양식 식생활로 급히 전환되기 시작하였다. 이러한 상황에서 우리의 전통적 음식을 비판하고 경시하는 경향도 있었던 시기였다.

넷째, 88년 서울올림픽 이후 2000년 이전까지의 시기이다. 경제성장과 산업화 추세에 따라 음식에 대한 가치관의 변화를 초래하였다. 식생활이 안정화와 동시에 서구화된 시기로서, 영양소의 섭취 양상이 서구인들과 유사해지고 다른 나라의 식품이나 음식에 대한 기호가 높아졌고 현대적 가치관에 따라 행동도 크게 변화하였다. 즉, 국민영양이 질적·양적으로 향상되고 식생활을 통해 건강을 지키고 낙을 찾는 경향으로 변화하였다. 전통적으로 아침식사가 경시되기 시작하였고 밥 대신 빵 등의 대용식이 매우 성장하였다. 또한 후식류나 전통별식에 대한 관심이 증가하였다.

6.25 전쟁 직후 군에서 배분하는 식량을 받으려고 배급표를 갖고 몰려든 서울 시민들

50년대의 해태 카라멜 광고, 오리온 카라멜, 조미료 미원, 진로소주 상표(왼쪽부터)

그림 12-2 해방 이후의 식생활

국민 생활의 안정과 함께 86년 아시안 게임, 88년 서울올림픽 등의 국제 운동 경기대회와 각종의 국제 행사의 국내 개최 이후 식품산업과 외식산업의 붐을 더욱 가속화시켰다. 결국 구미 여러 나라나 일본과 같이 우리나라에도 외식이 더욱 빠른 속도로 확산되었다. 소비자들은 시간과 인력이 덜 소비되는 가공식품이나 편이식품을 요구하게 되었고 이에 부응한 식품산업, 급식산업 등이 팽창하게

되었다. 다시 말해서, 이 시기의 식생활 특징은 외부화, 가공식품화, 레저화, 세계화 등의 경향으로 설명된다.

21C

정보산업시대가 도래하면서 인터넷을 통해 지구촌이 하나가 되고 식문화는 국가적 경제가 모호해지고 융합되었으며 풍요로운 생활과 수명연장으로 건강 웰빙이 식생활의 주제로서 확고한 자리매김을 하게 되었다. 생명공학과 산업발달로 인해 개인맞춤형 식생활을 추구하게 되었다. 나아가서 역으로 우리의 것을 찾는 경향으로 "우리 것이 세계 경쟁력 있다" 라든지 고감성 식생활도 증가하여 디자인 개념의 음식과 상차림이 관심을 끈다. 앞서 나타난 식생활의 외부화가 더욱 확산되고 이에 따라 급식산업이 팽창되고 있음은 물론이다.

가정외 식생활의 확대

우리는 가정생활에서 식사를 통해 한 가족이라는 것을 실감한다. 전통적으로 가정에서는 원상태 그대로의 식품을 주방에서 직접 조리하고 가족들이 공식(共食)하는 생활양식을 즐겨왔다. 그러나 점차적으로 다듬어진 채소, 저민 생선살, 인스턴트 식품, 편이식품 등은 주방의 가사노동을 간소화시켰다. 또, 조리를 외부의 전문가에게 의뢰하거나 가정외에서 제조된 상품을 사먹는 소비행동이 증가하고 있다. 요리 정보도 어머니로부터 배우던 것이 TV, 요리책, 요리학원 등 가정외 정보에 의존하게 되었다. 가족의 공식은 점차 적어지고, 특히 점심은 거의 가정 밖에서 개별적으로 먹게 되는 경우가 일반화되고 있다(표 12-3).

개인이 요리된 식품을 먹게 되면(인체 밖) 비로소 영양 개념이 된다(인체 내). 우리가 식품을 섭취하기까지에는 다양한 요인이 관련되는데(그림 12-3), 이렇게 가정에서 뿐만 아니라 가정외에서 섭취한 식품은 개인의 영양에 그대로 영향을 미친다.

그렇다면 가정외에서 식품을 섭취하는 데는 어떤 것이 영향을 미칠까? 경제학자

표 12-3 평소 외식빈도에 따른 대상자 분포(지역별, 연령별, 3세 이상)

단위: (%)

구분 \ 빈도	하루 2회 이상	하루 1회	주 1회 이상	월 1회 이상	거의 안 한다
전국	5.1	28.1	22.7	22.4	21.7
지역별					
대도시	6.3	33.1	22.7	20.2	18.0
중소도시	4.4	26.0	26.6	25.5	17.5
읍 · 면 지역	3.5	20.4	16.7	22.5	36.9
연령별					
3~6세	0.5	33.5	24.6	28.0	13.4
7~12세	0.7	46.9	19.2	21.9	11.3
13~19세	6.1	38.0	19.4	21.2	15.3
20~29세	9.6	33.8	32.0	16.3	8.3
30~49세	7.3	26.6	25.3	24.4	16.4
50~64세	3.5	17.7	20.3	23.5	35.0
65세 이상	0.8	6.5	11.0	19.6	62.1
성별					
남자 전체	6.9	35.7	21.0	19.6	17.4
여자 전체	3.4	21.9	24.2	25.0	25.5

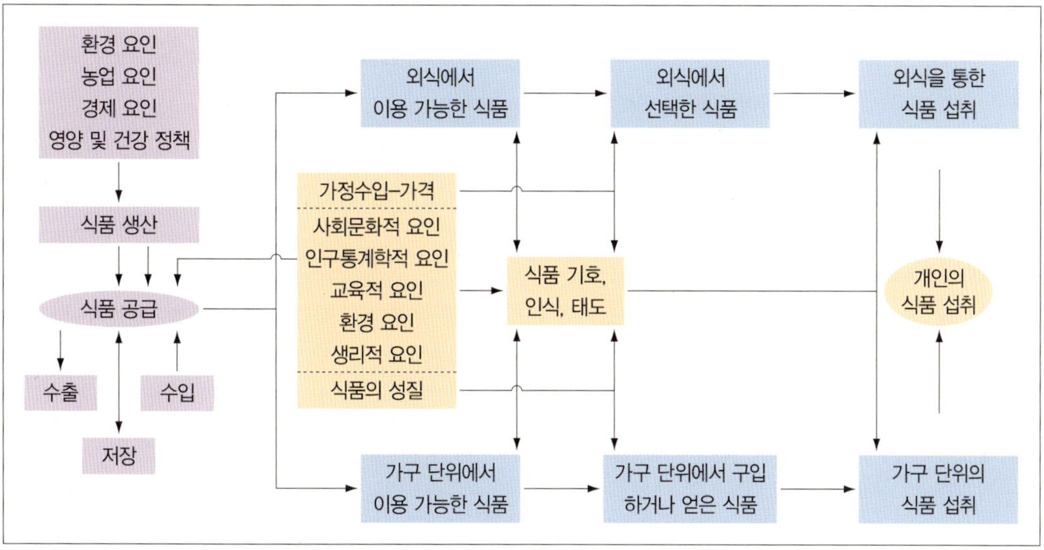

그림 12-3 식품선택, 식품 · 영양소 섭취 및 영양 · 건강 상태 사이의 일반적 개념에 관한 모델

자료: 이정원 외(1999), 영양판정, 교문사.

알아두기

홀로 가구와 선택적 공식

저녁 시간에 안방에 모여 주부가 준비해 놓은 음식을 온 가족이 같이 먹으면서 즐기는 것은 필연적 공식인 방면, 직장에서의 집단식사나 학교급식, 또는 친구들과 어울려 담소하며 즐기는 회식 등은 선택적 공식이라 할 수 있다. 이런 선택적 공식은 요즘 우리의 일상에서 수없이 많고 그래서 가정외 식생활의 비중은 커지고 있다. 점차 가족수가 감소하면서 혈연 중심의 가족에서부터 만혼, 이혼, 노인세대 등으로 인한 싱글화 가족(홀로 가구, 독거 가구)이 증가하고 있다. 가족의 붕괴는 공식에서부터 선택적인 공식이란 새로운 형태로 나타나고 있다(그림 12-4).

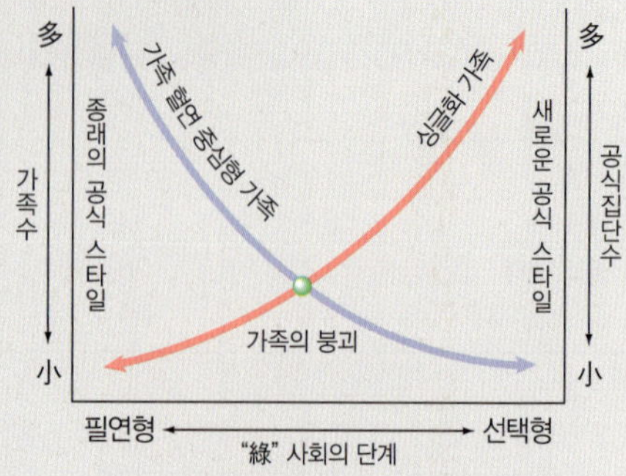

그림 12-4 공식집단의 인간관계
자료: Y他漿 (1991).

과거에는 외식을 통해 부족한 영향을 보충하는 것이 주된 기능이었으나, 오늘날의 외식은 생리적 욕구뿐만 아니라 정신적·사회적 역할이 다양해지면서 식생활에서 중요한 위치를 차지하고 있다.

월터스(Walters)는 소비자 행태의 영향 요인으로 5가지를 제시했는데, 외식 소비행태를 이에 따라 정리해 볼 수 있다.

첫째, 가족의 영향으로 핵가족화, 자녀 수의 감소, 주부의 지위 향상 등이 영향을 미친다.

둘째, 소득의 영향으로 소득 증대, 생활 수준의 상승 등을 들 수 있다.

셋째, 사회적 영향으로 도시화, 주택 조건의 변화, 여성의 직장 진출과 사회참여 증가, 주부의 시간가치 상승 등이 있다.

넷째, 문화적 영향으로 사회의 레저 지향화, 물질 풍요 시대의 소비위주의 가치관 등이 포함된다.

다섯째, 기업의 영향으로 식품과 식생활 관련 산업의 기술 혁신, 광고 등의 기업 판촉활동, 국제화와 세계화에 따른 외식산업의 근대화 등이 영향을 준다.

2. 외식산업

외식과 외식산업의 정의

외식의 정의

외식의 정의는 일반적으로 '가정외에서 조리된 음식을 먹는 것'으로 규정한다. 이는 식사 공간을 기준으로 한 것이 아니라 음식이 만들어진 조리 장소를 기준으로 하며, 식사 준비의 주체가 중요하다. 만약, 가정에서 만든 음식이나 도시락을 학교나 직장에서 먹는다면 이는 어디까지나 내식(eating inside home)으로 간주된다. 반면, 음식점의 음식이나 슈퍼마켓에서 사온 도시락을 집에서 먹는다면 외식(eating outside home)에 해당되며, 학교나 직장에서 제공하는 집단 급식도 외식에 속한다.

급식산업과 외식산업의 정의

가정 밖에서 음식을 조리하는 업종 전체를 급식산업이라고 한다. 그러나 흔히 외식을 음식점에서 사 먹는 음식에 국한하고, 가정 밖에서 음식을 먹도록 제공하는 업종을 외식산업이라고 한다.

급식산업(foodservice industry)은 실물로 눈에 보이는 식사를 제공할 뿐만 아니라 인적 서비스, 분위기 연출, 식사에 관련된 편이 등 눈에 보이지 않는 것들도 제공한다. 그러므로 급식산업은 '가정외의 장소에서 상업성 또는 비상업성 목적으로 고객에게 식사와 이를 위한 서비스를 제공하는 업종'이라 정의할 수 있다.

외식산업의 분류

한국표준산업분류

한국표준산업분류는 산업에 관련된 통계작성을 위한 표준분류로서 산업활동의 동질성을 기준으로 하여 모든 산업활동을 체계적으로 유형화한 것이다. 1963년

표 12-4 한국표준산업분류에서의 음식점업

<table>
<tr><th>소분류</th><th>세분류</th><th>항목별</th></tr>
<tr><td rowspan="7">552</td><td rowspan="3">5521</td><td>음식점업(Restaurants bars and canteens)</td></tr>
<tr><td>식당업(Restaurants)</td></tr>
<tr><td>한식점업, 중국음식점업, 일본음식점업, 서양음식점업, 음식출장조달업(Catering of foods), 자급식 음식점업(Self-supply restaurants), 간이체인 음식점(Chain Lunch room operation), 달리 분류되지 않은 식당업 등을 포함.</td></tr>
<tr><td rowspan="2">5522</td><td>주점업(Drinking places)</td></tr>
<tr><td>일반유흥주점업, 무도유흥주점업, 한국식 유흥주점업, 극장식 주점업, 외국인 전용 유흥주점업, 달리 분류되지 않은 주점업 등을 포함.</td></tr>
<tr><td rowspan="2">5523</td><td>다과점업(Tearoom and bakery stores)</td></tr>
<tr><td>제과점업, 다방업, 달리 분류되지 않은 다과점업 등을 포함.</td></tr>
</table>

제정한 이래 6차 개정된 이 분류에서는 외식산업 대신 음식점업을 〈표 12-4〉와 같이 분류하고 있다.

식품위생법에서의 분류

보건복지부는 1992년 12월 식품위생법을 개정하면서 시대에 부합하여 생겨난 다양한 식품접객업소 분류도 개정하였다. 외식산업을 식품접객업소라 하여 음식점

알아두기

식품위생법에서의 식품접객업

- 휴게음식점: 음주 행위 불가
  편의점, 다방, 제과점, 패스트푸드점, 일반 조리·판매업, 대중음식점(식사류만)
- 일반음식점: 식사, 음료, 주류 판매 가능
  대중음식점, 휴게실 영업, 이동 조리·판매업, 출장 조리·판매업
- 단란주점: 식사, 음료, 주류 판매 가능, 밴드 없이 노래 가능, 유흥접객업
- 유흥주점: 유흥종사자, 웨이트리스, 반주자, 무대조명 설치 가능
  유흥접객업(일반유흥, 무도유흥, 외국인 전용 유흥)

주) 노래방은 경찰청의 풍속영업에 관한 법률 대상으로 식품접객업이 아님.

영업과 주점 영업으로 나누고, 이를 세분하여 휴게음식점, 일반음식점, 단란주점, 유흥주점의 4종류로 구분하고 있다. 그러나 분류 기준을 악용하는 업소로 인해 많은 문제가 야기되고 있는 실정이다.

영리 또는 비영리 목적에 따른 분류

식사 및 이와 관련된 서비스를 제공하는 목적이 이윤을 위한 것인지 아닌지에 따라 급식산업을 나눌 수 있다. 상업성 급식산업은 영리를 목적으로 하는 것으로서 가정외 장소에서 생산, 판매 및 서비스 활동을 하는 다양한 음식 영업 업소를 칭한다. 즉, 상업성을 목적으로 일반인들에게 음식을 제공하는 업체를 외식산업이라 하며, 한식이나 중식·일식·양식 등의 일반 음식점과 패스트푸드점, 패밀리 레스토랑 등의 체인 브랜드 업체, 호텔 내 레스토랑, 제과점, 아이스크림점, 커피숍 등이 포함된다.

한편 비상업성 급식산업은 비영리를 목적으로 하는 것으로서 사업체, 학교, 병원, 대학, 공공 기관, 사회 복지 시설 등에서 구성원에게 식사를 제공하는 단체급

알아두기

급식 목적에 따른 급식산업의 분류

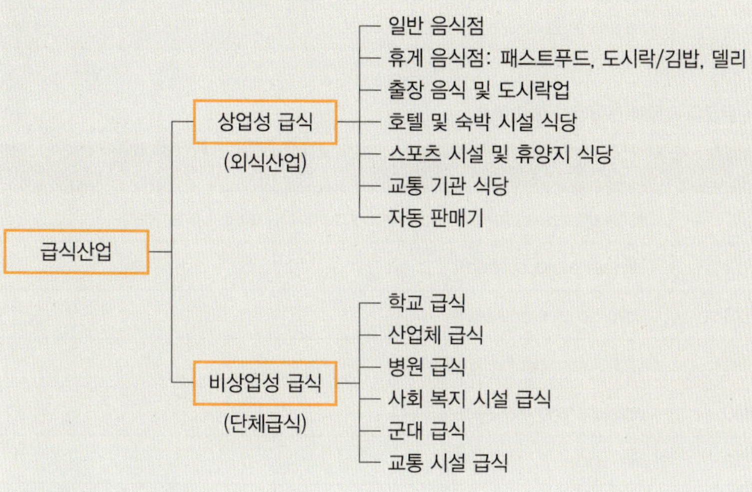

자료: 양일선·차진아(2001).

식소를 말한다. 이를 통해 영양 관리와 영양 교육을 효율적으로 달성하고 나아가서 우리 국민의 건강 증진과 식행동 변화를 가져올 수 있다.

외국의 외식산업 분류

미국의 외식산업은 표준산업분류체계인 SIC(Standard Industrial Classification) 분류에서 소매업에 포함되어 있다. 미국의 소매업은 52~59군의 업종으로서 개인 혹은 가계 소비용으로 상품을 판매하거나 상품판매와 관련된 서비스를 제공하

표 12-5 미국의 표준산업분류표

표준산업분류	업종
52	건자재 딜러(건설자재 딜러, 이동식주택 딜러 등)
53	종합소매점(백화점, 다품종점)
54	식료품점(잡하점, 육류/생선시장, 과일/야채시장, 낙농제품점, 베이커리 등)
55	자동차 딜러(신차/중고차 딜러, 타이어/배터리/카 액세서리 딜러 등)
56	의류 및 액세서리점(신사의류/액세서리점, 숙녀의류점, 유아/아동의류점 등)
57	가구/가정용품점(가구점, 가정용품점, 가전점, 악기점 등)
58	식음료점(eating and drinking places)(레스토랑, 카페테리아, 휴게소 등)
59	약종점/기타점포(drug stores/all other stores)(약품점, 재고품점, 서점, 문구점, 애완용품점 등)

표 12-6 영국의 호텔과 케이터링 산업 분류

분류	업종
6611	Eating places supplying food for consumption on the premises
6612	Take-away food shops
6620	Public houses and bars
6630	Night clubs and licensed clubs
6640	Canteens and messes
6650	Hotel trade
6670	Other tourist or short-stay accommodation

알아두기

일본의 새로운 급식산업의 분류

- 가정내 식생활
- 가정외 식생활 (급식산업)
  - 점포 음식
    - 음식점
      - 점내 음식점: 레스토랑, 카페테리아, 전문 음식점, 다방
      - 매점: 패스트푸드, 도시락/김밥, 델리
    - 알코올 음식점: 대폿집, 바/카바레, 술집
  - 무점포 음식
    - 노점
    - 배달 음식: 부식물 배달, 음료수 배달, 조리품 배달, 출장 조리
  - 급식
    - 집단 급식: 학교 급식, 병원 급식, 사무실 급식
    - 교통 급식: 기내 급식, 차내 급식, 선내 급식
  - 연회
    - 호텔, 여관

자료: 미야에이지(1992).

는 업종을 포함한다(표 12-5). 여기서는 급식산업(foodservice industry)을 분명하게 분류하지는 않지만 전국적인 규모의 레스토랑 협회인 NRA(National Restaurant Association)에서는 상업적 음식업(Commercial FS), 비상업적 음식업(Institutional FS), 군용 음식업(Military FS)의 3종류로 구분하고 있다.

영국의 경우 집을 떠난 사람에게 잠잘 곳과 먹고 마실 것을 제공하는 모든 산업활동을 체계적으로 유형화하여 호텔과 케이터링 산업(hotel and catering industry)이라 말하며(표 12-6), 따라서 식료와 음료를 제공하는 것은 호텔과 케이터링 산업의 일부분이다. 그러나 모든 업소가 포함되는 것은 아니어서 우리의 단체급식소 같은 업소는 포함되지 않는다.

기타 분류

업태를 결정하는 요인은 경영형태, 상품구성, 입지조건, 내점 동기, 이용시간대, 소비단가 등 다양하다. 공급측에서 보면 접객 서비스 형태에 따라 업태를 분류할 수 있으며 소비자측에서 보면 업소를 이용하는 동기가 업태 결정요인이 된다.

우선, 접객 서비스 형태를 기준으로 외식산업을 분류하면 테이블 서비스, 카운터 서비스, 셀프 서비스, 테이크 아웃 서비스, 자동 판매기, 델리카테슨 등으로 나눌 수 있다.

테이블 서비스는 서비스 요원이 필요하며 비교적 소비 단가가 높고 즐거움을 위한 식사를 제공한다. 카운터 서비스는 조리장을 개방해서 그 앞의 카운터를 테이블로 하여 음식을 제공하는 형식이다. 셀프 서비스는 서비스 요원을 삭감한 것으로 카페테리아나 뷔페 식당이 이에 속한다. 테이크 아웃 서비스(take-out service)는 객석은 없으며 카운터에서 음식을 받고 돈을 지불하는 'cash and carry' 형식이며 패스트푸드(fast foods)가 전형적이다. 자동 판매기는 24시간 언제나 간편하게 식사를 할 수 있는 편익을 최대의 특징으로 한다. 그 밖에 델리카테슨(delicatessen)은 육류, 샐러드, 반찬 등 조리가 완성된 식품을 취급하는 소매업으로서 이 새로운 업태는 내식과 외식의 중간 영역에서 성립되었다. 근년 슈퍼마켓에서 더욱 신장되고 있다.

소비자가 외식산업을 찾을 때의 내점 동기는 크게 생활식과 레저식의 2가지로 볼 수 있다. 전자의 동기로는 '배가 고파서 식사를 한다'가 대표적이고 후자의 동기로는 '낙을 찾기 위해 식사를 한다'가 대표적이다. 여기서 파생적으로 '빨리 식사를 하고 싶다', '가족과 함께 또는 혼자서 식사를 한다', '가벼운 마음으로 식사를 한다', '정식으로 갖춘 또는 정식이 아닌 식사를 하고 싶다' 등의 동기가 있다. 이러한 내점 동기를 기준으로 하여 외식산업의 주요 업태를 정리할 수도 있다.

우선 가족식당(family restaurant)은 주요 시간대는 점심과 저녁이며, 특히 저녁이나 휴일에 비중이 높다. 내점 동기로는 가족과 즐거움을 함께 하기 위해 가는 경우가 가장 많다. 가족식당의 기본적 개념은 풍요롭고 가벼운 기분으로 휴식할 수 있고 가족들이 안심하고 이용할 수 있으며 기분을 전환할 수 있다는 점이다. 전문 식당(specialty restaurant)은 가족식당보다 고급인 식당으로 음식 가격도 비싸고 서비스가 다양한 특징이 있다. 패스트푸드(fast food)점은 싸고 한정된 품목의 음식을 극히 짧은 시간에 제공하며 흔히 볼 수 있는 햄버거, 프라이드 치킨, 김밥집 등의 프랜차이즈 상점이다. 가락국수나 만두 등을 즉석에서 사먹을 수 있는 곳도 해당된다. 패스트푸드점의 특징은 신속, 저렴, 셀프 서비스로 요약된다.

포장음식(take-out food)점은 집으로 음식을 가져가도록 포장해 주는 서비스를 제공하는 곳인데 김밥, 도시락 등의 우리 음식이 많이 신장했다. 패스트푸드점이 외식의 간소화에 비중을 두는 반면, 포장음식점은 내식의 간소화에 대응해서 발전한 것으로 볼 수 있다. 그 밖에 커피숍은 이용 시간대는 아침과 점심으로 간단한 식사 중심이다. 아침식사의 외식 장소로서 패스트푸드점보다 비교적 오랜 시간을 머무는 경우가 많고, 따라서 차분히 휴식하면서 식사할 수 있는 특징이 있다.

외식산업 동반자의 가치관

동반자의 가치관 차이

생산자와 소비자, 보건행정 담당자, 관련학자는 다같이 외식산업을 통해 생산되는 상품에 대해서 관심을 갖는 동반자라 할 수 있다. 그런데 이 동반자들의 관심사항이 서로 다르고 상품에 대한 가치관도 각기 다르다. 〈그림 12-5〉는 외식산업의 상품에 대한 가치관을 간편·경제성, 관능면, 보건면, 영양면의 4 측면으로 구분하여 동반자들이 각 측면에서 어느 만큼의 가치 수준을 갖는지를 보여 주고 있다.

생산자는 간편성·경제성에 대한 가치는 완벽한 데 비해 보건면에 대한 가치는 최저 수준을 보이고 있다. 상품에 대해 관능면은 비교적 높은 가치를 두지만 영양면의 가치수준은 낮은 편이다. 소비자는 관능면과 함께 간편·경제성에 관심도가 높고 영양면과 보건면에 대한 가치수준은 비교적 저조한 편이다.

보건행정 담당자는 보건면의 가치 수준은 완벽하나 영양면과 간편·경제성에 관해서는 별로 관심이 없다. 그리고 관련학자는 4 측면에 골고루 높은 가치를 둔다.

전체를 종합하면 생산자와 소비자는 모두 관능면과 간편·경제성에 대한 가치가 높은 반면, 영양면과 보건면에 대한 가치는 낮다. 이는 외식산업의 상품이 문제될 가능성을 촉진시키는 바탕이 된다. 외식산업의 바람직한 방향을 위하여 생

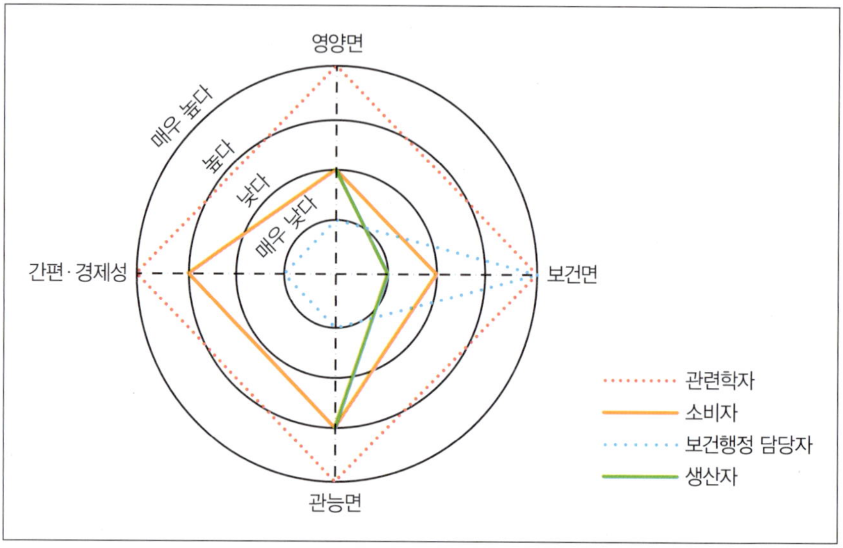

그림 12-5 외식산업 동반자의 가치관
자료: 박영숙·모수미(1994), 외식산업소비행태, 한일지역사회영양 심포지움 초록집, 서울대 생활과학연구소.

산자와 소비자, 행정 담당자, 관련학자 모두가 상호협력하여 치우치는 가치관을 균형 잡아야 한다. 특히, 생산자들은 국민건강 증진에 기여한다는 자부심을 가지고 영양면과 보건 위생면에 관심을 기울여 국민보건 향상을 위한 음식 서비스 산업이 되도록 노력해야 한다.

외식산업의 행정지도 체계

가공식품이나 편이식품, 외식에서 사용된 식재료의 종류와 성질, 영양, 안전성, 저장성 등의 정보가 매우 복잡하고 다양해졌다. 앞에서 보았듯이 외식업자들은 보건과 영양에 대한 가치수준은 낮고 소비자도 이에 관한 가치정도가 미흡한 수준이다.

국민의 가정외 식생활 문제에 적극적으로 참여하여 체계적으로 정책을 수립하고 계획·지도하고 소비자와 생산자에게 정보를 제공해 주는 기관이 필요하게 되었다. 외식산업에 관해 전문적인 훈련을 쌓은 인력을 양성하고 이들로 하여금 업체들을 지도·감독하도록 해야 한다. 전담 행정기관을 강화하고 관력학자들과 긴

밀한 협조도 필요하다. 외국에서는 정부기관에서 발간한 다양한 식생활관리에 관련된 자료를 슈퍼나 보건소, 병원 등의 일선 대민 기관에 비치하여 소비자가 손쉽게 정보를 접하도록 배려하고 있다.

그러면 행정기관은 외식산업의 동반자인 소비자와 생산자를 위해 무엇을 해야 할까?

첫째, 소비자의 경우, 다른 교육과 마찬가지로 영양교육도 어릴수록 효과가 빠르므로 가정에서의 식사지도가 무엇보다 중요하다. 그러므로 행정기관은 유아원 급식이나 학교급식의 교육 프로그램이나 교육자료를 다양하게 개발하도록 지원해야 한다. 일반대중을 위한 영양정책 수립과 교육자료 개발에 힘써야 한다.

예를 들면, 우리 식습관에 맞는 식단모형(model)을 개발하고 소비자들이 이를 실천하기 쉽도록 카드, 달력, 소책자 등 다양한 교육매체를 제작·홍보·배포하는 노력이 필요하다. 우리 식생활의 연구 끝에 개발된 주문식단제, 좋은 식단제 등이 관습상 확산되지 못하고 있다. 어떤 제도를 정착시키려면 실제 적용할 수 있도록 지속적인 노력을 기울여야 한다. 앞으로 소비자가 흥미롭게 활용할 수 있는 영양 교육자료의 개발이 매우 중요한 과제로 남아 있다.

둘째, 외식업체의 경우, 경영자가 보건위생의 중요성을 인식하고 종업원에게 위생교육을 철저히 실천하도록 행정기관은 지도·감독한다. 일본에서는 외식음식을 판매할 때 식품 성분과 함량, 영양가도 표시하고 있다. 이러한 노력은 소비자와 생산자 모두에게 영양에 대한 관심을 유도하는 계기가 된다.

외식 관리를 위한 도구

외식의 영양 표시

요즘 관심이 되고 있는 과소비, 특히 식생활에서의 과소비는 우리가 해결해야 할 과제이다. 과소비 문제와 관련하여 소비윤리를 살펴보면 일반적으로 과소비는 과도한 소비를 뜻하며 과잉소비와 과시소비를 포함한다. 가계의 소비 지출에는 필수적 성격의 지출과 선택성의 지출의 두 종류가 있다. 소득이 증가되면 필수형

지출보다 선택형 지출이 큰 폭으로 증가하여 전체 소비지출을 선도하며 선택성 소비지출이 가계의 저축과 소비를 결정하는 요인이 된다. 그런데 선택형 소비지출은 타인에 의해서 영향을 크게 받는 것으로서 고소득층의 과도한 선택형 지출 증가는 저소득층에까지 영향을 미쳐서 결국 사회의 소비지출 패턴에 변화를 일

(예 1) 음식명: 생선구이정식

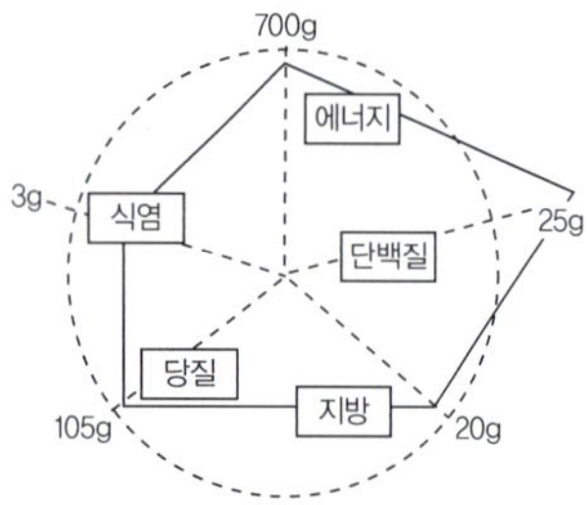

(예 2)

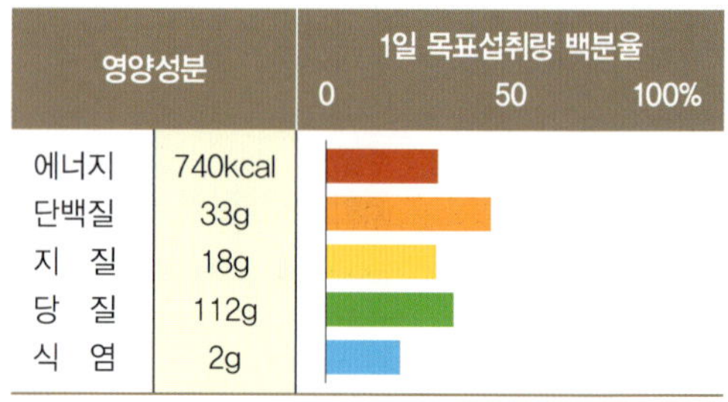

영양성분 \ 기준량		가벼운 활동을 하는 사람 (40~49세) 신장 165cm	
		1일	1식
에너지	kcal	2,050	700
단백질	g	70	25
지 질	g	60	20
당 질	g	310	105
식 염	g	10	3

제4차 개정 일본인의 영양소요량 생활활동강도 I(가벼운 정도) 남자 연령 40~49세, 신장 165cm	
에너지	2,050kcal
단백질	70g
지 질	60g
당 질	310g
식 염	10g

(예 3)

	에너지	지질	식염	
松花堂(松)	◆◆◆	●○	★★★☆	¥1,500
松花堂(竹)	◆◆	●	★★☆	¥1,200
닭고기달걀덮밥	◆◆◆	●○	★★★☆	¥700
덴푸라 덮밥	◆◆◇	●○	★☆	¥700
카레라이스	◆◆◆◇	●○	★★★☆	¥800

◆ 200kacl ◇ 100kcal ● 10g ○ 5g ★ 1g ☆ 0.5g

그림 12-6 외식의 영양성분 표시 방법

자료: 임상영양(일본)(1991). 외식요리의 영양성분 표시 가이드라인. 78(2):185.

으키게 된다.

같은 맥락으로 식생활면의 과소비 문제도 접근해야 할 것이다. 예를 들면, 일본의 전국 식량진흥회 식생활연구회는 '일본형 식생활'을 제창하고 그 제언으로 바람직한 식생활은 영양, 안전성, 국토와 자원의 효율적 활용, 식문화 등의 4가지 관점에서 정비되어야 한다고 강조하였다. 특히, 영양의 관점에서는 외식음식의 영양 성분을 표시하도록 유도하면서 음식점의 윈도우 견본 음식, 메뉴판, 팸플릿이나 식판보(placemat), 식탁, 배선대, 카운터 등을 이용하여 표시하는 요령을 제안하고 있다(그림 12-6). 이러한 외식의 영양 표시는 제한된 자원을 효율적으로 사용할 수 있게 할 뿐 아니라 외식업소 내점자들에게 음식 선택 시에 도움이 되는 정보라 하겠다.

국민 식생활 지침

우리나라는 성인병의 발생 빈도가 점차 높아가고 있는 경향을 보이며 우리 국민들이 섭취하는 식사내용은 지역별 및 계층별로 차이가 있어서 건강 상태나 성인병 발생 빈도가 사뭇 다르다. 우리 행정당국은 1990년 12월 생활수준 향상과 식

알아두기

성인을 위한 식생활 목표

1. 열량과 단백질은 권장량에 알맞게 섭취한다.
2. 칼슘, 철분, 비타민 A, 리보플라빈의 섭취를 늘린다.
3. 지질 섭취는 총 열량의 20%를 넘지 않도록 한다.
4. 소금은 하루에 10g 이하를 섭취 하도록 한다.
5. 알코올 섭취를 줄인다.
6. 건강체중(BMI 18.5~25)을 유지한다.
7. 바른 식습관을 유지한다.
8. 전통 식생활을 발전시킨다.
9. 식품을 위생적으로 관리한다.
10. 음식의 낭비를 줄인다.

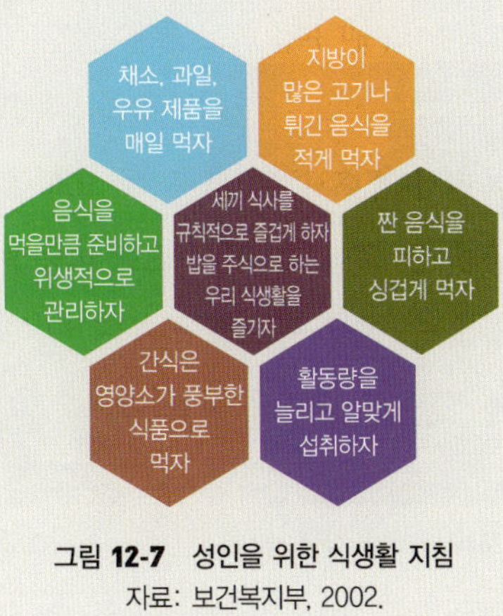

그림 12-7 성인을 위한 식생활 지침
자료: 보건복지부, 2002.

생활 변화로 급증하고 있는 성인병을 예방하고 국민건강 증진을 도모하기 위해 처음으로 정부 차원에서 '국민 식생활 지침'을 제정하여 발표하였고 일반 소비자들은 이에 준해 외식을 선택하는 것도 요령이다. 2002년 새로 성인을 위한 식생활 지침을 발표하였고 이어서 노인, 영유아, 임신부 및 수유부, 어린이, 청소년 등으로 대상별 식생활 지침을 발표하였다. 그리고 2002년 "한국인을 위한 식생활 목표"도 발표하여, 우리 국민의 질병양상과 식생활 특성을 고려하여 정량적 목표를 제시하였다(그림 12-7).

식품구성자전거와 1인 분량

우리나라 식품구성자전거는 바퀴모양을 이용하여 6개의 식품군에 권장섭취패턴의 섭취횟수와 분량에 비례하도록 면적을 배분하였다. 우리 식생활에서 주식으로 소비되는 곡류는 가장 많은 면적(34%)을, 그 다음은 채소류(24%), 고기·생

미국의 어린이용 식품 피라미드

일본의 식품 가이드

영국의 식품 가이드

오스트레일리아의 식품 가이드

캐나다의 식품 가이드

중국의 식품 가이드

그림 **12-8** 다른 나라의 식품군

선·달걀·콩류(16%), 우유·유제품류(15%), 과일류(10%) 순으로 면적비율이 계산되었으며 당류는 가장 작은 면적(2%)이 제시되고 있다(그림 8-1). 다른 나라도 식품군을 독특한 모양으로 제시하고 있다(그림 12-8).

우리 식생활에서 1인 1회 분량(serving size)을 지키는 것도 건강 증진에 중요하다. 식사구성안에서 제시한 1인 분량은 국민영양조사 자료로부터 산출한 1인 1회 분량, 조리책자, 미국의 영양 표시를 위한 참고량, 규모가 크고 자료가 충실한 단체급식업소의 1인 분량 등을 참고로 하여 설정되었다. 또, 좋은 식단제에서도 외식음식의 보편적인 1인 분량을 제시하고 있다(부록). 이들을 근거로 영양 표시를 할 수 있으며 외식 시에는 적절한 음식 섭취량 조절로 영양소 균형을 이룰 수 있다.

3. 우리나라의 외식 실태

가계 소비 지출

우리 가계의 식품비 지출내용을 살펴보면 2가지 특징이 나타난다. 하나는 외식을 위한 소비지출의 증가이고 다른 하나는 가공식품의 소비지출 증가이다(표 12-7).

지난 10년간의 도시 전 가구의 월평균 외식비 지출을 비교하면 서울올림픽 이후인 1990년부터 크게 증가하기 시작하여 2004년에는 식료품비의 거의 반 가까이를 지출한 것으로 나타났다. 1997년 후반기에 국가 경제 위기를 겪으면서 외식비의 지출이 일시적으로 둔화하였으나 다시 증가하고 있다.

가공식품 소비율이 미국의 경우 96%에 이르고 있으며 일본의 경우에도 1991년에 58.3%인 것으로 보고되고 있다. 우리의 식생활에서도 가공식품의 이용이 급증하고 있음을 알 수 있다(표 12-8). 인스턴트 식품의 개발과 산업화는 요리에 따른 수고와 시간을 절감하려는 주부들의 욕구에 따라 촉진되고 있다. 가공식품 이용의 확대는 먼저 주식을 밥 대신 빵이나 면으로 먹는 데서 나타나고 있다. 면

표 12-7 도시가구의 월평균 식료품과 외식의 소비지출

연도	식료품비 (천 원)	엥겔계수 (%)	외식비 (/식료품비, %)	신선식품 (%)	신선식품 (%)
1970	12.1	40.5	230원(1.9)	80.0	18.0
1975	28.5	43.6	559원(2.0)	77.9	20.1
1980	77.5	43.2	2.8천 원(3.7)	72.6	23.7
1985	118.9	37.5	8.8천 원(7.5)	65.8	26.6
1990	219.5	32.0	44.8천 원(20.4)	52.8	26.6
1995	367.1	29.0	115.7천 원(31.4)	–	–
2000	447.0	27.4	176.0천 원(39.4)	–	–
2002	481.0	26.2	201.5천 원(42.0)	–	–
2004	544.8	27.0	253.9천 원(46.6)	–	–

주: 식료품비 소비지출과 소비지출 합계(외식비+신선식품+가공식품)와의 차이는 식품 관련 서비스에 대한 지출임.
엥겔계수 = (식료품비/소비지출)×100
자료: 통계청, 도시가계연보.

표 12-8 식품 가공 산업의 부문별 생산액 (단위: 억 원)

부문별 \ 연도	1980	1985	1990	1995	2000	2003
제조업	362,791	770,329	1,779,088	364,821,270	540,019,092	677,371,324
음 · 식료품	34,780	65,940	131,043	26,416,722	36,850,254	43,858,901
식료품	26,766	52,259	130,522	–	30,554,807	36,782,886
육가공	405	2,580	8,715	–	–	–
유가공	4,075	8,291	15,188	–	3,990,516	4,067,494
수산가공	2,265	6,077	14,203	–	–	–
과실, 채소가공	719	1,319	3,422	–	–	–
곡물가공	2,961	4,691	8,101	–	8,591,845	9,880,498
식용유지가공	1,645	5,068	6,456	–	–	–
빵, 과자, 국수	7,112	12,519	24,113	–	–	–
조미료, 첨가물	1,620	3,689	6,870	–	–	–
기타식료품	5,965	8,024	16,453	–	–	–
음료품	8,104	13,680	27,521	–	6,295,447	7,076,015
알콜성 음료	6,070	9,375	14,498	–	–	–
비알콜성 음료	1,944	4,306	13,022	–	–	–

주: 음식료품의 식료품에서 배합사료는 제외, 설탕 제조 및 기타 임가공은 기타 식료품에 포함.
자료: 통계청(해당년도), 광공업통계조사보고서.

류의 이용도 수제비·칼국수에서 인스턴트면(라면), 냉동면 등으로 그 형태가 바뀌었다. 밥조차도 최근에는 무균포장 백반, 레토르트 백반과 같은 가공식품을 이용한다. 부식인 국과 찌개류도 동결건조 방법으로 복원이 용이한 인스턴트 식품이 나와 있다. 장(간장, 된장, 고추장)을 담그고 김치를 담그는 것은 우리의 식생활 중 주요 행사였지만 이제는 구입하는 가정도 많아지고 있다.

외식업체의 현황

어머니로부터 딸, 며느리로 연결되던 전통요리법의 전수도 차츰 모습을 감추면서 다양한 외식 선호로 발전하고 있다. 즉, 우리의 가정식에 있어서도 카레라이스, 식빵, 카스텔라, 토스트, 햄 구이, 햄 부침, 소시지 구이, 소시지 부침, 오뎅국, 어묵볶음, 포크 커틀릿, 생선 커틀릿, 피자 등을 선호하고 있으며 외국의 프랜차이즈 음식점도 빠르게 성장하고 있다.

한국음식업중앙회에 등록된 집계로는 2001년 전국 식품접객업(식당업) 중에서 일반음식점이 404,590개(한식 51.4%, 분식 9.9%, 중화식 6.1%, 양식 5.1%, 일식 2.9%) 등이며 휴게음식점이 2,726개, 기타 일부 단란주점과 유통주점, 식품판매업, 공중위생접객업 등이 등록되어 있다.

특히, 패스트푸드점의 경우 1979년도에 처음으로 '롯데리아'가 생긴 이후 점차 확장되었고 외국의 유명 브랜드를 가진 유수업체들이 진출하고 대기업의 참여도 점차 증가하여 치열한 시장 경쟁을 벌이고 있다(그림 12-10). 켄터키 프라이드 치킨이나 맥도널드 햄버거, 웬디스, 버거킹, 피자헛, 피자인 등 세계적인 패스트푸드 업체들이 한국인들의 입맛을 공략했다. 이 때부터 어린이들이 먹고 싶은 외식 메뉴로 자장면을 꼽던 것이 햄버거나 피자로 바뀌었다. 또, 1980년대 후반부터는 패밀리레스토랑이란 이름으로 외국 외식업체들이 대거 상륙했다. 코코스, TGI 프라이데이, 베니건스, 시즐러를 비롯한 외식 업체들은 젊은 층을 중심으로 국내 시장을 파고들어 한국인의 외식문화를 급격히 변화시켰다. 한편, 한국의 외식업체도 외국에 진출하고 있는데, '우래옥'이 미국에서, '한우리'가 중국과 미국에서 활

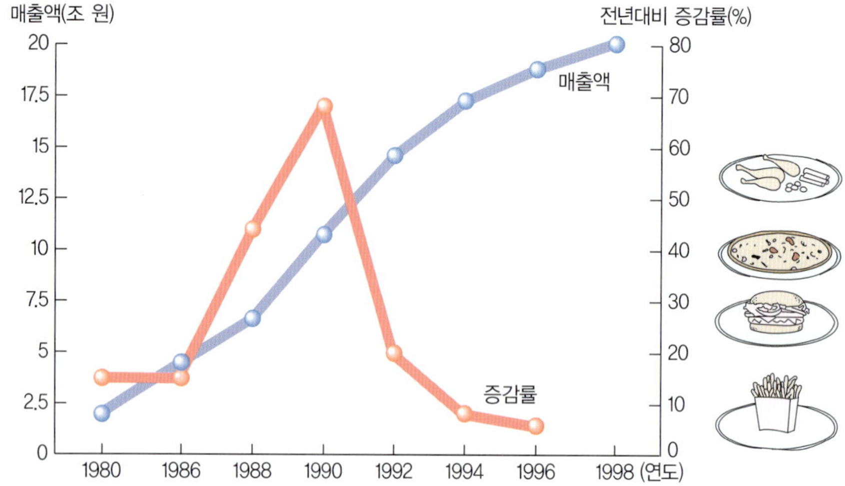

그림 12-9 우리나라 외식산업의 매출액 추이
자료: 한국 음식업중앙회(2001).

동하고 있다.

외식의 문제점

가정내의 식사는 가족의 건강을 위해 주부가 영양을 의식하면서 균형잡힌 식단을 계획하고 식품을 구입한다. 주부가 마련한 식사는 사랑과 정성으로 만들어지므로 위생적이고 영양적이며 각 가정 나름대로의 전통적인 맛을 살리면서 조리한다. 이렇게 만들어진 식사는 가족적인 분위기 속에서 세심한 배려로 가족들에게 제공되는데, 여기에는 주부라는 식사관리자가 있어서 가족은 신뢰감을 가지고 식생활을 풍요롭게 즐길 수가 있다. 그러나 가정외 식생활 가운데 집단급식은 대개 영양사에 의해 관리되므로 염려할 필요가 적지만 영업급식은 문제가 될 소지가 있다. 가정에서는 식사의 질과 양에 대해 식생활관리자인 주부와 가족 사이에 항상 의사소통이 있고 조리과정도 공개적이다. 그러나 외식산업에 있어서는 소비자 개개인의 요구를 수용할 수 없는 일방적 과정이다. 외식의 여러 문제점을 검토해 보자.

시기	GNP	특징	주요 업소
1950년대(前)	$ 0	음식업의 태동기(주막, 목로, 재래식음식점 형태) 식량자원 부족으로 인한 침체('45년 166점포) 식생활 및 식습관의 가내 주도형	이문설렁탕(1970), 용금옥('30), 곰보추어탕('30), 한일관('34), 조선옥('37), 안동장('40), 고려당('45), 남포면옥('48), 하동관('48)
1960년대	$ 100~210	음식의 침체기 및 여명기(6.25전쟁 후) 식생활의 궁핍, 밀가루 위주의 분식 확산(유엔 원조품) 식생할 개선문제 부상, 일부 서구 음식문화 침투(우유 등)	뉴욕제과('67), 제과·제빵·제면·제분업 중심의 식문화 개인업소 및 노상 잡상인 대량 출현
1970년대	$ 248~1,644	외식산업의 태동기(음식업의 발전기) 분식 및 대중음식점의 우후죽순 출현(한식, 중식 위주) 경제개발계획 성공에 따른 식생활 개선	난다랑('79. 7): 국내 프랜차이즈의 효시 롯데리아('79. 10): 서구식 외식의 효시(외식산업의 시발점)
1980년대(上)	$ 1,592~2,158	외식산업의 도입 적응기(패스트푸드 중심) 영세 체인 난립, 프랜차이즈 속출(햄거버, 치킨, 국수, 맥주) 해외 브랜드 도입 러시, 서구식 식문화의 유입 및 확산	아메리카나('80), 버거킹('80), 미스터 도우넛('81), 윈첼도우넛('82), KFC('84), 투모로우타이거('84), 신라당('80), 독일빵집('81), 장터국수('83)
1980년대(下)	$ 2,194~4,127	외식산업의 적응 성장기 원두커피, 양념치킨, 베이커리, 국수, 패스트푸드, 생맥주 성장 프랜차이즈 확대, 업체 난립, 다점포위주, 한식체인 출현	피자헛('85), 맥도날드('86), 피자인('87), 코코스('86), 도토루('89), 만리장성('86), 크라운베이커리('88), 놀부보쌈('88), 나이스데이('88)
1990년대	$ 5,883~10,076[1]	외식산업의 성장기(저성장 침체기 → 회복기 → 전환기) 중대기업의 진출, 시스템화, 프랜차이즈 활성화, 해외진출 패밀리 레스토랑 주도, 외식 근대화, 고감도 산업태 출현	하디스('90), TGI('91), 판다로사('92), 파파이스('93), 시즐러('93), 데니스('93), 스카이락('94), 캐니로저스('94), 베니건스('95), 마르쉐('96), 토니로마스('96), 우노피자('97), 아웃백 스테이크('97)

그림 **12-10** 한국 외식산업의 성장과정

자료: 나정기(2000), 외식산업의 이해, 백산출판사.

위생과 안전성

식품이 유해 화학물질에 의해 오염되어 생기는 피해를 흔히 식품공해라고 말한다. 수질과 토양오염을 유발하는 화학물질이 먹이사슬에 따라 농축되어 위험한 식품이 되는 경우가 있다. 그러나 음식의 조리과정에서의 불안전성으로 식중독을 일으키기도 한다. 육류나 생선 등을 굽는 과정에 각종 유해물질이 발생하며 발암인자가 될 수 있다. 고온에서 장시간 튀기는 과정에서 기름의 화학적 변성이 일어나 유해물질이 생기게 되고, 발효음식의 조리과정에 있어서도 잘못하면 곰팡이에 의한 유해성분의 변형이 일어난다. 또, 고온에 처리된 음식을 담는 용기나 포장에서 다이옥신의 안정성이 의심받으며 조리와 포장·배선 과정에 인적 위생은 더욱 중요한 문제가 된다.

우리 정부에서는 소비자가 보다 안심하고 이용할 만한 식당을 쉽게 구별할 수 있도록 모범음식점을 지정·육성하였다. 모범음식점은 시·군·구의 음식업 단체의 추천에 의해서 시장, 군수, 구청장이 지정하게 되는데, 지정 기준인 음식의 맛, 시설 환경, 주방, 종업원 서비스, 가격 등을 고려해서 업소 수의 5% 내외로 지정한다. 일단 모범 음식점으로 지정되면 수도료 30% 감면과 세제상의 우대 조치 등의 혜택이 따르므로, 이러한 제도는 우리나라 외식업체의 개선 노력을 촉구하게 된다.

알아두기

영업음식 안전을 위한 조리과정의 유의점

- 안전하고 신뢰성이 있는 식품 재료의 선택: 고춧가루, 참기름, 동물성 기름, 식물성 기름, 가공식품, 조미료 등
- 안전한 조리기기 사용: 유해성 화학 물질이 있거나 유해성 물질이 용출되는 조리 기기의 사용 금지
- 안전한 포장: 고온 처리, 포장 재질과 기술 등
- 안전한 조리 조작(식품안전의 4단계): 깨끗하게(clean), 분리하기(seperate), 차갑게(chill), 조리하자(cook)

자료: 미국안전검사 서비스(www.fsis.usda.gov).

음식의 품질 표준화

조리를 할 때는 반드시 조리 레시피(recipe)에 따라 음식을 만들고 배식을 하게 된다. 외국의 경우에는 50명 단위로 한 다량조리 레시피(food for fifty)가 거의 표준화되어 있다. 조리 레시피가 표준화되면 적절한 영양 섭취를 실천하기가 용이할 것이며, 1인분의 조절로 생산자와 소비자 양측에서의 식량낭비도 줄일 수 있다. 조리과정도 표준화되므로 위생문제도 함께 해결할 수 있을 것이다.

아직 우리나라에서는 일부를 제외하고는 많은 경우 적당히 알아서 조리한다고 해도 과언이 아니다. 이제는 우리도 국민영양에 입각해서 우리 식생활에 맞는 표준 레시피의 개발이 시급하다. 나아가서 1인분도 대·중·소로 구별하는 것도 바람직하다. 그리하여 소비자의 식습관과 영양필요량에 따라 적절한 분량의 음식을 택할 수 있도록 함으로써 만족도를 높이고 식량 낭비를 막고 음식비의 절약을 도모할 수 있다.

조미료

최근 가정에서 사용하는 고추와 소금, 조미료의 소비량이 감소되고 있는데 이는 가족의 보건 의식이 높아진 덕분이다. 그러나 외식에서는 음식에 어떠한 조미료와 향신료가 얼마만큼 사용되었는지를 알 수 없다. 일반적으로 외식의 맛은 내식의 맛보다 훨씬 농후하며, 특히 소금과 MSG(Mono Sodium Glutamate)의 사용량이 많다. 앞서 지적했듯이 소비자들은 음식을 선택할 때 맛에 치중하므로 외식업자들은 이를 따르게 된다. 그러나 외식음식에서도 성인병과 고혈압 예방을 위해 소비자 건강을 배려하여 조미료의 사용량을 점차 줄여야 한다.

전통음식의 개발

소비자들은 다양하고 기호도가 높은 우리 고유음식의 패스트푸드화를 요청하고 있다. 전통 음식을 그대로 지켜 나가는 것도 중요하지만 변화된 시대에 따라 새로운 식품·음식을 수용하고 동시에 우리 음식도 외래 식품·음식과 접목시키려는 노력이 필요하다. 영양이나 조리법에 관한 과학적 작업을 통해 전통음식을 발

표 12-9 식량 자급률 추이

종류 \ 연도	1970	1975	1980	1985	1990	1995	2006	2010	2014
곡류	78.2	74.1	53.3	49.2	43.8	30.0	27.8	28.1	24.1
육류	100.0	100.6	97.4	99.6	92.9	89.2	78.4	78.6	76.0
채소류	100.2	100.6	100.2	98.0	98.9	99.2	92.2	90.1	91.5
과일류	100.2	101.4	98.6	93.6	102.5	93.2	82.7	81.0	79.6
우유류	-	-	91.9	100.6	92.8	93.3	72.4	66.3	59.0
어패류	115.1	136.0	132.7	129.6	121.7	100.4	72.5	68.1	60.6
해조류	108.9	168.0	177.1	158.5	172.8	122.2	92.2	119.8	121.6
유지류	-	-	13.7	15.5	8.0	4.8	1.9	2.6	1.5

자료: 한국농촌경제연구원(해당년도), 식품수급표.

전시키고 또 국제화해야 한다.

시대적 요구에 따라 편의성을 위주로 하는 식생활의 근대화가 가속되면서 요리는 가정으로부터 밀려나서 대량 조리점, 예를 들면 전문 반찬가게와 같은 것이 출현하였다. 백화점의 슈퍼마켓이나 동네 상가의 한 켠에 미리 조리되어 있는 반찬류를 흔히 볼 수 있고 바쁘거나 조리에 서툰 사람들이 간단히 포장해서 사가는 모습은 이제 우리에게 낯설지 않다.

외국의 외식산업을 도입할 때 부딪히는 문제는 유명상표에 대한 로열티가 높고, 실질적인 노하우의 도입이 어렵고, 생산 가능한 품목조차도 수입하여야 하는 점 등을 들 수 있다. 또한, 외국의 패스트푸드를 즐기다 보면 우리 청소년들의 식습관이 점차 서구화되어 우리의 식문화에 크게 영향을 미치게 된다. 그런데 서구식 식사는 성인병 발생의 위험인자로 인식되고 있으므로 구미 선진국들은 그들의 식사구성을 개선하기 위해 많은 노력을 하고 있다. 반면, 우리 일상식은 탄수화물 : 지방 : 단백질의 열량 구성비율이 거의 65 : 25 : 15로 조사되고 있어, 구미 각국에서는 동양식 식사에 상당한 관심과 각광을 보내고 있는 것이 사실이다.

한편, 우리 정부는 모범음식점과 함께 전통음식점을 지정하여 육성하고 있다. 시도별 요식업 단체에서 추천하면 문화부의 검토를 거쳐 시장, 군수, 구청장이 지정하게 되며 그 선정 기준은 음식(맛, 전통성 또는 향토성)과 시설환경, 주방, 종업원 서비스 등이라 한다. 전통음식점으로 지정되면 '한국의 전통 음식점'이라는 표지판을 부착할 수 있으며 기타 모범음식점에 준하는 육성 지원의 혜택을 받게 된다.

식량의 낭비

해방 이후 서구식 식습관을 모방하는 것이 영양개선이라고 간단하게 인식하고 우리의 영양교육도 같은 방향으로 추진해 왔다. 1970대 후반부터의 경제성장과 더불어 우리의 식사내용은 우유나 동물성 식품, 설탕을 선호하는 서구식으로 강화되었다. 동시에 식량 등 주요 식품의 자급률도 급격히 하락하게 되었다(그림 12-11). 특히, 1970년대 이후부터 식품 공급량보다 식품섭취량이 낮아지기 시작하였고 이 격차는 점차 크게 벌어져서 우리의 식량소비가 낭비구조로 이행되고 있다.

이와 관련해서 요즘의 환경문제에서 중요한 관심인 음식물 쓰레기 문제를 간과할 수 없다. 우리의 생활폐기물 발생량은 1인당 1kg/일이며 그중에서 음식물 쓰

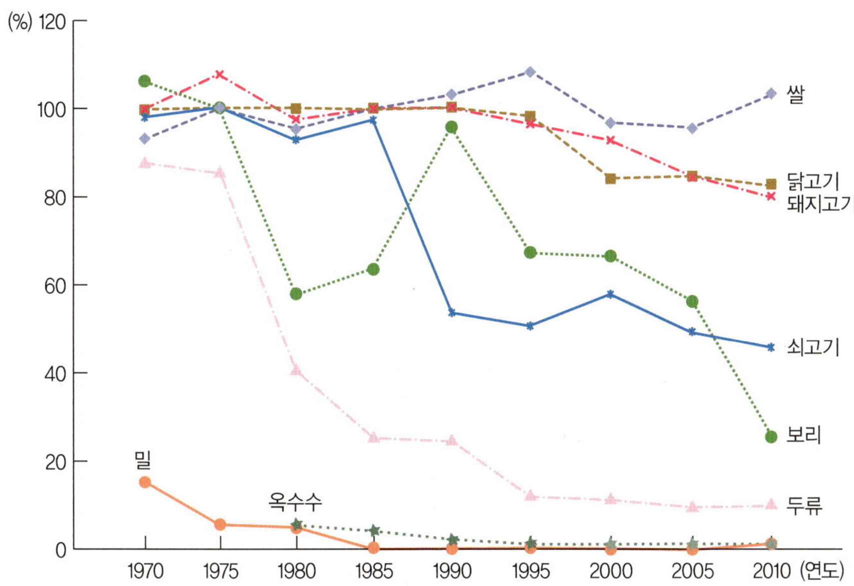

그림 12-11 곡류와 육류의 자급량 추이

레기가 1/4을 차지하며 그중 재활용되는 비율은 10%도 안 되고 있으므로 음식점 등 소비단계에서의 음식물 쓰레기 줄이기 실천을 위해 적절한 찬기를 보급하고 식단모형을 개발하는 등 남은 음식의 재활용 시스템에 관심을 기울여야 한다. 또한, 소비자교육도 게을리 할 수 없다. 적당량을 구입하고, 조리하고, 주문하고, 남은 음식은 싸오는 등의 합리적인 식생활을 실천하도록 해야 할 것이다.

외식 식단 모형: "좋은 식단"

우리는 가정에서 관혼상제 등 손님을 대접할 때에는 많은 종류의 찬을 넉넉히 차려내는 것이 도리라고 여긴다. 외식 시에도 푸짐한 음식을 주문하는 경향이 많고 덜어 먹는 방식을 번거롭게 생각한다. 따라서 과다한 반찬 가짓수와 양으로 인해 음식 낭비가 많고 재사용으로 인한 위생문제가 야기된다.

이러한 점에서 음식의 질적 향상, 서비스와 식사 환경의 개선, 식사예절 등 새로운 외식 문화를 정립해야 할 필요가 있다. 1980년 제안되었던 주문식단제의 경우 거의 실시되고 있지 않은 상황이다. 시대에 맞게 식단을 간소화하여 음식의 과소비를 지양하고 음식 쓰레기의 양을 줄이고 위생적·영양적으로 바람직한 식단의 모형을 개발하여 보급시키고자 1992년 초에 한국식품공업협회와 한국식품연구소는 보사부의 지원을 받아 '좋은 식단'의 기본모형을 발표하였다(표 12-10). 보건복지부는 좋은 식단 실천업소에 대한 지원을 강화하고 있으며 가정외 식생

알아두기

외식과 현명한 식품선택

미국인의 식사지침(2005)에서는 어디서나 현명한 식품 선택과 일인분량을 꼭 기억하라고 조언한다. 그러려면,

- 식료품점에서는 영양이 좋은 식품을 다양하게 구입함으로써 1주일간의 식사와 간식을 미리 계획하라.
- 점심 음식을 고를 때는 전곡류, 저지방/무지방 우유, 무가당 음료를 택하라.
- 장시간 통근이나 쇼핑할 때는 나쁜 스낵을 즉흥적으로 먹지 않도록 신선과일, 채소, 치즈 또는 종실류 등을 가지고 다녀라.

표 12-10 좋은 식단 기본 모형음식 유형분류

음식유형구분			포함음식(예)	권장 찬수
대분류	중분류	소분류		
탕반류	곰탕류와 밥	곰탕류	곰탕, 갈비탕, 우족탕, 사골탕, 꼬리곰탕, 설렁탕, 양지탕, 삼계탕, 도가니탕, 닭곰탕, 내장탕, 해장국, 오골계탕, 육개장, 양탕, 사골우거지탕 등	2
	장국류와 밥	맑은 장국류	대구탕, 추어탕, 복어탕, 아구탕, 복어국, 홍어탕, 감자국, 콩나물국, 장국 등	
		토장국류	매운탕, 우거지국 등	
찌개류	찌개류와 밥	고추장찌개류	김치찌개, 낙지찌개, 비지찌개, 생선찌개, 순두부찌개 등	3
		된장찌개류	된장찌개류, 청국장찌개 등	
		새우젓찌개류	두부새우젓찌개 등	
전골류	전골류와 밥	신선로	신선로	3
		각종 전골류	곱창전골, 김치전골, 버섯전골, 쇠고기전골, 해물전골, 두부전골, 낙지전골 등	
찜류	찜류와 밥	찜류	갈비찜, 닭찜, 아구찜, 복찜, 홍어찜 등	3
비빔밥, 솥밥류	비빔밥과 솥밥류	비빔밥류	비빔밥, 콩나물밥 등	2
		솥밥류	솥밥 등	
면류	면류	온면류 냉면류, 쟁반류 비빔면류	국수장국, 칼국수, 수제비 등 냉면, 콩국수, 쟁반국수 등 막국수, 비빔국수, 비빔냉면 등	1
	만둣국 떡국류	만두류	만둣국, 떡만둣국 등	2
		떡국류	떡국 등	
기타류	구이류	쇠고기구이류	너비아니구이(불고기), 등심구이, 갈비구이, 방자구이(소금구이), 내장구이 등	4
		돼기고기구이류	돼지갈비구이, 멧돼지고기구이 등	
		생선구이류	생선구이	
		기타 구이류	대합구이, 더덕구이, 버섯구이 등	
	편육 · 족편류	쇠고기편육류	양지머리편육, 쇠머리편육 등	3
		돼지고기편육류	삼겹살, 제육보쌈 등	
		기타	우족 등	
백반류	백반류	백반	백반	5
한정식류	한정식류	7첩 반상	한정식	11
		9첩 반상	한정식	13
		12첩 반상	한정식	16

알아두기

'좋은 식단제'의 주요 내용

- 좋은 식단의 기본모형은 음식을 유형별로 분류하고 권장 반찬 가짓수, 권장 적정 제공량, 식단 예, 공급 가능 영양가 등을 주요 구성내용으로 하여 제시되었다.
- 제시된 음식 종류는 전래의 조리법과 요식업소 실태 조사결과를 토대로 탕반류 등 8가지 유형으로 대분류하고 대표할 수 있는 음식유형으로 중분류하였다. 이를 다시 세분류하여 실제 시판되는 음식 79 종류를 음식의 예로 제시하였다.
- 또한, 위생면과 영양면을 고려한 권장 찬류 등을 제시하여 한 번 사용한 음식을 재사용하지 않도록 반찬 수와 음식 제공량을 정하고 영양의 균형을 고려 열량, 단백질의 공급 가능 영양가를 산출하였다.
- 반상 및 첩수의 개념
  - 반상: 밥을 주식으로 하여 준비된 상
  - 첩(품): 쟁첩(반찬을 담는 작은 접시)에 담은 찬의 가짓수
- '좋은 식단'에서 첩과 찬을 표시할 때 백반류와 한정식류에서 주식(밥) 외에 탕(국)은 첩이나 찬 수에서 제외되며 찌개, 찜, 김치, 장류(간장·고추장·된장) 등 기본찬은 첩수에서는 제외, 찬수에는 포함하는 것으로 하였다.
- 그릇이라 함은 음식(반찬) 제공 총량 한도 내에서 여러 가지 찬류를 한 그릇에 담아 제공할 수 있는 것을 말한다. 예를 들어, 숙채류 1그릇(60g)을 내거나 대신 1그릇(60g)에 고비나물(20g), 숙주나물(20g), 시금치나물(20g)을 함께 담아 낼 수도 있음을 말한다.
- 등심구이나 편육에서의 육류 권장 제공 적정량은 조리 전 식품 무게를 말한다.
- 기타 반찬류는 장아찌, 장과류, 육포, 어포, 튀각, 부각, 젓갈, 식해 등의 반찬을 말한다.

활이 증가한 요즘 이 제도는 식량절약, 폐기물 정책, 소비자의 좋은 식사를 위해 요긴한 것이라 하겠다.

'좋은 식단' 제도는 다음 3가지 기본요소를 원칙으로 한다. 위생적인 식단, 알뜰한 식단, 균형 잡힌 식단이 그것이다. 제시된 기본모형은 한식만을 대상으로 하고 있으나 기본 원리가 남기지 않을 만큼의 적정한 음식을 위생적으로 제공하는 데에 있으므로 일식이나 중식, 양식의 모든 음식점에서도 이를 실천하여 식생활 문화 개선 운동에 참여할 수 있다. '좋은 식단' 제도의 주요 내용을 살펴보면 위와 같다.

4. 단체급식과 영양사

단체급식의 정의와 의의

단체급식의 정의

단체급식이란 공장이나 사업장, 학교, 병원, 기숙사, 아동복지시설, 사회복지시설 등에서 식사를 제공하는 것을 말하며 집단 급식이라고도 한다. 가정외 식생활이 집단급식과 영업급식의 두 가지로 분류되는 것은 앞에서 언급하였는데, 전자가 후자와 다른 점은 대상이 특정하고, 계속적으로 급식하며, 목적이 비영리에 있고, 대개 영양사가 의무화된 점이라 하겠다. 식품위생법(조리사 및 영양사) 제8장 제35조에 '집단 급식소라 함은 영리를 목적으로 하지 아니하고 계속적으로 특정 다수인에게 식사를 공급하는 시설을 말한다'로 명시되어 있다. 거리에 있는 음식업소는 특정한 사람을 대상으로 하지 않으므로 집단급식소가 아니다. 계속적이란 매일, 매회 계속적으로 급식이 이루어지는 것을 말한다.

단체급식의 의의

단체급식의 목적은 건강인에게는 건강유지와 증진 및 질병예방을 목적으로 하고, 발육기의 아동에게는 건전한 성장발육을 목적으로 하며, 질병이 있는 사람에게는 치료 또는 치료의 촉진을 목적으로 한다. 따라서 급식 대상에게 알맞은 영양 관리가 기본이다. 식사의 내용이 대상자의 영양상태에 미치는 영향은 상당히 크기 때문에 급식 관리자인 영양사의 책임이 매우 중요하다. 급식되는 식사는 항상 맛있고 즐겁다는 인식을 주어야 하고 피급식자가 급식을 통하여 건강 유지에 필요한 식습관을 익히고 더 나아가서 가족이나 주위 사람들까지도 올바른 식습관을 영위토록 영향을 미치기 때문이다.

단체급식은 비교적 저렴하면서 위생적인 식사를 제공하는 장점이 있는 반면, 일정한 다수의 대상이 계속적으로 부실하고 비위생적인 식사를 하게 되면 집단적으로 문제가 생길 수 있는 단점도 있다. 이런 문제를 방지하기 위해 영양사는 급식 대상자의 기호를 연구하고 조리기술을 훈련하고 시설을 개선하는 등 부단히 노력해야 한다.

영양사

영양사의 업무와 배치

단체급식소의 운영에 있어서 가장 중요한 것은 급식의 대상이 되는 사람들에게 영양필요량을 만족시키는 식사를 안전한 상태에서 공급하는 것이며, 동시에 급식 시설을 잘 유지하고 관리하는 것인데, 이 일을 담당하는 사람이 영양사이다.

영양사는 1) 식단작성, 검식 및 배식 관리, 2) 구매식품의 검수 및 관리, 3) 급식 시설의 위생적 관리, 4) 집단급식소의 운영일지 작성, 5) 종업원에 대한 영양 및 위생에 관한 교육 등의 업무와 급식 대상자에 대한 영양교육 등을 수행하게 된다. 즉, 영양관리, 구매관리, 작업관리, 위생관리, 시설관리, 사무관리, 영양교육의 업무를 담당한다.

영양사의 배치에 관해 식품위생법(2000. 7)에 준해서 상시 1회 50인(제조업의 경우 100인) 이상에게 식사를 제공하는 집단급식소에는 영양사를 두며 급식인원 200인 미만인 중소기업의 집단급식소에는 공동으로, 그러나 급식인원 400인을 부과하지 않도록'하되 자율적으로 고용하도록 하고 있다. 학교급식 시행령에는 '피급식 학생 수가 50인 미만인 경우 영양사가 여러 학교를 공동 급식관리하되 급식인원 400인을 부과하지 않도록' 명시하고 있다.

영양사의 취업 현황

2000년 1월 7일의 한국표준직업분류가 개정 고시되면서 영양사를 전문가 중 보건의료전문가로 분류하고 임상영양과 급식관리영양사(학교급식영양사), 보건 및 상담영양사, 기타 영양사(식품위생영양사)로 세분류하고 있다.

우리나라의 영양사는 4년제 대학 65여 개교와 2년제 대학 55여 개교에서 매년 약 9,000명을 배출하고 있다. 취업률은 면허소지자의 약 13%로서 산업체에 1만여

알아두기

미국영양사회의 분과 및 등록 영양사의 근무처 업무 분야

• 임상영양(clinical nutrition)	47.8%
• 식품·영양 관리(food and nutrition management)	17.6%
• 지역사회영양(community nutrition)	14.9%
• 상담·사업(consultation and business practice)	11.7%
• 교육·연구(education and research)	8.0%

자료: Bryk·Sote(1999).

명이 활동하고 있다. 분과별로는 학교(초등학교, 중·고등학교), 산업체, 병원, 급식산업(위탁급식, 도시락업체), 사회복지시설, 특수시설(장애인 시설, 정신질환자 시설, 교도서 등), 보건소, 보육시설 등에서 영양사로 일하고 있다. 그 밖에 교육 및 연구와 행정직 공무원(구청, 시청, 보건소의 9/7급 행정직)으로 구성되어 있다.

미국의 영양사는 영양사회의 5개 분과로 분류하는데 우리나라에서도 앞으로 지역사회영양이나 상담소 사업의 분야에서 영양사 역할이 확대될 것으로 추측된다.

단체급식의 식단관리

식단의 분류

집단급식에서 식단의 종류는 크게 고정 식단(fixed/static menu)과 순환 식단(cycle menu)의 두 가지로 나눈다. 전자는 한 가지 내지 몇 가지의 음식을 전문화하여 항상 같은 식단을 제공하는 것이며 흔히 레스토랑식이라 한다. 오늘의 특별요리로 변화를 주면서 단조롭기 쉬운 식단을 보완한다. 후자는 한 주 내지 한 달의 일정한 기간을 단위로 하여 식단을 작성하여 반복적으로 사용하는 것이다. 위의 2가지 외에 일회용식단(single-use menu)이 있는데, 파티나 특별식과 같이 한 번만 사용한다.

한편, 내식자가 음식을 골라 먹을 수 있는지에 따라 단일식단(no choice menu)과 선택식 식단(choice menu)으로 나누기도 한다. 단일식단은 급식 비용

알아두기

급식 관리 시스템의 종류와 장·단점

- 전통적 급식체계(conventional foodservice system) : 오래전부터 사용되어 온 방식이다. 음식의 생산(조리)과 배식이 같은 장소에서 이루어지며, 조리 즉시 대접하는 것이 특징이다. 식품재료는 가공되지 않은 것부터 가공된 것까지 두루 사용한다.
- 중앙공급식 급식체계(commissary foodservice system) : 이 방식은 생산과 배식의 장소가 다른 것이 특징이다. 대개 가공되지 않은 원재료를 사용하여 대단위 생산을 한 다음 보온, 냉장, 냉동의 상태로 인근의 배식 장소로 이동시킨다. 그 곳에서 배식할 때 필요하면 데워서 배식하는 것이다.
- 예비저장식 급식제도(ready-prepared foodservice system) : 이 방식은 전통적 방식과 같이 생산과 배식이 같은 장소에서 이루어지나 시간적으로 미리 준비해 두는 점이 다르다. 즉, 음식을 생산한 다음, 모두 냉장 또는 냉동시켜 두었다가 배식할 때에 가열하여 대접하는 방식이다.
- 조합식 급식제도(assembly-serve foodservice system) : 이 방식은 조리가 그다지 필요없는 방식이다. 즉, 냉장이나 냉동된 가공식품을 구입하여 저장해 두고 1인분씩을 덜어 데우고 조합해서 배식하는 방식이다.

이 절약되고 운영이 좀더 간편하며 복수식단은 급식대상자의 기호도를 반영하여 만족도를 높일 수 있는 장점이 있다. 이러한 각각의 장점을 혼합하여, 1·2 가지에서만 선택하도록 하는 부분선택식 식단(limited choice menu)이 확대되는 경향이다.

표준 레시피와 1인 분량

표준 레시피를 확립하고 1인 분량을 조절하는 것은 영양관리와 작업관리 측면에서 반드시 필요하다. 표준 레시피를 통하여 균일한 품질과 일정한 양을 생산하고 급식대상자의 영양 공급도 일정한 수준으로 유지할 수 있다. 또, 식재료나 조리 종사원, 관리자의 비용과 작업 시간을 절약하고 종업원의 조리훈련이 용이해지는 장점이 있다.

1인분의 조절은 피급식자에게 일정 수준의 영양을 공급할 수 있고, 적절한 생산으로 비용 절감, 가격 저하의 효과가 있다. 이와 같이, 1인분 조절은 급식소 관리면에서만 중요한 요소가 아니므로, 내식자들도 관심을 두어야 한다.

CHAPTER 13

상차림과 식사예절

1. 우리나라의 상차림과 식사예절

상차림과 식사예절은 나라나 지방의 풍습에 따라 각기 다르다. 우리나라의 상차림은 서양이나 중국, 일본과는 많은 차이가 있다. 생활을 하는 데에는 여러 가지 형태의 예절이 있으나 그중에서도 식사예절은 인격과 교양·가풍을 나타내는 것이므로 좋은 식사예절을 갖추는 일은 중요하다. 우리나라의 식사예절은 상보기(상차림)와 함께 상을 올릴 때와 식사를 할 때의 예절로 구분하여 생각할 수 있다.

식기의 종류

기명(器皿)이란 음식을 담는 그릇들을 이르는데, 주로 상에 오르는 대표적인 그릇들은 다음과 같다(그림 13-1).

- 주발(周鉢): 유기나 사기, 은기로 된 밥그릇으로 주로 남성용이며, 사기주발을 사발이라 한다. 아래는 좁고 위는 차츰 넓어지며 뚜껑이 있다.
- 바리(鉢伊): 유기로 된 여성용 밥그릇으로, 주발보다 밑이 좁고 배가 부르고 위쪽은 좁아들고 뚜껑에 꼭지가 있다.
- 탕기(湯器): 국을 담는 그릇으로 주발과 똑같은 모양으로 주발 안에 들어가는 한 둘레가 작은 크기이다.
- 대접(大接): 위가 넓고 운두가 낮은 그릇으로 숭늉이나 면, 국수를 담는다. 요즘에 국대접으로 흔히 쓰이며 음식을 7~8할 담는다.
- 조치보(鳥致甫): 찌개를 담는 그릇으로 주발과 같은 모양이다. 탕기보다 한 치수 작은 크기이다.
- 보시기(甫兒器): 김치류를 담는 그릇으로 쟁첩보다 약간 크고 조치보다는 운두가 낮다.

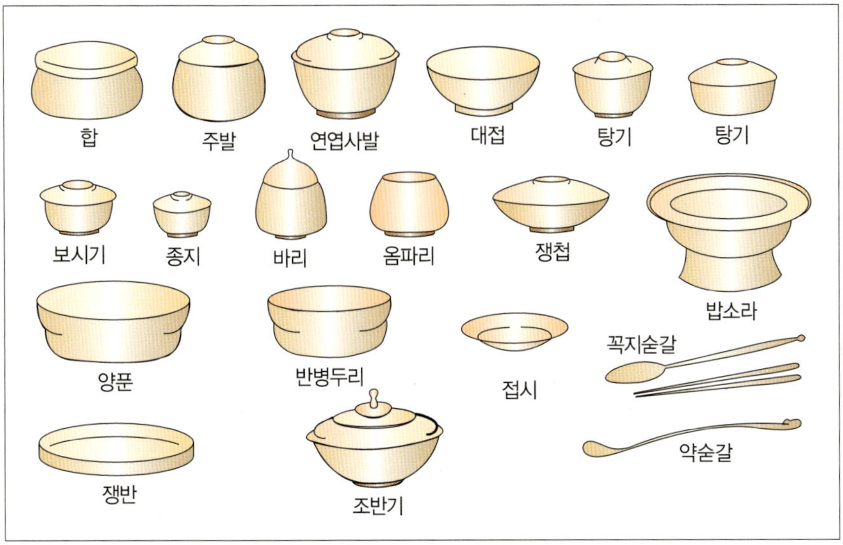

그림 13-1 식기와 기명
자료: 한국식품연구소(1992), 좋은 식단 정착을 위한 급식모범 개선에 관한 연구 보고서.

- 쟁첩(錚木諜): 전, 구이, 나물, 장아찌 등 대부분의 찬을 담는 그릇으로 작고 납작하며 뚜껑이 있다. 반상기의 그릇 중에 가장 많은 수를 차지한다. 반상의 첩수에 따라 한 상에 올리는 숫자가 정해지는데, 5첩 반상이면 쟁첩에 담은 찬을 5가지 놓고, 9첩이면 9가지를 놓는다.
- 종자(種子): 간장, 초장, 초고추장 등의 장류와 꿀을 담는 그릇으로 주발의 모양과 같고 기명 중에 크기가 제일 작다.
- 합(盒): 밑이 넓고 평평하며 위로 갈수록 직선으로 차츰 좁혀지고, 뚜껑의 위가 평평한 모양으로 유기나 은기가 많다. 작은 합은 노인이나 어린이의 밥그릇으로도 쓰이고, 큰 합은 떡, 약식, 면, 찜 등을 담는다.
- 조반기(朝飯器): 대접처럼 운두가 낮고 위가 넓은 모양으로 꼭지가 달리고 뚜껑이 있다. 떡국, 면, 약식 등을 담는다.
- 반병두리(飯餠器): 위는 넓고 아래는 조금 평평한 양푼 모양의 유기나 은기의 대접으로 면, 떡국, 떡, 약식 등을 담는다.
- 접시(楪匙): 운두가 낮고 납작한 그릇으로 찬, 과실, 떡 등을 담는다.

• 옴파리: 사기로 만든 입이 작고 오목한 바리이다.

• 밥소라: 떡, 밥, 국수 등을 담는 큰 유기그릇으로 위가 벌어지고 굽이 있으며 둘레에 전이 달려 있다.

• 쟁반(錚盤): 운두가 낮고 둥근 모양으로 다른 그릇이나 주전자, 술병, 찻잔 등을 담아 놓거나 나르는 데 쓰이며 사기, 유기, 목기 등으로 만든다.

• 놋양푼: 음식을 담거나 데우는 데 쓰며 놋그릇으로 운두가 낮고 아가리가 넓

알아두기

문양의 메시지

• 뇌문(번개문): 번개와 비내림의 기원
• 거치문(톱니모양무늬): 재생(再生), 여성의 성기, 다산과 풍요 기원
• 와문(소용돌이무늬): 우주의 무한대, 뱀이나 물의 소용돌이, 조개의 나선형, 고사리식물, 회오리바람 등의 자연 이미지, 여성의 생식, 다산과 풍요 기원
• 원문(둥근무늬): 태양과 태양 숭배 사상
• 새: 농경사회에서 사계절의 순조로운 변화와 풍요 기원, 자손을 보호하고 번창케 하는 조상의 영혼을 의미, 조상의 영혼과 현세인 사이의 메신저
• 연: 태양, 물, 성물, 극락정토와 부처의 세계, 부모가 고생을 견디며 자손을 보살핌이 결코 헛되지 않고 보람으로 나타남.
• 호랑이: 수호신, 액막이, 정월
• 사슴: 장수, 대나무와 함께 그리면 축수의 의미, 천수
• 죽순: 효와 맹종(중국 고사), 손자 본 것을 축하함.
• 박쥐: 오복
• 나비: 80에 이르도록 장수
• 까치: 기쁨, 소식
• 오리: 장원급제
• 포도: 자손번창(자손만대)
• 모란: 부귀
• 소나무: 100세에 이르도록 장수, 새해
• 파도: 조정(朝庭)
• 국화: 장수
• 버드나무: 머물다
• 잉어: 용, 등용, 등과
• 송, 죽, 매: 세한삼우, 좋은 친구관계

자료: 한국식품연구소(1992), 상동.

어 반병두리와 같은 모양이나, 크기가 크다.

탕기와 수저는 모양은 같으나 크기가 다르며 모든 반상기에는 대접을 제외하고는 뚜껑이 딸린다. 쟁첩은 일인용 상차림에 쓰이므로 크기가 비교적 작다.

소반의 종류

소반은 식기를 받치는 하나의 기물로서 반과 각(脚)으로 구성되어 있다. 다리가 있는 식반을 식탁·식상이라 칭하고 짧은 다리나 다리가 없는 식반을 쟁반이라 부른다. 식반은 개인용의 소형과 손님용의 대형이 있는데 생산지, 반의 모양, 다리의 생김새, 용도에 따라 여러 가지로 나뉜다(그림 13-2).

- 원반(圓盤): 둥근 모양의 상으로 작은 소반부터 여럿이 둘러앉을 수 있는 큰 두레반까지 크기가 다양하다. 다리의 모양은 전체가 하나의 둥근 원통형인 것, 병풍처럼 나무판 12쪽을 이어 만든 것, 다리가 네 개로 양쪽의 다리만을 둘씩 가로질러 놓은 것이 있다. 칠의 색깔은 임금님 수라상에 쓰이는 원반은 주칠인 붉은색이며, 검은색이나 갈색, 자주색 등의 여러 색이 있다.
- 책상반(册床盤): 책상반은 장방형 소반으로 일상의 반상에 가장 많이 쓰인다. 통영반, 해주반, 나주반 중에서도 책상반이 많다.
- 팔모반(八隅盤): 팔모반은 윗면이 8각형으로 다리는 병풍처럼 8면의 목판으로 짜여져 있으며 다과상으로 많이 쓰인다. 크고 붉은 칠을 한 것은 돌상차림을 할 때 쓰기도 한다.
- 공고반(公故盤): 번상이라고도 하는 작은 팔각반으로 다리가 병풍처럼 둘러 있는데 앞뒤가 크게 뚫려 있어 머리에 이면 앞이 다 보이게 만들었다. 관청에 번을 할 때나 식사를 차려서 내갈 때 쓰던 상이다.
- 귀상: 윗면이 반달처럼 반원형으로 된 상으로 곁반으로 쓰인다.
- 단각반(單脚盤): 팔각이나 십이각의 윗면이 돌릴 수 있는 회전반으로 다리가 중심에 하나만 있다. 주안상을 차리는 데 알맞다.

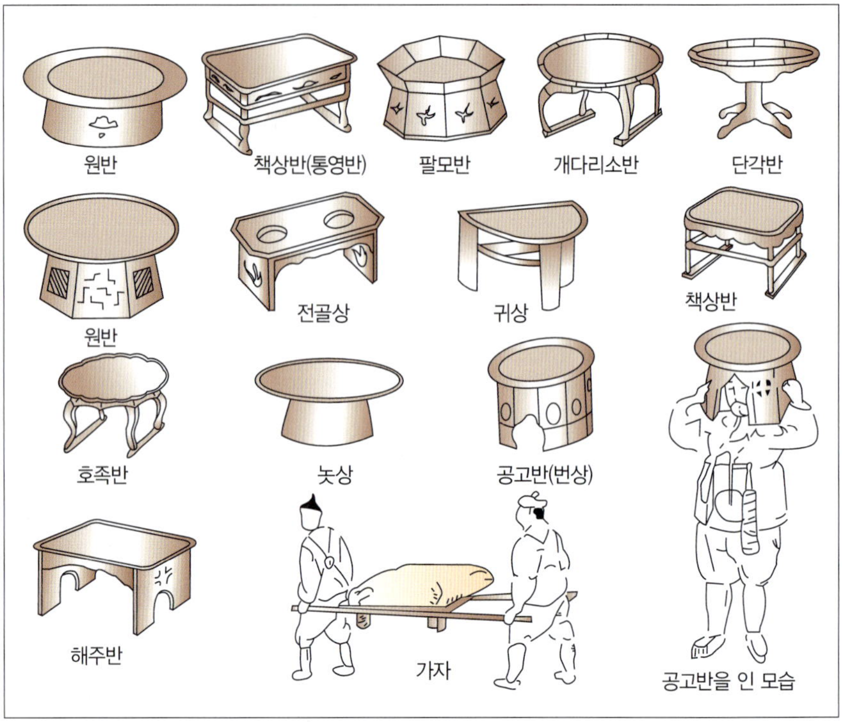

그림 13-2 여러 가지 상
자료: 한국식품연구소(1992), 상동.

- 해주반(海州盤): 황해도 해주에서 만든 상으로 장식이 아주 간결한 책상반 모양이다.
- 나주반(羅州盤): 전라도 나주의 명반으로 상의 둘레를 꽃잎처럼 곡선으로 굴리고 다리에도 조각을 많이 새긴 호족반이다. 네모진 책상반도 있다.
- 통영반(統營盤): 경상도 통영 지방에서 만든 상으로, 책상반으로 자개로 문양을 내어 매우 화려하다. 다리는 넷으로 양쪽을 가로질러 막혀 있다. 대부분 반상 차림에 많이 쓰인다. 둥근 원반에도 자개를 박기도 한다.
- 구족반(拘足盤): 개다리소반이라고도 하며 다리의 굽이 안쪽으로 향해 있고, 윗면은 둥글거나 꽃처럼 곡선이 둘려 있다.
- 호족반(虎足盤): 호랑이 다리처럼 상다리의 굽이 바깥을 향해 끝이 올라가 있는 모양이다. 나주반에는 호족반이 많다.

- 교자상(交子床): 여러 사람을 한 상에서 대접할 때 쓰이는 장방형의 큰상으로 옻칠이나 자개로 장식되어 있다.
- 가자(架子)틀: 집에서 떨어진 산정이나 정자에서 여럿이 회식을 할 때에 가마처럼 생긴 가자틀에 음식을 모아 얹어서 인부들이 들어 날랐다. 이를 방안에 옮겨 놓고 둘러 앉아서 먹게 된 것이 교자상의 연유인 듯하다.

상차림

상차림에는 반상, 면상, 주안상, 교자상, 돌상, 큰상, 제상, 명절 음식상 등 종류가 많으며, 상의 종류에 따라 상차림법이 다르고 음식의 종류도 다르다. 한식은 원래 밥과 국을 비롯하여 모든 반찬을 반상기에 담아 한 상 위에 차리며 외상(독상)을 기본으로 한다. 조선시대에는 계급이 높은 계층은 독상을 받고 낮은 계급은 겸상을 받은 것 같다. 그러나 독상문화(양반문화)는 1800년대 말부터 서서히 무너진 것으로 판단된다. 즉, 1909년 개관한 명월관을 필두로 하여 대두되기 시작한 요리집들이 대중화되면서 독상문화는 사라지고 점차 겸상 형태가 일반화되기에 이르렀다. 이 때부터 상의 명칭도 다담(茶啖) 대신 교자(交子)로 바뀌었고 결국 현재의 외식문화와 관련된 음식 쓰레기 문제로까지 이어진다고 볼 수 있다. 요즘에는 공동식사의 형태인 겸상이나 두렛상을 사용하는 가정이 대다수이고 한국식 뷔페 상차림도 많이 이용되고 있다.

반상

우리나라에서 평소 사용하는 상차림은 반상으로서 밥을 위주로 한다. 반상의 종류에는 3첩 반상, 5첩 반상, 7첩 반상, 9첩 반상, 12첩 반상이 있다(표 13-1). 반상의 첩수(품수)는 반, 탕, 김치, 조치류를 제외한 나머지 반찬의 가짓수를 말한다. 원래 반상은 첩수가 많았으나 요즘에는 생활에 맞게 첩수는 적절히 간소화하되 그 내용에 다양한 식품을 포함시켜 합리적인 반상을 준비하는 것이 좋다.

한식 반상차림은 수저의 위치와 밥과 국의 위치를 바로잡고 김치류를 중심에

표 **13-1** 자료에 따른 우리의 상차림 구조

상차림 자료의 연도 \ 규모		기본						찬(饌)											합계	
		장	반	갱	조치	침채	담침채	구이	자반	해	전	회	채	편육	장과	조림	쌈	수란	찬[1]	기[2]
「원행을묘 정리의 궤」(1795)	7기	1	1	1	1	1		1	1	1									찬3	7기
「시의전서」 (1800년대 말)	9첩 반상	3	1	1	3	1		2	1	1(젓갈)	1	1	1(나물)	1(수육)			1		찬9	15기
	7첩 반상	3	1	1	2	1		1	1	1(젓갈)		1	1(나물)	1(수육)			1		찬7	12기
	5첩 반상	2	1	1	1	1		1	1	1(젓갈)			1(나물)	1(수육)					찬5	9기
방신영의 「우리나라음식 만드는 법」 (1958)	7첩 반상		1	1	2	1	1	1	1	1(젓)			1(나물)		1				찬5	11기
	5첩 반상		1	1	1		1	1	1				1(나물)		1				찬4	8기
	3첩 반상		1	1	1			1					1(나물)						찬2	5기
황혜성의 「韓國の食」 (1988)	12첩 반상	4	2	2	2	3		2	1(포)	1(젓갈)	1	1	2(나물)	1	1(장아찌)	1		1	찬12	21기
	9첩 반상	4	1	1	2	3		2		1(젓갈 또는 포)	1	1	2(나물)		1(장아찌)	1			찬9	16기
	7첩 반상	4	1	1	2	2		1		1(젓갈 또는 포)	1	1	2(나물)		1(장아찌)	1			찬7	13기
	5첩 반상	2	1	1	1	1		1(구이 또는 조림)		1(젓갈 또는 포)	1		2(나물)						찬5	9기
	3첩 반상	1	1	1		1		1(구이 또는 조림)					2(나물)						찬3	6기

1) '찬'은 1800년대 나타난 일반사대부가의 표기방법. 이후 기본을 제외한 찬○기가 ○첩 반상으로 변질됨.
2) '기'는 1609년 이후 문헌상에 나타난 궁중식 표기방법으로 장을 제외한 상차림
자료: 김상보(1998), 우리 식문화의 자화상 – 조선왕조 이후의 반상문화사, 한국식생활문화학회 춘계학술대회 초록집, p.59.

3첩 외상 5첩 외상

7첩 외상

그림 13-3 반상의 상차림
자료: 한복진(2001), 전통음식, 대원사.

놓는 것이 요점인데, 간략하게 정리하면 다음과 같다.

- 상을 볼 때는 상을 받는 사람을 중심으로 보아서 우선 밥그릇은 왼쪽, 국그릇은 오른쪽으로 놓아 뜨겁고 국물이 있는 국을 먹기 쉽도록 차린다.
- 수저는 오른쪽으로 놓되, 독상이나 겸상에는 국그릇 위로, 두렛상에는 국그릇 옆으로 놓는다.
- 김치는 우리의 식사에서 중요하므로 독상에는 뒷줄의 중심에, 두렛상에는 상 가운데에 놓는다.
- 간장, 초간장, 초고추장 등의 양념종지는 중심에 모아 음식을 찍어 먹기 쉽게 한다.
- 국물이 있는 조치는 오른쪽에 놓는 것이 먹기 편하다.

- 두렛상일 때에는 개인 접시를 국그릇 오른편에 놓아 반찬을 덜어 먹도록 한다.
- 냅킨을 사용하는 경우 냅킨은 수저 밑이나 개인접시 밑에 놓는다.

교자상

축하연과 같이 많은 사람들이 모여서 식사하기 위한 회식용 상을 교자상이라 한다. 우선 교자상의 식단을 적절하게 작성하여야 한다. 원래 교자상은 한꺼번에 다 차려 내었으나 요즘에는 서양식을 가미하여 손님들이 각자 먹을 만큼 덜어다 먹는 뷔페 방식을 활용하기도 한다. 이 뷔페 상차림은 서양식 뷔페를 참고하면 무방하며 이에 관해서는 뒤에서 다루도록 하겠다.

한편, 상에 양념종지와 김치류, 마른 반찬류만을 올려놓고 차례로 음식 대접을 하는 방식도 증가하고 있다. 이 경우 따뜻한 음식을 즉시 먹을 수 있는 장점이 있다. 음식을 순차적으로 대접하는 회식용 상차림을 살펴보도록 한다.

- 상 위를 깨끗이 닦은 후 백색 상보를 깐다. 그릇을 놓는 소리가 나지 않도록 상보 밑에 얇은 스펀지를 깔면 더 좋다. 상보는 보통 상 끝에서 30cm 정도 늘어뜨린다.
- 작은 개인접시를 손님의 앞 가운데 놓고 오른쪽에 수저를 놓는다. 개인접시는 상 끝에서 약 3cm 안으로 들어간 곳에 놓도록 한다.
- 냅킨은 수저 밑이나 개인 접시 왼쪽에 둔다.

알아두기

교자상의 식단 작성 요령

- 계절에 따라 중심이 되는 음식 한 가지를 정하여 정성들여 만든다.
- 대개 주된 음식이 육어류가 되므로 반드시 숙채와 냉채의 채소요리를 곁들인다.
- 술 종류에 따라 안주를 장만하고 밥을 먹을 때에 적당한 짭짤한 마른반찬을 준비한다.
- 같은 조리법이나 같은 식품의 중복을 피한다.
- 주식은 밥이나 국수, 떡국으로 하고 찬은 7품(첩) 또는 9품으로 준비하면 좋다.
- 찬으로 신선로나 전골, 찜, 전, 편육, 생채, 숙채, 마른반찬류를 마련하고 생과, 숙과, 떡류, 화채 등도 곁들인다.

- 음료용 컵은 수저 위쪽에 놓는다.
- 간장, 초간장, 초고추장, 젓국 등의 양념류는 상 가운데에 놓는다.
- 김치류는 되도록 뚜껑이 덮인 그릇에 담아 양념 종지와 함께 상의 중앙에 놓는다. 마른반찬이나 나물류도 처음부터 상에 올려놓는다.
- 더운 음식인 구이, 전유어, 찜 등은 한 가지씩 대접하되 손님이 자리를 정한 뒤에 올린다. 음식은 4~6인을 한 조로 생각하여 각기 큰 접시에 담아 낸다.
- 후식인 떡, 과일, 화채, 식혜 등은 식사 후 음식접시를 치운 다음 대접한다.
- 큰 연회나 공식모임을 할 때에는 이름표와 식단을 상 위에 준비하여 손님이 자기 좌석을 찾아 앉도록 한다. 또한, 음식의 종류와 가짓수를 미리 알 수 있도록 식단표를 준비한다. 연회 상차림에는 상 중앙을 꽃으로 장식한다. 꽃은 되도록 낮게 꽂아 상대방을 마주 보고 대화하는 데에 지장이 없도록 유의한다.

외식 상차림

외식업소에서 음식을 대접하는 방식은 각양인데 우리 고유의 반상차림과 식습관의 특성을 살려나가는 것이 좋다. 대체로 식탁 위에 기본 찬류를 미리 차려 놓고 다른 음식은 순차적으로 제공하는 방법이 무난하며, 실제 한정식을 순차적으로 내는 음식업소가 많이 있다. 앞에서 언급한 좋은 식단제에서는 한정식의 경우 권장 찬수를 11가지나 13가지, 16가지(찬수에는 김치, 조치가 포함됨)로 제시하면서 찬수가 많아 음식이 남을 우려가 있으므로 순차적으로 제공하는 방식을 권하고 있다. 상 위에 미리 차려 놓는 음식은 간장, 초간장, 초고추장 등의 양념장과 김치류(동치미, 나박김치, 열무물김치)를 준비한다. 좋은 식단제에서의 음식 대접 순서를 요약해 본다.

식사예절

상 올리기

한식은 독상이 원칙이므로 상차림을 하여 식사할 사람 앞까지 상을 날라야 한

알아두기

한정식의 제공 순서

1차 제공 음식(전식: appetizer)

- 달걀찜: 맛이 담백하고 부드럽고 차게 먹을 수 있는 음식이므로 처음에 제공함.
- 죽류: 호박죽, 전복죽, 흑임자죽, 들깨죽, 잣죽 등

2차 제공음식(부식: side dish)

담백하고 차가운 음식, 시각적으로 맛을 돋구는 음식, 생선류 다음에 육류를 내는 등의 순서로 대접한다. 즉, 냉채류, 회류, 편육류, 전·적·부침류, 찜·구이류의 순으로 제공하며 음식의 맛이 한층 더하도록 생채, 숙채를 함께 제공한다.

- 냉채류: 해파리 냉채, 야채 겨자채, 구절판, 탕평채, 어채 등
- 회류: 굴회, 해삼회, 전복회, 대하회, 파강회, 미나리강회, 죽순회, 생선회 등
- 편육류: 제육보쌈, 우설편육, 족편, 편육, 순대 등
- 전·적·부침류: 동태전, 깻잎전, 빈대떡, 고추전, 호박전, 화양적, 파산적, 간적 등
- 찜·구이류: 대하찜, 생선찜, 갈비찜, 사태찜, 떡찜, 각종 생선구이, 불고기, 갈비구이, 제육구이 등
- 생채: 오이생채, 도라지생채, 무생채, 생미역무침, 더덕무침, 상추절이 등
- 숙채: 도라지나물, 콩나물, 고비나물, 고사리나물, 미나리나물, 무나물, 호박나물, 숙주나물, 고추잎나물 등

3차 제공 음식(주식: main dish)

밥, 국, 찌개, 만둣국, 떡국, 면류 중 주식을 밑반찬과 함께 알맞은 양을 제공한다.

- 밥류: 쌀밥, 보리밥, 고구마밥, 밤밥, 콩밥 등
- 국·탕류: 곰탕, 설렁탕, 우거짓국, 김칫국, 고깃국, 미역국, 대구탕, 북엇국 등
- 찌개류: 된장찌개, 순두부찌개, 각종 생선찌개 등
- 만둣국, 떡국
- 면류: 장국국수, 냉면, 칼국수, 메밀국수, 동치미냉면 등
- 밑반찬: 콩조림, 새우볶음, 각종 장아찌 및 젓갈류, 멸치볶음, 장조림, 연근조림, 우엉조림 등

4차 제공 음식(후식과 음료: dessert and beverage)

- 후식: 떡류, 한과류, 과일 등
- 음료: 수정과, 식혜, 오미자차, 유자차, 보리수단, 과일화채 등

자료: 한국식품연구소(1992), 상동.

다. 두렛상이나 교자상은 음식을 미리 방안에 차려 놓으므로 운반할 필요가 없다. 상을 올릴 때의 예절을 살펴보기로 한다.

- 허리를 약간 구부리고 머리를 조금 숙여서 두 손으로 상을 조심스럽게 든다. 허리를 많이 굽히면 상을 들고 걸어가기가 불편할 뿐 아니라 치맛자락을 밟기 쉽다.
- 상을 들고 가만히 걸어가 상 받을 사람의 서너 걸음 앞에 서서 조용히 다리를 구부리면서 상을 내려놓는다. 허리만을 구부리고 상을 놓으면 자칫하면 큰 소리가 나며 국물이 엎질러지기 쉽다.
- 상을 내려놓은 다음 상 앞에 앉아서 두 손으로 뚜껑을 벗겨 한 옆에 간추려 놓는다.
- 물러나올 때는 일어서서 몇 걸음 뒷걸음 쳐서 뒷모습이 상대방에게 보이지 않도록 살그머니 돌아서서 나온다.
- 숭늉은 대접에 담아 쟁반을 받쳐서 두 손으로 들고 가져간다. 이 때, 쟁반을 내려놓고 나서 상 위에 있는 국그릇을 내리고 숭늉 그릇을 올린다.
- 상을 물릴 때에도 서너 걸음 앞에서 꿇어앉아 상을 앞으로 가만히 끌어서 들고 몇 걸음 뒤로 물러나 돌아서서 나온다.
- 시중드는 경우에도 식사 중에 자주 드나드는 것은 좋지 못하며 몸 움직임은 가볍고 유연하게 소리가 나지 않도록 조심한다.

식사하기

여러 사람과 같이 식사를 할 때에는 자세를 바르게 하고 손윗사람이 수저를 든 후에 식사를 시작한다. 우리나라에서는 식사 중에 이야기를 하지 않고 조용히 식사를 해야 하는 관습이 있었으나 오늘날에는 가족이 모여서 식사하는 시간이 서로 대화할 수 있는 귀중한 시간이 되었다. 식사 중에 자리를 뜨는 것은 삼가고 식사가 끝날 때를 기다려서 일어나는 것이 좋다. 식사예절은 몸에 익숙해져야 하므로 평소에 노력해야 한다. 식사 시 주의해야 할 점은 다음과 같다.

- 수저를 한 손에 동시에 사용하지 않도록 하며 빨아먹듯이 사용하거나 그릇에 걸쳐 놓지 않는다.

- 음식을 먹을 때에는 적당한 양을 입에 넣으며 입 속에 음식이 있는데 또 넣는 일은 삼간다. 음식을 넣은 채 말을 하는 것은 흉하고 입 속의 음식이 남에게 보이지 않도록 입을 다물고 씹는다.
- 밥그릇이나 국그릇을 손으로 들고 먹지 않는다.
- 김치 국물이나 국을 마시기 위하여 그릇째로 들어 마시는 것은 좋지 못하며 숟가락으로 떠먹는다.
- 국에 밥을 말아먹는 것은 식사예의에 어긋나므로 되도록 삼간다.
- 밥이나 반찬을 뒤적거리거나 헤치는 것은 좋지 못하며 한 쪽에서부터 먹도록 한다. 젓가락으로 반찬에 붙은 고명을 털면서 먹는 것도 삼간다.
- 맛있는 반찬만 먹는다든지 밥 한 숟가락에 같은 반찬을 여러 번 집어먹는 일은 점잖지 못하다.
- 멀리 떨어져 있는 음식이나 양념은 팔을 길게 뻗쳐 집어오지 말고 옆 사람에게 건네 주기를 청한다.
- 식사 중에 기침이나 재채기가 나면 머리 방향을 빨리 돌리고 냅킨이나 손수건을 대어 남에게 침이 튀지 않도록 한다.
- 돌이나 이물질을 씹었을 때에는 옆사람이 눈치채지 않도록 살며시 뱉어 종이에 싸서 상 밑에 두었다가 나중에 버린다.
- 숭늉은 대접에 엄지손가락이 빠지지 않도록 두 손으로 들어 마시며 그릇을 들 때는 손가락 사이를 벌리지 말고 엄지 외의 네 손가락은 되도록 움직이지 않는다. 양치하듯이 소리내어 숭늉을 마시거나 뒷트림을 하는 것은 금한다.
- 이쑤시개는 남에게 보이지 않게 입을 가리고 사용하며 사용한 것은 가려 버린다.
- 음식을 다 먹은 후에는 수저를 오른편에 가지런히 놓고 냅킨을 적당히 접어서 도로 놓아둔다.

외식 나들이

식생활 문화의 개선을 위해 요식업 중앙회에서는 영업주, 업소 종사자, 손님이 각

> **알아두기**
>
> **외식업소 내식자의 식사예절**
>
> 1. 식사와 휴식을 겸한 공간이 되도록 협조한다.
>   - 대중의 휴식 장소로서의 분위기 조성
>   - 이웃을 존중하는 마음과 청결한 업소 이용 생활화
>   - 교양 있는 시민으로서 시민상 확립
>   - 차례를 지키고 옆 사람을 생각하는 마음
>   - 바른 식사예절을 지키는 바른 식습관
>   - 음식의 소중함을 아는 감사하는 마음
> 2. 종사자의 인격을 존중하고 고운말을 사용한다.
>   - 종사자의 인격을 무시하는 언행을 삼가
> 3. 옆자리의 손님에게 불쾌감을 주는 언행을 삼간다.
>   - 부드러운 대화로 즐거운 식사 분위기 조성
>   - 조용조용히 고운말을 사용
>   - 주문한 음식을 조리도 되기 전에 독촉하는 행위 삼가
> 4. 담배는 지정석에서 피우고 휴지는 휴지통에 버린다.
>   - 식사와 휴식을 겸한 공간이므로 공중도덕을 준수
>   - 담배는 지정석에서 흡연하며, 비흡연자에게 피해를 주지 않음.
>   - 식사 전후에 사용한 휴지 등은 식탁 바닥에 버리지 말고 준비된 휴지통에 처리

각 지녀야 할 기본적 예절 태도에 관한 자료를 제작하여 그 실천을 촉구하고 있다. 소비자인 손님이 성숙한 문화국민으로서 갖추어야 할 식사예절을 지켜야 우리 모두 밖에서의 식사시간을 즐길 수 있다.

손님 초대

손님을 초대하고자 할 때에는 1주일 내지 열흘 전에 미리 초청의사를 밝히고 초대장을 정성껏 준비하여 발송한다. 초대장에는 초청의 요지를 간단히 기입하고 시일, 장소 등을 명기해야 한다. 정식 초대장은 참석 여부를 전화 또는 서신으로 알려 달라고 표시하는 경우가 많다(RVSP). 회식은 여러 사람이 모여서 대화를 하게 되므로 초대할 때나 좌석을 정할 때 서로가 대화를 나눌 수 있는지를 생각해야 한다.

초대를 받았을 때에는 의복을 회식 목적에 알맞게 입어야 한다. 축하연에는 화

려하고 길이가 긴 옷을 입는 것이 좋으며 작업복을 입는 것은 실례가 된다. 초대받았을 때에는 지정된 시간보다 약 5분 정도 일찍 도착하도록 한다. 단, 다과 파티(tea party)의 경우에는 파티가 진행되고 있는 동안에 가면 된다. 회식은 모여야 할 사람이 다같이 모여 식사하고 다같이 끝마치도록 해야 한다. 식사 도중에 먼저 일어나거나 혼자서 서두르면 분위기를 흐리는 수가 있다. 회식에 모인 사람들은 서로 남의 이야기를 잘 듣고 자신도 대화에 참여해야 한다. 회식을 끝마치고 돌아올 때는 주인에게 감사의 표시를 하고 때로는 귀가 후 단시일 내에 감사의 전화나 서신을 드리는 것이 좋다.

행사음식 차림

돌상

우리나라 풍습에는 아기가 만 1년이 되는 생일을 첫돌이라 하여 돌상을 차리고 아기에게 돌잡이를 시킨다. 돌잡이는 장수, 번영, 다복을 기원하는 의미에서 행해지고 있다. 돌상에는 백설기, 대추, 쌀, 홍실과 백실, 활과 화살, 붓과 먹, 벼루, 책, 돈, 국수 등을 차린다. 요즘에는 백설기 외에 인절미, 송편, 개피떡, 수수경단 등 여러 가지 떡을 사용하고 있다. 또 사과, 배, 감, 딸기, 귤, 포도 등 계절에 따라 생산되는 과일류도 사용한다. 대추는 자손의 번영을 의미하며, 쌀은 식복을 말하고, 국수와 타래실은 수명 장수를 상징하며 책과 붓, 먹, 벼루는 재주를 뜻하고, 활과 화살은 용맹을 뜻하며, 돈은 부를 뜻하는 것이다. 이러한 것들을 상 위에 차려 놓고 아기에게 처음으로 정장을 시킨 후 상 앞에서 물품을 집도록 한다. 친척과 친지를 초청하여 돌잡이 재롱을 보며 기쁜 시간을 나누는 것이다.

큰상

혼례, 회갑, 회혼(결혼한지 61년째) 때에 차리는 상을 말한다. 주빈 앞에 편, 숙과, 생실과, 유과 등을 높게 고인 큰상을 차린다. 괴는 높이는 재래에는 기수로 해서 5치, 7치, 9치로 하고 접시의 수도 기수로 한다(그림 13-4). 그러나 요즘에는 간소

그림 **13-4** 환갑잔치상

화되어 큰상 대신 교자상 정도로 대치하고 있다. 오늘날 시간과 노력, 경제적 부담, 그리고 낭비를 줄이기 위해서 음식을 너무 높이 괴는 것은 피하고 있다. 괴는 음식은 계절이나 가풍, 형편에 따라 다르나 대체로 다음과 같은 것을 사용한다.

알아두기

큰상의 음식 종류

- 잡과: 약과, 만두과, 다식과, 한과
- 유과: 빈사과, 세반연사(쌀을 싸라기로 해서 산자 표면에 묻힌 것)
- 강정: 깨강정, 세반강정, 계피강정, 실백강정, 매화강정
- 다식: 송화다식, 녹말다식, 흑임자다식, 밤다식
- 당속(사탕류): 옥춘, 판보당, 온당, 줄병, 원당
- 생실과: 사과, 배, 귤, 감, 생률
- 건과: 대추, 호두, 은행, 실백, 건시(곶감)
- 전과: 연근전과, 생강전과, 모과전과, 밤초, 대추초
- 편: 백편, 꿀편, 신검초편, 화전, 주악, 단자
- 어물: 문어오림, 어포, 육포, 건전복
- 편육: 양지머리 편육, 제육
- 전유어: 각색 전유어
- 초: 전복초, 홍합초
- 적: 봉적(닭적), 육적, 화양적

제사상

제사는 고인의 망일 전날 밤에 고인을 추모하는 뜻에서 모시는 것이다. 제사상 차림은 가정의 전통과 범절에 따라 차이가 있다. 제관(제사에 참여하는 사람)을 기준으로 오른쪽을 동쪽, 왼쪽을 서쪽으로 한다. 제상 진설(제사나 잔치 때 상 위에 음식을 벌여 차리는 것)의 원칙은 좌포우혜(왼쪽에 포, 오른쪽에 식혜), 어동육서(동쪽에 생선, 서쪽에 육류), 두동미서(동쪽에 생선머리, 서쪽에 꼬리), 조율시이(대추, 밤, 감, 배의 순서로 과일을 올리는 것), 홍동백서(동쪽에 붉은 과일, 서쪽에 흰색 과일) 등이 있다. 면은 건더기만을 왼쪽에 올리고 떡류는 오른쪽에 올리며 과일류와 조과(유과, 산자, 사탕류)는 각기 몰아서 놓는다.

제사상은 서서 진설할 수 있는 상탁으로 검은 칠을 하였다. 제기는 보통 그릇과는 달리 둥근 접시 밑에 받침이 붙어 있고 편틀은 네모진 모양이며 유기, 목기, 사기로 되어 있다. 그 밖에 향로, 향합, 촛대, 술잔 등을 준비한다. 제사를 지내고

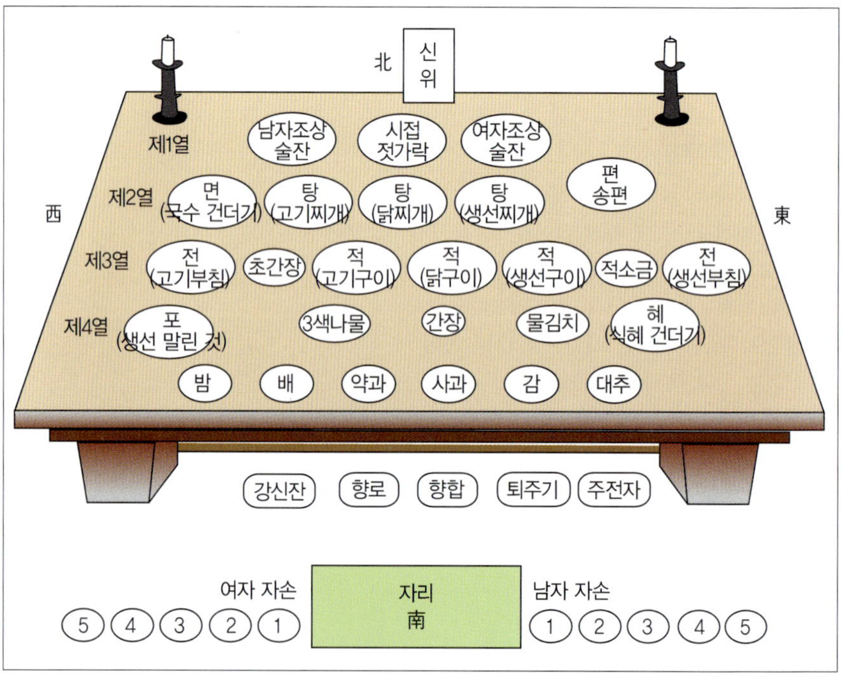

그림 13-5 한국전례연구원이 제시한 차례상 차림

나서 제상에서 제수를 내린 후 음복(자손들이 음식을 나누어 먹는 것)하며 조상의 음덕을 기린다. 그러나 오늘날은 가정의 준칙에 따라 평상시의 반상과 큰 차이 없이 간소하게 차리도록 권장하고 있다. 제사상은 정성과 추도의 진의를 표시하는 것이므로 형식에 치우치지 말고 실질적으로 차리도록 한다.

한국전례연구원이 표준적인 차례상 차림을 제시한 바 있다(그림 13-5). 제사상도 이에 준하여 차리면 무방할 것이며 그 방법은 다음과 같다.

- 병풍을 북쪽으로 치고 그 앞에 상을 놓은 뒤 신위(지방)를 모신다. 신위 대신 사진을 놓아도 무방하다.
- 신위에서 가장 가까운 제1열 가운데에 시접(수저 담는 그릇)을 놓고 양옆에 잔반(잔과 받침대)을 놓는다. 같은 줄에 젯메와 탕을 놓으며 그 위치는 산 사

알아두기

제사상의 음식 종류

- 젯메: 백반을 제사 모시기 직전에 지어서 소복하게 퍼서 뜨거운 때 올림.
- 탕: 탕은 단탕(한 가지), 삼탕, 오탕으로 자기 형편대로 하며 국물은 적게 하고 건더기를 소복하게 담음.
  삼탕 – 육탕(고기), 어탕(어패류), 소탕(두부)
  오탕 – 육탕, 어탕, 소탕, 봉탕, 잡탕
- 적: 형편에 따라 단적, 삼적, 오적
  삼적 – 소적, 어적, 육적
  오적 – 소적, 어적, 육적, 봉적, 채소적(도라지, 고사리, 버섯)
- 갈납: 전류를 말하며 생선전, 육전, 간전, 천엽전, 갈납전(우엉, 버섯, 당근, 파, 고기)
- 나물: 도라지, 고비, 고사리, 버섯, 미나리, 시금치
- 포: 육포, 어포, 북어포, 문어, 건전복
- 편: 백편, 꿀편, 신검초편, 주악
- 식혜: 식혜는 식혜밥만을 소복하게 담고 대추를 썰어서 위에 얹음.
- 숙과: 강정류, 다식류, 전과
- 잡과: 약과, 다식과, 중백기, 타래과, 매자과
- 건과와 생실과: 밤, 대추, 곶감, 사과, 배, 귤, 참외, 수박
- 제주: 청주(정종)
- 김치, 나박김치, 간장, 초간장, 꿀 등

람과 반대이다.

- 제2열에는 서쪽에서부터 국수와 육탕, 소탕, 어탕 순으로 3탕을 놓되 합탕을 해도 무방하다.
- 제3열은 육전, 초간장, 고기구이, 닭구이, 생선구이, 어전 순으로 진설한다.
- 제4열은 포, 삼색나물, 간장, 물김치, 식혜 순으로 놓는다.
- 제5열은 과일과 약과, 강정 등을 놓는데, 순서는 가정마다 차이가 많은 편이다.

절사음식

우리나라에서는 오래전부터 절기마다 그 계절에 알맞은 음식과 오락을 즐기는 풍속이 있었다. 정월 초하루(원단), 정월 대보름(상원), 한식, 삼월 삼짇날, 사월 초파일(석가탄일), 단오, 유두, 칠석, 추석, 구월 구일(중양), 시월 무오일, 동지, 섣달 그믐 등에 절사음식을 차려 가족, 친척, 친지들이 모여 즐거운 시간을 보냈다(표 13-2). 사회생활이 복잡해지면서 한 달에 한 번씩 행하던 절사는 희미해졌지만 아직도 정월 초하루와 추석은 큰 명절로서 가정마다 절식을 준비한다.

정월 초하루를 설날이라 하여 가족이 새 옷을 입고 조상님께 다례로써 새해 인사를 드린다. 어른께는 세배를 드리며 세배 손님에게는 세배상을 차려 낸다. 설날에는 주식으로 밥 대신 떡국이나 만둣국을 대접한다. 떡국상이나 만둣국상은 반상과 달리 찬으로 전유어와 편육을 놓고 떡 종류로 인절미, 약식, 그리고 강정류를 준비하며 전과를 놓기도 한다. 정월 초하루에 즐기는 음식으로는 갈비찜, 너비아니 구이, 누름적, 생선회, 구절판, 신선로 등을 추가할 수 있다. 강정류 중에서는 엿강정, 빈사과, 다식, 약과 등을 간결하게 대접한다. 후식으로 식혜나 수정과를 대접하며 김치류로는 나박김치를 준비한다. 세배상에는 깍두기나 조림, 젓갈, 장아찌 종류는 대개 놓지 않는다.

많은 손님이 방문하면 생강차, 인삼차, 수정과, 식혜, 유자차 등의 차만 대접해도 무방하다. 남자 손님에게는 술을 대접하면서 술안주로 각종 포와 견과류(실백, 낙화생, 호두)를 대접하기도 한다. 가까운 곳에서 온 손님은 간단히 차 종류나 술대접만 하고 먼 곳에서 온 경우는 떡국이나 만둣국을 차려 식사대접을 하

표 13-2 절사음식

(1) 정월 초하루(원단)				
편(흰떡, 주악, 인절미, 수수전병 등)	떡국, 만두	갈비찜	너비아니 구이	
전유어(간, 민어, 대구, 광어)	파육회	각색 나물	팔보반	
김치(젓국지, 동치미, 장김치)	과일(사과, 감, 배, 귤)	귤차		
(2) 정월 대보름(상원)				
오곡밥(백미, 찹쌀, 차조, 팥, 콩)	각색 나물(고비, 도라지, 시금치, 숙주, 콩나물, 무숙장아찌, 시래기나물, 취나물, 버섯나물)			
약식	산적(잡산적, 움파산적)	화채(원소병)	부름(밤, 호두, 잣, 낙화생, 곶감)	
(3) 삼월삼짇날(한식, 성묘일)				
주(청주)	과(밤, 대추, 건과)	포(육포, 어포)	편(절편, 녹두편)	
화전(진달래)	화채(진달래)			
(4) 사월초파일(석가탄일)				
냉면, 비빔국수	각색 전유어	편육	신선로(또는 찜)	회(잉어, 도미)
미나리 강회				
편(쑥편, 녹두찰병, 개피떡)	김치(장김치, 나박김치, 동치미)	화전(진달래, 두견화)	단자(석이, 밤, 대추)	
화채(화면, 책면)	수정과, 식혜	생실과(생률, 배, 사과)	숙실과(대추포, 밤포)	
(5) 단오				
준치만두, 어알탕	도미찜	전유어	편(증편, 수수전병)	
화채(앵두화채, 딸기화채)	과일(생률, 귤, 딸기, 바나나)			
(6) 유두				
편수	화전(봉선화, 감국입, 색비름, 맨드라미잎)	밀쌈	구절판	
깨국탕	어채	볶음자 화채(떡수단, 보리수단)	생실과(참외)	
(7) 칠석				
육개장	편(증편, 밀전병)	전유어(꽃게전, 민어전)	잉어구이	오이김치, 나박김치
화채(복숭아화채)	과일(참외, 수밀도, 포도, 감, 청사과)			
(8) 추석				
토란탕	갖은 나물	산전(어산적, 고기산적, 누름적)	포(육포, 어포, 장포)	
송편(오엽송편, 밤단자)	김치(나박김치, 오이소박이)	화채(배화채)	과일(생률, 대추, 사과, 배, 청사과, 연시, 포도)	
(9) 구월구일(중양)				
밤밥	게탕(꽃게)	송이산적	화전, 밀쌈(감국입, 석이채, 대추채)	
화채(유자)	과일(생률, 감, 사과, 배)	김치(배추소박이김치)		
(10) 시월 무오일				
무시루편	무오병	신선로	화전	유자화채
(11) 동지				
죽(팥죽, 녹두죽)	갖은 경단	식혜, 수정과	동치미	과일(사과, 배, 귤)
(12) 섣달그믐				
골무병	주악	잡과	떡국, 만둣국	갖은 전골
정과	식혜, 수정과	김치(장김치, 보쌈김치)		

는 것이 좋다.

음력 8월 15일을 팔월 한가위 또는 추석이라 하며 햇곡식과 햇과일을 조상님께 먼저 드리는 다례를 지내고 조상의 묘를 찾아서 성묘를 한다. 추석음식으로 토란탕을 끓이고 누름적을 준비하며 햅쌀과 햇녹두, 청대콩, 깨 등으로 속을 넣어 송편을 만든다. 그 밖에 닭찜, 각종 나물도 준비하고 배숙이나 햇밤으로 만든 율나와 밤초를 절식으로 즐긴다.

2. 외국의 상차림과 식사예절

국제적인 왕래가 빈번해진 오늘날 우리는 다른 나라의 상차림과 식사예절에 대해 알아 둘 필요가 있다. 다른 나라의 상차림은 우리와 많은 차이점이 있다. 그 특징으로 첫째, 우리나라는 음식을 그릇에 미리 담아 상차림을 하지만, 양식은 상을 차리고 사람이 앉은 다음에 음식을 주방에서 운반하게 된다. 둘째, 음식을 먹는 데 사용하는 용구가 달라서, 우리는 수저를 사용하는 데 비하여 양식에서는 나이프, 포크나 스푼을 사용하며 놓는 위치도 각기 다르다. 셋째, 우리 음식은 모든 식품을 먹기 좋은 크기로 썰어서 조리하지만 양식은 큰 덩어리로 조리하여 먹을 때 썰어서 먹는다.

서양 음식은 순차적으로 찬 음식, 샐러드, 빵, 뜨거운 음식, 후식 등을 대접하며, 중국 음식은 농후한 것에서 시작해서 차차 담백한 맛의 음식으로 옮겨지는 식단과 색채가 짙은 것으로부터 연한 것으로 내는 식단, 재료가 바다에서 생산되는 식품과 산에서 생산되는 식품을 번갈아 내는 식단 등으로 재료의 색과 맛, 배합의 조화를 섬세하게 고려하여 순차적으로 음식을 대접한다.

서양식

상차림에 필요한 용구

- 상보: 흰색 목면으로 만든 것이 기본이며 상 모서리에서 아래로 약 30cm 늘어지는 정도의 크기가 적당하다. 아침이나 점심식사 시에는 흔히 상보 대신에 식판보(placemat)를 사용하기도 한다. 상보는 구김이나 얼룩이 없어야 하며 사방을 같은 길이로 늘어뜨려야 한다.
- 냅킨: 냅킨은 상보와 같은 감을 사용하면 보기 좋으나 요즘에는 간소하게 종이를 사용하기도 한다. 헝겊으로 된 냅킨이 원칙이며 아침이나 점심식사 때에는 30cm×40cm 크기로, 저녁식사 때에는 50cm×50cm의 사각형으로 된 것을 사용한다. 냅킨은 한 번 사용하면 반드시 세탁하며 복잡하게 접는 것보다 간단한 모양으로 사용하기 쉽도록 접는다(그림 13-6).
- 양념 그릇과 장식품: 식단 중앙에는 반드시 꽃이나 채소, 과일 등을 이용하여

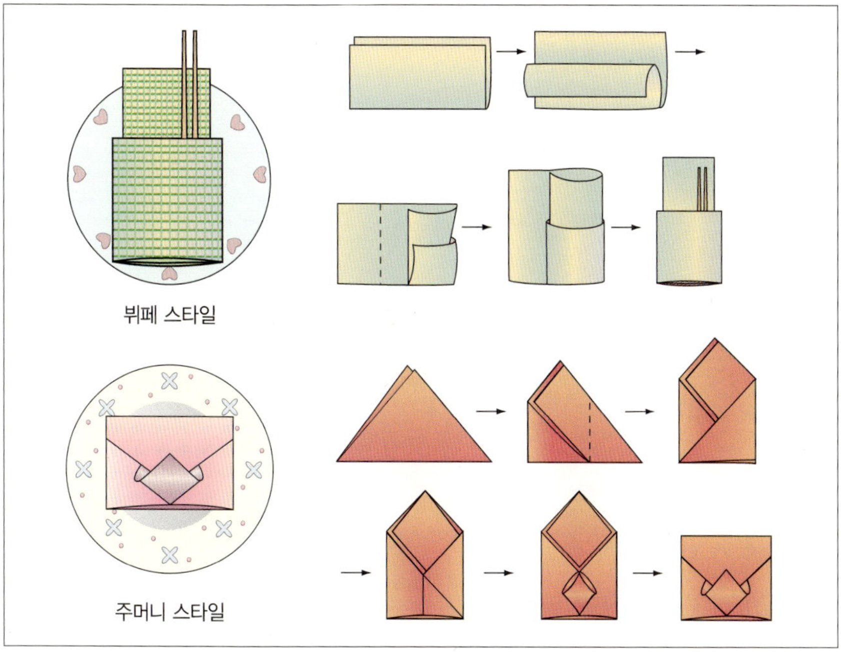

그림 **13-6** 냅킨 접기

장식하며 촛대로 장식하기도 한다. 양념 그릇은 소금과 후추, 그리고 식단에 따라 토마토 케첩이나 겨자 등을 미리 식탁 위에 준비하며 설탕과 크림은 차나 커피를 대접할 때 내놓는다.

- 식기: 대개 사기그릇을 사용하며 음식에 따라 그릇의 모양이 다르다. 육류와 채소를 담는 주식 접시(main dish)는 가장 큰 것을 사용하고 샐러드 접시, 후식 접시, 빵 접시, 그 밖에 수프를 담는 우묵한 접시 등이 있다. 유리 그릇은 주로 물 컵, 술 컵, 칵테일 컵 등이 있으며 피클을 담는 접시도 있다. 식사용구(cutlery)로 나이프, 포크, 스푼을 사용하며 그 밖에 덜어먹기 위한 서빙수저(serving ware)도 있다.

상차림

서양 음식을 차릴 때에는 정찬 상차림, 간단한 일상식 상차림, 뷔페식 상차림(buffet), 다과 파티(tea party)나 칵테일 파티(cocktail party) 상차림 등이 있다.

서양식 정찬 상차림의 기본은 〈그림 13-7〉과 같다.

그림 13-7 서양식 정찬상차림
자료: 한정혜(1997). 즐거운 날의 상차림. 정우진흥.

• 상 위를 깨끗이 닦고 상받침을 놓은 후 상보를 깐다.
• 식탁 중심에 장식품을 놓고 그 주위에 양념그릇을 놓는다.
• 주식 접시는 식탁 끝에서 3~4cm 안쪽으로 놓고, 주식 접시 오른편에 나이프와 스푼을, 왼편에 포크를 놓는다.
• 물 컵은 나이프 위쪽에 놓는다.
• 냅킨은 포크 왼편에 놓기도 하고 주식 접시 위에 놓기도 한다.
• 빵 접시는 주식 접시와 포크의 중간 위치에 놓되 주식 접시 위쪽에 오도록 한다.
• 샐러드 접시는 빵 접시 왼편에 놓는다.
• 한 사람의 식탁 차지는 70cm 정도이다.

뷔페 상차림은 좁은 장소에서 여러 사람이 식사할 때 편리하다. 음식상과 식기상, 좌석상을 따로 준비하여 손님 각자가 식기를 집어 음식을 덜고 좌석상에서

그림 13-8 뷔페 상차림
자료: 한정혜(1997), 상동.

식사를 하게 된다. 초대한 사람의 수가 적을 때는 음식과 식기를 같은 상에 차려도 무방하다. 음식상은 많은 종류의 음식을 덜어 먹기 편하게 차리며 음식 접시에는 서빙 스푼이나 포크를 각기 놓아야 한다. 보통 육어류를 맨 먼저 놓고 그 다음 채소류, 김치류, 밥의 순서로 차린다. 후식은 식사가 끝날 무렵에 음료와 함께 가져온다. 뷔페에는 접대하는 사람이 따로 필요하지 않으나 식탁 주변의 일을 보살필 사람은 있는 것이 좋다. 손님들이 저마다 한 가지씩 음식을 준비해 가지고 와서 식사하기도 한다(pot-luck party).

그 밖에 다과 파티는 음료를 주로 하여, 쿠키, 케이크, 샌드위치 등으로 간단하게 상차림을 한다. 칵테일 파티는 주류를 주로 하고 안주용의 간단한 음식을 준비한다.

식사예절

식탁에 앉을 때에는 의자를 앞으로 당겨 식탁에 가까이 앉으며 두 다리는 가지런히 하고 자세는 곧게 한다. 식탁 앞에서는 머리나 얼굴을 만지는 것은 삼간다. 의자에 앉은 다음에는 냅킨을 무릎 위에 펴놓으며 식사가 끝난 다음에는 냅킨을 다시 대강 접어서 식탁 위에 놓는다.

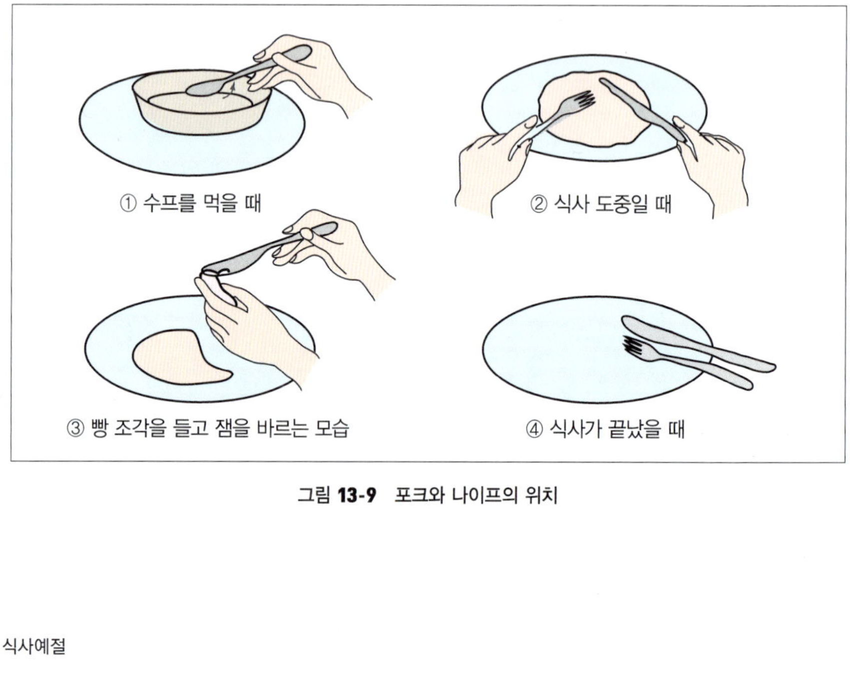

그림 **13-9** 포크와 나이프의 위치

양식을 먹을 때 육류나 채소는 왼손으로 포크를 쥐고 오른손으로 나이프를 써서 적당한 크기로 자르고 포크로 찍어서 먹는다. 나이프는 칼 끝 2~3cm 부분만이 썰 수 있는 부분이므로 음식을 썰 때에는 칼끝을 사용한다. 이 때, 왼손에 쥐었던 포크를 오른손으로 옮겨서 음식을 먹어도 무방하다. 음식은 한꺼번에 다 잘라 놓고 먹는 것이 아니고 잘라 가면서 먹는다(그림 13-9).

양식은 육류와 익힌 채소류가 한 접시에 담겨 나오므로 서로 섞이지 않도록 해야 한다. 빵은 나이프로 써는 것이 아니고 손으로 떼어 버터나 잼을 발라먹도록 한다. 수프를 먹을 때는 스푼을 앞에서 뒤쪽으로 움직이며 스푼 전체를 입 속에 넣지 말고 스푼을 한 옆으로 기울려 흘려 넣는 식으로 먹는다. 이 때, 들여 마시는 소리를 내지 않도록 주의해야 한다.

식사 중 대화를 하는 경우에는 접시에 포크와 나이프를 양쪽에 걸쳐 놓는데 이는 식사 도중이라는 표시가 된다. 음식을 다 먹고 나면 나이프와 포크를 가지런히 오른쪽으로 놓는다.

일본식

일본 요리의 특징

일본 전통 요리는 관혼상제시의 의식 요리인 혼젠(honjen, 本膳) 요리, 술과 밥을 중심으로 한 연회상 요리인 가이세키(kaiseki, 會席) 요리, 식물성 재료(곡류, 두류, 채소류, 해조류 등)만으로 준비하고 사찰을 중심으로 발달한 쇼진(shojin 精進) 요리 등이 있다. 요리의 종류에 따라 식단이 다르며, 또한 식단의 국과 반찬의 수에 따라 상의 수가 결정된다. 혼젠 요리의 경우 5상까지 나오는 것을 최고로 하지만 요즘은 일반적으로 3상이 많이 사용된다. 음식은 1인분씩 담는 것을 원칙으로 하는데 음식의 종류가 간단하고 그 분량은 적기 때문에 음식을 남기는 일이 거의 없다.

음식을 먹을 때에는 주로 젓가락만을 사용하는 점이 우리와 다르다. 일본 요리는 요리법에 있어 복잡한 과정이 적고 식품 재료 자체가 가지고 있는 맛을 충분히 나타낸다. 또한, 색채를 배려하여 조리를 하므로 담백한 맛과 동시에 섬세하고 산뜻한 색을 가지게 된다. 반면 고노모노(konomono, 香物)를 다양하게 사용하고 채소를 썰 때에도 기교를 낸다. 음식을 담는 접시도 식품 재료에 따라 달리하여 생선 구이나 생선회는 특수한 모양과 크기의 것을 사용하여 모양을 강조한다.

일본은 섬나라여서 생선을 잘 다루고 있는 것이 특징이다. 생선을 조리하지 않고 날것으로 먹는 회 종류나 생선 초밥이 발달한 것도 신선한 생선을 구하기 쉽기 때문이다. 생선의 신선미를 그대로 나타내기 위하여 생선구이는 소금구이로 하고 생선국은 담백하게 맑은 국으로 하고 있다. 국의 맛은 가쓰오부시(생선을 훈제하여 말린 것)나 다시마를 주재료로 한 것이 또한 특징이다.

상차림

정찬 차림은 혼젠 요리로 하는데, 이 때 사용하는 상은 50cm 정도 크기의 네모난 나지막한 것으로서 많은 음식을 놓을 수 없다. 요리는 1즙 1채, 2채, 3채나 2즙 5채·7채, 3즙 7채 등이 있으며 2즙 5채 또는 7채가 널리 사용된다(그림 13-

그림 **13-10** 1즙 3채 상차림

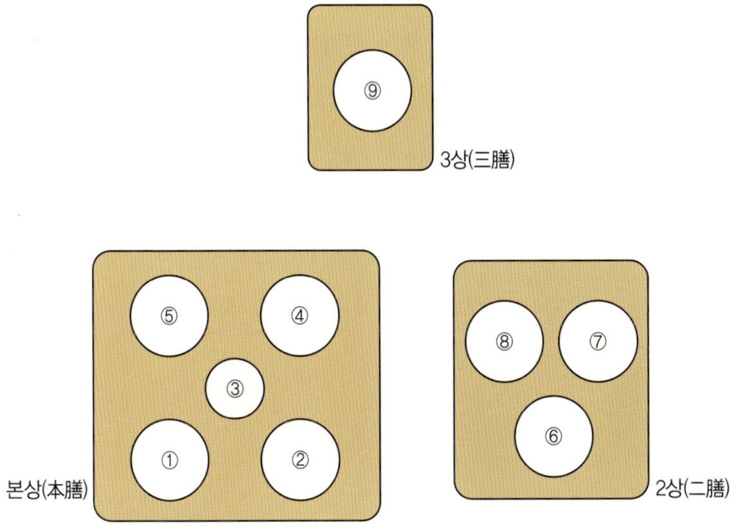

그림 13-11 본선요리의 상차림(2즙 5채)

10). 예를 들어, 2즙 7채라면 즙(汁)은 국 종류로서 2즙인 경우는 시로미소(맑은 장국)와 아카미소(진한된장국)로 한다. 때로는 한 가지는 국이고 다른 한 가지는 다마고무시(달걀찜)를 하기도 한다. 채(採)는 반찬을 말하며 7채의 경우 술안주로 식욕을 돋울 수 있는 담백한 요리, 생선이나 조개류로 만든 회, 조리, 구이, 무침, 튀김 요리, 찜 요리의 7가지가 되겠다.

즙과 채의 수가 많아지면 상차림은 본상, 2상, 3상의 세 개의 상으로 구성된다(그림 13-11). 세 개의 상을 동시에 대접하는 것이 아니고, 본상을 손님 앞에 드리고 난 후 정종을 따뜻하게 데워 올린다. 그 다음 2상에 따뜻한 조림이나 구이, 장국류를 내온다. 어느 정도 먹고 나면 상을 물리고 3상으로 후식인 과자 종류를 대접하게 된다.

식사예절

일본식 상은 낮으므로 식사를 할 때 밥공기와 국그릇을 들고 먹어도 실례가 되지 않는다. 보통 밥공기와 국그릇에는 뚜껑이 있으며 밥, 국, 찌개(조림)의 차례로 뚜껑을 연다. 뚜껑은 오른손으로 열고 왼손은 그릇이 움직이지 않도록 보조 역할을 한다. 국에 젓가락을 넣어 저어서 한 모금 마신 다음 밥, 찌개를 먹는다. 밥은 공기에 펴서 먹으며 더 먹고 싶을 때에는 더 청한다. 식사 도중에는 젓가락을 그릇 위에 얹어 놓지 말아야 한다. 일본식은 무릎을 꿇고 앉아 음식을 먹으며 식사 중에 앉은 모양을 바꾸지 않는다. 식사가 끝나면 감사의 뜻으로 가볍게 예를 하고 자리를 뜬다.

중국식

중국 요리의 특징

세계적으로 잘 알려진 중국 요리는 오랜 역사를 가지고 있으며 다양한 방법으로 조리할 뿐 아니라 여러 식품 재료를 널리 사용하고, 풍부한 영양과 함께 부드럽고 기름진 음식으로 많은 사람들이 즐겨 먹고 있다. 수 천년 동안 내려온 세련된 조리 기술로 세계인이 즐겨 먹을 수 있는 맛과 풍미를 지니게 되었다. 넓은 지역이니만큼 지역별로 조리법에 차이가 있는데 대체로 북경요리, 광동요리, 사천요리, 상해요리로 구분한다.

북경 요리는 육류를 주로 해서 구이, 볶음, 튀김 등이 많고 간장과 설탕을 많이 사용하고 있어 달고 농후한 맛을 낸다. 밀의 생산이 많은 남부는 면류, 만두 등이 발달되어 있다. 광동요리는 남쪽 항구지역을 중심으로 재료의 맛을 살리고 담백한 맛을 내고 있다. 이 지역에는 쌀을 주식으로 하는 요리와 구운 돼지고기, 순대 등이 유명하다. 특히, 상해지역은 일찍 외국과 교류가 많아 구미인의 기호에 맞는 것이 많고 광동식 탕수육이 있다. 사천요리는 양자강 상류 지방에서 발달된 것으로 매운 고추, 파, 마늘, 생강을 많이 쓰는 것이 특징이며 마파두부가 있다.

상차림

중국 음식은 대체로 큰그릇에 담아 상차림하고 각자가 덜어 먹는 형식이다. 식탁은 사각형이나 원형으로 된 것을 쓰며 회전대가 있기도 하다. 한 식탁의 인원 수는 10명의 짝수를 표준으로 한다. 식탁에 놓는 식기의 종류 및 차리는 방법은 정해져 있는 것은 아니지만 식초, 간장 등의 조미료와 뼈를 담을 그릇을 놓고, 각 좌석 앞에는 개인접시와 젓가락만을 놓고 찻잔을 놓는다(그림 13-12).

중국식에서는 식단을 채단(菜單)이라 하며 보통 전채 요리인 첸차이(前菜), 중심 요리인 다차이(大菜), 과자인 뎬신(点心), 탕(湯)의 순서로 되어 있다. 마지막에 백반과 김치종류인 샹차이(香菜)를 낸다. 중국 요리는 주로 젓가락을 사용하나 국물이 있는 것은 숟가락을 사용하도록 되어 있다. 중국 요리는 다양한 식기와 색다른 조미료를 사용하여 외관과 맛, 향에서 다양하다.

그림 **13-12** 중국 요리의 상차림

식사예절

손님을 초대할 때에는 반드시 초대장을 발송하여야 하며 이것을 즈단(知單)이라고 한다. 초대장에는 반드시 주빈을 맨 위에 적고 초대하는 사람의 성명을 연명하게 된다.

식탁에서는 출입구에서 가까운 곳이 하석이고 먼 곳이 상석이다. 손님을 초청하였을 때 처음 나오는 술은 주인이 주빈에게 제일 먼저 권한다. 요리가 나오면 덜어먹는 큰 숟가락으로 자기 앞쪽에서 조금씩 덜어 놓으며 음식을 뒤적이거나 흐트러지게 해서는 안 된다. 새로운 음식이 나오면 주인은 새로운 것이 나올 때마다 손님에게 권한다. 음식을 먹는 동안에는 팔을 상 위에 올려놓거나 소리를 내어 먹는 것을 금하는 점은 우리와 같다. 음식접시가 더러워지면 주인은 가끔 바꾸어 놓도록 유의해야 한다.

SUPPLEMENT

부록

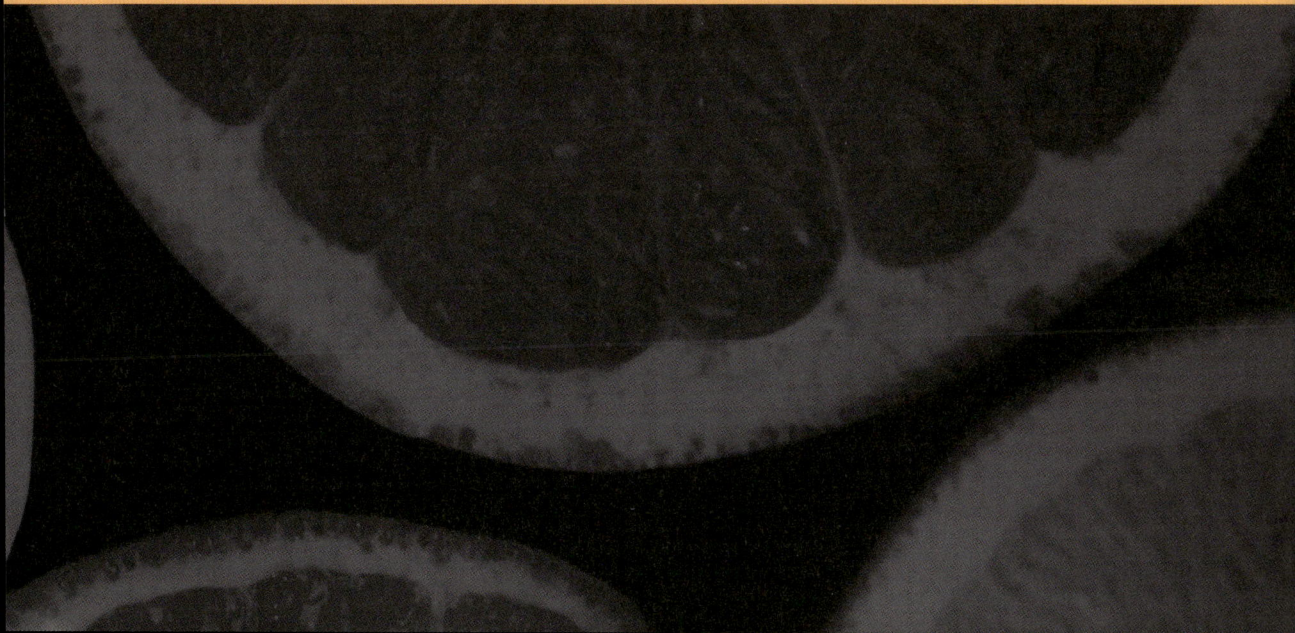

부록 1.
좋은 식단의
음식 유형별 식단

1. 탕반류

구분	곰탕류와 밥	장국류와 밥	
	(곰탕류)	(맑은장국류)	(토장국류)
찬수(그릇)	김치류 1 생채 · 숙채 · 기타 반찬류 중 1		
권장제공 적정량(g)	주식: 밥: 220, 탕(국): 650 찬: 김치류: 100, 생채 · 숙채 · 기타: 60	주식: 밥: 240, 탕(국): 400 찬: 김치류: 60, 생채 · 숙채 · 기타: 60	

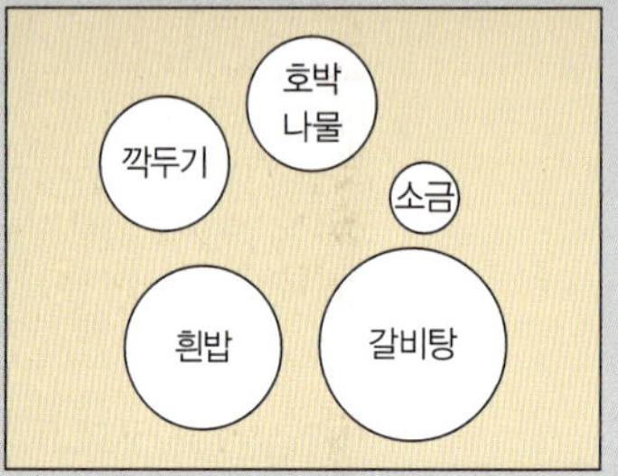

2. 찌개류

구분	찌개류와 밥		
	(고추장찌개류)	(된장찌개류)	(새우젓찌개류)
찬수(그릇)	김치류 1 생채 · 숙채 1 볶음 · 조림 · 기타 반찬류 1		
권장제공 적정량(g)	주식: 밥: 280, 탕(국): 300 찬: 김치류: 60, 생채 · 숙채류: 60, 볶음 · 조림 · 기타 반찬류: 20		

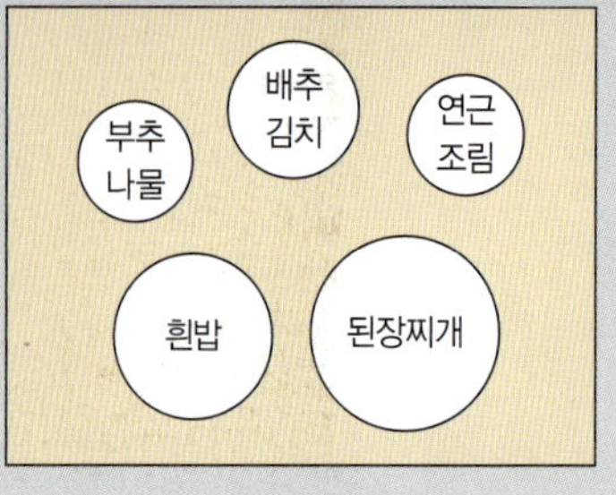

3. 전골류

구분	전골류와 밥	
	(각종 전골류)	(신선로)
찬수(그릇)	김치류 1 생채 · 숙채 1 볶음 · 조림 · 기타 반찬류 1	
권장제공 적정량(g)	주식: 밥: 250, 탕(국): 300 찬: 김치류: 60, 생채 · 숙채: 60, 볶음 · 조림 · 기타 반찬류: 20	

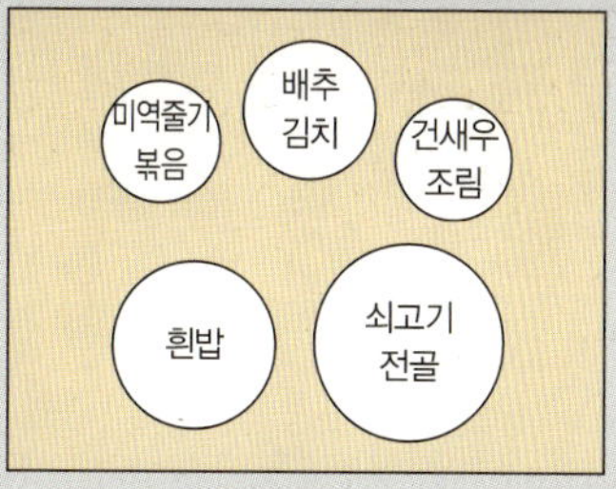

4. 찜류

구분	찜류와 밥
	(찜류)
찬수(그릇)	김치류 1 생채 · 숙채 1 볶음 · 조림 · 기타 반찬류 1
권장제공 적정량(g)	주식: 밥: 250, 탕(국): 300 찬: 김치류: 60, 생채 · 숙채: 60, 볶음 · 조림 · 기타 반찬류: 20

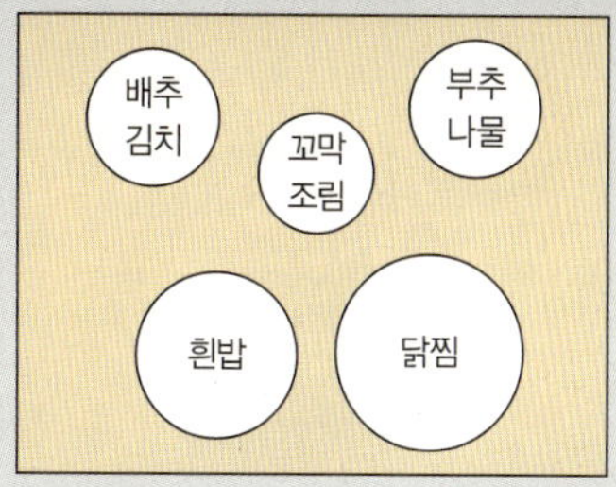

5. 비빔밥 · 솥밥류

구분	비빔밥류	솥밥류
	(비빔밥류)	(솥밥류)
찬수(그릇)	김치류 1 생채 · 숙채류 1	
권장제공 적정량(g)	주식 비빔밥: 450 ┬ 밥: 300 ├ 달걀부침: 50 └ 기타 부재료: 100 찬 ┬ 김치류: 60 └ 생채 · 숙채류: 30	

6. 면류

구분	면류			만둣국, 떡국류
	(온면류)	(냉면류) (쟁반류)	(비빔면류)	만둣국 떡국류
찬수(그릇)	김치류 1			김치류 1 생채 · 숙채류 1
권장제공 적정량(g)	주식 ┬ 온면 · 냉면류: 540 └ 비빔밥류: 410 찬 – 김치류: 100			주식 – 만두 · 떡국류: 550 찬 ┬ 김치류: 60 └ 생채 · 숙채류: 40

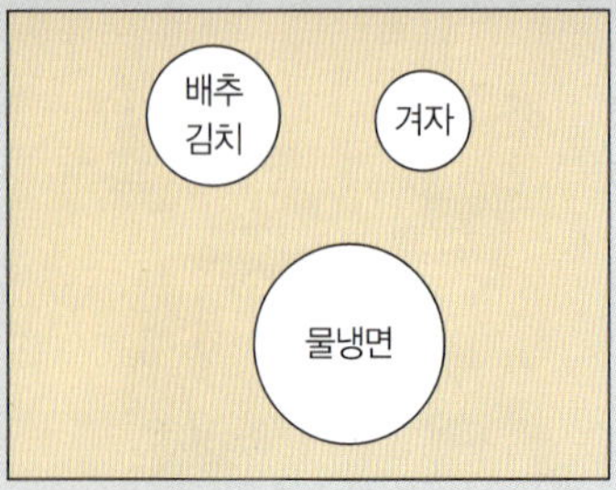

7-1. 기타(구이류)

구분	구이류			
	(쇠고기구이류)	(돼지고기구이류)	(생선구이류)	(기타구이류)
찬수(그릇)	김치류 2 생채 · 숙채류 1 기타 반찬류 1			
권장제공 적정량(g)	주식 – 육 · 어류 · 구이류(조리 전 무게): 200 찬 – 김치류: 60 물김치: 50 생채 · 숙채: 40 기타 반찬류: 30			

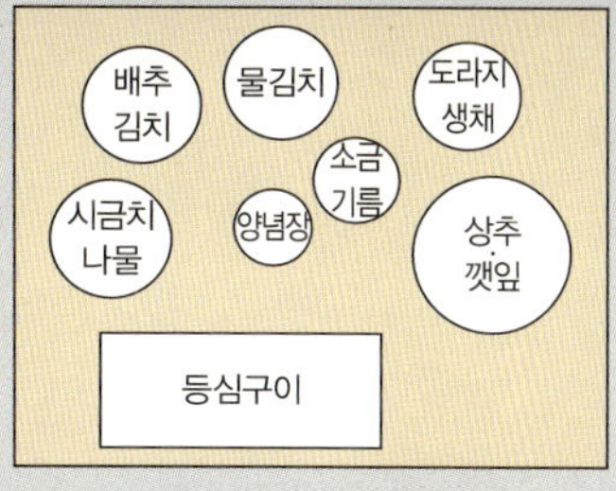

7-2. 기타(편육 · 족편류)

구분	편육 · 족편류		
	(쇠고기편육류)	(돼지고기편육류)	(기타)
찬수(그릇)	김치류 1 생채 · 숙채류 1 기타 반찬류 1		
권장제공 적정량(g)	주식 – 편육 · 족편류: 200 찬 – 김치류: 60 생채 · 숙채류: 40 기타 반찬류: 20		

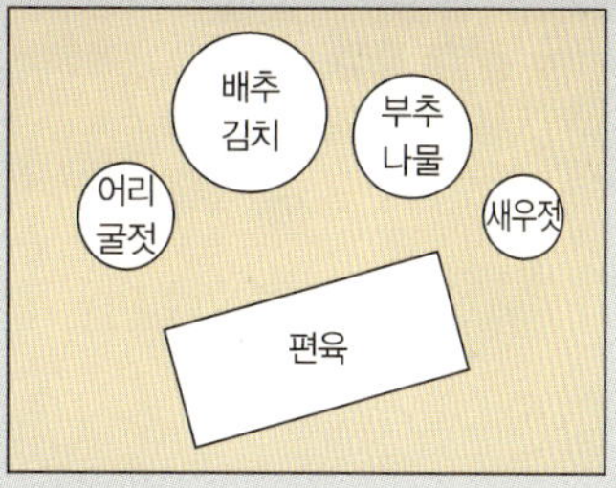

8. 백반류

구분	백반류 (백반 = 3첩)
찬수(그릇)	김치류 1 생채류 1 숙채류 1 구이류 1 찜 류 1
권장제공 적정량(g)	주식: 밥: 200 탕(국): 160 찬: 김치류: 80 생채류: 50 숙채류: 50 구이류: 50 찜 류: 50

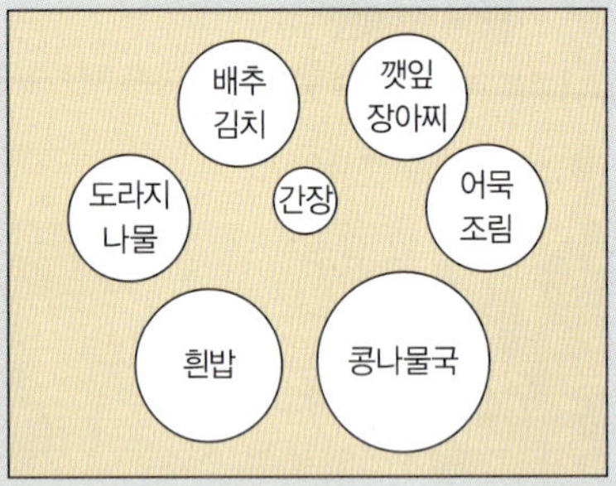

3첩반상

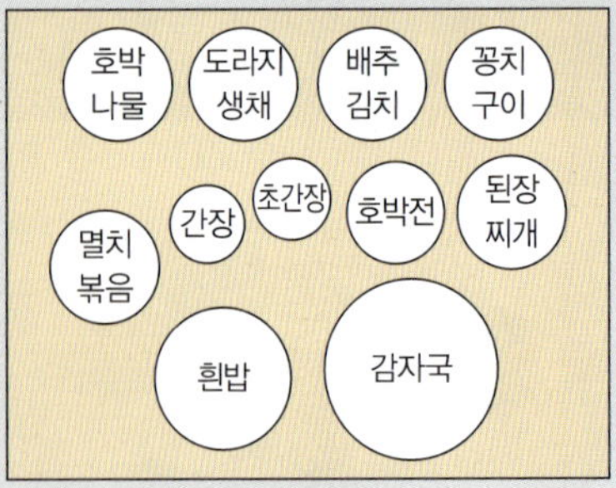

5첩반상

9-1. 한정식류(7첩반상)

구분	한정식 (7첩반상)	
찬수(그릇)	찌개류 1 찜　류 1 김치류 1	생채류 1 숙채류 1 볶음 · 조림류 1 전　류 1 회　류 1 구이류 1 마른반찬 · 장아찌 · 젓갈류 1

9-2. 한정식류(9첩반상)

구분	한정식 (9첩반상)	
찬수(그릇)	찌개류 1 찜　류 1 김치류 2	생채류 2 숙채류 1 구이류 2 전　류 1 회　류 1 볶음 · 조림류 1 마른반찬 · 장아찌 · 젓갈류 1

9-3. 한정식류(12첩반상)

구분	한정식 (12첩반상)	
찬수(그릇)	찌개류 1 찜　류 1 김치류 1	생채류 2 숙채류 2 구이류 2 전　류 2 회　류 2 볶음 · 조림류 1 마른반찬 · 장아찌 · 젓갈류 1

부록 2.
분기별 식품량 및 최저 식품비 산출의 예 (3인 가족)

종류 \ 식품량	1~3월	4~6월	7~9월	10~12월
고등어(동태)	190(380)	570	570	380
오징어	190	190		
갈치			190	380
돼지고기	190	190	190	190
닭고기	190	190	190	190
소시지	190	190	190	190
달걀	840	840	840	840
고추장	47	47	47	47
된장	94	94	94	94
백태	140	140	140	140
두부	770	770	770	770
우유	2,190	2,190	2,190	2,190
탈지분유	380	380	380	380
뼈째 먹는 생선	210	210	210	210
배추	1,593	1,932	1,932	1,593
무	1,251	1,288	1,288	1,251
콩나물	341	341	341	341
양배추	341	341	341	341
양파	455	115	115	455
당근	345	345	230	460
호박	345	345	460	690
시금치	460	230	–	–
부추, 붉은색채소	–	230	230	–
상추, 오이, 미나리	230	460	460	460
근대, 아욱	230	–	–	–
냉이	–	230	–	–
갓, 가지, 풋고추	–	–	460	–
귤	1,820	–	–	–
사과(부사)	1,365	910	–	–
사과(홍옥)	–	–	–	3,185
딸기	–	2,275	–	–
참외	–	–	2,275	–
복숭아	–	–	910	–
정부미	4,640	4,640	4,640	4,640
납작보리	960	960	960	960
밀가루	329	329	329	329
감자	1,700	1,700	1,700	1,360
고구마	680	680	680	1,020
식용유	653	653	653	653
마가린	326	326	326	326
참깨	49	49	49	49
산출식품비/1주	28,269*	29,458	28,268	28,175
산출식품비+조미료비(9%)/1주	30,813	32,109	30,813	30,711
식품비*/1일	4,401	4,587	4,401	4,387
식품비**/30일	132,058	137,611	132,055	131,618
연평균 한달 최저식품비				133,335(원)

* 가격은 1989. 7~1990. 6월 기준임.
** 조미료비(9%)가 포함된 식품비임.

부록 3. 절약 계획에 따른 연령별 식품구입량: 1주일분(미국)

가족	우유 및 유제품 (qt[2])	육어류와 가금류 (lb[3])	달걀 (개)	말린 콩류, 완두와 견과류(lb[4])	녹황색 채소 (lb)	감귤류와 토마토 (lb)	감자류 (lb)	기타 야채와 과일류 (lb)	곡류 (lb)	밀가루 (lb)	제빵류 (lb)	제과류 (lb)	유지류 (lb)	설탕과 당과류 (lb)	기타 (lb)
어린이															
7개월~1세	4.95	0.39	1.2	0.15	0.41	0.55	0.09	2.49	1.02	0.02	0.08	0.04	0.04	0.19	0.05
1~2세	3.30	0.83	3.3	0.17	0.22	0.89	0.65	2.26	1.02	0.31	0.78	0.24	0.11	0.30	0.37
3~5세	3.54	0.95	2.5	0.28	0.20	0.92	0.88	2.28	1.03	0.37	0.94	0.53	0.38	0.74	0.59
6~8세	4.22	1.27	2.4	0.49	0.22	1.10	1.23	2.50	1.12	0.62	1.42	0.79	0.51	0.94	0.84
9~11세	4.92	1.61	3.4	0.53	0.28	1.52	1.48	3.38	1.34	0.81	1.82	1.10	0.60	1.20	1.10
남자															
12~14세	5.18	1.79	3.6	0.67	0.33	1.45	1.59	3.30	1.22	0.81	2.07	1.13	0.77	1.21	1.45
15~19세	5.08	2.35	4.0	0.43	0.32	1.70	2.10	3.43	0.98	0.99	2.36	1.46	1.00	1.05	1.73
20~54세	2.57	3.03	4.0	0.44	0.39	1.80	2.02	3.69	0.89	0.92	2.29	1.33	0.95	0.86	1.24
55세 이상	2.37	2.45	4.0	0.25	0.51	1.85	1.75	3.77	1.09	0.80	1.90	1.12	0.79	0.94	0.73
여자															
12~19세	5.35	1.80	3.8	0.28	0.42	1.74	1.22	3.61	0.72	0.76	1.49	0.84	0.51	0.74	1.36
20~54세	2.81	2.41	4.0	0.27	0.52	1.86	1.51	3.39	0.90	0.67	1.41	0.67	0.57	0.57	1.18
55세 이상	2.85	1.84	4.0	0.19	0.60	2.02	1.26	3.73	1.12	0.68	1.30	−0.58	0.37	0.45	0.66
임산부	5.25	2.69	4.0	0.42	0.56	2.17	1.89	4.03	1.13	0.58	1.41	0.66	0.59	0.58	1.48
수유부	5.25	3.00	4.0	0.38	0.57	2.36	1.92	4.27	0.98	0.63	1.56	0.82	0.80	0.75	0.15

* 폐기량 10%를 고려한 분량임.

부록 4. 식품계획에 따른 주간식단표의 예(1~3월, 단신남자)

끼니 \ 요일		월			화			수		
		음식명	재료	분량	음식명	재료	분량	음식명	재료	분량
아침	주식	흰밥	정부미	110	보리밥	정부미	100	보리밥	정부미	100
						납작보리	20		납작보리	20
	부식	무맑은국	무	30	동태매운탕	동태	80	닭도리탕	닭	80
		고등어양념구이	고등어	80		무	30		감자	50
		감자양파조림	감자	70		미나리	10		양파	20
			양파	40	양파볶음	양파	40		당근	10
			기름	15		기름	10		기름	20
		배추김치	배추	50	배추김치	배추	50	배추김치	배추	50
	간식	우유		200	우유		200	우유		200
		귤		200	사과		100	귤		200
점심	주식	보리밥	정부미	100	흰밥	정부미	110	고구마밥	정부미	100
			납작보리	20					고구마	40
	부식	양배춧국	양배추	30	콩나물국	콩나물	30	양배추	양배추	20
			된장	5	감자멸치볶음	감자	80	장국	멸치	10
		달걀프라이	달걀	50		멸치	10	달걀말이	달걀	50
			기름	10	전병	기름	15		당근	10
		상추 부추	상추	20	호박밀	호박	40		양파	10
		겉절이	부추	10		밀가루	30		기름	15
			고추장	10		달걀	25	호박나물	호박	50
		깍두기	무	50		기름	20		기름	10
					무생채	무	50	깍두기	무	50
	간식									
저녁	주식	보리밥	정부미	100	보리밥	정부미	100	보리밥	정부미	100
			납작보리	20		납작보리	20		납작보리	20
	부식	근대국	근대	30	아욱국	아욱	30	시금치	시금치	30
			된장	5		된장	5	된장국	된장	5
			고추장	5	사과 샐러드	사과	100	두부감자	두부	70
		멸치볶음	멸치기름	10		감자	70	조림	감자	60
			고추장	10		마요네즈	25		기름	15
		고구마튀김	고구마	80	두부선	두부	70	콩나물무침	콩나물	50
			당근	20		달걀	25	배추김치	배추	50
			밀가루	30		당근	20			
			기름	25	배추김치	배추	50			
		배추겉절이	배추	50						
	간식									

(계속)

목			금			토			일		
음식명	재료	분량	음식명	재료	분량	음식명	재료	분량	음식명	재료	분량
콩보리밥	정부미	100		정부미	110	보리밥	정부미	100	보리밥	정부미	100
	납작보리	10					납작보리	20		납작보리	20
	콩	10									
뭇국	무	30	오징어덮밥	오징어	80	콩비지찌개	콩	30	생선튀김	동태	80
	멸치	5		양파	20		돼지고기	40		기름	20
	고춧가루	50		시금치	30		배추김치	50	오이냉국	오이	30
달걀찜	달걀	100		당근	10		호박	30		양파	20
감자과일	감자	50		감자	50	과일 샐러드	사과	100	멸치조림	멸치	10
샐러드	사과	50		기름	15		귤	100		당근	20
	귤	25	달걀국	달걀	25		마요네즈	20		양파	10
	마요네즈	50	배추김치	배추	50					기름	10
시금치나물	시금치								총각김치	무	50
우유		200	우유		200	우유		200	우유		200
사과		100	귤		200				사과		150
보리밥	정부미	110	보리밥	정부미	100	감자밥	정부미	110	야채밥	정부미	100
	납작보리	10		납작보리	20		감자	50		무	50
										당근	20
애호박장국	호박	30	근대국	근대	40	콩나물국	콩나물	30	감자된장국	감자	20
	멸치	5		된장	5		고춧가루			고구마	10
소시지볶음	소시지	40	감자크로켓	감자	100	스크램블드	달걀	50		된장	5
	양배추	50		양파	20	에그	우유	20	달걀프라이	달걀	50
	당근	10		밀가루	30		마가린	10		기름	10
	고구마	50	멸치볶음	달걀	25	무나물	무	50	배추김치	배추	50
	기름	20		기름	15		멸치	5			
배추나물	배추	50		멸치	10	양배추김치	양배추	50			
콩자반	콩	20		기름	5						
			무생채	무	50						
									귤		50
보리밥	정부미	100	보리밥	정부미	100	보리밥	정부미	100	보리밥	정부미	100
	납작보리	20		납작보리	20		납작보리	20		납작보리	20
김치찌개	돼지고기	40	뭇국	무	20	뭇국	무	20	두부김치	두부	100
	배추김치	50		고춧가루	40	시금치	멸치	5	찌개	배추김치	50
	양파	20	콩나물잡채	콩나물	10	프렌치드레싱	시금치	15		기름	10
	두부	20		당근	20		기름	100	고구마조림	고구마	120
	기름	15		부추	10	감자	감자	40		당근	20
동치미	무	50		기름	70	소시지볶음	소시지	15		기름	10
			두부조림	두부	15		기름	50	시금치나물	시금치	40
				기름		배추김치	배추		동치미	무	40
			배추겉절이	배추	50						

부록 5.
대치식품표

종류별	군별	식 품
곡 류	원 곡	백미, 칠분도미, 찹쌀, 누른보리, 겉보리, 쌀보리, 밀, 옥수수, 수수, 조, 밀
	가 공	빵, 건빵, 떡, 소면, 모밀국수, 마카로니, 소맥분, 라면
감자류	원 품	감자, 고구마, 토란
	가공품	녹말, 말린 고구마, 당면, 포도당
두 류	콩	대두, 대두분
	기타 두류	팥, 녹두, 완두, 강낭콩, 땅콩, 동부콩
	두류제품	두부, 튀김두부, 콩조림, 된장, 고추장, 간장, 청국장, 콩비지
채소류	녹황색채소	시금치, 배추, 양배추, 미나리, 상추, 무청, 당근, 호박, 풋고추, 근대, 부추, 셀러리, 피망, 껍질콩, 깻잎
	기타 채소	가지, 무, 콩나물, 숙주나물, 도라지, 고비, 양파, 우엉, 연근
	건조채소	호박꽃이, 무말랭이, 무잎, 고춧잎, 버섯류
채소류	김치류	통김치(배추), 무청김치, 열무김치, 오이김치, 단무지, 복신채
	과 실	감, 곶감, 귤, 사과, 수박, 포도, 복숭아, 토마토, 밥, 딸기, 자두
	해 초	김, 미역, 다시마, 파래
어패류	신선어패	전갱이, 가자미, 꽁치, 정어리, 조기, 숭어, 상어, 연어, 갈치, 삼치, 오징어, 대구, 방어, 도미, 청어, 조개, 큰새우, 민어, 동태
	기타 어패	염갈치, 염고등어, 염꽁치, 염청어, 염전갱이, 말린조기, 북어
	가 공	어류통조림, 생선튀김, 새우젓, 멸치젓, 굴젓
	난 류	명란젓, 대구알젓, 기타 어란
수조육류	수 육	쇠고기, 돼지고기, 토끼고기, 양고기
	조 육	닭, 꿩, 칠면조
	난 류	달걀, 오리알, 메추리알
	우 유	우유, 분유, 연유, 농축유
유지류	식 유	참기름, 콩기름, 샐러드 기름, 면실유
	지 류	버터, 강화 마가린, 라드
조미료 및 향신료	조미료	식염, 깨소금, 간장, 파, 마늘, 양파, 설탕
	향신료	말린 고추, 고춧가루, 생강, 겨자, 카레가루, 후춧가루, 계피가루
기호품	당 류	설탕, 캐러멜, 엿류, 얼음사탕, 드롭프스
	기 타	인삼차, 생강차, 커피, 홍차, 주류(정종, 맥주, 소주, 약주, 위스키)

부록 6.
건물을 불렸을 때의 비율

식품군명	식품명	분량(g)	불렸을 때 분량(g)	비율	비고
버섯류	느타리버섯	41.3	42.9	3.0	
	표고버섯	9	91.8	9.1	
	목이버섯	8.7	69.6	8.0	
해조류	미역	10	90.1	9.0	
	다시마	5	15.3	3.0	
곡류	쌀(밥)			2.5~2.7	
	쌀(떡)			1.4	
	콩			3.0	
	국수			3.0	
	라면	20	40.1	2.0	
	당면	100	640	6.4	삶아 건졌을 때
채소류	고비	60	360	6.0	24시간 물에 불림 삶은 것
	고사리	13	90.3	7.0	
건어패류	건대구	34	81	2.4	
	건오징어	18.2	80.6	4.4	
	건홍합	25.2	77.4	3.0	

부록 7. 단체급식에 사용되는 음식명

주식류	밥류	흰밥, 밤밥, 보리콩밥, 밀쌀밥, 팥밥, 완두밥, 보리팥밥, 콩밥, 강낭콩밥, 동부밥, 풋콩밥, 콩나물밥, 감자밥, 고구마밥(떡국)
	일품요리	고기덮밥, 카레라이스, 장어덮밥, 채소덮밥, 자장덮밥, 튀김두부덮밥, 달걀덮밥, 닭고기덮밥, 초밥, 오므라이스, 잡채밥, 콩가루비빔밥, 비빔밥, 하이라이스, 볶음밥
	분식류	국수장국, 냉면, 비빔국수, 울면, 자장면, 기스면, 칼국수, 카레국수, 우동, 스파게티, 마카로니, 만둣국, 만두, 고기만두
	빵류	식빵, 토스트, 팬케이크, 찐빵, 영양빵, 도넛, 밀전병, 롤빵, 샌드위치, 기타 빵 종류
국류	채소국	무다시맛국, 쑥갓맑은국, 팟국, 아욱국, 호박토장국, 배추꼬랭잇국, 시금치맛살국, 무맑은장국, 채소토장국, 두부된장국, 냉이토장국, 쑥갓토장국, 근댓국, 감자콩나물국, 토란국, 콩나물국, 시금칫국, 배춧국, 개량된장국, 채솟국, 움팟국, 시금치콩나물토장국, 솎음국, 호박감자토장국, 우거지토장국, 감자맑은장국, 오이냉국, 배추속대국, 미역국, 호박국
	생선육류국	육개장, 설렁탕, 갈빗국, 곰국, 쇠뼛국, 닭국, 개장국, 완자탕, 생선만둣국, 동탯국, 조깃국, 넙칫국, 북엇국, 미꾸라지국, 준칫국, 오징어된장국, 달걀맑은장국, 튀김두붓국, 두붓국
찌개 및 지짐이류	찌개	갈치두부찌개, 동태찌개, 조기찌개, 생선찌개, 오징어찌개, 두부고추장찌개, 두부알찌개, 두부젓국찌개, 순두부찌개, 명란젓찌개, 알찌개, 비지찌개, 되비지찌개, 된장찌개, 감자찌개, 고사리찌개, 고춧잎찌개, 김치찌개, 들깻잎찌개, 무고추장찌개, 무젓국찌개, 박속찌개, 산나물찌개, 숙주나물찌개, 양배추찌개, 양파찌개, 우거지찌개, 우거지젓국찌개, 콩나물찌개, 호박오가리찌개, 배추속대찌개, 된장무찌개, 잡탕
	지짐이	가지미지짐이, 고등어지짐이, 꽁치지짐이, 넙치지짐이, 대구지짐이, 명태지짐이, 방어지짐이, 조기지짐이
	전골	고기전골, 간전골, 도미전골, 두부전골, 무채전골, 채소전골, 버섯전골
튀김류	튀김	전갱이튀김, 고등어튀김, 생멸치튀김, 대구튀김, 방어튀김, 오징어튀김, 조기튀김, 꽁치튀김, 새우튀김, 붕어튀김, 멤보샤, 멸치튀김, 당근멸치튀김, 굴튀김, 미역튀김, 다시마튀김, 고구마튀김, 가지튀김, 감자양파튀김, 고구마당근튀김, 김튀김, 깻잎튀김, 우엉튀김, 호박튀김, 풋고추튀김
볶음류	볶음	멸치볶음, 오징어채볶음, 간볶음, 고기볶음, 김치볶음, 감자채볶음, 고추장볶음, 우엉볶음, 호박볶음, 채소볶음, 미나리볶음, 닭볶음
무침 및 나물류	무침	짠지무침, 김치무침, 오이지무침, 오이맛살무침, 상루무침, 근대무침, 얼갈이무침, 고춧잎무침, 깻잎무침, 두부무침, 묵무침, 파래무침, 김무침, 생미역무침, 오징어채무침, 잡채, 족편채, 겨자채, 북어무침

무침 및 나물류	나물	무나물, 무생채, 무당근생채, 양배추나물, 양배추생채, 오이나물, 오이생채, 시래기나물, 애호박나물, 가지나물, 파당근나물, 시금치나물, 콩나물, 숙주나물, 미나리나물, 초나물, 고비나물, 도라지생채, 두릅나물, 고사리나물, 산나물, 취나물, 부추나물, 쑥갓나물, 오가리나물
장아찌류	장아찌	무장아찌, 무숙장아찌, 무청장아찌, 열무장아찌, 배추장아찌, 파장아찌, 양배추장아찌, 오이장아찌, 오이통장아찌, 속대장아찌, 양파장아찌, 마늘장아찌, 미나리장아찌
김치 및 회류	김치	통김치, 배추김치, 보쌈김치, 양배추김치, 배추열무김치, 깍두기, 나박김치, 동치미, 짠지, 열무김치, 총각김치, 단무지, 오이김치, 오이소박이, 오이깍두기, 오이지, 양배추오이김치, 피클, 미나리김치, 부추김치, 갓김치, 장김치, 돗나물김치, 비늘김치
	회	파강회, 미나리 강회, 생굴회, 오징어회, 문어회, 낙지회, 전복회, 민어회
후식류	음료	코코아, 우유, 커피, 홍차, 쌍화탕, 인삼차, 생강차, 보리차, 오미자차, 유자차, 엽차, 딸기화채, 배화채, 앵두화채, 복숭아화채, 포도화채, 식혜, 수정과
	과실	사과, 배, 복숭아, 감, 자두, 살구, 포도, 딸기, 앵두, 귤, 참외, 수박, 밤, 잣, 호콩, 호두, 은행, 대추, 곶감, 건포도, 멜론
	과자 및 떡	케이크, 쿠키, 캔디, 다식, 강정, 빈사과, 매잣과, 주악, 송편, 경단, 우끼, 인절미, 증편, 시루떡, 색편, 절편, 생전과, 굴전과, 연근전과, 만둣과
젓갈류	젓갈	새우젓, 오징어젓, 찐새우젓, 어리굴젓, 명란젓, 조개젓, 황새기젓, 창란젓, 멍게젓, 꼴뚜기젓, 갈치젓, 굴젓, 멸치젓, 가자미식혜
구이 및 부침류	구이	불고기구이, 돼지고기구이, 생고등어구이, 양미리구이, 대구구이, 자반고등어구이, 튀김구이, 자반갈치구이, 생갈치구이, 방어구이, 꽁치구이, 민어구이, 조기구이, 가자미구이, 삼치구이, 병어구이, 뱀장어구이, 임연수어구이, 뱅어포구이, 굴비구이, 건대구구이, 북어구이, 두부구이, 김구이, 송이산적구이, 더덕구이
	부침	방어전유어, 민어전유어, 광어전유어, 대구전유어, 새우전, 조개전, 고기전, 천엽전, 간전, 장산적, 지진 햄, 달걀부침, 두부부침, 파산적, 누름적, 양파전, 애호박전, 풋고추전, 감자부침, 고구마전, 채소전, 김치전
조림류	생선·육류	생선묵조림, 갈치조림, 광어조림, 꽁치조림, 넙치조림, 대구알조림, 돼지고기당근조림, 명태조림, 방어조림, 병어조림, 생고등어조림, 전갱이조림, 양미리조림, 오징어채감자조림, 오징어토란조림, 장조림, 햄조림, 두부조림, 콩자반
	채소	가지조림, 감자조림, 감자풋고추조림, 고구마조림, 당근조림, 당근햄조림, 튀김감자조림, 김조림, 무조림, 무말랭이조림, 무멸치조림, 연근조림, 완두조림, 우엉조림, 풋고추조림
찜류	찜	돼지고기찜, 갈치찜, 게찜, 굴비찜, 대구찜, 대구알찜, 조기찜, 도마찜, 민어찜, 북어찜, 자반고등어찜, 달걀찜, 가지찜, 양배추찜, 된장찜

부록 8. 식품 성분 분석표

밥류

음식명	음식/식품중량	에너지(kcal)	단백질(g)	지질(g)	탄수화물(g)	식이섬유(g)	칼슘(mg)	인(mg)
쌀밥	90	313.2	5.8	1.0	68.6	0.18	4.5	90.9
현미밥	90	321.3	6.6	2.1	67.6	0.72	9.9	270.9
강낭콩밥	100	349.8	7.9	1.2	74.8	0.51	19.0	124.7
보리밥	100	347.2	7.1	1.1	76.2	0.26	10.0	118.8
오곡밥	107	362.7	9.8	1.6	76.9	1.11	28.0	189.8
완두콩밥	100	326.1	6.7	1.0	70.6	0.40	10.2	101.5
잡곡밥	100	347.6	8.5	1.5	73.6	0.66	18.6	164.2
콩밥	100	354.1	9.5	2.8	71.3	0.69	29.6	155.0
팥밥	90	309.6	7.3	1.0	66.5	0.56	16.8	123.2
감자밥	110.5	296.7	6.1	0.9	64.8	0.36	7.2	100.3
고구마밥	120	329.6	5.8	1.0	73.1	0.52	13.6	102.4
영양돌솥밥	130	384.5	8.2	1.5	83.8	0.92	14.0	140.4
콩나물밥	179	400.1	14.2	6.6	70.9	0.81	45.0	195.0
김치볶음밥	196.4	440.4	12.6	10.6	72.7	1.05	38.3	179.4
볶음밥	214.3	475.7	13.2	12.4	74.4	0.61	36.6	210.6
비빔밥	300	535.8	22.3	13.5	80.4	1.41	76.2	307.4
새우볶음밥	211.9	433.3	13.7	6.8	77.9	0.91	44.5	210.8
쇠고기볶음밥	205.9	454.2	12.7	10.2	76.5	0.81	22.9	174.5
열무비빔밥	198	394.3	11.8	4.0	76.9	1.18	68.3	173.5
오므라이스	266	543.9	19.8	14.9	80.2	0.99	50.8	265.7
참치볶음밥	227.1	464.1	20.8	8.6	74.2	1.06	35.8	211.1
콩나물비빔밥	217.5	393.8	14.2	5.1	72.7	0.94	39.4	196.5
쇠고기덮밥	212	459.4	15.7	7.3	81.2	0.61	24.0	199.2
오징어덮밥	239	427.5	21.6	2.1	78.5	0.98	36.3	313.6
잡채밥	194.5	487.9	15.5	11.4	79.3	0.50	34.6	180.4
잡탕밥	251	547.4	23.0	13.5	81.1	0.55	53.8	267.0
짜장밥	242	493.9	12.8	10.3	86.3	0.95	38.3	179.3
참치회덮밥	269	481.4	25.0	5.4	81.6	1.33	57.6	348.0
카레라이스	289.2	633.5	16.4	15.9	100.7	1.35	50.4	267.9
김밥	171	484.2	12.2	15.3	73.5	0.43	34.5	178.9

철분(mg)	나트륨(mg)	칼륨(mg)	Ash(mg)	비타민 A(R.E)	레티놀(μg)	카로틴(μg)	티아민(mg)	리보플라빈(mg)	나이아신(mg)	비타민 C(mg)
0.45	5	81	0.4	0.0	0.0	0.0	0.117	0.018	1.2	0.0
0.90	3	234	1.2	0.0	0.0	0.0	0.252	0.036	4.5	0.0
1.10	5	143	0.7	0.2	0.0	1.3	0.164	0.038	1.4	0.0
0.78	5	119	0.5	0.0	0.0	0.0	0.144	0.028	1.8	0.0
1.58	676	380	3.2	0.0	0.0	0.0	0.186	0.057	2.2	0.0
0.59	5	113	0.4	5.1	0.0	0.0	0.143	0.062	5.8	0.0
1.32	4	286	0.9	0.0	0.0	0.0	0.165	0.042	1.9	0.0
1.08	5	215	0.9	0.2	0.0	0.0	0.163	0.046	1.5	0.0
0.92	4	224	0.7	0.0	0.0	0.0	0.144	0.030	1.3	0.0
0.60	172	192	1.1	0.0	0.0	0.0	0.114	0.025	1.6	6.3
0.60	10	244	0.7	7.6	0.0	45.2	0.128	0.036	1.3	10.0
1.05	7	380	1.1	3.2	0.0	18.7	0.219	0.124	2.7	6.6
1.67	604	353	2.7	39.9	1.0	233.6	0.298	0.132	3.2	5.6
1.40	539	386	2.1	154.6	1.3	920.6	0.296	0.110	3.4	9.8
1.62	396	298	2.2	305.2	46.3	1552.9	0.364	0.150	2.3	8.1
3.58	479	570	3.2	663.3	76.5	3519.6	0.271	0.299	3.4	15.2
1.79	286	410	2.0	260.9	0.0	1549.4	0.174	0.110	5.1	13.0
1.59	210	386	1.6	264.2	3.6	1547.9	0.189	0.125	5.5	12.8
2.40	779	412	3.2	366.3	2.4	1704.4	0.183	0.143	3.0	21.4
2.59	691	511	3.4	364.1	76.5	1694.2	0.285	0.271	7.7	17.2
5.84	699	504	3.4	151.2	0.0	877.1	0.228	0.195	12.9	7.2
1.55	735	398	2.9	42.0	2.4	237.6	0.206	0.155	3.0	8.9
2.05	375	362	2.2	132.3	6.0	758.0	0.218	0.187	4.7	8.1
1.14	424	519	2.7	150.6	0.0	903.6	0.187	0.106	4.0	23.3
1.92	413	358	2.2	248.6	1.5	1482.0	0.324	0.151	3.3	15.0
3.06	486	408	2.9	203.1	107.5	573.8	0.349	0.262	4.4	14.7
1.49	1804	417	6.5	7.4	1.0	23.2	0.312	0.107	5.3	15.5
2.54	429	731	3.5	386.1	6.3	2278.9	0.272	0.207	9.9	20.7
3.25	2121	652	7.7	390.8	0.8	2339.4	0.583	0.149	4.1	11.4
1.41	374	287	1.9	296.7	23.7	1425.4	0.191	0.154	2.2	6.6

(계속)

음식명	음식/식품중량	에너지(kcal)	단백질(g)	지질(g)	탄수화물(g)	식이섬유(g)	칼슘(mg)	인(mg)
김초밥	274	491.0	15.2	11.0	81.8	0.97	74.9	287.1
생선초밥	280	557.0	35.5	10.2	76.7	0.36	128.4	488.7
유부초밥	174.5	530.9	14.7	19.4	76.1	0.46	153.5	220.2

빵 · 과자류

음식명	음식/식품중량	에너지(kcal)	단백질(g)	지질(g)	탄수화물(g)	식이섬유(g)	칼슘(mg)	인(mg)
고로케	155	458.8	9.3	28.2	45.4	0.62	38.8	155.0
소보로빵	80	300.8	7.0	10.6	44.9	0.32	28.8	78.4
도넛, 팥	80	319.2	5.3	12.2	35.9	0.64	21.6	68.8
롤빵, 소프트롤	80	223.2	7.0	4.1	39.5	0.08	30.4	64.0
롤빵, 하드롤	80	240.8	6.7	5.8	40.1	0.24	95.2	92.8
머핀	80	240.8	5.4	9.6	33.0	0.08	79.2	121.6
모카빵	80	291.2	7.0	8.9	46.2	0.16	26.4	96.8
바게트, 마늘빵	80	400.0	8.6	22.3	43.7	0.24	21.6	80.0
바게트	80	234.4	6.8	1.2	46.2	0.32	12.0	60.0
비스킷(KFC)	62	222.0	4.2	11.2	26.0	0.81	63.2	0.0
샌드위치, 달걀, 치즈	176	411.8	18.8	23.4	31.0	0.35	271.0	364.3
샌드위치, 치킨	176	499.8	23.4	28.5	37.1	0.35	58.1	225.3
샌드위치, 햄, 치즈	150	360.0	23.4	15.4	22.0	0.15	210.0	156.0
슈크림	80	195.2	4.9	2.7	21.0	0.08	57.6	144.8
식빵	100	277.0	9.3	5.8	46.8	0.20	28.0	83.0
옥수수빵	100	311.0	7.2	10.0	47.8	0.30	73.0	376.0
찐빵, 고기	80	203.2	7.3	4.1	33.6	0.64	20.0	36.0
찐빵, 팥	80	197.6	5.0	1.8	39.7	0.40	11.2	48.0
초코파이	30	133.8	1.3	5.5	19.5	0.44	14.0	5.8
카스텔라	100	323.0	6.7	8.5	54.9	0.20	44.0	116.0
케이크, 롤케이크	85	310.3	6.4	14.0	40.8	0.09	34.0	100.3
케이크, 생크림, 블루베리	85	207.4	2.5	10.3	27.1	0.25	21.3	54.4
케이크, 스폰지케이크	85	243.1	6.2	1.7	46.2	0.51	32.3	84.0
케이크, 파운드케이크	90	363.6	5.0	20.5	41.8	0.27	27.0	126.0
케이크, 후르츠케이크	90	312.3	2.6	8.2	55.4	1.62	29.7	46.8
크루아상, 버터	80	324.0	6.6	16.8	36.3	0.32	29.6	84.0
타코(패스트푸드)	80	175.2	9.7	9.6	11.5	0.96	103.2	95.2

철분(mg)	나트륨(mg)	칼륨(mg)	Ash(mg)	비타민 A(R.E)	레티놀(μg)	카로틴(μg)	티아민(mg)	리보플라빈(mg)	나이아신(mg)	비타민 C(mg)
5.28	785	470	3.7	397.5	47.1	1834.3	0.232	0.362	2.7	8.5
4.27	2245	592	9.1	431.4	423.6	5.0	0.494	0.350	10.2	2.5
2.67	521	199	2.7	0.0	0.0	0.0	0.150	0.033	1.5	1.4

철분(mg)	나트륨(mg)	칼륨(mg)	Ash(mg)	비타민 A(R.E)	레티놀(μg)	카로틴(μg)	티아민(mg)	리보플라빈(mg)	나이아신(mg)	비타민 C(mg)
1.71	536	226	2.2	77.5	6.2	426.3	0.093	0.186	1.7	0.0
0.56	185	105	0.8	23.2	16.8	36.0	0.112	0.048	1.0	0.0
0.80	150	54	0.7	20.8	20.8	0.0	0.080	0.560	0.4	0.0
0.88	392	80	1.3	0.0	0.0	0.0	0.048	0.064	0.6	0.0
2.48	417	106	1.6	0.0	0.0	0.0	0.392	0.256	3.2	0.0
1.92	374	96	2.1	6.4	0.0	0.0	0.224	0.240	1.8	0.0
0.72	236	90	1.0	12.0	9.6	12.8	0.120	0.080	0.9	0.0
0.72	498	80	1.5	32.0	12.8	113.6	0.112	0.048	1.0	0.0
0.80	504	96	1.5	0.0	0.0	0.0	0.064	0.032	0.5	0.0
1.00	430	0	1.4	0.6	0.0	0.0	0.229	0.105	1.5	0.0
3.52	970	227	3.5	59.8	0.0	0.0	0.317	0.686	2.5	1.8
4.58	926	341	3.5	7.0	0.0	0.0	0.317	0.229	6.5	8.8
3.90	1082	321	2.4	67.1	0.0	0.0	0.180	0.615	2.4	2.0
0.64	131	65	0.8	81.6	81.6	0.0	0.040	0.112	0.4	0.0
0.90	267	108	1.6	2.0	0.0	14.0	0.070	0.050	1.1	0.0
1.90	778	128	2.7	15.0	0.0	0.0	0.240	0.270	2.1	0.0
0.80	288	248	1.5	2.4	0.0	17.6	0.168	0.120	1.6	6.7
9.68	36	0	0.5	1.0	0.0	0.0	0.012	0.021	0.1	0.0
0.40	113	57	0.6	0.0	0.0	0.0	0.056	0.015	0.4	0.0
1.20	105	90	0.7	60.0	59.0	4.0	0.050	0.080	0.2	0.0
0.85	98	78	0.6	110.5	108.8	9.4	0.068	0.102	0.2	0.0
0.43	80	23	0.3	29.8	28.0	10.2	0.008	0.051	0.1	0.0
1.44	212	76	1.0	39.1	0.0	0.0	0.119	0.170	0.9	0.0
0.54	142	78	0.7	63.0	58.5	28.8	0.108	0.162	0.3	0.0
1.89	243	138	0.9	40.5	0.0	0.0	0.045	0.090	0.7	0.0
1.60	595	94	1.3	0.8	0.0	0.0	0.312	0.192	1.8	0.0
1.12	375	222	1.5	30.4	0.0	0.0	0.072	0.208	1.5	0.8

(계속)

음식명	음식/식품중량	에너지(kcal)	단백질(g)	지질(g)	탄수화물(g)	식이섬유(g)	칼슘(mg)	인(mg)
파이, 사과파이(맥도널드)	85	254.1	19.0	14.4	29.4	0.00	14.0	0.0
파이, 피칸파이	113	389.9	9.0	19.4	46.8	2.03	49.7	144.6
팥빵	80	234.4	6.1	4.9	41.3	0.72	24.8	72.0
피자	150	403.5	18.1	17.9	44.7	0.45	141	280.5
피자, 씬크러스피, 슈퍼슈크림(피자헛)	203	462.8	29.0	20.9	44.1	5.07	259.8	337.0
핫도그	98	242.1	10.4	14.5	18.0	0.00	23.5	97.0
햄버거(맥도널드)	100	255.0	12.0	9.3	30.0	0.00	112.0	0.0
햄버거(버거킹)	109	274.7	15.0	12.0	29.0	0.00	37.1	124.3
강정, 쌀강정	30	114.9	1.0	0.3	27.0	0.06	0.9	12.0
비스킷	30	99.6	2.2	3.6	14.5	0.03	55.5	141.0
스낵과자	30	155.4	2.1	7.8	19.1	0.12	0.6	12.6
쿠키	30	147.6	1.6	6.5	20.6	0.03	7.8	15.0
크래커	30	150.3	2.1	8.3	17.6	0.06	40.8	71.7

면 · 만두류

음식명	음식/식품중량	에너지(kcal)	단백질(g)	지질(g)	탄수화물(g)	식이섬유(g)	칼슘(mg)	인(mg)
국수장국	156.3	430.8	20.4	7.7	68.7	0.16	107.7	220.8
라면	169	525.0	16.4	22.0	72.4	0.60	43.7	191.3
메밀국수	196	392.2	16.3	5.2	66.8	2.82	184.7	322.4
물냉면	206	404.7	19.8	6.3	68.8	0.70	32.6	226.3
비빔국수	212.7	489.3	19.4	9.3	81.2	0.91	66.3	202.2
비빔냉면	268	445.1	17.3	7.9	78.8	1.34	48.7	214.1
수제비	222	375.1	15.5	5.8	69.9	0.61	81.7	200.5
스파게티(패스트푸드)	250	260.0	8.8	8.8	37.5	4.25	80.0	135.0
짜장면	222.5	428.6	12.5	10.1	69.3	0.70	42.2	127.5
짬뽕	284	417.7	17.6	7.6	67.5	1.31	83.1	226.1
쫄면	221	457.6	16.3	7.7	86.8	1.00	63.2	273.0
칼국수	202.1	475.8	18.6	8.4	80.1	0.64	83.4	189.6
컵라면	72	274.3	6.2	10.2	44.2	0.36	11.5	65.5
고기만두	261.3	430.1	27.9	17.1	46.2	0.59	142.4	307.3
군만두	266.3	474.3	27.9	22.1	46.2	0.59	142.4	307.3
김치만두	271.3	434.7	28.0	17.4	47.0	1.08	159.9	323.5
떡만둣국	200	430.3	17.1	10.8	65.5	0.27	53.2	192.9

철분(mg)	나트륨(mg)	칼륨(mg)	Ash(mg)	비타민 A(R.E)	레티놀(μg)	카로틴(μg)	티아민(mg)	리보플라빈(mg)	나이아신(mg)	비타민 C(mg)
0.62	400	0	1.0	0.0	0.0	0.0	0.017	0.017	0.2	0.0
1.58	102	137	0.8	63.3	63.3	0.0	0.057	0.045	0.2	0.0
1.04	134	60	0.6	4.8	8.8	11.2	0.072	0.048	0.6	0.0
1.05	597	171	2.8	70.5	57	79.5	0.255	0.150	1.6	3.0
3.94	1336	463	4.3	259.8	0.0	0.0	0.548	0.447	5.0	4.1
2.31	671	143	0.0	0.0	0.0	0.0	0.235	0.274	3.7	0.0
2.25	490	0	0.0	7.5	0.0	0.0	0.270	0.160	3.7	2.0
2.72	509	235	2.0	36.0	0.0	0.0	0.229	0.273	4.3	3.0
0.03	29	11	0.1	0.0	0.0	0.0	0.015	0.006	0.2	0.0
0.63	287	56	1.0	0.0	0.0	0.0	0.105	0.108	0.9	0.0
0.09	150	39	0.5	9.0	0.0	54.0	0.012	0.009	0.1	1.2
0.09	111	29	0.4	0.0	0.0	0.0	0.012	0.006	0.1	0.0
0.54	190	13	0.7	0.0	0.0	0.0	0.015	0.075	0.5	0.0

철분(mg)	나트륨(mg)	칼륨(mg)	Ash(mg)	비타민 A(R.E)	레티놀(μg)	카로틴(μg)	티아민(mg)	리보플라빈(mg)	나이아신(mg)	비타민 C(mg)
3.49	2360	311	5.6	75.0	31.8	259.3	0.166	0.153	2.5	1.7
1.74	1239	373	8.9	161.1	76.5	506.6	0.694	0.576	1.1	0.5
4.11	2154	389	12.4	87.3	1.2	516.1	0.307	0.192	3.0	8.2
3.53	1754	416	6.2	48.1	40.0	48.0	0.079	0.145	3.2	7.0
4.07	1788	453	4.6	254.6	47.1	1244.9	0.229	0.267	3.6	13.9
3.42	656	556	3.2	91.3	38.3	318.6	0.109	0.154	2.4	17.0
3.68	1219	458	4.8	76.8	32.6	265.6	0.279	0.163	2.3	22.5
2.30	955	408	0.5	259.5	0.0	0.0	0.250	0.175	2.3	13.0
1.27	667	335	2.6	11.3	1.0	62.6	0.253	0.095	2.0	19.0
3.19	2180	628	7.8	271.3	1.0	1622.2	0.180	0.192	2.8	26.7
2.44	419	420	2.8	105.2	38.3	402.3	0.276	0.157	2.5	11.6
3.23	2906	407	7.2	41.7	1.2	243.1	0.182	0.092	2.9	16.0
0.50	724	189	5.2	49.7	0.0	297.4	0.396	0.274	0.6	0.0
3.22	495	372	2.9	17.0	2.5	87.2	0.364	0.151	4.0	7.3
3.22	495	372	2.9	17.0	2.5	87.2	0.394	0.151	4.0	7.3
3.38	1067	473	4.2	39.4	2.5	222.6	0.408	0.161	4.2	10.3
2.60	1029	273	4.1	254.2	41.0	1279.1	0.217	0.310	3.7	6.0

(계속)

죽류

음식명	음식/식품중량	에너지(kcal)	단백질(g)	지질(g)	탄수화물(g)	식이섬유(g)	칼슘(mg)	인(mg)
단팥죽	71	228.4	5.9	0.4	50.2	0.96	32.2	122.9
잣죽	63	269.6	5.4	12.1	36.1	0.26	5.7	140.6
흰죽	315	226.8	4.4	0.9	47.9	0.00	3.2	47.3
팥죽	61	198.0	8.3	0.8	39.6	1.26	40.3	157.5
호박죽	72	230.2	6.6	0.6	52.0	1.52	75.1	99.5
스프, 쇠고기스프	300	24.0	1.8	0.9	2.4	0.00	6.0	30.0

국 · 탕류

음식명	음식/식품중량	에너지(kcal)	단백질(g)	지질(g)	탄수화물(g)	식이섬유(g)	칼슘(mg)	인(mg)
감자국	88	65.6	3.2	2.2	8.7	0.48	13.5	56.2
달걀국	36.5	54.4	5.0	3.5	0.5	0.03	56.4	82.4
김칫국	73	24.0	3.6	0.7	1.6	0.77	89.0	86.2
동태뭇국	120	68.8	12.0	0.7	3.4	0.70	50.2	159.4
뭇국	79	67.0	6.2	3.0	4.4	0.54	60.2	74.3
미역국	40	89.3	5.4	6.4	3.1	0.18	60.1	68.8
북엇국	68	149.3	22.0	6.1	0.8	0.09	129.8	266.4
쇠고기국	91.3	78.4	8.5	2.3	6.8	0.82	17.5	92.2
어묵국	105	85.1	7.4	1.3	11.2	0.40	106.1	107.5
콩나물국	52	40.2	3.8	2.7	1.1	0.30	72.5	72.3
근대된장국	98.5	49.3	5.1	1.3	5.5	1.38	115.1	99.5
시금치된장국	87	59.5	5.5	2.1	6.0	0.93	57.9	79.6
갈비탕	136	167.3	14.3	8.6	7.0	0.32	29.0	141.8
닭백숙	173.2	290.2	16.1	6.8	40.6	0.70	33.5	198.9
삼계탕	126	257.6	15.1	6.8	33.6	0.64	30.3	178.3
설렁탕	120.5	183.7	14.3	5.9	17.4	0.33	22.1	132.3
육개장	205	168.9	19.1	7.3	7.0	2.57	50.8	212.6

찌개류

음식명	음식/식품중량	에너지(kcal)	단백질(g)	지질(g)	탄수화물(g)	식이섬유(g)	칼슘(mg)	인(mg)
동태매운탕	173	100.5	13.7	1.2	9.1	1.13	69.7	191.8
참치김치찌개	121.7	67.6	10.5	1.3	4.0	1.06	36.7	102.4
돈육김치찌개	137	114.0	10.7	6.8	3.5	0.96	73.9	142.0
부대고기찌개	188	272.3	19.0	13.5	21.1	1.81	88.0	183.2
된장찌개	150	138.8	12.9	5.0	11.4	1.12	172.1	210.2
순두부찌개	231.1	204.3	17.3	13.1	4.8	0.82	94.7	251.2

철분(mg)	나트륨(mg)	칼륨(mg)	Ash(mg)	비타민 A(R.E)	레티놀(μg)	카로틴(μg)	티아민(mg)	리보플라빈(mg)	나이아신(mg)	비타민 C(mg)
1.40	338	387	2.2	0.8	0.0	5.0	0.124	0.044	0.9	1.7
1.21	339	142	1.5	0.0	0.0	0.0	0.154	0.040	1.2	0.0
0.00	6	41	0.3	0.0	0.0	0.0	0.063	0.000	0.0	0.0
1.71	338	484	2.3	0.0	0.0	0.0	0.159	0.048	1.1	0.0
1.81	342	785	3.4	14.7	0.0	88.8	0.110	0.091	1.9	0.0
0.30	1668	45	4.8	0.0	0.0	0.0	0.000	0.030	0.3	0.0

철분(mg)	나트륨(mg)	칼륨(mg)	Ash(mg)	비타민 A(R.E)	레티놀(μg)	카로틴(μg)	티아민(mg)	리보플라빈(mg)	나이아신(mg)	비타민 C(mg)
0.80	351	306	1.7	22.1	15.3	40.6	0.071	0.052	1.0	15.8
0.72	430	94	1.6	50.4	45.9	27.0	0.035	0.083	0.4	0.8
0.75	658	261	2.0	24.0	0.0	145.0	0.052	0.054	1.0	8.6
0.69	656	324	2.7	82.0	6.3	453.7	0.096	0.086	1.2	7.0
1.38	683	379	3.0	12.6	1.2	67.4	0.044	0.066	1.4	8.5
1.06	1483	450	5.5	7.2	1.2	36.0	0.034	0.104	1.6	1.7
1.18	753	396	3.3	21.6	15.3	37.8	0.094	0.092	1.6	1.3
1.47	506	357	2.2	5.1	1.8	18.8	0.076	0.176	3.3	7.3
1.02	722	299	2.7	9.6	0.0	56.9	0.035	0.033	0.9	7.6
0.53	408	168	1.8	5.3	0.0	31.9	0.045	0.051	0.7	4.2
2.22	1437	444	5.4	413.2	0.0	2480.7	0.063	0.133	1.2	13.1
1.84	787	346	3.0	303.5	0.0	1820.0	0.076	0.192	0.6	32.6
2.32	1129	321	4.0	26.2	20.7	32.0	0.072	0.157	3.5	8.4
1.67	1050	410	4.4	228.2	33.0	1170.8	0.141	0.140	5.8	12.6
1.87	710	328	3.2	40.2	33.0	42.9	0.125	0.131	5.2	5.3
2.21	1038	269	3.4	14.4	5.4	53.3	0.085	0.133	3.4	6.4
3.18	395	566	2.8	323.4	34.2	1350.6	0.157	0.308	4.7	20.5

철분(mg)	나트륨(mg)	칼륨(mg)	Ash(mg)	비타민 A(R.E)	레티놀(μg)	카로틴(μg)	티아민(mg)	리보플라빈(mg)	나이아신(mg)	비타민 C(mg)
1.19	1083	472	4.3	168.9	6.3	974.5	0.148	0.151	1.7	11.1
1.71	909	309	2.9	36.6	0.0	220.6	0.069	0.085	4.2	14.5
1.51	707	335	2.4	36.8	1.5	212.8	0.224	0.097	2.3	11.0
2.63	1241	525	5.8	224.5	1.5	1333.1	0.426	0.428	4.7	9.4
2.29	973	484	4.1	30.8	0.5	181.5	0.130	0.082	2.5	18.0
3.09	695	399	3.5	141.6	74.0	406.5	0.187	0.301	2.0	6.4

(계속)

찜류

음식명	음식/식품중량	에너지(kcal)	단백질(g)	지질(g)	탄수화물(g)	식이섬유(g)	칼슘(mg)	인(mg)
갈비찜	141	162.9	14.6	7.0	10.0	0.63	26.7	147.8
닭찜	150.6	187.7	13.7	8.5	14.9	0.87	22.0	153.5
돼지갈비찜	133.5	186.6	13.0	9.6	11.7	0.55	23.0	159.3
달걀찜	65	91.5	6.5	6.5	1.3	0.10	29.6	88.5
순대	92	130.3	6.0	6.8	10.9	0.15	19.0	75.9

구이

음식명	음식/식품중량	에너지(kcal)	단백질(g)	지질(g)	탄수화물(g)	식이섬유(g)	칼슘(mg)	인(mg)
갈치구이	72	101.5	12.6	5.3	0.1	0.00	12.0	132.3
고등어구이	72	189.7	13.6	14.6	0.1	0.00	17.6	140.7
굴비구이	70	124.6	13.0	7.6	0.1	0.00	50.4	114.1
조기구이	72	96.6	13.4	4.3	0.1	0.00	54.7	137.2
닭갈비	100.1	165.3	12.1	9.6	6.9	0.50	13.7	123.0
돼지불고기	111.5	206.3	13.9	12.1	9.7	0.77	17.8	141.2
불고기	120.5	160.9	13.6	7.4	9.9	0.34	15.6	137.4
삼겹살구이	61.5	207.4	10.3	18.0	0.2	0.00	5.0	79.2
쇠등심구이	64.5	124.6	10.8	8.4	0.8	0.02	4.2	100.8
햄구이	40	52.4	6.6	1.7	2.4	0.00	2.0	132.0
김구이	3.5	13.9	0.8	1.0	0.8	0.03	6.7	15.2

전 · 부침류

음식명	음식/식품중량	에너지(kcal)	단백질(g)	지질(g)	탄수화물(g)	식이섬유(g)	칼슘(mg)	인(mg)
전유어(동태전)	111.1	176.7	15.2	7.8	11.5	0.04	46.5	186.4
해물파전	146	175.6	15.7	7.9	10.8	0.52	57.3	195.0
돼지고기완자전	112	208.2	12.6	13.3	10.4	0.28	49.1	136.7
김치전	129	152.6	6.2	7.0	18.2	1.00	51.8	102.0
녹두전(빈대떡)	91	194.6	9.6	9.6	17.7	0.56	25.6	161.5
호박전	94.5	88.3	3.2	3.3	12.9	0.33	49.8	43.1
달걀말이	78	112.1	6.6	8.5	2.0	0.16	33.7	92.7
달걀프라이	53	105.5	6.3	8.5	0.5	0.00	23.5	84.0
햄부침	81.1	178.0	10.7	9.1	13.8	0.04	14.9	178.4

철분(mg)	나트륨(mg)	칼륨(mg)	Ash(mg)	비타민 A(R.E)	레티놀(μg)	카로틴(μg)	티아민(mg)	리보플라빈(mg)	나이아신(mg)	비타민 C(mg)
2.07	625	446	2.6	261.0	7.2	1521.9	0.094	0.201	4.0	7.6
1.33	401	477	2.1	287.6	33.0	1527.3	0.130	0.197	6.0	12.5
0.87	1129	350	4.2	45.2	3.6	249.4	0.495	0.135	4.4	10.2
0.99	738	104	2.5	206.1	76.5	777.4	0.057	0.136	0.1	1.1
1.69	700	118	2.4	15.5	9.0	38.9	0.048	0.077	0.9	2.3

철분(mg)	나트륨(mg)	칼륨(mg)	Ash(mg)	비타민 A(R.E)	레티놀(μg)	카로틴(μg)	티아민(mg)	리보플라빈(mg)	나이아신(mg)	비타민 C(mg)
0.35	771	190	2.9	16.8	16.8	0.0	0.077	0.070	2.2	0.7
0.84	717	184	2.7	28.0	28.0	0.0	0.840	0.336	5.3	0.7
0.63	522	226	2.3	35.0	35.0	0.0	0.035	0.126	0.8	0.7
0.63	933	181	3.3	10.5	10.5	0.0	0.042	0.161	0.7	0.7
0.98	329	221	1.5	100.2	33.0	403.4	0.080	0.122	4.7	3.3
1.46	163	331	1.3	81.6	3.0	471.4	0.376	0.140	3.9	8.3
1.71	322	271	1.6	12.0	6.6	32.6	0.087	0.154	2.9	4.1
0.42	194	122	1.0	3.6	3.6	0.0	0.408	0.180	2.6	0.6
1.29	203	176	1.1	7.2	7.2	0.1	0.048	0.123	2.9	0.9
0.28	432	98	1.4	0.0	0.0	0.0	0.064	0.080	2.8	17.2
0.35	194	71	0.7	75.0	0.0	450.0	0.024	0.059	0.2	1.9

철분(mg)	나트륨(mg)	칼륨(mg)	Ash(mg)	비타민 A(R.E)	레티놀(μg)	카로틴(μg)	티아민(mg)	리보플라빈(mg)	나이아신(mg)	비타민 C(mg)
0.64	509	210	2.1	37.5	36.9	3.7	0.125	0.107	1.0	0.0
1.78	565	344	2.6	115.6	23.0	173.3	0.120	0.120	2.0	13.9
1.37	196	219	1.4	65.0	2.0	377.7	0.270	0.080	2.5	2.8
1.33	774	283	2.0	53.2	15.3	228.4	0.105	0.104	1.1	13.3
1.56	158	329	1.4	15.4	1.0	86.4	0.169	0.084	1.8	4.5
1.96	185	170	1.0	135.2	15.3	719.1	0.078	0.090	0.7	30.3
1.04	401	119	1.6	163.0	76.5	519.0	0.062	0.140	0.2	3.1
0.90	63	60	0.4	78.0	76.5	9.0	0.050	0.130	0.1	0.0
0.78	794	141	2.6	31.2	30.6	3.7	0.119	0.138	3.0	17.2

(계속)

볶음류

음식명	음식/식품중량	에너지(kcal)	단백질(g)	지질(g)	탄수화물(g)	식이섬유(g)	칼슘(mg)	인(mg)
멸치풋고추볶음	43	73.6	8.5	3.8	1.2	0.53	278.1	235.9
어묵볶음	111	126.2	7.1	4.8	14.1	0.44	56.9	74.6
오징어볶음	167.2	176.6	15.1	6.6	15.2	1.52	50.5	216.8
돼지고기볶음	145.1	220.8	15.0	11.3	14.9	0.93	34.9	165.5
햄김치볶음	99.3	199.4	6.0	17.7	3.3	0.64	25.4	61.9
감자채볶음	119	83.5	2.4	3.2	12.2	0.97	16.8	56.3
고사리볶음	72.9	58.9	3.0	3.6	3.9	1.10	20.6	65.9
느타리버섯볶음	97.5	52.8	2.3	3.2	5.1	0.56	9.4	86.5
마늘쫑볶음	85.7	68.9	2.3	3.7	8.2	1.27	29.6	56.3
버섯볶음	128	97.9	7.2	6.3	4.5	0.74	30.0	117.2
떡볶이	108	225.5	4.2	2.0	47.3	0.52	17.1	67.7
라볶이	175	405.5	7.6	11.8	70.7	0.86	36.1	104.5
잡채	109	178.4	4.0	4.1	31.8	0.40	29.9	63.7

조림류

음식명	음식/식품중량	에너지(kcal)	단백질(g)	지질(g)	탄수화물(g)	식이섬유(g)	칼슘(mg)	인(mg)
고등어조림	147	215.3	14.8	14.7	4.4	0.49	33.1	170.8
동태조림	144	82.8	13.0	0.8	4.6	0.98	52.5	178.9
어묵케첩조림	109	111.9	8.9	1.1	16.4	0.42	103.2	136.9
달걀조림	62	92.0	7.1	5.5	3.0	0.00	27.5	99.5
돼지고기장조림	98	166.4	13.7	9.7	4.2	0.31	11.0	135.3
메추리알조림	74	106.1	7.3	6.1	4.5	0.06	44.3	138.1
소시지조림	67.8	135.1	6.5	9.8	5.0	0.10	14.7	98.2
쇠고기장조림	90	132.1	13.3	6.4	2.0	1.31	9.1	146.3
감자조림	126.2	83.6	3.5	0.8	16.6	1.16	26.6	74.9
콩조림(콩자반)	29.5	107.1	7.4	4.5	9.7	1.25	36.8	114.2

철분(mg)	나트륨(mg)	칼륨(mg)	Ash(mg)	비타민 A(R.E)	레티놀(μg)	카로틴(μg)	티아민(mg)	리보플라빈(mg)	나이아신(mg)	비타민 C(mg)
1.30	866	379	4.0	10.4	0.0	62.4	0.045	0.040	2.0	14.5
1.04	1079	248	2.7	256.7	0.0	1539.9	0.047	0.032	0.7	7.2
1.49	523	556	2.9	337.3	0.0	2023.6	0.109	0.146	3.2	23.8
1.72	707	421	3.0	103.1	3.0	600.9	0.401	0.171	4.2	13.4
0.68	975	234	2.6	29.8	0.0	179.6	0.180	0.107	1.6	7.5
0.85	346	424	1.9	256.6	0.0	1539.2	0.090	0.038	1.3	25.8
1.11	302	290	1.5	24.0	0.0	21.7	0.053	0.069	0.2	2.5
0.98	484	254	1.9	127.0	0.0	761.8	0.278	0.232	3.8	3.8
0.80	358	222	1.5	46.3	0.0	277.4	0.149	0.129	0.5	30.9
1.49	537	515	2.7	150.9	2.4	891.0	0.116	0.353	3.8	5.7
0.81	554	151	2.0	137.6	0.0	825.7	0.052	0.055	1.8	2.9
1.10	850	330	5.1	331.4	0.0	1987.8	0.333	0.241	1.9	9.0
1.94	534	227	2.1	218.6	1.8	1300.0	0.086	0.122	1.5	12.5

철분(mg)	나트륨(mg)	칼륨(mg)	Ash(mg)	비타민 A(R.E)	레티놀(μg)	카로틴(μg)	티아민(mg)	리보플라빈(mg)	나이아신(mg)	비타민 C(mg)
1.27	410	340	1.8	33.8	28.0	34.1	0.114	0.354	5.6	12.1
0.94	740	403	2.8	112.9	6.3	638.8	0.109	0.106	1.6	11.1
2.41	749	209	3.0	153.6	0.0	921.0	0.056	0.053	1.5	5.1
1.12	649	100	2.0	78.0	76.5	9.0	0.053	0.138	0.2	0.0
1.26	622	261	2.3	8.2	3.0	31.2	0.353	0.110	3.7	9.2
2.68	765	157	2.5	222.0	215.0	41.0	0.069	0.214	0.2	1.4
0.78	1022	155	3.1	6.0	0.0	36.0	0.112	0.062	1.6	4.5
1.45	760	305	2.7	118.2	0.0	0.2	0.098	0.137	3.0	9.6
1.30	1181	480	3.5	197.9	0.0	1187.2	0.095	0.066	1.6	22.7
1.93	474	268	1.8	0.0	0.0	0.0	0.068	0.053	0.5	0.0

(계속)

튀김류

음식명	음식/식품중량	에너지(kcal)	단백질(g)	지질(g)	탄수화물(g)	식이섬유(g)	칼슘(mg)	인(mg)
갈치튀김	82	162.1	13.0	10.3	3.9	0.01	14.3	143.0
고등어튀김	103	298.9	15.9	20.9	11.7	0.03	29.6	189.6
굴비튀김	100	233.8	15.4	14.0	11.7	0.03	62.0	163.0
생선까스	85	148.6	10.6	5.7	15.2	0.02	5.4	146.3
닭다리튀김(패스트푸드)	60	178.8	12.2	10.8	6.4	0.00	14.4	97.2
닭튀김, 맥치킨(맥도날드)	60	154.8	6.1	9.1	12.6	0.00	45.0	0.0
돈까스	121.3	333.7	17.3	16.5	29.6	0.15	20.2	161.8
탕수육	151.4	308.3	14.9	15.9	26.0	0.33	26.3	162.8
감자튀김, 프렌치프라이	138	447.1	5.5	22.9	53.5	1.10	26.2	128.3
감자튀김, 프렌치프라이(롯데리아)	138	240.7	4.1	12.9	28.0	0.98	15.8	114.3
야채튀김	154	199.3	4.5	6.7	31.8	0.94	35.4	107.7
양파, 어니언링(패스트푸드)	70	231.7	3.2	13.1	26.4	0.00	61.6	72.8
맛탕	140	191.8	1.2	4.5	39.1	0.56	36.0	36.0

나물 · 무침류

음식명	음식/식품중량	에너지(kcal)	단백질(g)	지질(g)	탄수화물(g)	식이섬유(g)	칼슘(mg)	인(mg)
도라지무침	92.9	87.2	2.3	1.1	18.3	1.64	41.2	51.0
도토리묵무침	198.9	86.1	2.1	0.7	18.4	0.72	44.2	76.5
무말랭이무침	49.5	95.8	4.0	1.6	18.4	2.29	97.6	98.2
무생채	78.9	31.4	1.1	0.7	5.8	0.86	30.2	27.7
미역초무침	84	33.7	1.8	0.4	6.4	0.49	68.6	38.3
부추겉절이	83.5	59.3	4.1	2.0	7.4	1.16	46.2	46.9
상추겉절이	80.5	32.8	1.7	1.7	3.8	0.88	44.3	41.9
오이생채	80	39.0	0.9	2.5	4.0	0.59	23.5	28.8
오이피클	54	59.4	0.2	0.2	15.9	0.30	9.1	3.1
참치샐러드	110	163.1	7.4	12.1	6.3	0.47	19.4	63.8
고사리나물	81.5	50.3	3.1	2.5	4.0	1.26	21.0	67.5
숙주나물	76.3	14.7	1.8	0.5	1.6	0.50	14.0	27.7
시금치나물	86	54.1	3.0	3.5	4.4	0.73	58.7	42.0
콩나물	77	37.9	4.0	2.2	2.4	0.82	24.9	52.5
골뱅이무침	121.5	102.5	14.4	1.0	8.8	0.78	52.0	129.3

철분(mg)	나트륨(mg)	칼륨(mg)	Ash(mg)	비타민 A(R.E)	레티놀(μg)	카로틴(μg)	티아민(mg)	리보플라빈(mg)	나이아신(mg)	비타민 C(mg)
0.38	819	197	3.0	16.8	16.8	0.0	0.083	0.071	2.2	0.7
1.10	1210	216	4.2	43.6	43.3	1.8	0.113	0.365	5.4	0.7
0.88	678	257	2.8	50.6	50.3	1.8	0.065	0.155	0.9	0.7
0.50	155	88	0.9	7.7	0.0	0.0	0.128	0.200	1.8	0.7
0.72	306	181	1.3	21.6	0.0	0.0	0.054	0.174	2.9	0.0
0.82	247	0	0.0	33.0	0.0	0.0	0.306	0.066	2.8	0.7
1.69	594	278	2.4	27.1	18.3	52.5	0.402	0.136	3.9	3.1
1.89	294	343	1.7	153.4	18.3	810.8	0.378	0.144	3.7	5.8
1.10	298	1010	2.6	0.0	0.0	0.0	0.248	0.041	4.6	13.8
1.38	0	0	1.8	0.0	0.0	0.0	0.193	0.069	2.8	39.5
1.02	354	473	3.4	282.6	16.8	1593.5	0.107	0.080	1.2	25.7
0.71	363	109	0.0	0.8	6.7	0.1	0.077	0.084	0.8	0.8
1.58	97	265	1.5	616.0	0.0	0.0	0.028	0.056	0.5	9.4

철분(mg)	나트륨(mg)	칼륨(mg)	Ash(mg)	비타민 A(R.E)	레티놀(μg)	카로틴(μg)	티아민(mg)	리보플라빈(mg)	나이아신(mg)	비타민 C(mg)
1.64	325	382	1.8	114.5	0.0	687.4	0.087	0.128	0.9	9.3
1.40	670	204	2.2	224.9	0.0	1349.5	0.054	0.094	0.5	8.1
2.31	517	637	3.0	180.7	0.1	1077.3	0.094	0.119	1.4	24.5
0.77	77	219	0.7	76.4	0.0	457.1	0.037	0.043	0.6	11.7
1.24	676	759	3.4	213.3	0.0	1279.9	0.050	0.136	1.1	11.7
2.35	351	400	1.5	501.3	1.6	318.3	0.307	0.075	0.4	29.0
0.89	488	264	2.2	201.7	0.0	1209.8	0.056	0.101	0.6	10.4
0.43	353	158	1.0	54.0	0.0	325.4	0.038	0.044	0.3	8.0
0.15	362	18	0.8	4.5	0.0	26.5	0.005	0.005	0.1	0.0
2.75	311	259	1.7	140.1	3.0	822.2	0.058	0.076	3.6	14.3
1.21	925	318	2.9	29.8	0.0	36.0	0.056	0.076	0.2	3.1
0.54	338	128	1.3	40.0	0.0	240.0	0.036	0.050	0.5	8.0
2.21	950	396	2.4	433.3	0.0	2598.5	0.101	0.251	0.5	47.3
0.62	3	222	0.6	69.6	0.0	417.7	0.076	0.098	0.8	6.7
1.16	514	298	2.6	206.4	0.0	1184.8	0.082	0.098	1.5	10.9

(계속)

김치류

음식명	음식/식품중량	에너지(kcal)	단백질(g)	지질(g)	탄수화물(g)	식이섬유(g)	칼슘(mg)	인(mg)
깍두기	50	16.5	0.8	0.2	3.3	0.35	18.5	20.0
나박김치	100	9.0	0.8	0.1	1.7	0.80	36.0	7.0
동치미	100	11.0	0.7	0.1	2.5	0.50	18.0	17.0
배추김치	60	10.8	1.2	0.3	1.6	0.78	28.2	34.8
오이소배기	89	21.3	1.9	0.6	2.9	1.12	34.4	44.2
총각김치	50	15.5	1.2	0.2	2.8	0.70	27.5	24.0
파김치	60	31.2	2.0	0.5	6.2	0.90	42.0	33.0

장아찌류

음식명	음식/식품중량	에너지(kcal)	단백질(g)	지질(g)	탄수화물(g)	식이섬유(g)	칼슘(mg)	인(mg)
단무지	20	2.4	0.1	0.0	0.6	0.16	4.8	3.6
마늘장아찌	20	10.6	0.8	0.0	2.1	0.16	6.4	22.0
오이지	20	1.6	0.2	0.0	0.3	0.16	6.6	3.4
오이피클	20	20.6	0.1	0.1	5.6	0.12	3.6	1.2

우유 · 유제품류

음식명	음식/식품중량	에너지(kcal)	단백질(g)	지질(g)	탄수화물(g)	식이섬유(g)	칼슘(mg)	인(mg)
우유	200	120.0	6.4	6.4	9.4	0.00	210.0	178.0
쉐이크, 바닐라(롯데리아)	291	279.4	0.0	0.0	69.8	0.00	2.1	1.4
아이스크림	100	215.0	3.8	13.9	19.9	0.00	122.0	110.0
아이스크림, 소프트(패스트푸드)	100	198.0	4.7	6.0	31.7	0.10	122.0	140.0
요구르트, 액상	150	97.5	2.3	0.2	22.4	0.00	58.5	42.0
요구르트, 호상, 딸기	110	113.3	3.8	2.6	18.5	0.22	182.6	135.3
치즈, 체다	20	84.6	5.1	6.8	0.3	0.00	148.0	100.0

철분(mg)	나트륨(mg)	칼륨(mg)	Ash(mg)	비타민 A(R.E)	레티놀(μg)	카로틴(μg)	티아민(mg)	리보플라빈(mg)	나이아신(mg)	비타민 C(mg)
0.20	298	200	1.1	19.0	0.0	113.0	0.070	0.025	0.3	9.5
0.10	1256	66	1.5	77.0	0.0	460.0	0.030	0.060	0.5	10.0
0.20	609	120	20.0	15.0	0.0	88.0	0.020	0.020	0.2	9.0
0.48	688	180	1.7	28.8	0.0	174.0	0.036	0.036	0.5	8.4
0.75	477	258	2.0	189.1	1.1	745.9	0.078	0.070	0.6	12.3
0.40	358	137	1.5	63.0	0.0	379.0	0.015	0.035	0.4	12.0
0.54	526	202	2.0	211.2	0.0	1265.4	0.084	0.084	0.5	11.4

철분(mg)	나트륨(mg)	칼륨(mg)	Ash(mg)	비타민 A(R.E)	레티놀(μg)	카로틴(μg)	티아민(mg)	리보플라빈(mg)	나이아신(mg)	비타민 C(mg)
0.08	224	29	0.7	0.0	0.0	0.0	0.002	0.002	0.0	1.4
0.16	454	65	1.2	0.0	0.0	0.0	0.018	0.010	0.1	0.0
0.08	289	21	1.0	3.4	0.0	20.8	0.006	0.002	0.0	0.0
0.06	145	6	0.3	1.8	0.0	10.6	0.002	0.002	0.0	0.0

철분(mg)	나트륨(mg)	칼륨(mg)	Ash(mg)	비타민 A(R.E)	레티놀(μg)	카로틴(μg)	티아민(mg)	리보플라빈(mg)	나이아신(mg)	비타민 C(mg)
178.0	0.20	110	296	1.4	56.0	52.0	24.0	0.080	0.280	0.2
0.09	0	0	0.0	0.0	0.0	0.0	0.000	0.000	0.0	0.0
0.10	67	141	0.8	152.0	149.0	19.0	0.050	0.210	0.1	0.0
0.10	126	205	1.0	41.0	0.0	0.0	0.040	0.190	0.6	2.0
0.15	93	195	0.4	0.0	0.0	0.0	0.015	0.180	0.0	0.0
0.55	3	0	0.7	31.9	0.0	0.0	0.132	0.154	0.4	8.8
0.06	160	17	0.8	69.0	62.0	42.0	0.008	0.090	0.0	0.0

(계속)

음류 · 주류

음식명	음식/식품중량	에너지(kcal)	단백질(g)	지질(g)	탄수화물(g)	식이섬유(g)	칼슘(mg)	인(mg)
두유음료	200	118.0	6.0	6.6	8.4	0.00	36.0	80.0
라이트콜라	100	1.0	0.1	0.0	0.1	0.00	4.0	9.0
사이다	100	40.0	0.0	0.0	10.1	0.00	2.0	1.0
콜라, 코카콜라	100	43.4	0.0	0.0	11.2	0.00	0.0	15.1
토마토주스	100	13.0	0.8	0.1	2.7	0.40	10.0	16.0
막걸리	150	69.0	2.4	0.0	2.7	0.00	9.0	21.0
맥주	375	138.8	1.1	0.0	10.5	0.00	7.5	67.5
소주	45	63.5	0.0	0.0	0.0	0.00	0.0	0.0
위스키	20	46.2	0.0	0.0	0.0	0.00	0.0	0.0
포도주, 백포도주	50	37.0	0.1	0.0	1.2	0.00	4.5	3.5
포도주, 적포도주	50	35.0	0.1	0.0	2.4	0.00	3.5	5.0
녹차	1	2.8	0.3	0.1	0.4	0.80	0.9	4.9
캔커피	200	82.0	1.2	0.6	18.0	0.00	32.0	44.0
커피, 설탕	105	22.3	0.1	0.0	5.4	0.30	2.0	4.1
커피, 설탕, 프림	115	42.5	0.4	1.9	5.7	0.30	11.6	12.1
커피, 원두	100	3.0	0.1	0.0	0.4	0.30	2.0	4.0
커피, 프림	110	23.3	0.4	1.9	0.8	0.30	11.6	12.0
코코아	100	50.0	1.5	0.5	10.9	0.00	47.0	43.0
홍차	100	1.0	0.1	0.0	0.1	0.00	2.0	3.0

과일류

음식명	음식/식품중량	에너지(kcal)	단백질(g)	지질(g)	탄수화물(g)	식이섬유(g)	칼슘(mg)	인(mg)
감, 연시	100	66.0	0.6	0.1	17.4	0.60	9.0	17.0
귤	100	38.0	0.8	0.2	9.4	0.30	14.0	11.0
딸기	200	52.0	1.6	2.0	12.4	2.00	26.0	54.0
바나나	100	93.0	1.2	0.2	24.1	0.30	7.0	21.0
배	100	39.0	0.3	0.1	10.3	0.60	2.0	11.0
복숭아, 백도	100	34.0	0.9	0.2	8.2	0.50	3.0	17.0
복숭아, 황도	100	26.0	0.9	0.2	5.8	0.50	3.0	21.0
사과, 아오리	100	44.0	0.5	0.2	11.2	0.060	4.0	10.0

철분(mg)	나트륨(mg)	칼륨(mg)	Ash(mg)	비타민 A(R.E)	레티놀(μg)	카로틴(μg)	티아민(mg)	리보플라빈(mg)	나이아신(mg)	비타민 C(mg)
80.0	1.60	256	170	1.0	0.0	0.0	0.0	0.060	0.040	1.2
0.00	6	0	0.0	0.0	0.0	0.0	0.010	0.020	0.0	0.0
0.00	5	0	0.0	0.0	0.0	0.0	0.000	0.000	0.0	0.0
0.00	2	0	0.1	0.0	0.0	0.0	0.000	0.000	0.0	0.0
0.80	63	156	0.8	40.0	0.0	237.0	0.030	0.020	0.7	5.0
0.15	9	23	0.2	0.0	0.0	0.0	0.015	0.045	0.4	1.5
0.00	19	90	0.4	0.0	0.0	0.0	0.038	0.072	1.9	0.0
0.00	0	0	0.0	0.0	0.0	0.0	0.000	0.000	0.0	0.0
0.00	0	0	0.0	0.0	0.0	0.0	0.000	0.000	0.0	0.0
0.25	3	23	0.1	0.0	0.0	0.0	0.000	0.005	0.1	0.0
0.25	3	26	0.1	0.0	0.0	0.0	0.000	0.005	0.1	0.0
0.07	0	15	0.1	35.0	0.0	210.0	0.015	0.017	0.0	1.4
0.40	94	136	0.6	0.0	0.0	0.0	0.020	0.040	1.8	0.0
0.10	1	60	0.1	0.0	0.0	0.0	0.000	0.000	0.3	0.0
0.10	5	72	0.2	17.3	0.0	0.0	0.003	0.015	0.3	0.1
0.10	1	60	0.1	0.0	0.0	0.0	0.000	0.000	0.3	0.0
0.10	5	72	0.2	17.3	0.0	0.0	0.003	0.015	0.3	0.1
0.17	72	99	0.0	0.5	1.9	0.0	0.010	0.080	0.1	0.5
0.00	2	16	0.1	0.0	0.0	0.0	0.000	0.000	0.0	0.0

철분(mg)	나트륨(mg)	칼륨(mg)	Ash(mg)	비타민 A(R.E)	레티놀(μg)	카로틴(μg)	티아민(mg)	리보플라빈(mg)	나이아신(mg)	비타민 C(mg)
0.40	1	119	0.4	20.0	0.0	120.0	0.030	0.020	0.2	15.0
0.40	5	168	0.3	5.0	0.0	31.0	0.120	0.020	0.3	54.0
0.80	4	312	0.8	4.0	0.0	24.0	0.040	0.040	0.6	164.0
0.60	2	335	0.8	7.0	0.0	43.0	0.040	0.030	0.5	8.0
0.20	3	171	0.3	0.0	0.0	0.0	0.020	0.010	0.1	4.0
0.50	2	133	0.3	2.0	0.0	10.0	0.020	0.010	0.4	7.0
0.20	2	139	0.4	20.0	0.0	120.0	0.010	0.010	0.6	4.0
0.08	4	99	0.2	0.0	0.0	0.0	0.020	0.010	0.1	5.0

(계속)

생채소 · 단일식품

음식명	음식/식품중량	에너지(kcal)	단백질(g)	지질(g)	탄수화물(g)	식이섬유(g)	칼슘(mg)	인(mg)
사과, 후지	100	57.0	0.3	0.1	15.3	5.00	3.0	8.0
수박	200	62.0	1.4	0.4	15.0	0.20	8.0	28.0
오렌지	100	40.0	0.8	0.2	9.9	0.50	39.0	20.0
참외	100	31.0	1.0	0.1	7.3	0.40	6.0	35.0
포도	100	60.0	0.4	0.8	14.1	0.40	12.0	20.0
포도, 거봉	100	56.0	0.5	0.1	14.9	0.20	6.0	17.0
후르츠칵테일, 통조림	100	79.0	0.4	0.1	18.5	0.50	6.0	11.0
옥수수, 단옥수수, 찐 것	20	26.2	0.8	0.1	5.6	0.20	4.2	24.6
팝콘	20	100.6	1.5	6.1	11.2	0.32	2.0	26.6
감자, 구운 것	130	120.9	2.6	0.2	28.0	0.52	6.7	65.0
감자샐러드(패스트푸드)	130	148.2	2.0	7.8	17.2	0.52	18.2	72.8
고구마, 구운 것	140	168.0	2.1	0.3	39.8	1.26	30.8	61.6

떡류

음식명	음식/식품중량	에너지(kcal)	단백질(g)	지질(g)	탄수화물(g)	식이섬유(g)	칼슘(mg)	인(mg)
가래떡	100	239.0	4.1	0.8	52.5	0.00	4.0	53.0
백설기	100	234.0	3.5	0.8	51.8	0.10	6.0	36.0
인절미, 콩고물	100	217.0	4.9	1.7	44.5	0.30	19.0	50.0
찹쌀떡	100	236.0	4.8	1.4	49.9	0.50	15.0	46.0

기타

음식명	음식/식품중량	에너지(kcal)	단백질(g)	지질(g)	탄수화물(g)	식이섬유(g)	칼슘(mg)	인(mg)
사탕	14	52.4	0.0	0.0	13.0	0.00	2.7	0.3
시리얼, 콘푸레이크	90	342.0	6.0	2.9	47.8	0.54	4.5	34.2
옥수수통조림	20	17.2	0.5	0.2	3.5	0.12	0.6	12.2
초콜릿	25	137.3	1.1	7.9	15.4	0.00	8.5	35.0
캐러멜	25	102.8	0.4	2.7	20.0	0.00	1.3	17.0
베이컨	40	123.2	6.8	10.2	0.6	0.00	2.8	77.6

철분(mg)	나트륨(mg)	칼륨(mg)	Ash(mg)	비타민 A(R.E)	레티놀(μg)	카로틴(μg)	티아민(mg)	리보플라빈(mg)	나이아신(mg)	비타민 C(mg)
0.30	3	95	0.2	3.0	0.0	19.0	0.010	0.010	0.1	4.0
0.40	6	204	0.6	52.0	0.0	312.0	0.100	0.020	0.4	12.0
0.10	5	126	0.4	13.0	0.0	80.0	0.090	0.020	0.4	46.0
0.30	7	211	0.6	0.0	0.0	0.0	0.030	0.010	1.0	22.0
0.20	1	136	0.3	0.0	0.0	0.0	0.400	0.250	0.3	5.0
0.40	5	173	0.3	3.0	0.0	15.0	0.030	0.010	0.2	2.0
0.30	6	88	0.2	2.0	0.0	0.0	0.020	0.020	0.4	2.0
0.42	0	71	0.2	4.8	0.0	28.8	0.016	0.006	0.3	0.0
0.38	157	72	0.6	0.4	0.0	2.8	0.024	0.010	0.3	0.0
0.46	7	495	1.3	0.0	0.0	0.0	0.130	0.026	1.8	16.6
0.91	426	351	0.3	10.4	0.0	0.0	0.091	0.143	0.4	1.3
1.12	21	613	1.4	0.0	0.0	0.0	0.182	0.056	1.3	29.4

철분(mg)	나트륨(mg)	칼륨(mg)	Ash(mg)	비타민 A(R.E)	레티놀(μg)	카로틴(μg)	티아민(mg)	리보플라빈(mg)	나이아신(mg)	비타민 C(mg)
0.50	178	26	0.7	0.0	0.0	0.0	0.020	0.010	1.8	0.0
0.50	234	39	0.8	0.0	0.0	0.0	0.010	0.010	0.7	0.0
1.40	347	88	1.2	0.0	0.0	0.0	0.070	0.030	0.7	0.0
0.80	161	61	0.8	0.0	0.0	0.0	0.040	0.010	0.6	0.0

철분(mg)	나트륨(mg)	칼륨(mg)	Ash(mg)	비타민 A(R.E)	레티놀(μg)	카로틴(μg)	티아민(mg)	리보플라빈(mg)	나이아신(mg)	비타민 C(mg)
0.03	0	0	0.1	0.0	0.0	0.0	0.000	0.000	0.0	0.0
2.88	628	55	2.0	592.2	590.4	10.8	1.233	0.945	17.5	61.2
0.08	49	34	0.2	1.0	0.0	6.0	0.008	0.008	0.2	0.8
0.88	11	155	0.3	0.0	0.0	0.0	0.007	0.030	0.2	0.0
0.13	25	30	0.2	5.3	5.3	0.0	0.010	0.027	0.0	0.0
0.32	282	91	1.0	3.2	3.2	0.0	0.200	0.040	1.9	1.1

부록 9.
식품의 가식부율

구분	식품명	가식부율(%)	식품명	가식부율(%)	식품명	가식부율(%)
채소류	고구마	90	감자	89	토란	83
	고추	90	풋고추	90	무청	92
	미나리	66	배추	92	상추	95
	시금치	73	쑥갓	86	아욱	96
	호박	92	양배추	92	움파	88
	파	85	당근	92	달래	65
	토마토	93	가지	94	무	95
	양파	92	마늘	88	우엉	80
	연군	80	오이	92	콩나물	80
	참외	80	콩(껍질 있는 것)	56		
과일류	숙주나물	90	은행	85	귤	75
	감	83	곶감	95	풋대추	93
	대추	93	살구	90	수박	58
	사과	77	잣	92	포도	74
	앵두	89	배	81	밤	71
	복숭아	88	호두	48		
어패류 및 기타	가자미	55	게	54	동태	40
	넙치	81	도미	78	미꾸라지	78
	대구	46	뱀장어	69	연어	50
	방어	82	정어리	66	조기	52
	병어	35	굴(깐 것)	98	대합	35
	청어	66	낙지	88	상어	40
	조개	17	농어	55	닭고기	52
	꽁치	71	고등어	72	달걀	86

참고문헌

권순자 외 공저(2011), 식생활관리, 파워북.

김상보(1998), 우리 식문화의 자화상 – 조선왕조 이후의 반상문화사, 한국 식생활문화학회 춘계 심포지움 논문집 pp.59.

김숙희(1993), 한국인의 식생활 문화, 영양정보 4:7~9.

나정기(2000), 외식산업의 이해, 백산출판사.

대한영양사협회(2010), 식품교환표.

모수미(1994), 한국 외식문화의 발달과정, 한국식생활문화학회지 춘계학술대회 초록집 pp.3~10.

박영숙·모수미(1994), 외식산업 소비행태, 한일지역사회영양 심포지움 초록집, 서울대 생활과학연구소 주최.

보건복지부(2000), 국민건강·영양조사 보고서-1998년.

서정숙 외 공저(2010), 식생활관리, 신광출판사.

송경희 외 공저(2016), 식사요법, 파워북.

에센생활무크(1999), Sense-up take deco, 서울문화사.

이규만(1999), '99년도 음식물 쓰레기 감량 및 재활용 정책, 국민영양 207:10~12.

이성우(1994), 식생활과 문화, 수학사.

이정원 외(1999), 영양판정, 교문사.

이주희 외 공저(2012), 식품과 조리원리, 교문사.

이철호·류시성(1998), 한국전통식단의 영양가 분석, 한국식생활문화학회지 3(3).

임덕순(1991), 한중일 삼국의 지리와 생활문화의 비교, 정신문화연구 14(1):57~69.

임양순 외 공저(2011), 식생활관리, 교문사.

최춘언(1995), 현대산업사회와 식생활문화, 한국식생활문화학회지 10(3):213~222.

최혜미(2001), 21세기 영양학, 교문사.

최혜미 외 공저(2016), 21세기 영양학, 교문사.

통계청(2001), 도시가계연보-1999년.

한국농촌경제 연구원(2001), 식품수급표-1999년.

한국식품연구소(1992), 좋은 식단 정착을 위한 급식모범 개선에 관한 연구.

한국영양학회(2010), 한국인 영양섭취기준.

한국영양학회(2015), 한국인 영양섭취기준.

한국영양학회(2020), 한국인 영양섭취기준.

한민수(1994), 외식산업의 현황과 전망, 한국식생활문화학회지 춘계학술대회 초록집 pp.45~58.

한정혜(1997), 즐거운 날의 상차림, 정우진흥.

加蘇純一(1991), 共食, 食의 과학 11:62.

木村修一(1991), 식문화 형성에 있어서의 인간의 식행동의 특징과 영양학적 배경, 한국식문화학회지 6(3):309~324.

臨床營養(1991), 외식요리의 영양성분 표시 가이드라인, 임상영양(일본) 78(2):185.

Bryk J and Sote TK(1999), Report on the 1997 membership database of the ADA, JADA 99(1):102~107.

Kinder F., Green NR., Harris N.(1984), Meal Management. Macmillarn Publishing Co.

McWilliams M.(1997), Fundamentals of Meal Management.

Nemapare P. and Neuman R.(1996), Fundamentals of Meal Management.

Williams S.R.(1991), Essentials of Nutrition and diet therapy, 6th ed.

찾아보기

저자 소개

최혜미

미국 플로리다 주립대학교 Ph.D.(식품영양학)
현재 서울대학교 식품영양학과 명예교수

박영숙

미국 샌호세 주립대학교 석사(식품영양학)
서울대학교 대학원 박사(식품영양학)
현재 순천향대학교 식품영양학과 명예교수

이주희

미국 미네소타 주립대학교 이학박사
현재 경상대학교 식품영양학과 명예교수

6판
21세기
식생활관리

2001년 8월 31일 초판 발행 | 2006년 3월 2일 개정판 발행
2009년 1월 30일 2개정판 발행 | 2012년 8월 29일 4판 발행
2018년 3월 30일 5판 발행 | 2022년 2월 28일 6판 발행

지은이 최혜미 · 박영숙 · 이주희
펴낸이 류원식
펴낸곳 **교문사**
편집팀장 김경수
책임진행 윤소연
디자인 신나리
본문편집 우은영

주소 (10881) 경기도 파주시 문발로 116
전화 031-955-6111
팩스 031-955-0955
홈페이지 www.gyomoon.com
E-mail genie@gyomoon.com
등록 1968. 10. 28. 제406-2006-000035호
ISBN 978-89-363-2337-0(93590)
값 24,000원